国家科学思想库

学术引领系列

"十二五"国家重点图书出版规划项目

中国学科发展战略

地下水科学

中国科学院

科学出版社

北　京

图书在版编目(CIP)数据

地下水科学/中国科学院编 . —北京：科学出版社，2018.3
（中国学科发展战略）
ISBN 978-7-03-054945-7

Ⅰ.①地… Ⅱ.①中… Ⅲ.①地下水水文学-学科发展-发展战略-中国
Ⅳ.①P641-12

中国版本图书馆 CIP 数据核字（2017）第 258407 号

丛书策划：侯俊琳　牛　玲
责任编辑：牛　玲／责任校对：何艳萍
责任印制：张欣秀／封面设计：黄华斌　陈　敬
编辑部电话：010-64035853
E-mail：houjunlin@mail.sciencep.com

科学出版社 出版
北京东黄城根北街 16 号
邮政编码：100717
http://www.sciencep.com

北京虎彩文化传播有限公司 印刷
科学出版社发行　各地新华书店经销
*
2018 年 3 月第　一　版　开本：720×1000　B5
2018 年 5 月第二次印刷　印张：30　插页：7
字数：539 000
定价：198.00 元
（如有印装质量问题，我社负责调换）

中国学科发展战略

指 导 组

组　　长：白春礼

副组长：张　涛　秦大河

成　　员：王恩哥　朱道本　傅伯杰
　　　　　陈宜瑜　李树深　杨　卫

工 作 组

组　　长：李　婷

副组长：苏荣辉

成　　员：钱莹洁　马新勇　薛　淮
　　　　　冯　霞　林宏侠　王振宇
　　　　　赵剑锋

中国学科发展战略·地下水科学

项 目 组

组　　长：林学钰　王焰新

成　　员：（以姓氏汉语拼音为序）

葛社民　刘崇炫　马　腾　曲建升

石建省　苏小四　王广才　王文科

文冬光　吴吉春　熊巨华　姚玉鹏

学术秘书：苏小四　甘义群

撰 写 组

组　长：林学钰　王焰新
成　员：（以姓氏汉语拼音为序）

蔡五田	陈　立	陈鸿汉	陈宗宇	邓　林
董海良	段　磊	葛社民	宫程程	宫辉力
郭　芳	郭　亮	郭华明	郭海鹏	何江涛
胡伏生	黄丹丹	黄金廷	姜光辉	蒋万军
靳继红	孔庆敏	李广贺	李颖智	李志红
梁永平	刘　菲	刘崇炫	刘文浩	刘再斌
马　瑞	马　腾	毛　郁	穆文清	钱家忠
曲建升	施小清	石建省	史浙明	束龙仓
苏春利	苏小四	孙继朝	孙晓熠	孙自永
汤　洁	唐　霞	王广才	王金生	王文科
王晓光	王旭升	文冬光	吴吉春	吴剑锋
吴秀平	熊巨华	许庆宇	杨泽元	姚玉鹏
曾献奎	张　俊	张二勇	张福存	张进德
张生岐	张翼龙	张在勇	张兆吉	赵　伟
赵勇胜	郑邵铎	朱　琳		

总　序

九层之台，起于累土[①]

白春礼

　　近代科学诞生以来，科学的光辉引领和促进了人类文明的进步，在人类不断深化对自然和社会认识的过程中，形成了以学科为重要标志的、丰富的科学知识体系。学科不但是科学知识的基本的单元，同时也是科学活动的基本单元：每一学科都有其特定的问题域、研究方法、学术传统乃至学术共同体，都有其独特的历史发展轨迹；学科内和学科间的思想互动，为科学创新提供了原动力。因此，发展科技，必须研究并把握学科内部运作及其与社会相互作用的机制及规律。

　　中国科学院学部作为我国自然科学的最高学术机构和国家在科学技术方面的最高咨询机构，历来十分重视研究学科发展战略。2009 年 4 月与国家自然科学基金委员会联合启动了"2011～2020 年我国学科发展战略研究"19 个专题咨询研究，并组建了总体报告研究组。在此工作基础上，为持续深入开展有关研究，学部于 2010 年底，在一些特定的领域和方向上重点部署了学科发展战略研究项目，研究成果现以"中国学科发展战略"丛书形式系列出版，供大家交流讨论，希望起到引导之效。

　　根据学科发展战略研究总体研究工作成果，我们特别注意到学

[①]　题注：李耳《老子》第 64 章："合抱之木，生于毫末；九层之台，起于累土；千里之行，始于足下。"

科发展的以下几方面的特征和趋势。

一是学科发展已越出单一学科的范围，呈现出集群化发展的态势，呈现出多学科互动共同导致学科分化整合的机制。学科间交叉和融合、重点突破和"整体统一"，成为许多相关学科得以实现集群式发展的重要方式，一些学科的边界更加模糊。

二是学科发展体现了一定的周期性，一般要经历源头创新期、创新密集区、完善与扩散期，并在科学革命性突破的基础上螺旋上升式发展，进入新一轮发展周期。根据不同阶段的学科发展特点，实现学科均衡与协调发展成为了学科整体发展的必然要求。

三是学科发展的驱动因素、研究方式和表征方式发生了相应的变化。学科的发展以好奇心牵引下的问题驱动为主，逐渐向社会需求牵引下的问题驱动转变；计算成为了理论、实验之外的第三种研究方式；基于动态模拟和图像显示等信息技术，为各学科纯粹的抽象数学语言提供了更加生动、直观的辅助表征手段。

四是科学方法和工具的突破与学科发展互相促进作用更加显著。技术科学的进步为激发新现象并揭示物质多尺度、极端条件下的本质和规律提供了积极有效手段。同时，学科的进步也为技术科学的发展和催生战略新兴产业奠定了重要基础。

五是文化、制度成为了促进学科发展的重要前提。崇尚科学精神的文化环境、避免过多行政干预和利益博弈的制度建设、追求可持续发展的目标和思想，将不仅极大促进传统学科和当代新兴学科的快速发展，而且也为人才成长并进而促进学科创新提供了必要条件。

我国学科体系由西方移植而来，学科制度的跨文化移植及其在中国文化中的本土化进程，延续已达百年之久，至今仍未结束。

鸦片战争之后，代数学、微积分、三角学、概率论、解析几何、力学、声学、光学、电学、化学、生物学和工程科学等的近代科学知识被介绍到中国，其中有些知识成为一些学堂和书院的教学内容。1904年清政府颁布"癸卯学制"，该学制将科学技术分为格致科（自然科学）、农业科、工艺科和医术科，各科又分为诸多学科。1905 年清朝废除科举，此后中国传统学科体系逐步被来自西方的新学科体系取代。

民国时期现代教育发展较快，科学社团与科研机构纷纷创建，现代学科体系的框架基础成型，一些重要学科实现了制度化。大学引进欧美的通才教育模式，培育各学科的人才。1912 年詹天佑发起成立中华工程师会，该会后来与类似团体合为中国工程师学会。1914 年留学美国的学者创办中国科学社。1922 年中国地质学会成立，此后，生理、地理、气象、天文、植物、动物、物理、化学、机械、水利、统计、航空、药学、医学、农学、数学等学科的学会相继创建。这些学会及其创办的《科学》《工程》等期刊加速了现代学科体系在中国的构建和本土化。1928 年国民政府创建中央研究院，这标志着现代科学技术研究在中国的制度化。中央研究院主要开展数学、天文学与气象学、物理学、化学、地质与地理学、生物科学、人类学与考古学、社会科学、工程科学、农林学、医学等学科的研究，将现代学科在中国的建设提升到了研究层次。

中华人民共和国成立之后，学科建设进入了一个新阶段，逐步形成了比较完整的体系。1949 年 11 月中华人民共和国组建了中国科学院，建设以学科为基础的各类研究所。1952 年，教育部对全国高等学校进行院系调整，推行苏联式的专业教育模式，学科体系不断细化。1956 年，国家制定出《十二年科学技术发展远景规划纲要》，该规划包括 57 项任务和 12 个重点项目。规划制定过程中形成的"以任务带学科"的理念主导了以后全国科技发展的模式。1978 年召开全国科学大会之后，科学技术事业从国防动力向经济动力的转变，推进了科学技术转化为生产力的进程。

科技规划和"任务带学科"模式都加速了我国科研的尖端研究，有力带动了核技术、航天技术、电子学、半导体、计算技术、自动化等前沿学科建设与新方向的开辟，填补了学科和领域的空白，不断奠定工业化建设与国防建设的科学技术基础。不过，这种模式在某些时期或多或少地弱化了学科的基础建设、前瞻发展与创新活力。比如，发展尖端技术的任务直接带动了计算机技术的兴起与计算机的研制，但科研力量长期跟着任务走，而对学科建设着力不够，已成为制约我国计算机科学技术发展的"短板"。面对建设创新型国家的历史使命，我国亟待夯实学科基础，为科学技术的持续发展与创新能力的提升而开辟知识源泉。

反思现代科学学科制度在我国移植与本土化的进程，应该看到，20世纪上半叶，由于西方列强和日本入侵，再加上频繁的内战，科学与救亡结下了不解之缘，中华人民共和国成立以来，更是长期面临着经济建设和国家安全的紧迫任务。中国科学家、政治家、思想家乃至一般民众均不得不以实用的心态考虑科学及学科发展问题，我国科学体制缺乏应有的学科独立发展空间和学术自主意识。改革开放以来，中国取得了卓越的经济建设成就，今天我们可以也应该静下心来思考"任务"与学科的相互关系，重审学科发展战略。

现代科学不仅表现为其最终成果的科学知识，还包括这些知识背后的科学方法、科学思想和科学精神，以及让科学得以运行的科学体制，科学家的行为规范和科学价值观。相对于我国的传统文化，现代科学是一个"陌生的""移植的"东西。尽管西方科学传入我国已有一百多年的历史，但我们更多地还是关注器物层面，强调科学之实用价值，而较少触及科学的文化层面，未能有效而普遍地触及到整个科学文化的移植和本土化问题。中国传统文化以及当今的社会文化仍在深刻地影响着中国科学的灵魂。可以说，迄20世纪结束，我国移植了现代科学及其学科体制，却在很大程度上拒斥与之相关的科学文化及相应制度安排。

科学是一项探索真理的事业，学科发展也有其内在的目标，探求真理的目标。在科技政策制定过程中，以外在的目标替代学科发展的内在目标，或是只看到外在目标而未能看到内在目标，均是不适当的。现代科学制度化进程的含义就在于：探索真理对于人类发展来说是必要的和有至上价值的，因而现代社会和国家须为探索真理的事业和人们提供制度性的支持和保护，须为之提供稳定的经费支持，更须为之提供基本的学术自由。

20世纪以来，科学与国家的目的不可分割地联系在一起，科学事业的发展不可避免地要接受来自政府的直接或间接的支持、监督或干预，但这并不意味着，从此便不再谈科学自主和自由。事实上，在现当代条件下，在制定国家科技政策时充分考虑"任务"和学科的平衡，不但是最大限度实现学术自由、提升科学创造活力的有效路径，同时也是让科学服务于国家和社会需要的最有效的做法。这里存在着这样一种辩证法：科学技术系统只有在具有高度创造活力的情形下，才能在创新型国家建设过程中发挥最大作用。

在全社会范围内创造一种允许失败、自由探讨的科研氛围；尊重学科发展的内在规律，让科研人员充分发挥自己的创造潜能；充分尊重科学家的个人自由，不以"任务"作为学科发展的目标，让科学共同体自主地来决定学科的发展方向。这样做的结果往往比事先规划要更加激动人心。比如，19世纪末德国化学学科的发展史就充分说明了这一点。从内部条件上讲，首先是由于洪堡兄弟所创办的新型大学模式，主张教与学的自由、教学与研究相结合，使得自由创新成为德国的主流学术生态。从外部环境来看，德国是一个后发国家，不像英、法等国拥有大量的海外殖民地，只有依赖技术创新弥补资源的稀缺。在强大爱国热情的感召下，德国化学家的创新激情迸发，与市场开发相结合，在染料工业、化学制药工业方面进步神速，十余年间便领先于世界。

中国科学院作为国家科技事业"火车头"，有责任提升我国原始创新能力，有责任解决关系国家全局和长远发展的基础性、前瞻性、战略性重大科技问题，有责任引领中国科学走自主创新之路。中国科学院学部汇聚了我国优秀科学家的代表，更要责无旁贷地承担起引领中国科技进步和创新的重任，系统、深入地对自然科学各学科进行前瞻性战略研究。这一研究工作，旨在系统梳理世界自然科学各学科的发展历程，总结各学科的发展规律和内在逻辑，前瞻各学科中长期发展趋势，从而提炼出学科前沿的重大科学问题，提出学科发展的新概念和新思路。开展学科发展战略研究，也要面向我国现代化建设的长远战略需求，系统分析科技创新对人类社会发展和我国现代化进程的影响，注重新技术、新方法和新手段研究，提炼出符合中国发展需求的新问题和重大战略方向。开展学科发展战略研究，还要从支撑学科发展的软、硬件环境和建设国家创新体系的整体要求出发，重点关注学科政策、重点领域、人才培养、经费投入、基础平台、管理体制等核心要素，为学科的均衡、持续、健康发展出谋划策。

2010 年，在中国科学院各学部常委会的领导下，各学部依托国内高水平科研教育等单位，积极酝酿和组建了以院士为主体、众多专家参与的学科发展战略研究组。经过各研究组的深入调查和广泛研讨，形成了"中国学科发展战略"丛书，纳入"国家科学思想库—学术引领系列"陆续出版。学部诚挚感谢为学科发展战略研究付出心血的院士、专家们！

按照学部"十二五"工作规划部署，学科发展战略研究将持续开展，希望学科发展战略系列研究报告持续关注前沿，不断推陈出新，引导广大科学家与中国科学院学部一起，把握世界科学发展动态，夯实中国科学发展的基础，共同推动中国科学早日实现创新跨越！

前　言

　　地下水科学（即水文地质学，这两个学科名称在本书中完全通用）是 20 世纪中叶以来国际上地球科学发展最为迅猛的分支学科之一，成为流体地球科学的主干和基础学科。

　　水资源的可持续供给是当今人类社会面临的重大挑战。地下水是自然界中水循环的一个重要环节，是全球的重要供水水源。我国是一个水资源十分紧缺的国家。近 30 年来，强烈的人类活动使得我国原本有限的供水水源变得愈加稀缺，地表水和地下水的水质日趋恶化，地下水开发利用不当导致的地下水水位下降、流量衰减、水质恶化，以及地面沉降、地面塌陷等地质环境问题频繁发生。加快发展地下水科学，显然迫在眉睫。

　　我国地下水科学是一门伴随着中华人民共和国一起成长的学科。经过 60 余年的发展，我国地下水科学的教育、科研和生产体系已基本形成。在国家和社会需求的驱动下，科技创新取得一系列重要进展。20 世纪 50 年代至今，大规模的经济建设和人民生活都迫切需要地下水资源的可持续供给，矿产资源开发则迫切需要防治矿坑突水。因此，地下水资源（尤其是清洁淡水资源）的勘查、评价始终是该学科发展的主要方向。20 世纪 70 年代后期以来，与强烈的人类活动有关的地质环境保护问题成为学科的又一重要研究内容。近年来，供水水质安全、污染场地修复、流域生态环境保护、二氧化碳地质封存、核废料地质处置和地热资源的开发利用等方面的研究取得了较好的成果，极大地推动了学科的创新发展。

　　2005～2007 年，国家自然科学基金委员会地球科学部、中国地质调查局曾经组织开展"中国地下水科学的机遇与挑战"战略研究。但由于近 10 年来，学科发展迅猛，亟须进一步凝练重大科学问题，对学科近年来的研究进展进行深入、系统的评述与趋势分析。因此，中国科学院地球科学部立项开展"地下水资源"学科发展战略研究，以期发挥学部对我国科学技术前沿和未来创新发展的引领作用，并推动我国水文地质学科的发展。本项目在 2015 年年底由林学钰向中国科学院学部提出申请，2016 年 2 月 25 日向中国科学院学部常委会议汇报后获批立项实施。这是中国科学院学部首次部署地下水科学领域的学科发展战略研究项目。在项目研究过程中，邀请到袁道先、汪集旸、薛禹群、夏军、武强等 7 位院士、专家提供咨询，来自教育部、中国科学院、国土资源部、国家自然科学基金委员会、美国科罗拉多大学的 70 余位专家与项目组成员一起参与学科发展战略报告的撰写。

本学科战略报告分为 7 章，报告编制工作采用分章负责人制，同时注重加强各章之间内容的衔接，力求体例的协调一致。各章撰写负责人如下：第一章、第七章，林学钰、王焰新；第二章，王文科、王广才；第三章，文冬光、郭华明；第四章，王焰新；第五章，吴吉春；第六章，曲建升、姚玉鹏。王焰新和林学钰负责全书统稿。苏小四参与统稿和图件清绘、文字校对工作。

本书是在向中国科学院提交的学科战略研究报告的基础上修改、完善而成的。全书以分析地下水科学的发展趋势、介绍地下水资源与环境研究的前沿领域为宗旨。主要内容为：针对当前国际地下水科学研究的前沿领域和新技术、新方法，阐述其发展现状与趋势；系统分析发达国家和我国地下水科学领域的资助战略；围绕我国在地下水资源与地质–生态环境和地下水水质安全两大领域的发展现状，对存在的瓶颈、需突破的关键点等做出尽可能详尽的分析。为促进我国地下水科学的进步，项目组成员还从宏观上研讨了学科发展所需的资助机制、平台建设和人才培养改革。

本书目的不是提供一个百科全书式的地下水科学战略研究概论，而是遵循有所为有所不为的原则，力图体现科技战略研究的前沿性、国家和社会需求的紧迫性，从而助力学科的创新发展；力图通过简明扼要和通俗易懂的语言让深奥的科学道理被公众所理解，从而促进社会各界对地下水科学研究的支持；力图较全面地列出国内外代表性文献，从而方便从事地下水科学领域研究、教学和生产一线的科技人员、研究生查询和参阅。

在项目研究过程中，得到了由陈颙院士、傅伯杰院士先后担任主任的两届中国科学院地学部常委们的关心和指导，得到众多同行的大力支持和无私帮助。书稿初稿完成后，承蒙香港大学焦赳赳教授、中国地质环境监测院李文鹏教授、中国科学院地理科学与资源研究所宋献方研究员、南方科技大学郑春苗教授、河海大学周志芳教授、中国地质大学（北京）周训教授等专家对书稿进行了审查并提出了宝贵的修改建议，在此一并致谢！

由于本书从立项到完成的时间不足两年，加上为作者水平所限，书中缺漏之处在所难免，敬请读者批评指正。

林学钰

2017 年 10 月 8 日

目 录

彩图

第一章
学科战略地位分析

第一节　学　科　特　点

　　顾名思义，地下水科学（groundwater science）的主要研究对象是地下水。因地下水赋存于地下介质中，研究地下水的成因、地下水系统的结构与组成和物质与能量循环的规律，就必须基于地质学的理论和方法。因此，水文地质学（hydrogeology）一词，是这门学科常用的术语。在本书中，地下水科学和水文地质学这两个学科名称完全通用。在欧美国家和地区中，类似的学科名称还包括地质水文学（geohydrology）和地下水水文学（groundwater hydrology）。

　　地下水科学的学科特点可以归纳为以下三个方面。

　　地下水科学的学科特点首先体现在：人类依赖地下水的社会需求和人类探索地下水的研究兴趣，共同推动着该学科基本理论和研究方法的不断进步。在欧洲，已发现至少有 7000 多年历史的水井（Tegel et al.，2012）。在中亚、印度和中国，3000～5000 年前，人类就知道利用水井、坎儿井等设施来取用地下水，也知道利用矿泉水来医治某些疾病。水文地质学成为独立学科的时间不过 100 余年，远比人类探索地下水的起源、运动和利用方式的历史短得多。在 17 世纪之前，人类关于地下水的知识基本停留在一些哲学家和科学家的假设或猜想，认识是片面、零散的，缺乏观测和实验数据的支持。到 17 世纪，法国物理学家马里奥特（Edmé Mariotte，图 1-1）通过试验和调查明确地表示，降水是河流和泉水的水源，他还揭示了泉水的涨落与降水量有直接的关系。与他同时代的佩罗德（Pierre Perrault）在 1674 年出版的《泉水的起源》（图 1-2）一书中认为，降水足以保证泉水和河流周年长流。这本书被认为是世界上第一部水文地质领域的专著。1974 年，在联合国教科文组织的倡议下，开展了该书出版 300 年的纪念活动。但相比之下，马里奥特基于测量、计算的方法和关于水循环的观点得到了更为广泛的传播和认同，门泽尔（O. Meinzer，图 1-3）尊崇他为无与伦比的水文地质学奠基人。1802 年，法国博物学家拉马克（Jean de Lamarck）出版了名为《水文地质学》的书。尽管这本书仅讨论了水的危害和水沉积现象，但这是最早冠以这一学科名称的著作。法国科学家对于创建水文地质学的贡献更集中地体现在达西（Henry Darcy，图 1-4）和裴布衣（J. Dupuit）的成果中。1856 年，达西发表了他通过实验建立的地下水线性渗透定律即达西定律，并强调他的公式是在野外和实验观察的基础上得出的；7 年后，裴布衣发表了以他的名字命名的可透水介质中井的轴对称流量公式。随后，德国水利工程师蒂姆（A. Thiem）发展了裴布衣公式，提出由一个孔抽水，在其附近多个孔观测水位，以计算含水层的水文地质参数。

图 1-1　马里奥特（1620—1648 年）　图 1-2　佩罗德 1674 年出版的
《泉水的起源》封面

图 1-3　门泽尔（1876—1948 年）　　图 1-4　达西（1803—1858 年）

20 世纪是地下水科学迅猛发展的时期。迄今，尚缺乏对近 100 年来该学科发展历程的系统总结，但 20 世纪 60 年代看来是学科发展的分水岭。在此之前的 50 年中，传统水文地质学的发展基本靠传统的罗盘、放大镜和经纬仪、抽水试验、井水位和泉流量测量等开展野外调查，计算工作靠人工完成，研究的重点为地下水水量。这一时期学术成就最突出的国家是美国和苏联。1923 年门泽尔的《美国地下水赋存规律》（*The Occurrence of Groundwater in the United States with a Discussion of Principles*，美国地质调查局供水报告第 494 卷）是这一时期的代表作。该书描述了美国的主要给水地层建造。随后，门泽尔在评价地下水资源量时发现，地下水水均衡尚未能平衡，推测含水地层建造有某种弹性行为。1935 年，泰斯（C. V. Theis）认识到热流和水流的类似性，通过类比发现一些用于解决热流问题的方法可以用于解决类似的流体流动问题。基于此，泰斯推导了抽水引起的水井附近水位的瞬态行为或地下水向井流动的非稳定流解析公式。哈伯特（Hubbert，1940）关注大的地质盆地范围内的地下水天然流动，发表了关于地下水流理论的详细研究成果。同一年，雅克布（Jacob，1940）推导出了直接描述流体流动的微分方程，该方程包含了门泽尔在 12 年前描述的孔隙介质的弹性行为。微分方程对于水文地质学研究的至关重要性在这里得到了充分体现。借助微分方程，我们得以描述一种自然状态与其邻近状态之间在时间和空间上的关系，从而刻画其自然规律或因果关系，而这正是自然科学研究之基石。在今天，水井水力学的训练对于水文地质工作者的重要性，就像正确使用罗盘对野外地质工作者的重要性一样，丝毫没有减弱。

在这一时期，与美国水文地质学派平行发展的是苏联水文地质学派。1931 年，在列宁格勒（今圣彼得堡）举行了苏联水文地质大会，以总结其 10 年的水文地质调查研究成就。苏联的水文地质工作者在区域水文地质尤其是地下水分带性、热卤水成因、矿床水文地质、多年冻土水文地质等领域取得了众多成果。1922 年，苏联出版了第一部俄文版的《水文地质学》教材（图 1-5）。1933～1935 年，维尔纳茨基（В. И. Вернадский，图 1-6）发表了《天然水的历史》一书，成为现代水文地质学重要的奠基之作。在该书中，维尔纳茨基论述了地球内部水的合成作用，认为地下水圈（以及整个的水圈）存在不同组成部分之间的水均衡，地下水是与岩石、气体和有机质相互作用的溶液，其气体成分取决于生物化学作用和变质作用。这种系统、演化的地下水成因观被他的学生和苏联水文地质学界很好地继承，并在 20 世纪 80 年代出版的 6 卷本的《水文地质学原理》中得到充分的体现。

图 1-5 苏联 1922 年出版的《水文地质学》教材封面

图 1-6 维尔纳茨基（1863—1945 年）

1960 年之后，地下水科学进入新的发展时期，除了继续深化水量、水资源评价、管理等传统研究，这一时期的鲜明特点是以地下水水质为核心的环境问题研究为重点。这与四个重要因素有关。一是随着高新技术的发展与广泛应用，过去通过烦琐数学分析才能解决的问题（或一些根本无法解决的问题）可以借助计算机得以解决；过去不能完成的现场快速、定量水质指标检测，过去不能分析或分析精度较低的元素与复杂化合物，过去不关注或无法完成的微生物群落分析、基因测序，随着分析技术发展均取得很大的突破。二是 1962 年蕾切尔·卡逊（Rachel Carson）的《寂静的春天》一书问世，轰动了欧美各国，标志着人类关心环境问题的开始。20 世纪 60～70 年代，环境法规颁布非常频繁，但大多针对地表水。1976 年，美国颁布《资源保护与回收法》，基于地下水资源保护，该法案用于管理固体有毒废物从其产生到最终处置的全过程。随后，美国于 1980 年颁布《综合环境反应、赔偿和责任法》，即通常所称的污染场地净化"超级基金"，这个法案使得地下污染物的分布和迁移成为水文地质工作长期的研究重点。三是在 20 世纪 70 年代早期，由于石油禁运，急需寻找替代能源，人们对热流尤其是地热的兴趣达到高潮，开始地下水流对地热的迁移的基础研究，特别是沉积盆地中的地热演化、低温成矿、地震发生后摩擦热耗散、地热污染，以及用于高放射性核废料储存场地的岩石的流体和热-力学响应。四是来自地球化学、微生物学的学者加盟水文地质研究。Hem（1959）研究和解释天然水化学特征时，给出了当时已知的大多数重要反应，并开启了水文地质学家与化学家、公共卫生工程专家、生物学家、湖泊学家合作研究天然水的优良传统。Garrels（1960）对于地球化学热力学平衡的研究，使得水文地质研究者在详细开展野外调查时，能够宏观理解区域地球化学过程，而把区域水文地质和地下水化学演化结合起来研究，极大丰富了区域水文地质研究成果。

20世纪80年代以来，为持续满足国家和社会的需求，尤其是地下水安全供给的需求，地下水科学得到空前的创新发展，理论方法体系得到质的飞跃。其中，成就突出的研究领域包括：以加拿大滑铁卢大学为代表的污染水文地质研究；以美国能源部国家实验室为代表的核废料处置场地核素迁移、增强型地热系统研究；以美国地质调查局为代表的流域地下水水质研究；多国学者在南亚、东南亚和中国开展的高砷地下水研究，等等。Niu 等（2014）对1993～2012年全球地下水研究进行的SCI-E文献计量分析结果显示，这20年间地下水科学研究增长显著，国际重要期刊《水文学杂志》（*Journal of Hydrology*）发表的地下水研究论文居各期刊之首，论文作者和研究区主要集中在美国、西欧、东亚和南亚、澳大利亚东部。关键词分析显示，这一时期的主要研究领域包括：地下水水质与污染、有效研究技术和水质改良的修复技术；显著增加的关键词包括：砷、气候变化、氟、地下水管理、水文地球化学、不确定性、数值模拟、海水入侵、吸附、遥感、土地利用、供水。这可能也提示了国际地下水研究未来的一些热点。

中国地下水科学是中华人民共和国成立后发展起来的。中国水文地质工作者立足中国特有的水文地质条件，为满足国家和社会需求、推动学科发展做出了重要贡献。曾主持中国水文地质普查工作的中国科学院院士陈梦熊（图1-7）在总结中国水文地质学科的演变历程和发展趋势时指出：干旱区水

图1-7　陈梦熊（1917—2012年）

文地质学与岩溶水文地质学等发展最快，研究程度也最高；由于中国地域辽阔，地质地貌条件与气候条件错综复杂，因此区域水文地质学的内容丰富多彩，是其他国家难以比拟的（陈梦熊和马凤山，2002）。

跨学科禀赋是地下水科学的突出特点。这一禀赋与生俱来，也是其成为"常青藤"学科的根本原因。地下水是重要的水资源和矿产资源，因此地下水科学在研究地下水运动时需要基于数学模型与方法，运用并发展水力学和流体力学的基本原理；在研究地下水的区域水量均衡、资源保证率以及地下水径流特征时，需要运用并发展水文学的基本理论；在研究地下水的赋存特征和水量、水质、水温形成分布规律时，则必须在地质学的基础上发展理论与方法。由于地下水是环境要素、环境变化信息的一种重要载体，在研究全球变化、环境污染、土地利用问题时，需要借助于水文气候学、环境科学的理论方法和信息技术。并且，由于地下水具有自然资产和商品的双重社会经济属性，在研究水资源政策、水资源经济、区域规划等问题时，需要运用并发展经济、管理、法学等领域的知识。因此，水文地质学作为学科生长点，其学科发展的内在逻辑决定其可归为基础研究领域的学科；而作为与地下水有关的科学技术和社会科学的交汇点，水文地质学横跨了自然科学、社会科学等领域，又可归为应用研究领域的学科，这就使得水文地质学历久弥新、持续生长，在人类知识体系中的重要性与日俱增。

系统论和数学方法是地下水科学的重要基础。地下水科学作为一门独立的学科，其科学理论主要是流体、物质和能量在地下水系统中迁移的理论，其研究方法主要是观测、模拟和预测流体、物质和能量在地下水系统中的时空分布特点和迁移规律。地下水系统是由水-岩（土）-有机质-微生物-气体组成的复杂体系，其物质组成十分复杂：溶解性无机和有机组分、非水溶性有机物质、气体和微生物并存；影响迁移的各种作用和因素十分复杂：温度-水流-应力-化学过程耦合，非生物与生物地球化学过程并存，迁移过程和反应速率尺度效应显著。研究对象呈现出的复杂系统特点，从根本上决定了地下水科学研究必须基于系统论和数学，这也使得水文地质学成为地质学中最早和最多应用数学、力求定量的分支学科之一。

总之，地下水科学发展至今，已经成为学科体系较完整、理论方法较系统的独立学科。如何划分其学科分支，国内外尚无统一认识。早在1980年，苏联学者宾涅克尔（E. B. Пиннекер）给出的水文地质学科体系的划分方案（表1-1），其逻辑层次和学科表述相对其他分类较为规范、简洁。在这一方案中，他把地下水科学划分为理论、方法与应用两大分支和10个分支学科。

根据近30多年学科的发展，本书补充了"地下水微生物学"和"生态水文地质学"两个新兴分支学科，以括号加注的方式对部分分支学科的名称给出通用的别名，并对部分学科的主要研究内容作了补充描述。从这些主要研究内容不难看出，地下水科学在解决人类面临的水资源、环境、灾害和能源问题中已经并将继续发挥不可替代的重要作用；同时，在地球科学、环境科学理论与方法体系中已经并将继续占有不可替代的基础性、战略性地位。

表 1-1 地下水科学（水文地质学）学科体系

分支学科名称	主要研究内容
理论分支 ①水文地质学基础	①地下水圈*成因理论，地壳中地下水的形成与分布规律。
②地下水动力学（地下水水力学）	②地下流体运动与动态变化规律，地下水资源评价与管理理论，水文地质模拟。
③水文地球化学	③地下水圈化学元素及其同位素的迁移规律，地下水的成分及其成因。
④地下水微生物学	④地下水圈微生物类群、结构、基因及其与环境之间的相互关系与作用规律。
⑤水文地热学	⑤地下水圈的热学性质与能量迁移转化规律。
⑥地下水圈历史（古水文地质学）	⑥地下水圈的成因与演化，地壳中水的地质作用及其在各种地质过程中的作用，全球变化的古水文地质记录。
方法与应用分支 ①水文地质方法学	①水文地质填图、勘查、动态观测、试验、实验室、模拟和预测工作。
②勘查水文地质学	②地下水资源勘查、评价和地下水供水理论与方法，满足医疗、工农业和热能需求的地下水勘查、地下水改良。
③区域水文地质学	③地下水及地下水圈其他组分的区域性调查评价。
④地下水灾害防治学（工程水文地质学）	④地下水对充水矿床开采、隧道及各种构筑物施工、土壤改良条件的影响。
⑤地下水圈保护学（环境水文地质学）	⑤地下水污染与资源枯竭，水质与人体健康，水土资源管理，污染防治、环境修复与法律制度。
⑥生态水文地质学	⑥依赖地下水的生态系统、尤其是关键带调查评价与保护。

*在地下水圈中，地下水赋存形态除了液态外，还有固态、气态、物理结合态和化学性结合态等；除了各类含水介质（岩石、土壤和沉积物），与地下水共存的其他组分还包括各种气体（氮气及其气态化合物、氧气、二氧化碳、硫化氢、甲烷等）、微生物和有机质等

资料来源：据Пиннекер（1980）并修改补充。该文献是6卷本俄文版《水文地质学原理》的第1卷

第二节 国家和社会需求分析

地下水是人类生存发展必不可少的重要基础资源，是生态和环境系统的基本要素。随着工业化、城市化、现代化进程的推进，水资源短缺、水环境

压力日益加剧，地下水科学的重要性与日俱增。正是经济社会发展和地球科学学科发展的强劲需求，推动着地下水科学的不断进步。

一、维持水资源安全供给是地下水科学的首要任务

中国是缺水国家，水安全是国家安全的重要方面。有限的水资源在支撑国民经济发展中发挥着重要资源保障作用。随着需水增长、水质劣化，水安全态势不容乐观。

中国地下水资源总体不足，分布严重不均，超采区与有潜力区并存。据评价（张宗祜等，2004，表1-2）①，全国地下水天然补给资源总量为9235亿 m^3/a，北方占32.3%，南方占67.7%；地下淡水可开采资源总量是3528亿 m^3/a，北方占43.6%，南方占56.4%，分布很不均匀，主要集中在各大平原和盆地；年地下水开采总量为1058亿 m^3 左右，开采程度近30%，南、北方开采量和开采程度差异很大，总体上北方开采程度高于南方，北方地下水开采程度为52%，南方开采程度仅为13%。据中国地质调查局发布的《中国岩溶地质调查报告（2016）》，南方岩溶地区地下水资源开发利用潜力为534亿 m^3/a，现状开采量66亿 m^3/a，开发利用潜力较大。20世纪70年代全国地下水年开采量为572亿 m^3/a，80年代增加到748亿 m^3/a，1999年达到1116亿 m^3/a，其后大体稳定在1050～1100亿 m^3/a。

表1-2　中国主要平原（盆地）地下水资源分布　　　（单位：亿 m^3/a）

资料来源	张宗祜，等，2004		北方盆地调查，2009		其他		
分区资源数据	天然补给资源	可采资源	天然补给资源	可采资源	天然补给资源	可采资源	备注
华北平原	233.96	115.58	233.96	115.87	217.47	123.83	973项目"华北平原地下水演变机制与调控"研究成果，2014
山西六盆地	32.65	27.48	24.49	19.96			
疏勒河流域	9.56	3.12	9.56	3.01			
柴达木盆地	36.39	12.34	38.48	12.34	37.26		青海省地下水资源评价报告，1985
准格尔盆地	80.60	56.45	78.79	56.45			
塔里木盆地	186.99	60.17	186.99	60.17			
西辽河平原	77.30	54.88	77.36	54.88			
松嫩平原	131.81	101.52	131.81	105.70			
三江平原	51.45	37.12	51.45	37.12			

---

① 以下数据中未统计台湾省的相关数据。

续表

资料来源 分区资源数据	张宗祜, 等, 2004		北方盆地调查, 2009		其他		
	天然补给资源	可采资源	天然补给资源	可采资源	天然补给资源	可采资源	备注
鄂尔多斯盆地	104.79	57.91			105	60	中国地质调查百项成果（076）：鄂尔多斯国家能源基地地下水资源保障
银川平原	22.21	8.74					
长江三角洲	75.69	44.89					
珠江三角洲	19.45	13.72					
四川盆地	389.19	153.69					
南方岩溶地区	3031.30	975.22				534（潜力）	中国岩溶地质调查报告, 2016

全国各分区地下水开采程度差异很大, 黄淮海平原地区最高为 71.3%, 其次是辽河流域为 63.4%, 黄河流域为 50.7%, 内陆盆地平均为 40.2%, 珠江流域和长江流域均不足 20%。1999 年, 全国总供水量中地下水供水量为 1044 亿 m³[①], 占总供水量的 19%。据《中国水资源公报 2015》, 2015 年中国地下水供水量 1069 亿 m³, 占总供水量的 17.5%。由此可见地下水供水量和占比基本保持了稳定的比例。全国地下水总用水量中, 工业用水量约占总用水量的 19%, 农业用水量占 61%, 生活用水量占 20%。

中国地下水水质空间分异性显著。据中国地质调查局 2016 年发布的《中国地球化学调查报告（2016）》, 中国可直接作为饮用水源和经适当处理作为饮用水源的地下水占 2/3 左右（其中可直接饮用的地下水占 1/3 左右）, 另有 1/3 左右的地下水不宜作为生活饮用水源。总体上, 中国地下水质量, 南方优于北方, 山区优于盆地, 山前平原优于滨海平原, 深层优于浅层。可直接作为饮用水源的地下水主要分布在松嫩平原北部、华北平原山前地带、淮河流域平原区周边地带、鄂尔多斯盆地北部及周边岩溶区、长江三角洲西南部山前带、西北内陆盆地山前地带及南方岩溶地区。水质较差的地下水主要分布在河套平原北部、河西走廊荒漠区、华北平原和淮河流域平原的沿海地带、鄂尔多斯盆地中部及西北诸内陆盆地的咸水和微咸水分布区。影响中国地下水质量的主要指标是铁、锰、总硬度、硫酸盐、氟、矿化度、砷等。高铁、高锰、高砷、高氟组分主要源于含水地层的岩性和赋存环境；高硬度组分主要源于地下水对地层中钙、镁等离子的溶滤；高硫酸盐和高矿化度组分在东

---

① 统计数据未包含台湾省。

部沿海平原区主要源于百万年以来地质时期的海水入侵，在西北干旱地区主要源于大陆蒸发盐化作用。调查发现，农村可直接作为饮用水源的供水井占24%；适当处理可作为饮用水源的供水井占39%；存在水质不安全的供水井占37%。影响这些水井地下水水质的主要指标为总硬度、硫酸盐、铁、氯化物、硝酸盐、氟、钠、矿化度等。受污染潜在威胁的供水井占12%，存在氮、重金属、有毒有害有机物轻微超饮用水标准值现象，值得注意。华北平原地下水供水水源地符合供水水源要求的占74%；有26%的水源地存在常规指标水质安全隐患，通过水厂处理方可以实现达标供水。2006～2014年，地下水质量优良的比例下降约8%，质量总体呈下降态势，水质恶化趋势明显。在北方地下水强烈开采的地区，浅层地下水矿化度、硬度升高显著。南方部分地区浅层地下水酸化明显，珠江三角洲地区酸化尤为明显，区域酸雨是造成东南沿海地区地下水酸化的主要原因。

地下水资源在保障国家粮食安全中至关重要。据《全国新增1000亿斤粮食生产能力规划（2009—2020年）》，到2020年，我国新增粮食生产能力500亿kg。为此，到2020年中国耕地有效灌溉面积将达到9亿亩[①]以上，有效灌溉率达到51%，灌溉水利用系数达到0.55左右。通过打造13省680个县粮食生产核心区、11省120个县非主产区产量大县、粮食生产后备基地等分担粮食增产责任。粮食增产必然增加地下水开采的压力，在超采严重地区矛盾尤其突出。《中共中央关于制定国民经济和社会发展第十三个五年计划的建议》提出要实施"藏粮于地、藏粮于技"战略，提高粮食产能。2015年，国家在《水污染防治行动计划》（通称"水十条"）中提出：要调整种植业结构与布局，在缺水地区试行退地减水，到2018年年底前，对3300万亩灌溉面积实施综合治理，减退水量37亿m³。河北省开展了以衡水为重点的黑龙港地区地下水超采综合治理试点，2015年涉及4市49个县，压采10.64亿m³；2016年投入87亿元，涉及9市115个县，压采22.3亿m³，季节性休耕200万亩，推行节水小麦700万亩；到2017年压采20亿m³，占现状超采量的74%，地下水降落漏斗中心区水位止跌回升；到2020年计划压采27亿m³，实现采补平衡，地下水降落漏斗中心水位明显回升。全国各省（自治区、直辖市）都根据国家统一部署开展了地下水超采区综合治理。

中国跨边界地下水安全形势复杂。中国主要跨国界含水层共有13处，中国多数处于上游区，其中有额尔齐斯河谷平原、塔城盆地、伊犁河谷平原、

---

① 1亩≈667m²。

三江平原、克鲁伦河流域、澜沧江下游、左江上游、北仑河盆地等 8 处受到国际社会的特别关注。跨国界含水层面积超过 30 万 km^2，可采地下水资源量 200 亿 m^3/a 以上，总体开采程度不高。西北地区跨界含水层的焦点是地下水资源需求与权益保障问题，中国境内地下水开发利用程度高于邻国，尚未出现严重跨界影响问题。东北地区跨界含水层的焦点问题是潜在的污染控制与含水层保护问题，中国境内地下水开发利用程度很高，局部超采。2005 年，松花江发生重大水污染事件，引起境外关注，但俄罗斯境内地下水未检出超标物质。西南地区跨界含水层开发利用程度较低，水环境与生态环境安全问题受到国际社会高度关注，岩溶含水层地下水污染防控是未来跨界含水层管理的主要问题。

中国地下水数量和质量的这些新的变化，对中国水安全提出挑战，也对中国未来地下水科学的发展提出了新的更紧迫的要求。

二、水质利用和地质环境保护的需求强劲

水质清洁、味美甘醇、水温稳定的泉水，是十分理想的饮用水源。例如北京的玉泉山水，因其水质上佳，在明清两代一度成为宫廷皇室用水专供水源。现代人从维护自己的健康出发，更是普遍喜爱饮用矿泉水，许多名泉成为开发矿泉水的理想之地。例如，山东青岛崂山矿泉水，因其二氧化碳含量高，还含有对人体有益的多种矿物质，成为各类矿泉水中的佼佼者。中国酿酒历史悠久，名酒种类繁多。中国的许多名酒，如贵州的茅台、四川的五粮液、山西的汾酒等名酒，特色突出，经久不衰，除了有传统的精湛技艺，选用优质原料和严格操作规程外，更得益于当地泉水的甘醇。

中国天然饮用矿泉水资源丰富，全国已勘查鉴定的矿泉水水源共 4720 处，可开采量为每年 10.3 亿 m^3，以偏硅酸型、锶型、锂型或复合型矿泉水为主，最具代表性的矿泉水产区有吉林长白山、山东崂山、青海昆仑山、内蒙古阿尔山等地区。近期的调查新发现富含偏硅酸、锶、锌、硒的优质地下水点 2000 多处，多以偏硅酸型、锶型或其复合型为主，集中分布在松嫩平原西北部、西辽河南部、太行山、燕山山前地带等；富含锌的地下水数十处，零星分布于华北平原、长江三角洲地区、西南地区，通过进一步勘查评价，有望成为新的矿泉水开发利用基地。合理开发利用矿泉水资源，对于提高生活品质、促进经济发展具有重要的意义。

中国是个温泉众多的国家，温泉资源丰富，利用前景广阔。已查明的温泉就有 2000 多处。许多温泉泉水中含有多种具有医疗价值的微量元素，在医

疗上有独特的疗效。

超采地下水、生产和生活废物排放进入地下水，改变了地下水及其赋存介质天然状态下固有的补给—径流—排泄之间的平衡关系和地球化学条件，对原有的生态环境产生了一系列负面影响，造成了一系列相关的环境问题。地下水位持续下降，局部地区面临地下水资源枯竭的危险（张宗祜等，2006）。地下水超采区主要分布在黄淮海平原、山西六大盆地、关中平原、松嫩平原、下辽河平原、西北内陆盆地石羊河流域等地区。据调查，京津冀平原区地下水超采量每年达 30 亿 m³ 以上，河北省超采面积最大为 7 万 km²，超采区面积超过 1 万 km² 的还有甘肃、河南、山西、山东 4 省。华北平原太行山前及中部的浅层地下水已经接近干枯，深层地下水还在大量开采，已形成了跨北京、天津、河北、山东的区域地下水降落漏斗群，有超过 7 万 km² 面积的地下水位低于海平面（张兆吉等，2009）。区域地下水降落漏斗仍在继续发展，德州-衡水地区，地下水漏斗区的最大地下水位埋深超过 100 m，低于海平面 80 多 m。西北地区各内陆盆地平原中下游地区地下水开采量逐年增加，河西走廊 20 世纪 80 年代的地下水位与 20 世纪 50 年代末期相比较，各盆地南部地下水位普遍下降 3～5 m，部分地区达 10m 以上。石羊河流域中部武威盆地泉水溢出带以上洪积扇群带，水位普遍下降 10～20 m，造成泉流量减小甚至枯竭、下游荒漠化迅速发展等环境问题。哈尔滨市区长期超采地下水，使得地下水由承压水转为无压层间水，地下水位低于含水层顶板 10～18 m，单井涌水量衰减 30%～50%。大庆油田长期超采地下水，导致形成了 5560 km² 的地下水位降落漏斗。三江地区也产生了上千平方千米面积的降落漏斗。地下水位下降削弱了含水层调蓄能力，加大了水资源开采成本，诱发了一系列地质环境问题。

1. 地下水污染态势不容乐观

据中国地质调查局发布的《中国地球化学调查报告（2016 年）》，中国区域地下水中污染组分超标率已达 15% 左右，主要污染物为三氮、重金属和有毒有害微量有机污染物。氮污染总超标率近 10%，重金属总超标率近 7%，有毒有害微量有机污染物总超标率 3% 左右。氮污染是中国地下水面临的主要水源污染问题。地下水中氮污染的存在形式包括硝酸盐、铵根离子和亚硝酸盐，以硝酸盐氮污染为主，主要分布在东北、华北、淮河的农业区，重点城市周边和排污河道两侧。氮污染的主要原因是化肥的大量使用，以及分散养殖、垃圾填埋、生活污水排放等。对比 20 世纪 60 年代以来的监测资料，地下水中硝酸盐氮浓度持续升高。调查发现，中国局部地区出现了天然状态下罕见的硝酸盐型地下水数百处，分布在华北平原、东北平原和淮河流域局部地区，局部氮超标严重。地下水中重金属污染多呈点状分布。地下水中重金属污染主要包括铅、镉、铬、汞。铅含量超标的样本主要分布在浙江南部沿海、华北平原南部、淮河流域中西部地区；镉含量超标的样本主要分布在华北平原、东南沿海等局部地区；铬超标的样本主要分布在铬盐生产与使用企业周围，共发现铬渣污染场地数十处，严重影响地下水水质；汞超标样品很少，呈零星分布。总体而言，重金属的超标点多分布在城市周边及工矿企业周围。地下水中有毒有害有机污染物检出明显，地下水中有机污染物总检出率超过 20%，总超标率近 3%，主要检出和超标的有机污染物种类为单环芳烃、多环芳烃、有机氯溶剂和农药，主要分布在城市等人口密集的沿海经济带和人口集中的内陆城市。农药类检出率近 2%，超标率不高，超标点主要集中在下辽河平原、新疆北部、苏锡常地区，此类污染物将在地下水中长期存在并影响地下水水质。

2. 地面沉降和地裂缝呈多发态势

大量开采深层承压水，在一些大城市和地下水集中开采区造成地面沉降。至 2006 年，地面沉降严重地区主要为华北平原、长江三角洲和汾渭盆地。华北平原不同区域的沉降中心仍在不断发展，并且有连成一片的趋势。华北平原主要沉降中心为沧州、任丘地区，地面沉降速率为 34.9～131.5 mm/a，最大累计沉降量为 2457 mm。天津市主要沉降中心为塘沽、市区，地面沉降面积 7300 km^2，累计最大沉降量已超过 3100 mm。华北平原沉降量大于 500 mm 的面积已超过 33 000 km^2，大于 1000 mm 的面积已超过 8500 km^2，大于 2000 mm 的面积已超过 940 km^2。苏锡常地区的地面沉降严重，至 1999 年底，区域累计地面沉降超过 200 mm 的沉降区面积达 5137 km^2，沉降量大于 1000 mm 的分布面积达 351 km^2，还诱发了多处地裂缝地质灾害，造成大量道路桥梁、民房、厂房、学校等建筑的毁坏。西安市严重超采地下水，造成地面沉降、建筑物出现裂缝等一系列环境地质问题，城区地面下沉面积达 162 km^2，2000 余座建筑物受到不同程度的破坏。过量开采地下水还导致了地裂缝，对城市基础设施建设构成严重威胁。在河北、山西、陕西、山东、河南等省、市、区，共发生地裂缝 400 多处、1000 多条，总长超过 340 km。沧州的地面沉降伴生的地裂缝有 20 多条，最长达 4 km（张宗祜等，2004）。

3. 地面塌陷危害严重

地面塌陷在中国有岩溶塌陷、采空塌陷和黄土湿陷。北方地区主要为采空塌陷，多发生在煤矿采空区、开采区，导致田地沉陷、房屋倾斜。2006年全国共发生地面塌陷灾害398起，主要分布在江西、广西、湖南、内蒙古、福建等省（自治区）。截至2004年，仅山西省因采煤引起严重地质灾害的区域就达2940 km² 以上，约占全省总面积的1/7；鄂尔多斯盆地因采煤造成地面塌陷面积3.25 km²。中国岩溶塌陷高易发区面积34 km²，年均发生150多处，有记录的岩溶塌陷灾害已达3300多处，涉及143个县级城镇（张宗祜等，2004）。

4. 海水入侵问题多发

海平面上升，加上过量开采地下水、造成地下水位下降，引起不同程度的海水入侵。中国海水入侵主要发生在环渤海地区辽宁、河北、山东等省份，且发展迅速。山东省的东营、潍坊、青岛、威海、日照等地区海水入侵范围累计达3076 km²。河北省的秦皇岛等地区海水入侵累计面积为340 km²。辽宁省的锦州、葫芦岛、大连等地区海水入侵累计面积达740 km²。葫芦岛稻池地区强烈开采地下水，引起海水入侵，其侵入距离达5~8 km（张宗祜等，2004）。

5. 荒漠化不断发展

中国荒漠化主要发生在北方地区，塔里木盆地、准噶尔盆地、阿拉善高原、鄂尔多斯高原，涉及新疆、甘肃、内蒙古、黑龙江等12个省（自治区、直辖市）。据统计，沙漠和荒漠化土地面积288.5万 km²，约占国土陆地面积的30%。内蒙古沙漠化面积已占其总面积的73.5%，新疆占47.7%，甘肃占54.7%，青海占46.0%。在内陆盆地，河水大部分被截留，使下游沙漠边缘分布的尾闾湖面临干枯，加剧了下游气候的干旱化。玛纳斯河下游沿岸及玛纳斯湖周围的地下水位下降5~8 m，沿河两岸及湖周围的植物全部死亡（张宗祜等，2004）。

6. 湿地退化比较严重

湿地退化是近20年来松嫩平原生态环境变化的一个显著特征，湿地面积减少了65.80万 km²，平均每年减少4.39万 km²。其中地表水体减少12.74万 km²，沼泽减少53.06万 km²。三江平原原有大小泡沼不下4000个，因水位下降而干枯的已占2/3，大型湖泊日益萎缩，小的泡沼已不复存在（张宗祜等，2004）。

三、生态文明建设全过程需要地下水科学支撑

生态环境保护对地下水科学提出更现实的要求（张高丽，2013）。中国生态环境总体恶化的趋势尚未根本扭转，全国江河水系、地下水污染和饮用水安全问题不容忽视。促进生态文明建设要狠抓水资源节约利用，要实施最严格的水资源管理制度，严守水资源开发利用控制、用水效率控制、水功能区限制纳污"三条红线"，加快建设节水型社会。大力发展节水农业，着力提高工业用水效率，重点推进高用水行业节水技术改造，加强城市节水工作。积极推进污水资源化处理，提高再生水利用水平。促进生态文明建设要大力治理水污染。要加强饮用水保护，查明饮用水水源地保护区、准保护区及上游地区的污染源，强力推进水源地环境整治和恢复，不断改善饮用水水质。要积极修复地下水，划定地下水污染治理区、防控区和一般保护区，强化源头治理、末端修复。继续加强对重点水域、重点流域的综合治理。国家制定生态文明建设规划，制定生态补偿政策，采取生态保护措施，都需要包括地下水科学在内的数量-质量-生态响应综合评价。

城镇化建设对地下水资源保障和水环境保护提出了更高要求。《国家新型城镇化规划（2014—2020）》提出城镇化健康有序发展，到 2020 年，常住人口城镇化率达到 60％左右，户籍人口城镇化率达到 45％左右，努力实现 1 亿左右农业转移人口和其他常住人口在城镇落户。东部地区城市群主要分布在优化开发区域，面临水土资源和生态环境压力加大、要素成本快速上升、国际市场竞争加剧等制约，必须加快经济转型升级、空间结构优化、资源可持续利用和环境质量提升。京津冀、长江三角洲和珠江三角洲城市群，要以建设世界级城市群为目标，发挥其对全国经济社会发展的重要支撑和引领作用，依托河流、湖泊、山峦等自然地理格局建设区域生态网络。中部地区是中国重要粮食主产区，西部地区是中国水源保护区和生态涵养区。培育发展中西部地区城市群，必须严格保护耕地特别是基本农田，严格保护水资源，严格控制城市边界无序扩张，严格控制污染物排放，切实加强生态保护和环境治理，彻底改变粗放低效的发展模式，确保流域生态安全和粮食生产安全。要将生态文明理念全面融入城市发展，构建绿色生产方式、生活方式和消费模式。节约集约利用土地、水和能源等资源，促进资源循环利用，控制总量、提高效率。提高新能源和可再生能源的利用比例。合理划定生态保护红线，扩大城市生态空间，增加森林、湖泊、湿地面积，将农村废弃地、其他污染土地、工矿用地转化为生态用地，在城镇化地区合理建设

绿色生态廊道。

国家重大工程建设需要地下水科技支撑。《中华人民共和国国民经济和社会发展第十三个五年规划纲要》提出未来五年中国计划实施的与地下水科技相关的重大工程及项目包括：①建成高标准农田8亿亩、力争10亿亩，新增高效节水灌溉面积1亿亩，农田有效灌溉面积达到10亿亩以上；②建设引黄入冀补淀、引江济淮、引汉济渭、滇中引水、引大济湟、引绰济辽等多项重大引调水工程；③推进南水北调东中线后续工程建设；④建设西藏拉洛、浙江朱溪、福建霍口、黑龙江奋斗、湖南莽山、云南阿岗等大型水库；⑤建设西江大藤峡、淮河出山店、新疆阿尔塔什等流域控制性枢纽工程；⑥基本完成流域面积3000 km²及以上的244条重要河流治理；⑦农村自来水普及率达到80%；⑧培育形成一批功能完善、特色鲜明的新生中小城市；⑨发展具有特色资源、区位优势和文化底蕴的小城镇；⑩建设一批新型示范性智慧城市；⑪建设一批示范性绿色城市、生态园林城市、森林城市；⑫建设海绵城市；⑬实施特殊类型地区发展重大工程；⑭在胶州湾、辽东湾、渤海湾、杭州湾、厦门湾、北部湾等开展水质污染治理和环境综合整治；⑮对江河源头及378个水质达到或优于Ⅲ类的江河湖库实施严格保护；⑯开展1000万亩受污染耕地治理修复和4000万亩受污染耕地风险管控；⑰推进青藏高原、黄土高原等关系国家生态安全核心地区的生态修复治理；⑱建设大尺度绿色生态保护空间和连接各生态空间的绿色廊道；⑲推进边疆地区国土综合开发、防护和整治；⑳新增水土流失治理面积27万km²；㉑全国湿地面积不低于8亿亩。

以地下水科技进步支撑服务脱贫攻坚战。在赣南苏区、乌蒙山区、新田县等贫困地区，开展土地质量地球化学调查、县域地质灾害调查、地质遗迹和地质景观资源调查、水文地质调查，实施探采结合示范井，解决农田和人畜用水问题，加大地质服务精准脱贫工作力度，以"精准、可靠、好用"为目的，助力贫困人口脱贫，促进地区经济发展。

四、地下水科学在地球系统科学发展中具有重要地位和作用

"向地球深部进军是我们必须解决的战略科技问题"（习近平，2016）。为此，需要地下水科学的研究领域向更大尺度和深度含水层结构探测推进。作为地球深部空间的一部分，深部含水层不仅是巨大的深部地下水储存介质，也是热能和多种矿产资源的储存场所，其扰动破坏可传递至浅表引发地质环境问题。地下空间利用、地热资源开发等都与深部含水层结构探测密切相关。近年来，随着工业化、城市化进程推进，中国城市地下空间开发利用进入快

速增长阶段。"十二五"时期，中国城市地下空间建设量显著增长，年均增速达到 20％以上，约 60％的现状地下空间为"十二五"时期建设完成。城市地下空间开发利用类型呈现多样化、深度化和复杂化的发展趋势。目前，城市地下空间基本情况掌握不足，大部分城市对地下空间开发利用的基本现状掌握不足。科学合理地开发利用城市地下空间，成为提高城市空间资源利用效率、提高城市综合承载力和保护地下空间资源的重要途径。其中的地下水问题是解决地下空间利用全功能、全深度、全资源和全灾害链问题的关键环节。开发深部地热资源是未来替代能源的重要渠道。针对深部地热资源探测与地热能利用工作，要促进中国地热能大规模开发利用及产业化，形成不同类型的地热资源成因模式和赋存机理，形成地热资源探测和地热能利用技术系列、不同类型地热资源开发技术模式、建成万千瓦级干热型地热资源发电示范工程、水热型地热资源发电及综合利用示范、工程绿色校园"地热＋"集成应用示范工程。地下水作为地热资源的主要载体，其循环条件很大程度上决定了地热资源的可利用性，即使采用回灌循环技术也是如此。深部含水层探测可提高水资源应急保障能力，大幅提升对中国含水层体系的认识水平，解决超大区域尺度、超长时间尺度的地下水循环机制的关键科学问题，形成深部含水层探测技术体系。聚焦 500～2000 m 主要含水层深部结构探测，创建重要区域含水层系统三维透视结构模型和集成模拟系统，构建战略应急供水规划调度、地质环境安全保障和地质灾害防治联合智能管理平台，全面提升中国深部含水层探测技术和国家含水层三维结构的认识，开辟战略应急供水新空间，在盆山构造作用于区域含水层系统形成演化研究领域取得突破性进展，为国家含水层保护管理、地下空间合理利用、地热和其他矿产资源开发、地质灾害防治提供科技支撑。

地下水是地球关键带多圈层体系研究中最为活跃的要素。地球关键带是从地表植被到地下含水层底部的维系生命和人类生存的地球表层系统。在全球人口增加、粮食短缺、环境恶化、土地利用等全球变化背景下，地球关键带功能的可持续发展面临巨大压力。传统的生态观测站、土壤观测站等由于时空尺度等方面的限制，无法满足地球关键带研究的需求。近年来，全球地球关键带观测网络陆续建立，成为研究关键带岩石、土壤、水、空气、有机物和人类调控的重要对象和工具。地球关键带的地球系统科学研究思维和多学科交叉的研究方法，将岩石学、土壤学、水文学、大气科学、植物学、微生物学、生态学和地球化学等各学科的科学家的研究成果汇聚在一起，将可能为阐述表层地球系统演化和维持全球可持续发展等方面奠定重要的科学基础。2016年，中英地球关键带重大国际合作项目"基于关键带科学的城郊土壤肥力提升和生态系统服务维持的机制研究"项目启动。该项目将建立世界上首个城市-城郊地球关键带观测站，通过建立世界上城市-城郊地球关键带观测点，综合采用微宇宙模拟实验、田间控制实验和野外调查及原位观测，尺度转换与建模等多学科的方法，积极应对中国城市化过程中出现的土壤和水资源问题，为促进城市可持续发展、区域生态文明建设以及"五水共治"[①] 提供理论依据和科学支撑。

地下水与全球变化关系研究值得关注（夏军等，2015）。区域气候/水文循环过程变化有不同的时间尺度（年际、十年际、百年际、千/万年际变化）。决定全球变化的因子不仅仅是大气内部的过程，还有大气上边界（太阳行星系统）和下边界（陆地水文-生态、海洋系统）的各种物理化学过程。研究显示，陆面生态系统对大尺度水文循环有十分重要的反馈作用。因此，全球变化对水文水资源的影响是21世纪水文科学研究的前沿问题之一，需要大力加强水文学家与大气物理学家的联系与合作，积极开展不同尺度和时度水文循环对气候变化响应的科学研究。

中国政府近年来高度重视地下水科学的发展，这在国家和有关部门的规划中得以反映。《中华人民共和国国民经济和社会发展第十三个五年规划纲要》提出要实行最严格的水资源管理制度，以水定产、以水定城，建设节水型社会；合理制定水价，编制节水规划，实施雨洪资源利用、再生水利用、海水淡化工程，建设国家地下水监测系统，开展地下水超采区综合治理。国家自然科学基金委员会在重大研究计划和重点项目布局中，均优先支持地下水科学相关的基础研究。国土资源部《国土资源"十三五"科技创新发展规划》要求，开展不同尺度区域水文地质规律研究，加强盆地尺度区域地下水流系统理论研究、复杂含水层地下河与特殊类型地下水探测技术研究、地球关键带水文过程与水岩作用研究、生态脆弱区地下水涵养与修复研究和超采区地下水调控研究，提高地下水供给安全保障和生态环境保护能力；推进全国地下水监测网络与技术标准体系建设，以长期监测数据为基础，开展地下水开采及其相关影响模拟技术研究，建立区域地下水动态评价技术体系，以现有地下水水位监测点和水质监测点为基础，统筹兼顾地面沉降、水土环境、荒漠化等相关要素的监测技术需求，研发集成关键技术，建立健全覆盖全国

---

① "五水共治"，指"治污水、防洪水、排涝水、保供水、抓节水"。习近平同志在浙江工作期间一再强调要用科学发展的理念和方法来研究用水、治水、节水工作，认真抓好安全饮水、科学调水、有效节水、治理污水等"四水工程"建设。

主要平原盆地的地下水动态监测网络。《中国地质调查局"十三五"科技创新发展规划》提出，加强区域水文地质学、基岩地下水理论、岩溶地下水系统理论、沉积盆地地下水流系统理论创新，发展区域地下水流与水质模拟技术，建立区域地下水循环演化大模型，实现对地下水可持续利用潜力及地下水水质演变趋势进行定量评估与预测；探索地下水系统调蓄及劣质水改水等水资源利用技术，地下水资源环境承载力评估技术方法和含水层修复技术，加强深部含水层结构探测关键技术研发，构建不同类型地下水调查、勘查和评价技术方法体系，形成数据采集与分析和信息服务一体化的地下水监测网络体系；探索水质遥感调查技术、新型污染物和地质微生物调查技术、水土污染快速调查分析技术、水质动态监测预警技术、污染源及污染途径快速识别技术，形成地下水水质与污染防控技术体系；研制地下水天然基底国家标准物质，制定污染物多指标分析测试标准，构建基础调查、污染评价、动态预警监测、污染防治区划于一体的区域地下水水质与污染防控理论与关键技术体系。地下水科学研究要紧密结合和服务于上述规划要求，在实现规划目标中不断提升学科水平、发挥学科支撑作用。

第三节　学科战略目标与发展重点

人类的福祉、经济的增长、生态系统的健康，全都依赖于水在工农业生产、生活、废弃物管理、生态系统服务中的充足、可持续供给，地下水科学也因此成为地球科学中最重要的分支学科之一。地下水科学的战略目标是：揭示地下水系统的结构、物质与能量循环规律与形成演化特征，为可持续利用地下水资源和地热资源、保护生态环境、确保食物的安全供给和废弃物的安全处置与管理、有效应对全球变化，提供基础数据、预测预警信息与对策措施。

围绕上述目标，地下水科学的发展重点包括以下三个方面。

一、深刻认知地球水循环特征，揭示地下水资源形成分布规律

水是地球系统中最活跃的动态变化因子，在地球物质与能量循环、生命形成与进化过程中扮演着决定性的作用。"自水文科学创立以来，了解水在整个地球系统中的过去、现在和未来各个阶段内的物理作用已成为该领域的主线"（National Research Council，2012）。在全球变化和人类活动影响下，地球水循环（即水的流动、相变、积聚和分布）已经并将继续发生深刻变化。

着眼于全球水均衡和不同尺度的水文过程，必须增进对地球水循环的认知程度，而其难点和关键在于增进对难观测、难模拟、难预测的地下水动力学过程的认知，尤其是对蒸散作用、包气带水文过程、补给过程、裂隙水流过程、地表水-地下水相互作用过程等研究薄弱环节的认知。

作为维系生命系统的重要因子，地下水的资源属性备受关注。揭示地下水资源形成分布规律，提高地下水资源评价的精度和可靠性，也因此成为地下水科学历久弥新的发展重点。决定区域地下水资源形成分布特征的自然因素主要包括地质构造、气候和地貌，例如，中国的大陆地区可划分为 6 个水文地质大区（陈梦熊和马凤山，2002）。在不同的水文地质条件下，开展地下水资源评价面临的挑战既有共性，又有个性。共性问题如补给量、排泄量和给水度、渗透系数等关键参数的精细表征和合理分区。个性问题与不同水文地质区所特有的水文地质条件有关，开展地下水资源评价时必须考虑这些特点，如南方岩溶区暗河的流量只有通过动态观测和分析，才能做出正确评价。

揭示地下水资源形成分布规律之根本目的在于可持续利用和科学管理地下水资源。缺乏统一规划，地下水资源管理弱化甚至缺失严格管理，加上水的利用效率低下，导致中国许多地区出现地下水污染、西北地区面临生态环境退化、华北地区和苏锡常地区出现大面积地面沉降、沿海地区发生海水入侵等问题。建立并实施以水资源可持续利用为目标的地下水资源管理模式，仍然是包括中国在内的已经并将继续受到水危机威胁的国家亟待加强的工作。

人类文明的可持续演进依赖于"食物-能源-水系统"（food-energy-water systems，FEWS），关键是如何协调处理好农业生产对水的需求、能源生产对水的需求与人类生活对水的需求之间的关系，以适应未来的挑战。土地利用、气候变化和不均衡的资源配置造成 FEWS 关系恶化，已经并将继续引发众多地缘政治和社会治理问题。参与 FEWS 研究，给地下水科学的发展带来新的机遇与挑战。其中，通过集成物理过程（如基础设施与更高效利用资源的新技术）、自然过程（如生物地球化学和水循环）、生物过程（如农业生态系统结构与生产力）、社会/行为过程（如决策与治理）和大数据，有望获得过去研究单个系统无法获得的新知识和新技术，以查明这些系统存在的主要问题和压力，从而改善这些系统的功能和管理，增强其恢复力（resilience），确保其可持续性。

二、探讨复杂地下水系统中的物质与能量输运机理

近年来，探索复杂地球系统过程，揭示岩石圈、水圈、生物圈和大气圈

之间的复杂联系（Galloway，2010），成为地球科学诸多分支学科共同的目标。换言之，地球科学面临的重大挑战之一，是如何创新并应用复杂性理论和非线性系统动态耦合方法，完整描述地球系统过程。地下水科学与生俱来的跨学科禀赋，使之有望成为迎接这一重大挑战的领军学科。但同时，用水文地质学家擅长的确定性模型来模拟复杂地球系统过程的可靠性，又令人担忧（Narasimhan，2007）。

地下水系统的复杂性根源在于四方面：地下水资源可持续性的人类预期，地下水系统结构与组成的非均质性，地下水系统过程的尺度效应、非线性，以及系统动态耦合模型和参数的不确定性。

可持续性涉及环境与社会经济资源、文化和复杂性三方面的概念体系。地下水的长期有效供给、地下水水质保护和地下水开发的生态环境效应，是地下水资源可持续性研究的三大核心问题（USGS，1998）。显然，除了地下水资源自然禀赋和科技进步的因素外，真正决定可持续性的因素是文化和社会经济因素。可持续性的需求驱动，促进了定量模型预测能力的拓展，尤其是考虑动态耦合过程、考虑非均质性的不同空间尺度效应的地下水流动系统过程模拟能力的提升。而与地下水资源可持续性有关的科学与社会研究领域，进展却令人沮丧：我们还不能十分有效地把地下水科学的研究成果和数据分析存在的复杂性、不确定性和局限性清晰、准确、完整地告知决策者和利益相关者并进行互馈，这就需要我们不断改进数据质量和分析工具，以便更好地服务于地下水资源的管理和开发利用实践。

除了供水功能外，地下水还具有生态功能、传热和储热功能，是关键的环境要素和活跃的地质营力，参与了地球系统演化和地球物质循环与能量交换，导致各类矿产、油气资源和地热资源的形成。因此，观测、认知和预测复杂地下水系统中的物质与能量输运机理，成为地下水科学的核心科学问题。然而，如何突破地下水系统复杂性和我们观测、认知和预测能力不足带来的限制，以便更精细地刻画地下水流与储量、能量与溶质通量，始终困扰着水文地质工作者。

存在于不同尺度的非均质性是地质介质的固有属性。地下水系统的这一固有属性和多组分之间存在的复杂的相互作用，使得水流、热和质量通量在地下水系统中的时空分布不规则，也使得模拟、预测地下介质中物质与能量迁移规律存在不确定性，从而给地下水资源和地热资源的勘察、评价、开发利用与管理，地下水污染防治带来严峻挑战。

为了推动地下水科学领域的跨尺度研究，可以选取潜流带（hyporheic

zone）这样的关键区域先行尝试。潜流带具有一系列功能：①控制地表水-地下水水交换数量和位置；②为水底和隙间有机体提供栖息地；③为某些鱼类提供产卵地和避难所；④为水生生物提供生根带；⑤是碳、能量和营养盐循环的关键带；⑥通过生物降解、吸附作用自然净化某些污染物；⑦调节地表水水温；⑧提供河道沉积物的源和汇。潜流带中存在着复杂的生物地球化学作用，微生物之间存在着竞争、代谢交换和互生等相互作用，而强烈且频繁的人类活动和水动力条件变化、易于失稳的浅层地下水系统氧化还原环境等因素，又使得这些相互作用更趋复杂。全球许多地区的傍河水源地，均位于潜流带。2015 年 12 月在中国地质大学（武汉）举办的"水文生物地球化学"国际研讨会上，美国西北太平洋国家实验室 John Zachara 博士针对潜流带跨尺度的水文生物地球化学系统研究，总结出以下关键知识差距（critical knowledge gaps）：在何种尺度上开展观测的知识；行之有效的观测方法又是什么；关键系统组成的原位结构和分布特征；围绕生物活跃带的高分辨率观测；使数据价值最大化的新理论与范式；碳形态与可得性，酶过程；描述跨尺度的多速率、多反应、复杂水文生物地球化学系统的数学方法。针对这些知识差距，他总结提出以下可行的解决方案：把地貌景观演化的理论进展与生态学中复杂系统研究方法相结合；选取社会关注度高的场地，开展同一观测点同时、协同、综合性观测，适当聚焦热点过程关键因子及其对系统行为的驱动作用；在嵌套尺度开展集成观测和模拟，选择边界条件已明确界定的流域或其他研究区作为研究起点。

地下水水流、热与质量通量是相互联系的复杂耦合作用过程。由于刻画这些耦合过程的计算和实验资源要求高，而实践中常常缺乏热和质量通量的数据，无法约束模型，水文地质工作者基于实用原则，通常不考虑耦合作用的影响，多采用线性的确定性方法。然而，由于水文地质工作的研究成果除了在地下水资源可持续性研究中继续发挥核心作用，还需要在诸如气候变化、能源开发、自然与人为灾害防治、生态保护等与自然资源可持续性相关的研究与管理中发挥重要作用，因此，耦合模拟和非线性方法（如非线性随机方法、人工神经网络方法等）势在必行，并将极大推动地下水科学的进步。

地下水系统组成、结构、演化之复杂性，调查、监测、模拟等方法之不成熟，使得水文地质模型的不确定性日益成为学科关注的焦点。同时，随着对饮用水的需求日趋强烈，地下水科学更加需要重视不确定性的研究并把这种不确定性明确告知决策者、利益相关者。通常而言，存在两种不确定性：①与参数有关的不确定性；②与概念模型有关的不确定性。迄今，相关研究集中在参数的不确定性上。参数的不确定性常常源于水文地质条件描述不够精细（如孔隙地下水系统的沉积体系、相结构和层序地层学描述），而这与观测、认知、模拟和预测能力与精度不足直接相关。概念模型过于简化导致的不确定性常常被忽略，而这再次说明：地下水科学的研究必须重视基础性水文地质调查、监测，必须基于正确的水文地质概念。

为确保水资源的可持续供给，需查明地质、气候、人类与水循环在不同时间尺度上是如何相互作用的（USGS，2012）。这些问题的解决，依赖于跨学科研究。但跨学科研究，必然会忽略学科间的差距甚至危及水文地质学之内核。迄今，地下水科学内部的众多核心科学问题都使用还原法（reductionism）。判断还原法效果的标准包括：①可重复性；②简约性；③可量测性；④启发性；⑤一致性（Wilson，1998）。一致性是跨学科研究的关键属性，也是评估还原法根据特定因果关系得出的结果是否普适或非独特的重要属性。而非均质性、非线性和不确定性，直接挑战还原法的一致性。因此，只有在认同学科特有的"相互作用"这一基本特性的基础上，把综合（synthesis or integration）法与还原法有机结合、相互促进，才能不断推动地下水科学的创新发展。

三、提升精细观测、模拟地下水系统性状和行为的能力

围绕地下水系统的物理、化学、微生物性状和时空分布特征，积累高精度、高密度和长周期的观测数据，是地下水科学学科创新发展的基础。近年来，地下水科学的观测技术日新月异，主要的关键技术包括：①高精度、高频次、高分辨率（分层、定深）监测与原位实验技术；②现场在线精确测试与感知技术；水文地球物理探测技术（含无人机、新型遥感技术）；③示踪技术（环境同位素示踪；④物理、化学和生物示踪剂）；⑤痕量-超痕量污染物高精度检测和形态分析的色质谱学技术；⑥新型基因测序、代谢组学和蛋白组学技术；等等。观测的参数也在不断增加：从早期的渗透系数、水位、水温、pH值和水化学成分简单分析，到各种气象、水文、土壤物理、地下水水动力学参数、水化学和土壤-沉积物成分、环境同位素和微生物群落。以加拿大的Borden场地，美国MADE试验场、Hanford场地、Yucca Mountain试验场等为代表的原位大型试验场的建立和运行，极大丰富了原位观测和数据传输技术，也推动了污染物反应性迁移、非均质性等水文地质基础研究的进步。观测技术的进步，已经并将继续拓展我们对于地下水系统性状和行为的认知水平。

当前，我们对地下水补给的观测和研究比较系统和深入，而对地下水排

泄的观测则相对薄弱。尤其是较少开展植物蒸腾过程、海底地下水排泄过程、地下水开采量和矿坑排水量的长周期、系统观测。

在部署和开展地下水水质监测时，有两点需要特别重视。一是传统的从人工现场采样到实验室仪器分析的监测方法，采样频次低、误差大、数据分散，实质上是对连续、长周期、非稳态的水文地质过程的一种"抓拍"。美国学者在明尼苏达州 Bemidji 原油污染场地开展的持续 25 年的研究结果表明：对碳氢化合物污染羽的"抓拍式"研究不能正确反映污染物降解的长期行为（Essaid et al.，2011）。二是需重视地下水水质的两个特点：易变指标和组分必须原位测定；污染物形态决定其迁移转化、潜在毒性和生物活性。因此，发展原位高精度、高效率、低成本的监测技术和安全、可靠的样品原位采集和保存技术显得尤为重要。

地下水科学是地球科学中较早开展定量模拟、预测研究的分支学科。由于模拟和预测的结果可直接服务于地下水系统管理实践，地下水模拟理论方法和模拟软件系统研发长期成为地下水科学的主流方向。随着信息技术的飞速发展，反应性溶质运移数值模拟，多场、多项、多尺度耦合模拟，分布式模型的替代模型（Asher et al.，2015），地下水系统结构的三维可视化，利用高性能并行计算等领域，近年来成为地下水模拟研究的热点。

需要强调的是，仅考虑地下水本身的模拟、预测结果，其实是难以有效支撑水资源和环境管理决策的。基于地表水-地下水联合调度的水资源-经济模型，对于水资源和环境管理的重要性日益显现。但生态环境作为重要的因素如何在这类模型中加以体现，尚有待探索（Momblanch et al.，2016）。而地下水水质直接关乎人体健康和生态系统健康，有关地下水水质的环境健康-生态风险评价模型也亟待发展与完善。

本章作者：

吉林大学林学钰、中国地质大学（武汉）王焰新、中国地质科学院水文地质环境地质研究所石建省。

本章参考文献

陈梦熊，马凤山.2002.中国地下水资源与环境.北京：地震出版社.
习近平.2016.为建设世界科技强国而奋斗——在全国科技创新大会、两院院士大会、中国科协第九次全国代表大会上的讲话.学会，（6）：5-11.

夏军，雒新萍，曹建廷等 . 2015. 气候变化对中国东部季风区水资源脆弱性的影响评价 . 气候变化研究进展，11（1）：8-14.

张高丽 . 2013. 大力推进生态文明，努力建设美丽中国 . 求是，（24）：3-11.

张兆吉，等 . 2009. 华北平原地下水可持续利用调查评价 . 北京：地质出版社：223-234.

张宗祜，等 . 2006. 区域地下水演化过程及其与相邻层圈的相互作用 . 北京：地质出版社：143-162.

张宗祜，李烈荣 . 2004. 中国地下水资源（综合卷）. 北京：中国地图出版社：72-131，174-184.

Asher M J, et al. 2015. A review of surrogate models and their application to groundwater modeling. Water Resources Research，51（8）：5957-5973.

Essaid H I，Bekins B A，Herkelrath W N，et al. 2011. Crude oil at the Bemidji site：25 years of monitoring, modeling, and understanding. Ground Water，49（5）：706-726.

Galloway D L. 2010. The complex future of hydrogeology. Hydrogeology Journal，18（4）：807-810.

Garrels R M. 1960. Mineral Equilibrium at Low Temperature and Pressure. New York：Harper Press.

Hem J D. 1959. Study and interpretation of the chemical characteristics of natural water. Water Supply Paper 1473. United States Geol. Survey.

Hubbert M K. 1940. The theory of groundwater motion. Journal of Geology，48（8）：785-944.

Jacob C E. 1940. On the flow of water in an elastic artesian aquifer. Eos Transactions American Geophysical Union，21（2）：574-586.

Momblanch A，et al. 2016. Using ecosystem services to represent the environment in hydro-economic models. Journal of Hydrology，538：293-303.

Narasimhan T N. 2007. Limitations of science and adapting to nature. Environmental Research Letters，2（3）：034003.

National Research Council（U S）. 2012. Challenges and Opportunities in the Hydrologic Sciences. Washington，DC：The National Academies Press.

Niu B，et al. 2014. Twenty years of global groundwater research：A science citation index expanded-based bibliometric survey（1993～2012）. Journal of Hydrology，519（10）：966-975.

Tegel W，et al. 2012. Early Neolithic water wells reveal the world's oldest wood architecture. PloS One，7（12）：e51374.

Theis C V. 1935. The relation between the lowering of the piezometeric surface and rate and duration of discharge of a well using groundwater storage. Eos Transactions American Geophysical Union，16（2）：519-524.

USGS. 1998. Strategic Directions for the US Geological Survey Ground-Water Resources Program. A Report to Congress.

USGS. 2012. Strategic Directions for US Geological Survey Water Science，2012-2022：Observing，Understanding，Predicting，and Delivering Water Science to the Nation-Public Review Release，Open-File Report 2012：1066.

Wilson E O. 1998. Consilience：The Unity of Knowledge. New York：Knopf Press.

Пиннекер Е В（отв. ред.）. 1980. Общая Гидроогеология. Новосибирск：Изд. Наука.

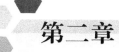

第二章
地下水资源与地质-生态环境

地下水是水资源的重要组成部分，约占全球总淡水资源的30％，我国地下水资源也约占淡水资源总量的1/3。地下水在保障城乡居民生活用水、支持社会经济发展、维持生态平衡等方面具有十分重要的作用。尤其是在地表水资源相对短缺的干旱、半干旱地区，地下水甚至是唯一的供水水源。据统计，我国城市用水中，地下水比重占30％以上的有400多座城市。地下水资源的开发利用不仅是人畜生活用水需求的有力保障，而且有力地促进了社会经济的发展。

近几十年来，受气候变化和人类活动的影响，流域水循环条件和地下水文过程发生了很大的改变，导致地下水资源无论是在数量上、质量上，还是在时空分布上都发生了较大的变化，并引发了一系列地质环境和生态环境问题，严重影响了社会经济的可持续发展。要合理开发利用地下水资源，首先要深刻认识变化环境下地下水资源构成的变异特点，揭示地下水形成演化的动力学机制，建立正确的评价模型，对地下水资源进行科学评价，这是水资源可持续利用的基础。

第一节　地下水资源构成与可持续性

一、地下水资源及其特点

埋藏于地表以下可供人类利用的地下水称为地下水资源。地下水能否构成资源，首先要看它有无利用价值，这是由它的质量来决定的，能否满足需要则由它的数量来体现。此外，要利用地下水，就要通过合理的技术与经济取水方法把它从地下开发出来。所以地下水资源含有地下水的质和量，以及技术与经济上的含义。

地下水资源既是地球上总资源的一个组成部分，又是埋藏于地下的特殊地质矿产资源。因此，地下水资源具有地质矿产资源和一般水资源的双重属性。但它又有自己的特点，主要有以下几方面。

（1）可流动性。这是地下水资源与其他地质矿产资源的重要区别。其他的地质矿产资源都是一种"静态"物体，即使石油、卤水等液态矿产，在天然状态下也是静态的或运动十分缓慢的。地下水是赋存于多孔介质中的流体，它的运动不仅受地质地貌条件的影响，而且还受气象水文和人类活动的影响，在上述因素的共同作用下，地下水由高能量地区向低能量的地区径流，从而形成"能流—物流—信息流"的局地分带性和资源分布与可采条件的差异性。深刻理解地下水资源的可流动性，必须要深入研究地下水文过程及多场耦合机制。

（2）可再生性（可恢复性）。地下水和自然界其他各种水体（如地表水、大气降水等）之间存在密切的水力联系和相互转化，可以不断得到补充和更新，即使在开采时期地下水资源的形成过程也在进行。只要开采量合理，可以长期开采而不至于造成资源的枯竭。因此，地下水资源是一种在不断补充又不断消耗中存在的资源，资源量随着时间处于变化之中。但同时，地下水的可再生性是有限的，如果在开发过程中超过可再生的补给量，地下水将不再具有可再生性，进而诱发地质环境和生态环境负效应。因此，评价地下水资源的可再生性，确定其阈值，探索维持其可再生性的途径，是地下水资源可持续开发利用的关键。

（3）可调蓄性。土壤、岩石中存在大量的空隙，是地下水储存、运移和调蓄的场所，具有分布广、储存空间大、易蓄易采等特点。特别是山前凹陷带、山前冲积扇的上游、古河道、集中供水水源地漏斗区等都是理想的调蓄地段，通过必要的工程措施，将丰水期多余水、洪水以及符合回灌标准的中水导入地下，可以起到增加地下水补给量和调蓄水资源在时程上分布不均的目的。

（4）生态环境敏感性。水是生态环境重要组成部分，是生命的源泉，只有在最有利的水均衡和水动态条件下，生态系统才能得以良性发展，人类才能获得生活资料并得以生存。地质-生态环境问题多和地下水有关，例如土壤盐渍化、植被退化、沼泽湿地湖泊萎缩、河流基流量衰减、地面沉降、海水入侵、岩溶塌陷、边坡失稳等，其发生、发展都是由于地下水文过程变异而引起的，而引起变异的驱动力既有自然因素（如气候变化），又有人类不当的活动。Wang 等（2013）研究表明，在干旱地区，流域水循环主导了宏观生态过程，而地下水的水位、水质、排泄量以及包气带含水率、含盐量等地下水文要素对表生生态环境极为敏感，控制着表生生态环境的异质性，是生态环境稳定性的重要指标。因此，了解地下水资源的环境属性，科学、有效地预防、减轻和控制地下水资源开发过程中的地质环境和生态环境负效应是人类共同的责任和义务。

地下水资源的可流动性、可再生性、可调蓄性和生态环境的敏感性，客观上决定了各国在地下水资源开发利用和促进本国经济社会发展时国家意志的定位和全球资源理念与环境意识的形成。深刻认识地下水资源的特点，对揭示地下水资源的形成、演化机制与环境效应，指导水资源评价、合理开发与保护和精细化管理有重要的意义。

二、地下水资源分类与构成

地下水资源的分类是地下水资源计算和评价的理论基础。地下水资源的分类也同其他科学理论一样，随着科学技术的进步也在不断地发展和完善，至今仍不断提出新的分类方案。

20 世纪 70 年代以前，我国普遍采用苏联学者普罗特尼柯夫提出的储量分类和概念，即把地下水储量分为动储量、静储量、调节储量和可采储量四种。普氏分类在一定程度上反映了客观规律，而且单项计算简单，曾在我国地下水资源勘察和评价中起到重要作用。但经多年实践检验，普氏分类及其中的一些概念存在不少问题，主要是：①四大储量的划分没有抓住地下水资源评价的主要矛盾。因为对地下水资源作定量评价时，主要是评价开采量，而开采水量的来源是补给量和储存量的一部分。因此，开采水量、补给量和可被利用的储存量，则是评价地下水资源时需要计算的三个基本的量。②四大储量的划分没有彻底揭示地下水资源的形成规律，各种储量之间的关系不够清楚，储量分类中没有揭示出开采水量的来源及组成的规律。③四大储量的概念是建立在稳定流的理论基础上的。④四大储量的概念缺乏大气降水、地表水、地下水的相互转化的观点，忽视了开采前后地下水补给量的变化，缺乏动态的和可以相互转化的辩证观点。

20 世纪 70 年代以后，我国水文地质工作提出了地下水资源分类方案，该方案于 1989 年由国家计划委员会正式批准为国家标准（GB927-88）。中华人民共和国建设部（今中华人民共和国住房和城乡建设部）于 2001 年颁布的国家标准《供水水文地质勘察规范》（GB50027-2001）中仍然执行该方案。

该方案将地下水资源分成补给量、储存量和允许开采量（可开采量）。

　　另一种具有代表性的分类是陈梦熊等（1983；2002）提出的地下水资源分类，即把地下水资源区分为天然资源和可采资源（图 2-1）。地下水的天然资源是指在一个完整的水文地质单元（地下水系统）内，地下水在天然条件下通过各种途径，直接或间接地接受大气降水或地表水入渗补给而形成的具

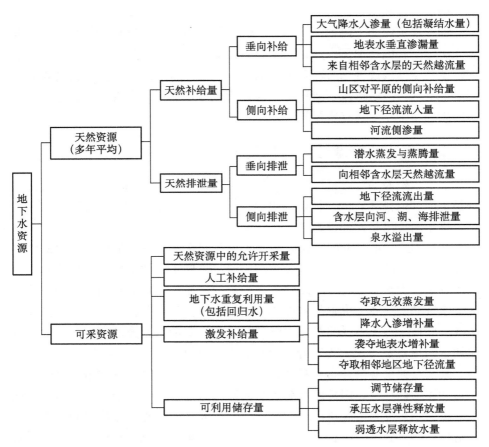

图 2-1　区域地下水资源的组成系列

资料来源：陈梦熊和马凤山，2002

有一定水化学特征、可供利用并按水文周期呈现规律变化的多年平均补给量。一般可用区域内各项补给量的总和或各项排泄量的总和来表征，是可恢复的资源。地下水可采资源是指在经济技术合理、开采过程中不发生水质恶化或其他不良地质现象（如地面沉降、地面塌陷等），并对生态平衡不致造成不利影响的情况下，有保证的、可供开采的地下水资源。故地下水可采资源是与

一定的开采方案相联系的。天然资源的丰富程度，主要取决于补给条件，或天然补给量；而可采资源的水量大小，除取决于天然情况与开采情况下的补给条件外，还取决于开采条件与经济技术条件。因此，天然资源是可采资源的主要保证条件，但在有利的开采条件下，特别是可能获得大量新的补充量的情况下，开采资源可以大于天然资源。相反，在开采条件不利的情况下，例如地下水埋藏较深，山区地形差异大导致地下水径流速度快，或相邻区分布咸水含水层，使开采条件受到一定限制时，那么可采资源就会远远小于天然资源。这种分类方法在地质部门使用较多，而且和国外的分类接近。根据质量守恒定律，可采资源量可以用下式表示：

$$Q_{可采资源} = \Delta Q_{补} + \Delta Q_{排} + \mu F \frac{\Delta h}{\Delta t} \tag{2-1}$$

式（2-1）表明可采资源量由 3 部分组成：①开采补给量增量（$\Delta Q_{补}$），是开采前不存在，开采时袭夺的各种额外补给量；②减少的天然排泄量（$\Delta Q_{排}$），是含水系统因开采而减少的天然排泄量，如潜水蒸发量的减少、泉流量的减少、侧向流出量的减少，也称为开采截取量，这部分水量的最大极限等于天然排泄量，接近于天然补给量；③储存量的变化量$\left(\mu F \frac{\Delta h}{\Delta t} \right)$，是含水层储存量的一部分，包括开采初期形成开采降落漏斗过程中含水层提供的储存量及在补给与开采不平衡时增加或消耗的储存量。

围绕地下水可采资源量的概念和内涵，许多国家和学者开展了大量的探讨和研究。研究人员早在 1915 年就提出了安全开采量（safe yield）一词（Lee，1915）。当时安全开采量被认为是"不会引起水量枯竭的、可以持续开采的地下水量"。之后在这个概念中加入了另一些重要因素，如地下水可采的经济性（Meinzer，1923）、水质保护（Conkling，1946）、维护现有的法令以及可能引起的环境危害等（Banks，1953）。在文献中相关于安全开采量的用语还包括"持续开采量"（Fetter，1972）、"允许开采量"（American Society of Civil Engineerings，1961）、"最大开采量"（Freeze，1971）等。综合相关概念，可以看出国外对安全可采量的定义为：从含水层中开采地下水时，满足可持续供水、符合经济及法律要求，并且不损害地下水天然水质、不引起环境破坏等一系列负效应的天然地下水量。广义而言，环境影响包括生态的、经济的、社会的、人文及政治方面的（Fetter，1977）。尽管许多水文地质学家对安全开采量的概念及内涵进行了积极的探索，但仍有许多人对这一概念提出质疑。例如，Theis（1940）强调流域地下水的安全开采量不等于地下水的长期补给量；Thomas（1951）指出，安全开采量的概念很模糊，很明显地下水的开采量随着抽水和开发模式的不同而有所不同；Kazmann（1956）指出，由于安全开采量没有考虑地下水和地表水的联系，也没有考虑含水层的调蓄作用，不能继续使用这一概念；Sophocleous（1997）指出，安全开采量是可以维持年用水量和年补给量长期平衡的取水量，然而这一概念忽略了系统的排水量。Bredehoeft（1997）则认为，开发地下水资源实际上就是利用地下水系统的一部分天然排泄量。他指出，确定地下水安全开采量的重要因素就是确定可以利用多少天然排泄量，研究安全开采量应着重确定系统的排泄量，而不是其补给量，因为可用的天然补给量受技术、环境、法律以及经济方面的制约。

由此可见，由于地下水资源构成与开发利用涉及方方面面的因素，加之本身问题的复杂性，科学家对安全开采量的概念迄今认识不一致，并且已有的概念不断遭到质疑。相对而言，我国学者提出的关于地下水可采资源的概念和组成更加明确和清晰，资源构成中既包括了开采补给量增量，也包括了减少的天然排泄量和储存量的变化量；在可采资源的评价中，既包括了开采方案及技术经济指标，也涉及了由于开采地下水引发的各种环境问题。但是，在实际操作中，确实还存在着许多不确定的因素和难以控制的指标，如在实际中如何精确计算开采补给量增量（$\Delta Q_{补增}$）与排泄量的减少量（$\Delta Q_{排减}$）。增加的补给量在一些地区很难或根本无法计算（Fetter，2011），仅仅依靠集中参数型模型很难精确计算，需要将集中参数型模型与分布参数型模型进行有机的结合才能确定。此外，由于地下水开发引发的许多地质-生态环境问题都与地下水位、水质及包气带含水率、含盐量等地下水文要素密切相关，在评价区进行开采方案布局以及可开采量的评价中如何考虑地下水文要素控制指标，并融入评价过程中等问题，从理论到实践都需要进行深入细致的研究和实践。因此，发展新的地下水资源评价理论和方法，形成一套行之有效的、便于操作的理论与方法体系，是地下水资源评价和合理开发利用中需要不断探索的课题。

三、气候变化和人类活动对地下水资源构成的影响

气候变化和人类活动的加剧，极大地改变了地下水文过程，引起地下水资源组成发生变化和地下水功能受损与危机，诱发了一系列地质环境和生态环境负效应，严重影响了地下水资源的可持续供给（图 2-2），成为政府的关注重点，更成为学科理论深化和发展的重要研究方向。因此，国际上许多国家和地区（如欧美、澳大利亚等）以及国际相关科学计划[国际科学联盟理事会发起的"国际地圈-生物圈计划"（IGBP）、联合国教科文组织的国际水

文计划（IHP）、国际水文计划第六阶段（IHP-Ⅵ）和国际水文计划第七阶段（IHP-Ⅶ）〕都十分关注变化环境下流域及全球尺度地下水形成演化及可持续利用的水资源研究。可以预见，揭示变化环境下流域尺度地下水形成演化机制及地质-生态效应，深刻认识环境变化对地下水资源组成的影响和为人类提供可持续的地下水源将成为学科未来重要的研究方向。

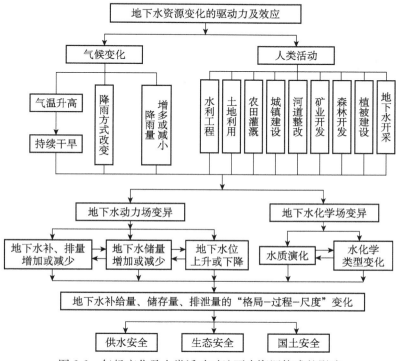

图 2-2　气候变化及人类活动对地下水资源构成的影响

（一）气候变化及其对地下水资源构成的影响

1. 全球气候变化

图 2-3 和图 2-4 是根据美国航空航天局（NASA）的测量数据绘制的距今11 000 年以来全球气候变化及近 100 年来全球陆海平均气温趋势图。

由图 2-3 和图 2-4 可以看出：近 100 年来全球气候急剧变暖，全球陆海平均气温上升了 0.8℃。政府间气候变化专门委员会（IPCC）公布的评估报告中指出，20 世纪全球地表温度升高了大约 0.6℃。2007 年发布的 IPCC 第四次评估报告则指出，1906～2005 年全球地表温度的线性趋势为 0.74℃，预计

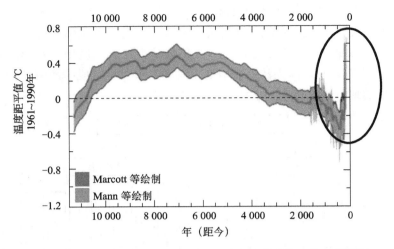

图 2-3 距今 11 000 年以来全球陆海温度的变化趋势（文后附彩图）

资料来源：http：//www. zhihu. com/question/21996808/answer/26847377

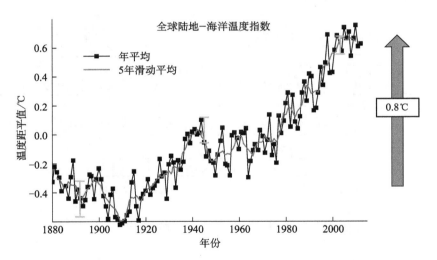

图 2-4 近 100 年来全球陆海平均气温上升了 0.8℃（文后附彩图）

资料来源：http：//www. zhihu. com/question/21996808/answer/26847377

到下一个 100 年，全球平均气温将上升 2～4℃（IPCC，2007；Mimura，2012）。IPCC（2013）第五次评估报告更明确地指出：过去半个多世纪以来，全球几乎所有地区都经历了升温过程，变暖最快的区域为北半球中纬度地区（Wang，2013）。图 2-5 是 1950～2008 年全球地表气温、降雨量和径流量的

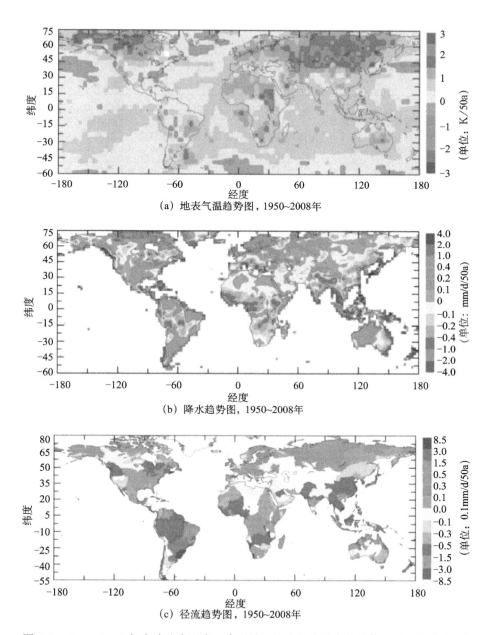

图 2-5 1950～2008 年全球地表温度、降雨量、河流径流量变化趋势图（文后附彩图）
资料来源：图（a）引自：http：//www. cru. uea. ac. uk/cru/data/temperature/；
图（b）引自：Dai，2011；图（c）引自：Dai，2009

变化趋势图（Dai，2011），表 2-1 是 IPCC（2007）预测全球变暖对气候和水文指标的影响。由图 2-5 和表 2-1 可以看出，全球气候变化对降雨量以及陆地水文系统产生了深远的影响，特别是未来极端气候事件有可能会频繁发生。

表 2-1　预测全球变暖对主要气候和水文指标的影响

变量	预测未来的变化
温度	根据过去几十年的观测与研究，21 世纪温度预计将增加，其中陆地和最北部的高纬度地区变暖最为明显，在南部海洋与北大西洋部分地区的变暖最小。极端干旱和热浪很可能变得更加频繁
降雨量	在全球尺度上，降雨量预计会增加，但这些预计仅仅是在地理上的变化，一些地区可能会增加，另外一些地方的年均降雨量将会降低。在高纬度地区，降雨量可能会增加；低纬度地区，区域性降雨量的增加或减少都有可能会发生。目前，降雨大的许多地区（不是全部）预计将经历降雨量的进一步增加，而许多降雨小和高蒸发的地区预计降雨量将会减少。干旱影响的地区可能会增加，极端降水事件可能在频率和强度上有所增加。雨与雪之间的比例可能由于温度升高而改变
海平面	由于海洋变暖和冰川融化，全球平均海平面预计将上升。预测 21 世纪全球平均海平面将上升 0.18～0.38m。在极端情况下将上升 0.59m。在沿海地区，海平面也可能受到更大的极端海浪事件和风暴潮的影响
蒸发散	蒸发需求或潜在蒸发受到大气湿度、净辐射、风速和温度的影响。由于较高的温度，预计蒸发将会增加，而蒸腾可能增加或减小
地表径流	在较高纬度和一些湿热带，包括东亚和东南亚的人口稠密地区，径流可能增加，在中纬度和干热带地区，径流量减少。存储在冰川和积雪中的水量可能降低，导致夏季和秋季流量减小，由于冰川快速融化，高山地区的降雨量会减少
土壤水	在亚热带的许多地区、地中海区域及高纬度雪地覆盖区域，年平均土壤水分含量预计会减小。然而，在东非、中亚和南美洲地区由于降水量的增加导致土壤水分含量增加

资料来源：IPCC，2007

我国气候变化与全球总变化趋势基本一致，但依然存在显著差异。近 80 年来，中国气候变化经历了 2 个暖期（20 世纪 40 年代和 20 世纪 90 年代），两者温度相当，这一变化不同于全球气温变化（20 世纪 90 年代明显高于 20 世纪 40 年代）（连英立等，2011）；在降水变化方面，20 世纪 50 年代降水量占优，20 世纪 60～70 年代较少，从 20 世纪 80 年代开始，降水在我国东北、西北及长江中下游呈现上升趋势（徐金涛，2011）。在我国西北地区北部、西部区域和长江下游部分区域，气候呈现出由暖干向暖湿变化的趋势。而华北和西北以东区域气候仍为暖干变化趋势。长江三角洲地区自 20 世纪 70 年代至今气温明显上升，而周边其他区域则正好相反，近 30 年长江三角洲地区和周边区域温差增加了 0.6℃（何自立，2012）。

受全球气候变化的影响，近年来我国的气温不断升高，极端气候事件频繁发生，如干旱持续加大、洪涝灾害频发。研究表明：受气候变化的影响，近 3 年全国有 62% 的城市发生过内涝，3 次以上的城市达到 39%；局部性洪灾损失巨大,中小河流的洪灾损失已占全国水灾害总损失 80%,近 10 年水灾造成的人员伤亡中约有 2/3 发生在中小河流;沿海地区的洪涝、海水入侵等亦频繁发生。气候变化造成洪涝灾害危及国民生命与财产安全,亦造成了重大的经济损失。与此同时,旱灾也呈增加趋势(如图 2-6),未来 20~30 年(2020~2040 年),东部季风区水文极端事件(水旱灾害)发生的频率与强度有增强的态势。

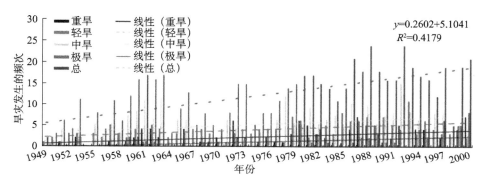

图 2-6   1949 年以来我国旱灾变化趋势图(文后附彩图)
资料来源:引自夏军 2016 年在长安大学所做的学术报告

2. 气候变化对地下水资源的影响

已有研究表明,气候变化特别是极端气候事件对水资源时空分布产生了重大影响。无论是地表水,还是地下水,其来源都是大气降水,降水方式、强度以及蒸发强度的改变,将对地下水资源的形成产生深刻的影响。因此,气候变化对地下水的影响以及地下水变化对气候的影响已经成为国内外学科前沿的研究问题。

早在 21 世纪初,极端气候事件对水资源的影响就引起科学家的极大关注(Trenberth, et al., 2004)。为了探索未来气候变化对水资源的影响,Meehl 等(2007)应用 SRES A1B 气候模式,通过 IPCC AR4 多种模型,以 1980~1999 年为基础,模拟获得 2080~2090 年的年降雨量变化[图 2-7(a)]、土壤水分变化[图 2-7(b)]、径流量变化[图 2-7(c)]和蒸发量变化[图 2-7(d)]。其中土壤含水量和径流量至少从 10 个模型的有效数据中获得。各个模型的预测结果 80% 以上是一致的。

由图 2-7 可以看出:全球总降水量有增加趋势,但亚热带周围的降雨量显著减少;除少数干旱陆地和海洋地区外,全球大部分地区的蒸发量都在增加;在陆地上,径流量的变化与降雨量变化一致,但土壤水分变化则与降雨变化趋势不同。这表明,土壤水分变化与陆面水文过程之间存在很大的不确定

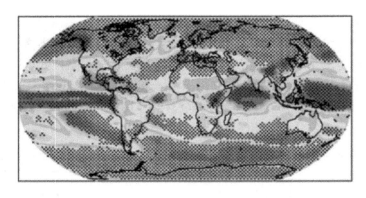

（a）降雨量变化

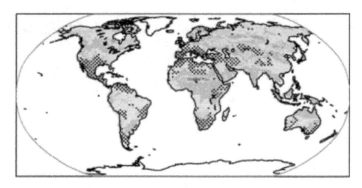

（b）土壤水分变化

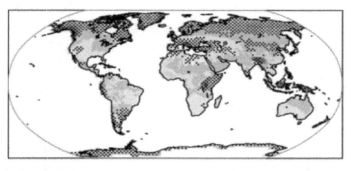

（c）径流量变化

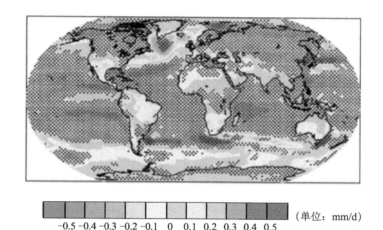

（单位：mm/d）

-0.5 -0.4 -0.3 -0.2 -0.1 0 0.1 0.2 0.3 0.4 0.5
(d) 蒸发量变化

图 2-7 应用 SRES A1B 气候模式预测的 2080～2099 年相对于 1980～1990 年
全球降雨量与部分水文要素的变化（文后附彩图）
区域中的点表示不同模型预测结果
资料来源：Meehl et al.，2007

性（Dai，2011），降水强度的增加，可以增加地表的径流量，但在一些地区却不能提高土壤含水率（Trenberth et al.，2003；Sun et al.，2007）。

气候变化可通过其变量（如气温、降水、蒸发）的改变对地下水资源的构成产生影响。围绕着气候变化与地下水之间的关系，国内外学者主要聚焦气候变化对地下水补给量、排泄量及水质的影响和地下水变化对气候变化的影响等方面。英国地质调查局（BGS）与合作伙伴，对英国气象局完成的"至 2080 年气候变化对英国地下水的潜在影响"进行了评估。BGS 通过校准模型，评估了在各种可能的气候情景下地下水位的变化情况，为政府在未来可持续的水资源管理和制定可行性政策方面提供参考。Panwar 等（2013）研究表明，气候变化对印度地下水资源的量和质都会产生影响，特别是地下水脆弱地区，气候变化的影响更加敏感。从国内外的研究现状来看，气候变化对地下水的影响，目前仍然处于探索阶段，科学家对其中的机理等知之较少，主要原因是气候变化的不确定性和地质-水文地质条件的复杂性。研究气候变化与地下水之间的互馈机制，已成为学科研究的前沿问题之一。

1）气候变化对地下水补给量与排泄量的影响

（1）大气降水补给

大气降水入渗补给量是地下水补给资源的重要组成，在降雨丰富的地区尤为如此。大气降雨入渗补给量与降水量大小、降水方式、降雨强度以及土壤包气带岩性结构等因素密切相关,是降水量、降雨方式、降水强度、包气带厚度与非饱和水文地质参数的函数,其间存在着复杂的非线性关系。另外,气候变化的不确定性,增加了气候变化对地下水补给机理认识的难度和预测的不确定性。Döll 和 Florke(2005)运用全球水文模型 WGHM(WaterGAP 全球水文模型)模拟全球尺度(分辨率为 $0.5° \times 0.5°$)的地下水补给量。模拟结果表明:1961～1990 年,全球地下水资源补给量平均增加 2%,而年降雨量和径流量的预计增长率分别为 4% 和 9%(图 2-8),但预测的降水对地下水的入渗补给量与降水量的变化不完全一致,其原因可能是忽略了陆面模型或简化了包气带对地下水补给的影响。

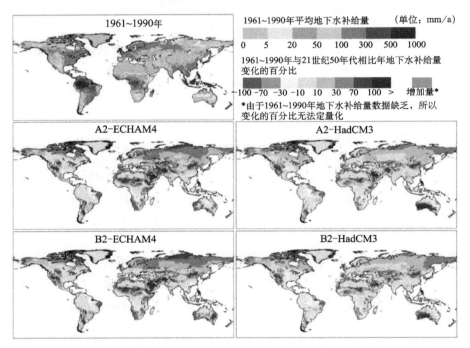

图 2-8　气候变化对长期降雨补给量的影响(文后附彩图)

1961～1990 年与 21 世纪 50 年代地下水平均补给量的变化百分比,该结果由使用 4 种气候变化模拟算法的 WGHM 程序得出(采用两种气候预测模块 ECHAM4 和 HadCM3,并分别耦合两种 IPCC 温室气体排放预测模块 A2 和 B2)

资料来源:Döll and Florke,2005

　　Treidel 等(2011)指出,受未来气候变化预测不确定性的影响,尽管目前人们在可持续的地下水资源评价中,还很难考虑降雨强度对地下水补给的影响，但是降雨强度对地下水补给时间和补给量有显著的影响是肯定的。Bates 等（2008）的研究表明，频繁的暴雨事件，在热带和半干旱的一些地区，降雨强度的增加将增加地下水的补给量，而在热带的干旱地区地下水的补给速率可能减小。例如在马里、西非等地区，预测未来气候变化将引起地下水补给量减少 8%～11%。包气带岩性结构同样强烈地影响着气候和地下水之间的相互作用，尤其在干旱区。这些地区包气带的厚度往往在数十米到上百米之间，降水与降水入渗补给量之间存在复杂的时空关系。Rossmalen 等（2007）指出：地下水补给量的变化在很大程度上取决于该地区的地质环境。Acreman 等（2000）的研究表明：在高强度降雨过程中，土壤的渗透能力有限，导致地表径流和河流流量大大增加，而地下水的入渗补给量较少，因此气候变化引起暴雨频繁发生与降雨强度的增加，在一些地区并不对地下水的补给有利。除此之外，长时间的干旱可能导致土壤板结，也会减少地下水补给量（Döll and Florke，2005）。Vliet（2007）指出：当包气带存在优先通道或大孔隙时，较大强度的降水可能会引起地下水补给量的大幅度增加；当永冻土随着气温的升高而逐渐解冻时，也会补给地下水资源（Dragoni et al.，2008）。另外，受包气带介质、地表植被、土-气界面入渗条件等因素影响，降雨量并不全部入渗补给地下水，如何确定有效降雨量仍然没有得到很好的解决（Green et al.，1997；Crosbie et al.，2010）。气候变化对地下水补给具有较强的时空变异性、周期性和滞后性，在一些地区甚至存在 2 年左右的滞后期（Goderniaux et al.，2009）。

实际上，大气降水通过包气带入渗补给地下水的过程极为复杂，降水入渗补给量的大小与次降雨量、包气带岩性结构、含水率、地下水位埋深等因素密切相关。但在实际应用层面上，常常忽略或简化包气带降雨入渗的动力学过程，采用一个简单的降雨入渗系数代替复杂的入渗过程。但确定的入渗系数无论是从空间分布上还是精度上都有待进一步深入研究。从国内外的研究现状来看，在降雨入渗系数的确定上，入渗试验空间分布不能满足高精度评价的要求，确定的降雨入渗系数与包气带岩性结构关系不大；在确定降雨入渗系数时未充分考虑包气带的调蓄功能和包气带水分的运动规律；从理论上讲，对于各类岩性，当入渗水运移到达零通面以下，这部分水分将补给地下水，在这个深度以下，降水入渗系数应该是一样的，至于什么时候能够到达地下水面仅仅是一个时间上的分配问题。目前的试验结果表现出降水入渗系数随地下水位埋深增大而减小的情况，其主要原因是由于观测时间不够和未考虑包气带的水分运动规律。

综上所述，由于气候变化和预测的不确定性，以及气候与地下水之间相互作用的复杂性，关于气候变化条件下大气降水对地下水补给量确定仍然存在着许多科学问题有待进一步的深化。主要问题有：①未来气候变化对地下水补给量影响与不确定性分析；②降雨方式与强度对地下水补给量的影响；③降雨入渗机理与动力学过程，构建以土-气界面动力学过程为连接条件的大气降水（蒸发）-包气带水分运移-地下水流的耦合模型，对完整理解气候变化对地下水影响、量化流域水量平衡各个要素很有必要；④土-气界面动力学过程对降雨入渗的影响；⑤有效降雨量的确定；⑥降雨量入渗系数的确定与空间变异性分析等。

（2）对排泄量的影响

气温的升高对地下水排泄量最直接的影响是蒸发散。蒸发散（evapo-transpiration）是指植物蒸腾（transpiration）、水（陆）面蒸发（evaporation）和植被截流（canopy interception）的水量的总和。对于大多数地区，蒸发散是土壤包气带和地下水最大的水分"损失"，是降水、土壤包气带水和地下水的水分以气态形式返回到大气中，减少了地下水可利用量。这部分水对于干旱地区来说尤为重要。但是，蒸发散在生态系统能量平衡和区域水循环中必不可少，蒸发散通过消耗大量的潜能，使得地球不至于太热，是水循环的环节之一，同时通过水分的运动带动可溶性的土壤养分被植物所吸收，与生态系统生产力密切相关，是影响生物多样性的重要因子。

据预测，气候进一步变暖，会导致热浪和干旱频率的增加，土壤蒸发量增加，植被可能会吸取更大范围的土壤包气带和地下水的水分以满足其生长和生存，从而导致地下水蒸发量可能会有所增加，使地下水位下降（Dragoni et al.，2008），引起地下水资源的构成变化和可利用地下水资源的匮乏。地下水蒸发散既受辐射、气温、湿度、气压等气象要素的影响，也受土壤包气带含水率大小和分布的影响，还受植物种类与生理特性、包气带岩性结构和地下水位埋深的影响，其蒸发散的动力学过程极为复杂。由于对机理特别是动力学过程的研究相对薄弱，关于气候变化对蒸发散的影响还了解不多，加上蒸发散在时间和空间尺度上变异性很大，实际测定蒸发散难度很大，而准确直接测定短时期流域尺度的蒸发散就更为困难（Vliet，2007），许多学者提出了不同的估算蒸发散的方法，各有优缺点（表2-2），目前确定流域尺度蒸发散的各种方法常存在着较大的误差。

表 2-2 常用估算蒸发散的方法

方法	原理	优点	缺点	参考文献
水量平衡法 -蒸发皿法 -渗透仪法 -流域径流场	将蒸发散视为水量平衡（降水量、径流，包括地下水位在内的系统蓄水量）的剩余项	适用于各种尺度，各种不同类型的地形条件；方法简单易行	受土壤含水量观测精度和频率的限制；在大尺度上受降水测定精度的限制；不适用于了解蒸发散的过程	McCarthy et al.，1991 Wilson et al.，2001 Maidment，1993
小气象学方法-波文比法	陆面能量平衡	适用于小尺度；方法简单易行	造价较高，受气象条件限制	Bowen，1926 Malek 和 Bingham，1993
空气动力学涡度相关法	通过用实时所测的垂直风速与水汽浓度和温度的协方差，计算陆面与大气的水汽交换量	适用于地面平坦地形、景观尺度、能够获得较小时间尺度的潜热和显热通量；与植物生理生态相结合，适用于短历时蒸发散、碳-水循环机理研究	造价较高；受地形、植被冠层均一性和风速，降水等气象因素干扰；尚未解决系统能量不平衡问题	Baldocchi 等，1996
树干液流法	通过追踪测定由探针发射的能量扩散来估算树干液流的移动方向和流量，即植物蒸腾量	适用于测定单株植物蒸腾量，通过量化液流导水面积可以计算出整个生态系统的总蒸腾量；有助于研究植物蒸腾机理，植被截留和干流需另外测定	尺度转化受测定液流导水面积精度限制	Granier，1987
遥感技术	利用安装在卫星或其他遥感接收器上收集到的地面物体反射，吸收光波而间接推算能量平衡各分量，从而推算蒸发散	适用于估计大流域、区域或全球范围蒸散发量；较大面积上应用比较经济实用	精度不高，需要地面实际测定校正；不适用于短历时估算	Nishida et al.，2003；Mu 等，2007
模型估算	采用各种不同类型的数学模型描述蒸发散的组成（降水截留、土壤蒸发、植物蒸腾）和过程	适用于估计各种不同尺度范围的蒸发散	模型是真实系统的简化，因此常需采用实际观测数据，如小流域水量平衡或涡度相关法测定值进行率定模型参数，修正模型算法	Allen et al.，1994；1998；Jensen et al.，1990；Lu et al.，2003

资料来源：魏晓华和孙阁，2009

准确评价气候变化对蒸发散的影响，需要加强以下几方面的研究：①不同气候带和不同立地条件下地表-地下水系统蒸发散的动力学机制，特别加强土-气界面、土-根界面、水-气界面、地下水面等界面动力学过程的研究；②植被冠层阻抗对土-气界面蒸发的影响机制；③蒸发散估算方法研究；④蒸发散的时空变异性研究等。

（3）对水质的影响

气候变化对地下水水质的影响往往与风暴潮、海平面上升以及地下水补给量的减少和蒸发量增加等因素有关。例如，2004 年法兰西斯飓风引起的风暴潮污染了巴马哈北部安德罗斯岛的地下水供给水源地。风暴潮过后，地下水中氯离子的浓度超过世界卫生组织饮用水的标准 30 多倍，原因是风暴潮导致海水通过大的裂隙和管道直接入渗和快速进入地下水中，引起地下水的水质发生变化（Treidel et al.，2012）。在我国黄河三角洲、西北地区，因持续干旱引起土地盐渍化，水质受到了严重影响（刘建军，2014）。Wang 等（2013b）通过对关中盆地 1984～2012 年四期地下水水化学资料的分析发现，受入渗补给量减少和蒸发强度增加的影响，地下水位出现大幅度下降，引起局部地段地下水矿化度和硬度增加，水化学类型趋于复杂化。

关于气候变化对地下水水质的影响，目前关注得比较少。深刻认识气候变化对地下水水质的影响，需要从地下水动力学场-温度场-水化学场耦合角度开展深入研究。

2）地下水对气候变化的影响

地下水位的上升或者下降以及引水灌溉等可以改变土壤包气带水分的分布，对陆面能量平衡和水量平衡产生一定的影响，进而影响气候的变化。Taylor（2013）指出，灌溉可以改变一个地区的蒸发类型（从水分控制转化为能量控制），从而影响地表水和能量平衡。Ozdogan 等（2010）通过模拟研究发现：在美国植物生长季节，农田灌溉将增加约 4% 的蒸发散量。20 世纪，高山平原地下水灌溉量的增加导致 7 月份降水量增加 15%～30%（Deangelis, et al.，2010），并且 8～9 月地下水存储量和河流径流量也会有所增加（Kustu, et al.，2011）。Famiglietti 等（2011a）指出：加利福尼亚州中部谷地的灌溉强化了美国西南部季风，使降雨量增加了 15%、科罗拉多河流量增加 30%。Douglas 等（2006）同样证实了地下水灌溉在印度季风地区对蒸发散和顺风降水的影响。Wang 等（2011a）通过室内物理模拟和野外实际观测，发现在鄂尔多斯盆地风沙滩地区，在地下水位埋深小于70 cm的情况下，降低地下水位将在地表产生热岛效应，其对地表温度的贡献在18%～21%。

揭示气候变化与地下水之间的互馈机制，需要在更大的尺度上构建气候模型-陆面水文过程模型-地下水文过程的耦合模型。地下水文过程在调节短期天气模式和影响长期气候模式的重要性近年来得到了广泛的认可（Koster et al.，2003；Seneviratne et al.，2006；Taylor et al.，2011；Orth and Seneviratne，2012）。地下水文过程与陆面水文过程之间的相互作用是通过地表的能量、质量及动量的交换而引起的（Los et al.，2006）。目前，越来越多的陆面水文模型开始关注与地下水模型的耦合（Maxwell and Miller，2005；Kollet and Maxwell，2008；Shen et al.，2013）。例如，Miguez-Macho 和 Fan（2012）在忽略植物根区水文过程与地下水侧向流动的情况下，将陆面过程模型（LSMs）嵌入 GCM（General Circulation Model），采用简化无约束的公式计算地下水储存量。Maxwell 和 Miller（2005）对 LSMs 中地下水流模块进行了改进；Kollet 和 Maxwell（2008）将更为完整的地下水模型耦合到 LSMs 中。Ferguson 和 Maxwell（2010）研究发现，土-气界面能量和通量对地下水影响的临界深度可达2～7 m。然而，这些研究将大气层仅仅作为地表和地下水文过程的一个外在驱动力，忽略了地表与大气之间的相互作用（Sulis et al.，2016）。

需要指出的是：尽管 3D 地表水-地下水的耦合模式（Rigon et al.，2006；Camporese et al.，2010）与陆面模型进行了耦合（Shen et al.，2010；Niu et al.，2014a），但是这些耦合模型大多局限于很小的尺度（Niu et al.，2014b），如果应用于全球，目前计算机的计算能力还无法实现（Kollet et al.，2010）。部分陆面模型尽管考虑地形对产流的影响（Koster et al.，2000；Niu et al.，2005），但在模拟包气带水分运移上却采用了简单的一维模型，忽略了水平方向的水分变化和土壤水与生物地球化学过程的相互作用。图 2-9和图 2-10是气候模型和陆面模型的发展过程。未来如何构建一个流域尺度及全球尺度高分辨率水文模型来有效提高对陆地淡水资源（包括地表水、地下水及土壤水）和河流流量的模拟精度和分辨率，以及提高关于天气、气候变化对洪涝、干旱、水资源及生态系统影响的预测能力仍是学科研究的重要命题。

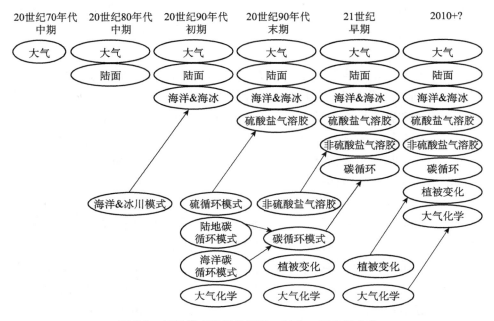

图 2-9 气候模式发展的历程：过去、现在和未来

资料来源：Climate Change Science Program and the Subcommittee on Global Change Research，2002

图 2-10　气候模式发展中物理过程的耦合

FAR，IPCC 第一次评估报告，1990；SAR，IPCC 第二次评估报告，1996；

TAR，IPCC 第三次评估报告，2001；AR4，IPCC 第四次评估报告，2007

资料来源：Le et al.，2007.

（二）人类活动对地下水资源构成的影响

随着社会经济的高速发展，人类对自然环境的干预日益强烈。原本受控于天然地质与环境条件（气象、水文等）的地下水资源，越来越多地受到了人类活动的影响。人类活动包括灌溉、水利工程、河道整治、城镇建设、土地利用、水土保持、矿山开发等活动。这些活动在取得正效应的同时，也不同程度地改变了下垫面的条件和流域水资源的格局与天然地下水文过程，引起地下水动力场、水化学场和温度场的变异，并由此引发了地下水资源枯竭和地质-生态环境负效应（林学钰等，2006；Essink，2010；Holman et al.，2012；Wada，2013），对地下水资源的可持续开发利用构成威胁，已经成为政府关注、学科研究的重点内容。

1. 灌区灌溉

据有关资料，在 20 世纪，农田灌溉利用了全球约 90% 的淡水资源，但约 70% 的淡水资源又通过灌溉回归补给地下水（Döll，2012）。全球抽水量从 1951 年的 1615 km³/a 增加到 1998 年的 4090 km³/a 和 2002 年的4436 km³/a。图 2-11 表示 1998～2002 年全球抽水量的平均值。如此大规模的水量在灌区重新分配会显著地影响局部、区域、地表及地下的水文过程（Leng et al.，2014；Sorooshian et al.，2014），引起流域水资源的重新分配。Drost 等（1997）指出未衬砌的渠道渗漏速度比衬砌的大 60 倍，因此未衬砌的渠道将渗漏约 16%～43% 的水量（Singh et al.，2006；Fernald et al.，2007），从而能够迅速增加地下水补给量并抬高地下水位（Harvey and Sibray，2001；Helmus et al.，2009）。随着灌溉系统的不断扩大，灌溉渠道及灌溉区大量地渗漏补给地下水，导致地下水位抬升进而引起盐渍化。在干旱半干旱区，盐碱化是灌区大水漫灌引起地下水位上升的产物，盐碱化将降低土壤的质量及相应农作物的产量，进而影响地下水的质量（Nulsen，1989；Kirchner et al.，1997）。由于旱区蒸发量远远大于降雨量并且需要常年灌溉，在这些地区地下水水质普遍较差并且含有大量的氯离子（Kovda，1973）。考虑到粮食安全及生态环境的重要性，农田灌溉水与地下水的交互作用持续得到国内外研究机构的重视（Peck and Hatton，2003；Cartwright et al.，2004；Kitamura et al.，2006）。例如，突尼斯南部灌区出现的盐碱化问题引起了当地政府的高度关注（Askri et al.，2010）。为了防止地下水位抬升引起的盐碱化问题，很多灌区对渠道进行衬砌及开挖排水渠，然而这又减小了地下水的补给量，从而导致地下水位下降，可能进一步引起河川补给量的减少，特别是在枯水季节（Harvey and Sibray，2001），尤其容易诱发一些其他的生态环境问题。

在我国，自 20 世纪 90 年代以来，随着灌溉工程的迅速发展，特别是在西北内陆盆地，无论是空间尺度还是时间尺度都对地表水和地下水转换的空间格局产生了较大的改变。最显著的特点是水体在空间上的分布进一步均化，人类活动区域更加宽广，从而对流域地下水资源的构成产生了较大影响。

实际上，引水灌溉在地表与地下水之间发生着复杂的水分转化，灌区地下水的补给量是由地表水转化的，其转化补给量在平原地下水的形成中占主导作用（图 2-11）。转换量与灌溉方式、灌溉定额、农作物类型、地下水位埋深、包气带岩性结构以及灌前土壤含水率等有关，且对地下水补给存在着滞后性，转换过程涉及土壤-包气带水动力学。以往在研究田间灌溉入渗时，普遍采用土壤水量平衡法、蒸渗仪法、零通量法、土壤水动力学法、黑箱法、水化学和环境同位素法等方法。近年来"植被-地表水-包气带-地下水"系统水分、溶质运移等领域数值模拟技术迅速发展，为更好地理解灌溉水与地下水相互作用提供了技术支撑（Schoups et al.，2006），被广泛应用于解决农田灌溉水与地下水交互作用问题（Xie and Cui，2011；Morway et al.，2013）。例如，在国外已有学者通过数值模拟方法获得美国爱达荷州的农田灌溉渗漏量为 50.8 mm/a（Garabedian et al.，1992）、澳大利亚南部的农田灌溉渗漏量为 133 mm/a（Chiew and McMahon，1991）及美国内华达州的农田灌溉渗漏量为 640 mm/a（Scanlon et al.，2005）。然而，数值模型需要很多基础数据支撑，而且土-气界面动力学过程、包气带岩性结构与参数的空间变异性对精确分析灌区地表水与地下水相互作用起到至关重要的作用（Thay-alakumaran et al.，2007；Hollanders et al.，2005；Sinai and Jain，2006）。此外，水化学与环境同位素法也广泛应用到确定地下水补给的研究中（Cook and Herczeg，2000）。受复杂、多因素的影响，各种方法都有其适用条件和局限性（Singh，2012）。

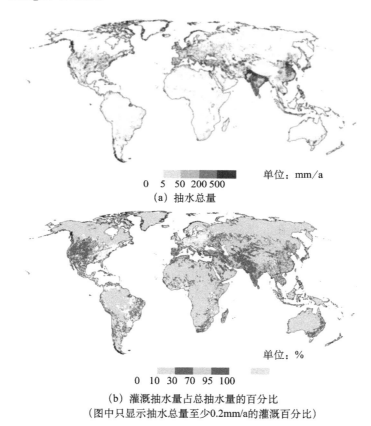

单位：mm/a

0　5　50　200 500

（a）抽水总量

单位：%

0　10　30　70　95　100

（b）灌溉抽水量占总抽水量的百分比

（图中只显示抽水总量至少0.2mm/a的灌溉百分比）

图 2-11　1998～2002 年全球地下水抽水量与灌溉抽水量的变化（文后附彩图）

资料来源：Döll，2012

　　灌溉回归水渗入包气带后，能否对地下水形成有效的补给、补给量多少以及补给的时间等，取决于包气带岩性结构、土-气界面动力学、灌溉方式与定额、包气带水-气两相相互驱替过程。对于均质土壤而言，粗颗粒的包气带岩性较细颗粒更利于入渗（Kennett-Smith et al.，1994）；但对于层状的包气带岩性结构，此过程更为复杂，即使厚度仅为几厘米甚至几毫米的层状结构都可以在很大程度上阻碍水流向下迁移。除此之外，田间灌溉入渗和降雨入渗补给滞后时间的不确定性是该领域研究的另一挑战（Grismer et al.，2013）。已有研究表明，即使是对入渗有利的沙丘，在厚度达20 m时，入渗补给的滞后时间可以达3～4个月之久（Turkeltaub et al.，2015）；在气候变化背景下，滞后时间甚至可达3～7年之久（Rossman et al.，2014）。张志杰等（2011）采用试验与数值模拟相结合的方法，对内蒙河套灌区灌溉水入渗补给地下水的规律进行了研究，指出作物生育期灌溉补给地下水系数为0.15，秋浇灌溉补给地下水系数为0.3。河套灌区地下水位埋深相对较浅，灌水前后的土壤含水率变化情况和数值模拟结果显示，灌水2～4天补给地下水量达到最大，8～10天后即完成对地下水的入渗补给，入渗补给量和入渗时间与灌溉水量直接相关。立地条件是影响地下水接受有效补给（降水和灌溉水）的另外一个热点问题。Kim和Jackson（2012）在对全球600多例不同植被类型、不同气候和土壤条件对地下水补给影响进行分析后指出，农田在接受降水入渗补给的同时还接受人工灌溉，获得的补给量大小依次为草地、林地和灌丛。此外，降水和田间灌溉入渗还受包气带气体的影响。已有研究表明，包气带的气体对水分的入渗有显著的影响（Youngs，1995）。在入渗条件下，水-气两相互不相溶的流体在包气带中驱替时，将引起包气带气体压缩和反向气流运动，从而对入渗水流产生阻滞作用，减小了入渗水流的速度（Grismer et al.，1994；Wang et al.，1997，1998）。由此可见，灌溉对地下水资源的影响机理极为复杂，特别在干旱半干旱地区。

需要指出的是：目前国内在评价田间灌溉入渗补给时，普遍采用田间灌溉入渗系数法，一些地方把降水入渗系数和田间灌溉入渗系数等同（二者是有区别的，大水漫灌和畦灌属于有压入渗），甚至出现随地下水埋深的增加入渗系数减少的概念混淆或者错误引用的问题。已有报道指出，田间灌溉入渗若不考虑包气带水的作用，计算值可能偏大。从理论上讲，与降水入渗补给一样，只要入渗水达到零通面或者潜水极限蒸发深度以下，入渗系数与地下水埋深无关。零通面以下入渗系数应该是一样的，至于什么时候入渗水分到达地下水面以及补给量的多少，实际上是水分在包气带零通面以下至潜水面之间水量的分配问题，涉及土壤水动力学以及不同时间尺度上入渗过程的叠加。

综上所述，目前在灌溉对地下水资源构成的研究方面，尚有许多问题需要进一步深化研究：①灌溉水在地表-地下水系统的入渗机理与动力学模型；②节水灌溉对浅层地下水资源构成的影响及时空变异特征；③灌区水、粮平衡与优化配置；④不同时间尺度（一次、天、月与年）灌溉入渗系数的确定等。

2. 城镇建设

城镇化是伴随工业化发展、非农产业在城镇集聚、农村人口向城镇集中的自然历史过程，是人类社会发展的客观趋势，是国家现代化的重要标志之一。一百多年来，中国城市发展的进程很快，特别是中华人民共和国成立以后的 60 年来，发展更为迅速（图 2-12）。2012 年 8 月 17 日国家统计局发布的报告显示，党的十六大以来，我国城镇化发展迅速。2002～2011 年，我国城镇化率以平均每年 1.35% 的速度发展，城镇人口平均每年增长 2096 万人。城镇化是保持经济持续健康发展的强大引擎，是加快产业结构转型升级的重要抓手，是推动区域协调发展的有力支撑和促进社会全面进步的必然要求。

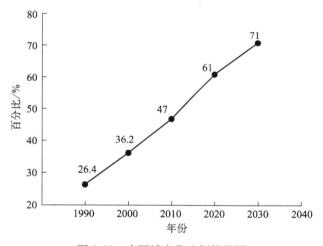

图 2-12 中国城市化比例趋势图

资料来源：http://image.so.com/v?q=中国城市化比例趋势图

在城镇化建设中，为了建设交通网络和基础设施，很多土地被铺上沥青或覆盖上硬质铺面，隔绝了大气与土壤-包气带之间天然的联系，水的自然循环方式因此被改变。暴风雨造成的洪峰不断增加，大雨使雨水排放系统陷于瘫痪。暴增的径流溢出水道四处流淌，携带了路面大量污染物，不但造成灾害和污染，也对地下水资源构成和水质产生了极大的影响。因此，城镇化对地下水资源的影响已经成为国内外学科研究的一个重要的课题。

城镇化建设对地下水最显著的影响有四个方面。

第一，城市路面硬质化和绿地率的减少，切断了大气降水与包气带、地下水的水力联系，引起地面径流量增加和地下水补给量减少（Schueler，1994；Lerner，2002；Guzman et al.，1989），同时也改变了地表-土壤包气带的环境（Marinos and Kavvadas，1997；Deveughèle et al.，2010；Attard et al.，2016 a，2016b）。Schirmer 等（2013）指出，城镇化建设会使地下水流系统在时间和空间上发生改变，其影响机理极为复杂。

第二，城市地下水供水水源地开采量增加以及基础设施建设中基坑降水等工程，极大地改变了城市地下水文过程，导致区域地下水位下降、地下水枯竭。

第三，暴雨洪流和人为作用，把大量的污染质和营养物质排入地下水中，导致地下水污染，加剧了当地的淡水供水压力（Collin and Melloul，2003；Dietz and Clausen，2008）。Chae 等（2008）的研究表明，由于城市的建设，地下水中的水化学作用会发生改变，引起水质变差。例如，在法国巴黎，人类的活动和城市化的建设导致地下水中的硫含量显著增加（Pons-Branchu et al.，2017）。在非洲塞内加尔的达喀尔，城市化使得地下水中的硝酸盐的含量严重超标（Re et al.，2011；Madioune et al.，2014）。英国学者 Kazemi（2011）对伊朗 Shahrood 地区地下水样品进行分析，结果显示 Shahrood 地区的污水处理井、坑已经通过渗漏污染了地下水，同时城镇地下水补给使得地下水温度和 pH 降低。刘喜坤等（2008）对徐州市 20 年来地下水硬度的变化规律进行研究后，认为随着城镇化的发展，在环境污染和地下水过量开采的综合作用下，徐州市岩溶地下水总硬度有逐渐增加的趋势。

第四，城市化建设影响了地下水温度（Ferguson and Woodbury，2004，2007；Hu et al.，2008；Epting et al.，2013；Attard et al.，2016a）。目前，全世界的许多城市都已经发现了由于城镇化建设引起的地下水热岛效应（Zhu et al.，2010；Taniguchi et al.，2009；Menberg et al.，2013）。一方面，城市中人为的热通量进入地下水，提供了一个潜在的可持续的地热来源（Benz et al.，2015）；另一方面，城镇化的建设中人为增加热能量的同时，地下水的冷却系统会被干扰（Epting et al.，2013）。例如，在瑞士的巴塞尔市，密集的城市化建设使 1.8℃ 的地下水的温度上升到高于 2℃。Attard 等（2016a）指出，城镇化的建设可以使得热影响区的地下水温度上升超过 0.5℃。

由此可见，城镇化发展极大地改变了地下水动力学场、水化学场和温度场，不仅造成地下水资源构成的改变，也诱发了地面沉降、地下水污染、城市河流生态基流减少等地质-生态环境问题。为了遏制城市化建设对地下水资源构成和时空分布的改变及其相关生态环境问题的发生和发展，美国地质调查局在现阶段把开展城市化和市郊化对地下水资源的影响调查和研究作为重点任务之一，主要研究内容包括开发和建立管理信息系统，确定各种土地管理措施和城市水资源管理措施对地下水数量和质量的影响，向决策者提供决策依据。

随着城市内涝的频繁发生引起的地质-生态环境问题日益显现，人们越来越认识到加强城市雨洪管理的重要性。如果未来全球城市和特大城市将按专家的预期容纳 70%～80% 的人口，这个可持续发展的课题更是至关重要，其中有很多问题与水文地质密切相关，是城市规划学、城市景观学、水文地质学、生态学等多学科的有机结合，尤其是城市区域-水域陆域-地上地下协调、城市雨水地下储存与防洪排涝、地下水资源开发与城市供水，水生态和水环境保护，景观建设与雨洪利用等科学问题的解决，为水文地质学提出了新的挑战。

3. 河道整改

河流与地下水之间存在着密切的水力联系，控制着流域水循环和生态安全，也为地表水和地下水联合开发提供了条件。河流和地下水之间一般存在着 4 种联系方式（图 2-13），从流域尺度上来讲，受地质条件和人类活动的影响，上述关系在干旱地区可以多次相互转化 [图 2-13e]（王文科等，2004a，2007；Wang et al.，2011），无论转化的次数是多少，干旱内陆盆地河流与地下水是同一补给源的两种表现形式，上下游是以河流-地下水为纽带的统一体，特别是河流与地下水脱节段，河流渗漏补给量占到流域地下水补给量的 50%～90%，对流域地下水资源的形成具有重要意义；而中下游地下水补给河流的地段，地下水向河流的补给量是流域天然资源量的组成部分，对维持流域河流生态基流和下游湖泊湿地的面积与水量具有重要的意义。

河道是水流运动的边界，一般由卵石、砂砾、粗砂、中细砂和粉细砂等组成，水流在河床上运动，通过河床湿周界面与地下水发生相互作用（Wachyan and Rushton，1987；Kimrey，1989；Hanson and Benedict，1994；Ruben，1997；Goodrich et al.，2004；Wang et al.，2011b，2013a，2016）。近年来，一些地区的河道整治注重景观建设，忽视了河流与地下水的联系，对河道进行渠化或者将河床卵石去掉进行压实，甚至对河岸堤或河床进行水泥硬化等。这一系列河道整治工程极大地改变了河流与地下水之间的天然水力联系，引起地下水资源构成发生很大的变化。同时，硬化的河道阻隔了土壤与水体之间的物质交换，使土壤或水体中的动植物失去赖以生存的环境，水体自净功能下降，水质变差。进而引起河流上游地下水补给量减小、水位下降，下游河流与地下水补排关系发生变化、溢出带下移，河流湿地及生态基流不足等生态环境问题。

流域水文过程是由陆地水文过程和地下水文过程共同决定的，是流域生态系统能流和物流的载体，在维持整个流域生态系统平衡中占主导地位。在过去几十年，尽管河流与地下水相互转化的动力学机制与生态效应的研究得到加强和拓宽，但绝大多数的研究局限在空间较小的河段及时间较短的尺度，特别是对人为干扰背景下的研究比较薄弱。未来在以下几个方向应该加强：①人为干扰背景下河流-地下水交互带物理、化学和生物过程相互作用与效应；②河道整治对地下水资源时空分布的影响与评价；③洪水地下调蓄机制与途径；④地下水对河川生态基流的贡献与保障机制；⑤变化环境下流域河流-地下水转化的动力学机制与多场耦合模拟技术；⑥流域河道整治、景观建设与水资源高效利用的协调与发展等。

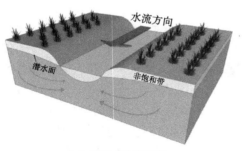
（a）地下水补给河流

（b）河流补给地下水

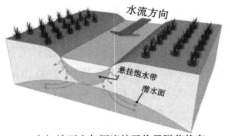
（c）地下水与河流处于临界脱节状态

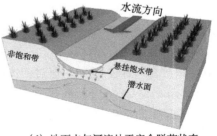
（d）地下水与河流处于完全脱节状态

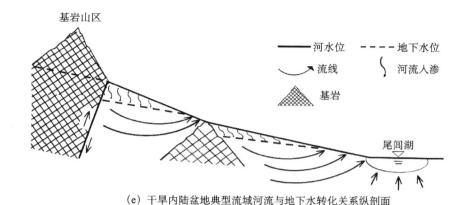

（e）干旱内陆盆地典型流域河流与地下水转化关系纵剖面

图 2-13　河流与地下水转化关系

资料来源：Wang et al.，2011；2016

4. 水利工程建设

为了调节水资源在时间和空间上的分布不均，满足社会经济对水资源的需求，许多国家修建了大量的蓄水工程、引水工程及调水工程等水利工程。实践证明，水利工程在调节水资源时空分布不均、满足人类生活和生产对水资源的需求等方面发挥了重要的作用，但也存在一些问题（陈梦熊，1997；Rains et al.，2004）。例如，水库的修建增加了上游地表水的储蓄量与利用率，使得下游河流水量减少，改变了下游河流与地下水之间的补排关系，导致区域性地下水位下降，对下游河流生态环境产生了影响。同时，库区地下水渗漏补给量增加，在干旱地区引发了土壤盐渍化和潜水无效蒸发量的增加（Bick and Oron，2005）。与自然河流量相比，人类控制着水库的蓄水与放水，这可能导致高流量与低流量在大小和时间上存在显著差异。闫成云（2007）等分析研究了昌马水库的建成对疏勒河流域地下水补给的影响，指出水库运行后，中游玉门踏实盆地地下水补给量大幅减少，比 20 世纪 60 年代和 90 年代末分别减少了 3.11×10^8 m³、2.95×10^8 m³，而下游安西敦煌盆地、花海盆地地下水补给量小幅增加，中游盆地泉水溢出量大幅衰减，与 20 世纪 60 年代比减少了 53.2%。这些事例说明，水利工程的修建对流域地下水资源的时空格局造成了重大的改变，在取得正效应的同时，也产生了生态环境负效应。Margat（1985）在《干旱区的水资源与水文地质学》（*Hydrology and water resources in arid zones*）一文中指出，干旱地区水资源存在如下特点：地表水的稀缺性、地表水库的局限性和地下水资源的优越性。他通过大量调查和列举的数据说明一些干旱国家地下水使用量在整个水使用量中的比例大于 60%，强调了地下水（包括深层地下水）在干旱地区水资源中不可替代的重要地位以及干旱区人与水之间的制约关系。

为科学合理地开发水资源，防止生态环境进一步恶化，必须重视科学用水，加强科学管理，把地表水、地下水放在同等重要的地位，充分利用两者的转化关系，统一规划，联合调度，综合开发，合理利用，并严格控制在平原建立地表水库，充分利用自然地质条件建设地下水库。同时，加强库区地下水位、水质的监测工作，确保水资源的可持续开发利用及生态环境的良性发展。

5. 土地利用

土地利用的类型包括旱地、湿地、林地、山地、小岛、海岸带、城镇地区和乡村居民点等。土地利用方式对地下水资源有着显著的效应，地下水补给与蒸发散是发生在大气、土壤包气带和植被之间复杂的相互作用的结果。土地和植被及作物的类型对地下水资源的组成与变化具有重要的影响。例如，在 20 世纪末期，非洲西部 Sahel 草原经历了长时间的干旱天气，但其土地类型由大草原改变为农作物用地，增加了地表径流或池塘对包气带水分和地下水的补给，导致其地下水补给量和储量略有升高（Leblanc et al.，2008）；同样，在 20 世纪早期，澳大利亚东南部、美国西南部均改变自然生态系统使土壤包气带水分和地下水补给量增加，在局部地区引起土地盐渍化（Scanlon et al.，2006），且研究发现将当地多年植被类型转换成农作物用地可增加 1~2 倍的地下水补给量（Cartwright et al.，2007；Leblanc et al.，2012；Scanlon et al.，2010）。王根绪等（2005）、丁文晖（2006）从地下水补给和排泄两方面，分析了近 30 年来甘肃省黑河流域中游地区土地利用与覆被变化对地下水系统的影响，指出以 1985 年为界，前后 15 年土地利用变化对地下水系统补给的影响分别达到 2.602 亿 m^3/a 和 0.218 亿 m^3/a，对排泄系统的影响分别为 2.035 亿 m^3/a 和 4.91 亿 m^3/a；在保持区域人工开采量不超过 3.0 亿 m^3/a 的幅度下，土地利用变化对区域地下水资源变化起着决定作用。杨国靖等（2006）通过分析 1987~2001 年民勤绿洲区土地利用变化与地下水位关系，指出 15 年间有 310 km^2 草地和林地转化为耕地，这使得区域地下水位上升了大约 5 m。

土地利用影响地下水的补给量和水质，导致地下水文过程发生改变。因此，应建立有利于地下水合理开发的土地利用模式，制定合理的土地利用规划，实现土地利用管理与水资源管理的统一；在开发地下水资源过程中，以水定地，以水定发展方向；引进现代化技术手段（如遥感、GIS 等），加强动态监测。

土地利用与地下水之间关系十分复杂，人们对许多机理的认识仍然存在一定的局限，今后应加强以下几方面的研究：①土地利用类型对地下水资源形成的机制和评价；②植被（作物）根系耗水机理与蒸发散的估算；③土地利用与地下水可持续利用等。

6. 傍河取水

傍河取水是地表水和地下水联合开发、相互调剂、充分利用水资源的一项重要的战略措施。傍河取水的机理是采用激发可采的方式，夺取河流补给量和地下水的侧向补给量，尤其是在多泥沙的河流岸边兴建傍河水源地，可以充分利用地层的天然过滤和净化功能，激发河流补给，以达到保证供水的目的。据地质部门统计，我国 1243 处地下水源地中，约有 300 多个傍河水源地，约占地下水水源地总数的 24%，在我国供水系统中起着不可替代的作用。

傍河开采的前提是河水位与地下水之间具有统一的浸润面，一旦河水位与地下水位脱节，激化开采方式就失去了意义（Wang et al.，2016）。Wang 等（2011b）通过室内物理模拟、数值模拟和解析分析发现，对河水位与地下水位具有统一浸润曲线的非完整切割型河流，降低河岸边地下水位（相当于增加傍河开采量），可以使河水位与地下水位由具有统一的浸润曲线向不具有统一的浸润曲线方向演化，也就是由非脱节型河流（connected stream）向脱节型河流（disconnected stream）方向演化，一旦河流与地下水脱节，在保持河水深度和河流宽度不变的情况下，进一步地降低地下水位（增加开采量）将不会再增加河流的补给量，这时河流激化可采方式就失去了意义。在傍河开采情况下，河流与地下水由非脱节向脱节方向演化经历了 4 个阶段，即线性非脱节阶段、非线性非脱节阶段、临界脱节阶段和完全脱节阶段，其中只有线性非脱节阶段可以采用饱和流模型对河流-地下水系统动力场进行模拟，此时不会产生较大的误差，其他情况需要构建饱和-非饱和流耦合模型进行模拟。另外河床界面动力学方程对精确模拟河流与地下水之间的水量交换非常重要。大量研究表明，河流与地下水之间的水力联系、河床界面动力学过程等控制着傍河水源地开采量组成和评价的精度。

傍河取水涉及技术、经济和流域管理等多个层面，为保证傍河水源地持续供水、水质优良，必须做到以下方面：①建立健全用水管理制度，制定科学合理、切实可行的管理办法，合理开采地下水资源；②完善地表水-地下水联合调度方案，针对区域供水需求，合理有效地开发利用地表水-地下水资源；③加强傍河水源地地下水监测，实时掌握地下水动态变化特征；④加强傍河水源地河流与地下水相互作用的动力学过程仿真模拟的基础理论和技术研究等。

7. 矿山开发

我国矿产资源开发与水资源短缺的矛盾日益凸显，矿山开采过程中出现地下水位下降、泉水干涸、河流基流锐减及水资源浪费等一系列问题。例如，黄河中游地区（尤其是陕北地区）是我国重要的能源重化工基地，矿业开发对地下水资源构成和生态环境的影响十分明显。区内河流 40%~70% 的流量来自地下水的补给，自 20 世纪 90 年代以来，区域地下水位呈普遍下降趋势，平均下降 0.5~4.5 m，在煤炭开发区地下水位普遍下降 10~12 m，一些地方地下水位已下降到煤层上界面。煤炭开发区的窟野河流域，区内具有供水意义的两个含水层——萨拉乌苏组含水层和烧变岩含水层位于煤层之上，含水层底板距开采煤层 3~50 m。受煤田开采引起的地面塌陷、地裂缝的影响，含水层的结构遭到破坏，地下水漏失，引起地下水位大幅度下降，使泉流量减少甚至干涸，基流量大幅度减少。窟野河上的母河沟泉域，煤炭开发前泉域内泉平均流量为 5961 m³/d，最大流量为 10 627 m³/d；采煤破坏含水层结构后，2002 年 4 月实测泉流量只有 1680 m³/d，衰减 72%。至 2002 年 9 月，沟中最大泉眼已干涸。窟野河上游双沟支流，平均径流量为 7344 m³/d（由地下水补给），采空区塌陷后全部漏失，造成干涸；窟野河流域则因煤炭开采集中，地下水位大幅度下降，造成干流基流量减少。另外，矿山开发对地下水水质的影响也不容忽视。随着对水资源保护的不断重视，矿产资源开发必须向资源与环境协调的绿色开采方向转变（钱鸣高，2010）。

矿山开采地下水资源保护有两大技术途径：一是保水开采技术，二是矿井水储存利用技术。保水开采技术的核心是保护隔水层完整性，减小采矿对含水层的影响，通过合理的采矿方法控制顶板岩层破坏程度，降低对水资源及其储存环境的破坏，实现水资源保护的目的，包括充填开采、窄条带开采、分层（限高）开采、短壁机械化开采及长壁机械化快速推进等保水采煤方法。矿井水储存利用技术是采用疏导手段，在掌握地下水系统变化规律的基础上，将矿井水转移至采空区进行存储，并建立相应的抽采利用工程，实现水资源的保护利用。

目前，针对矿山开采对地下水资源影响机制的研究仍较薄弱，需要进一步研究扰动条件下地下水系统的演化特征，定量化评价采掘活动对地下水资源的影响程度，为矿产及水资源的合理开发和科学管理提供决策依据。其关键科学问题是重点解决矿山开采对地下水资源扰动机制和地下水资源管控问题，包括：开采扰动条件下围岩及地下水响应特征和采矿对地下水资源影响的评价理论及管控方法。主要研究内容有：①矿山开采岩体扰动及渗透性演化机制；②矿山开采水动力与水质响应机制及演化规律；③矿山开采过程地下水资源管控体系构建方法；④矿山开发对地下水水质的影响与修复技术；⑤矿井水供排技术与综合利用等。

四、地下水资源的可持续利用

（一）地下水资源可持续开发利用的理论

"地下水资源可持续性"的概念于 20 世纪 80 年代首次提出并应用在水资源管理方面，它的基本内涵是：在局部或全球尺度上，地下水资源量与水质能满足人类社会和生态系统长期稳定的发展，并且能有效地保护人类社会免受地质-生态灾害或疾病带来的危害（Daniel and John，2002；Llamas and Martinezsantos，2005；Mays，2007）。鉴于世界各地因不合理开采地下水所带来的社会、经济、环境问题日趋严重，全球相关领域的专家学者开始关注、研究这一科学问题，探讨如何实现地下水资源可持续开发利用。

地下水资源可持续利用涉及天然资源量、开采方式与社会、经济和地质-生态环境各个方面（Bredehoeft and Young，1983；Bredehoeft，2002），其影响因素极为复杂。因此，许多学者从不同角度对地下水资源可持续利用的概念、指标体系与评价方法、开采方式与地质-生态环境之间的关系开展了深入和广泛的研究。例如，周仰效和李文鹏（2010）探讨了地下水可持续开发的概念、原理和方法；Bozek 等（2015）提出了一套半定量的地下水资源风险评价指标，指导应急状态下地下水资源可持续开发；Louise 等（2015）为降低比利时南部矿区地下水开采所引发的环境负效应，提出了一套矿区地下水保护与可持续开发的指标体系。鉴于地下水资源可持续利用影响因素的复杂性，目前地下水可持续利用概念和评价指标体系与方法等在学术界仍然处于探索阶段。

（二）地下水资源可持续开发利用关键技术

为了实现地下水资源的可持续利用，国内外许多学者针对不同地区地下水的形成演化机制和开发利用条件，提出了地下水合理开发、调蓄与保护的方法与关键技术，为地下水可持续开发利用提供了技术支持。

1. 地表水-地下水联合开发

实施地表水-地下水联合调度不仅是解决水资源短缺的有效途径、也是实现水资源持续利用，保护和改善生态环境的重要举措（Tuinhof et al.，2003；Sun et al.，2009；Gao et al.，2004）。

国内外关于地表水与地下水联合调度的研究，已有几十年的历史。1961年，Buras 和 Hall 首次提出地表水和地下水联合调度的概念，解决了地表水和地下水在两个农业用户之间的水量分配（Qi et al.，1999）。Törnqvist 和 Jarsjö（2012）采用流域尺度地表水—地下水联合开发模式，将灌区的水资源利用率提高了 60%，有效地减少了入海地下水排泄量约 30×10^4 m³/a。在我国，齐学斌等（1999，2004）对井渠结合灌区的地表水和地下水进行联合优化调度，并采取地膜覆盖集雨种植节水技术和引洪补源技术，实现了灌区水资源的高效可持续利用；Li 等（2016）建立了中国北部干旱流域地表水-地下水的联合开发模式，提高了约 15% 的水资源利用效率。王文科等（2006）指出在渭河和黄河岸边兴建傍河供水水源地，每公里可激发河流补给水资源 $1 \times 10^4 \sim 2 \times 10^4$ m³/d，起到了地表水-地下水联合开发、相互调剂和水资源高效利用的目的；在关中渭北灌区提出对于地下水位埋深 5～10m 的地区，应实行井渠双灌模式，地下水与地表水合理配水比例以 3：7 为宜。叶勇等（2010）指出在沈阳市辽河流域，利用地表水与地下水联合开发模式，可持续提供 1×10^5 m³/d 水资源量。实践证明：实施地表水与地下水联合开发是水资源高效利用与可持续发展的重要途径。

2. 流域地下水合理开发模式

林学钰（2006）等在对黄河流域地下水循环演变研究的基础上，系统地提出了维持流域地下水良性循环的途径与水资源开发和调控模式；王文科、王宇航等在研究格尔木河流域、陇东盆地、乌兰盆地、天山北麓、伊犁河流域、喀什三角洲和关中盆地等典型流域地下水文过程、径流模式与生态效应的基础上，基于动力场、水化学场和同位素研究成果，提出了优先开发强径流带地下水、有节制地开发中等径流带地下水、尽量避免开采弱径流带地下水的可持续开发利用的思路[1]。侯光才等（2013）在深入研究鄂尔多斯盆地地下水流系统的基本上，采用数值模拟、同位素和水化学分析等方法，划分了研究区多级地下水流嵌套系统的动力学模式，提出了地下水合理开发的方案。这些研究成果对促进流域尺度地下水的合理开发与可持续利用，提高流域水资源高效利用与应急保障能力具有重要的理论和实际意义。

3. 地下水库的开发

地下水库具有很好的调蓄功能，是调节水资源时空分配不均、优化水资源配置的一种重要手段（陈梦熊，2000，2003；林学钰，1984）。

在 20 世纪 30 年代，南斯拉夫、日本、美国、荷兰、以色列、苏联、中东、法国等国家和地区，已广泛利用地下水库进行水资源调蓄。美国加利福尼亚州 Orange 县地下水库可开采量为天然补给量的两倍多，有效地解决了该地区干旱期的用水问题（National Research Council，2008）；美国加利福尼亚州河谷南部的 Kem 地下水库，蓄水能力达 12.35 亿 m^3，目前已蓄水 10.7 亿 m^3，抽水能力达 3 亿 m^3/a，是当地农田灌溉、工业生产、人类生活的重要保障；利比亚的沙漠地下水库储量超过 $10\,000 \times 10^8$ m^3，并采用管道在沙漠中长途输水，建成了举世瞩目的"大人工河"，取得了沙漠地区地下水库开发和利用的显著成效。在我国，河北省南宫市地下水库是我国第一座大型无坝地下水库，其总蓄水量可达 4.8×10^8 m^3，年可调蓄水量为 1.12×10^8 m^3，是该市主要的水源地。在新疆天山北麓中段山前拗陷带发育斜列式的大厚度含水层系统，是理想的天然地下水库。例如，新疆奎屯河山前向斜凹地地下水库，地下水储存量约为 26×10^8 m^3，从 20 世纪 90 年代开采至今，水位稳定，开采量为 0.43×10^8 m^3/a。关中盆地秦岭山前地下水库调蓄水量估算为 15.6×10^8 m^3，蕴藏着巨大的开发利用潜力（肖重华等，2005）。

与地表水库相比，地下水库具有不占耕地、不需搬迁、水质不易受污染、投资少、见效快的特点，更重要的是，开发地下水库可起到调蓄水资源在时程上分配的不均匀性，充分利用水资源，还可避免大量引地表水，改变区域水循环而引起调出水区的生态环境恶化。由此可见，在条件适宜的区域采用地下水库开发模式，可获取显著的社会、经济和环境综合效益。

4. 夺取无效蒸发量

浅层地下水受土壤毛细作用影响，一部分以土壤蒸发的方式进入大气，

---

① 引自 2016 年王文科教授团队研究进展—旱区地下水文过程与生态效应报告。

另一部分通过植物蒸腾，这部分水量不能直接被利用，因此减小无效蒸发是开源与提高水资源利用率的重要技术途径（Reineck et al.，2003）。郗洪强等（2010）指出河北平原若降低地下水位，每年可夺取的无效蒸发量约为 3.33×10^8 m³；陈同心（1990）的研究表明武威盆地年可夺取的无效潜水蒸发量达 1.11×10^8 m³，如果能够夺取这些无效蒸发量就可以有效地提高石羊河流域水资源的利用效率；尚海敏等（2014）的研究指出天山北麓水资源在经过优化配置后，可以夺取潜水蒸发量约 2.8×10^8 m³/a。夺取无效蒸发量是干旱地区水资源开发的重要潜力，具有开源与生态环境保护的双重功能。

5. 大厚度含水层分层开采

我国西北内陆盆地山前戈壁带、鄂尔多斯高原等地区，分布着大厚含水层。对于大厚含水层，采用小区域密集分层开采能最大化地提高地下水资源利用效率，减小工程投资，避免单井出水量小、能耗大、效益低等问题，是地下水资源合理开发的有效手段之一。白春艳等（2012）指出在新疆塔里木盆地分层开采地下水资源，能有效缓解区域水资源短缺，避免水质恶化。李振山和尹强（1998）在我国鲁西北平原地区布设了小区域密集型分层取水示范工程，在保障区域日供水需求的情况下，共节约资金投入达 248.03 万元。但需要注意的是，采用分层开采地下水时必须确定隔水层的厚度和位置，禁止潜水和承压水以及承压水之间混合开采、咸淡水串通开采，避免深层地下水污染。大厚含水层分层开采仍然存在着一些理论和技术问题，有待进一步深入研究。

6. 水盐调控

在干旱、半干旱地区，灌区地下水埋深较浅，受蒸发浓缩作用影响，引起土壤盐渍化和地下水质咸化等问题。为提高水资源的利用效率，国内外许多地区采用水盐调控、地表水与地下咸水、微咸水的混合灌溉模式，扩大利用地下咸水、微咸水资源和节约地表水资源。严明疆等（2010）通过分析河北省石津灌区混合灌溉与节水开采措施，指出地下咸水、微咸水与地表水按一定的比例混合灌溉，不仅可以增加农灌水资源量约 2000 万 m³，还可以适当降低灌区地下水位埋深，改善地下水环境；方生等（2003）指出对于华北平原农田灌溉，利用浅层地下咸水或微咸水，可替代或减少深层地下水的开采。

7. 矿区排-供结合

矿区排-供结合作为一种水资源可持续开发的手段，在国内外受到了高度重视并获得了迅速发展。20世纪80年代，美国大部分矿区排水的利用率已达到81%，主要以矿坑水净化后供水和矿床预先疏干排-供结合两种模式（Anawar，2013）。国内最初为了缓解矿区供水紧张的局面开始采用"自排自供"的方式利用矿坑排水。1977年全国第一次"综合治理和利用矿床大面积地下水"会议提供了很多国内外的成功经验，矿区排水和供水的综合利用理论得到了快速发展，提出了5种符合我国国情的矿区排-供结合模式，即利用矿坑水的排-供结合模式、预先疏干的排-供结合模式、利用含水层双层结构的排-供结合模式、暗河引流的排-供结合模式和截流帷幕的排-供结合模式。目前，我国焦作矿区、陕西渭北矿区、河北省峰峰矿区等地区进行了大量排-供结合的大型工程，大幅度提高了水资源的利用效率。另外，由于矿井水成分很复杂，水量和水质的差异很大，需对矿井水因地制宜地进行净化处理。淮北矿务局相继在淮北矿区建立了11座矿山水净化站，日处理能力达4.85万t，很大程度地缓解了矿区的供水矛盾。

矿区排-供结合、矿井水的资源化与综合利用是一个复杂的系统工程，要从区域资源开发、工农业生产、城市供水及环境保护的全局考虑，使生产、环保、经济效益综合目标达到最优状态。

8. 含水层回灌

地下水回灌是将地表水、洪水以及经过处理达标的污水直接或用人工诱导的方式引入地下含水层中，可达到调节水资源、增加地下水的补给量、控制生态环境恶化的目的，是保证地下水资源可持续利用的一项重要技术手段。

李维静（2013）提出河北平原藁城区滹沱河傍河带利用河道回灌，潜水水位在整个研究区平均上升了1.83 m，与无回灌对比，地下水增加了1.32×10^8 m³/a的储存量，保证了地下水资源的可持续利用；据报道，2009年以来，西安市累计回灌水量达67.2万m³，地下水位平均抬升约2 m，保障了部分居民的生产生活用水，以及地下水的可持续发展；李静（1997）对山东省马庙地下水回灌工程进行了分析，指出回灌工程会引起地下水埋深平均上升6.5 m，单井出水量增加15 m³/d，可直接用于灌区浇地，不仅提高了水资源利用率也增加了经济效益。赵天石和王卫东（2004）指出在河谷平原区含水层颗粒粗大、渗透性强的地段，通过有计划地实施人工回灌地下含水层，能有效地改善水环境，缓解水资源供需矛盾。

由于人工回灌问题本身的复杂性，国内外目前对地下水人工回灌的认识仍停留在实践和经验阶段，在工程应用中基本上是凭经验实施地下水人工回灌，无法预知补给效果。如何结合水文学、地质水文地质条件，提高回灌效率，定量分析回灌过程中地下水动力学过程与水质演化、解决回灌过程中堵塞等问题，是该领域亟待解决的科学问题。

9. 水资源优化配置与含水层管理

地下水优化管理研究是 20 世纪 80 年代后期国际水文地质界研究的一个重要热点（Marios，2002；Lachaal，2016），是以水资源的可持续利用和经济社会可持续发展为目标，通过各种工程与非工程措施，对多种可利用水资源进行合理调配，使之处于人类健康和生产的最佳状态（Morankar et al.，2013；Shao et al.，2009；Tang，1995；Vieira et al.，2010）。

国内外学者围绕水资源优化配置开展了积极探索。林学钰早在 1982 年就敏锐地洞察到地下水管理研究的重要作用，之后运用系统工程学的原理和方法，针对中国不同典型地区的水文地质条件和管理目标建立了不同类型的地下水管理模型：在平顶山地区建立的地表水和地下水联合优化调度管理模型，在峰峰矿区建立的岩溶地下水资源供排结合模型，在石家庄、济宁、新乡、开封、呼和浩特、平顶山等地建立的以城市供水为目标的水资源调度和分质供水管理模型和经济效益分析模型等，对推动中国地下水管理的深入研究，具有重要的指导意义（林学钰，2006）。聂相田等（1999）建立了宁陵县优化配水模型，提高了该县各区约 20% 的水资源利用效率；苏华等（2002）采用宏观经济及生态系统的多目标模型，建立了内蒙古西部地区水资源开发利用的优化模式。王文科等（2004b）利用系统分析的原理，在满足不同水平年工农业及生态用水的前提下，建立了银川平原水资源优化配置模型，提出了地表水、地下水优化配置方案。李彦彬等（2006）利用大系统分解协调、线性规划、动态规划等方法建立了灌区地表水和地下水联合调度模型，在地下水超采严重的灌区实行优化配置，可使地下水超采问题得到控制，地下水资源达到多年采补平衡，增加了灌区的环境效益。李文鹏等（2010）以黑河流域为例，系统研究了西北典型内流盆地水资源调控与优化利用管理模式，提出了黑河流域水资源宏观调控方案、黑河干流水资源非线性规划模型以及基于社会经济发展与水资源优化管理的模型，对提高西北内陆盆地水资源优化配置及可持续利用具有重要的指导意义；Safavi 和 Falsafioun（2017）针对伊朗严重缺水的 Nekouabad 灌区提出了两种背景下的地表地下水联合调度模型，该模型可增加地下水资源利用量 2400×10^4 m³/a，节约 22% 的经济投入，有效地提高了当地地下水资源的利用效率，控制了地下水位，实现了农业的最大净效益；Mani 等（2016）建立了一套基于未来气候变化的地表地下水资源可持续利用的优化管理模型，该管理模型在 Louisiana 地区实行后，增加地下水可利用量 13 703 m³/d，不仅可以维持含水层储量，而且可以提高地表水库水资源的利用效率，实现了水资源的可持续利用。

五、关键科学问题

（一）变化环境下地下水的形成演化机制及其对区域水循环的贡献

由于大气过程-陆面水文过程-地下水文过程之间存在密切的联系，加之人类活动强烈影响，目前人们对其转化机理以及尺度转化等方面的认识存在一定的局限性，特别是气候变化预测模式的不确定增加了认识的难度，限制了人们对变化环境下流域地下水形成演化机制的深刻认识。因此，发展气候-陆地水文-地下水文之间的耦合模型，探讨变化环境下流域地下水的形成演化机制，解析地下水资源的变化对流域水资源的贡献是今后学科发展的重要方向之一。

（二）地下水与不同水体相互作用与界面动力学过程及耦合机理

地下水与不同水体之间存在着密切的水力联系，地下水与各种水体之间能量、物质的传输过程与转化机制中界面起到了决定性作用，界面动力学过程驱动了物质与能量的传输与循环，强化了地下水与大气降水（以及蒸发）、地表水与生态环境之间的耦合。因此，构建统一的大气降水-地表水-包气带水-地下水的耦合模型，是揭示地下水与各种水体相互作用机理和定量模拟地下水与不同水体之间相互转化的关键，也是今后的发展趋势。

（三）地下水补给与排泄机理

主要研究内容包括：①河（渠）渗漏补给量与河（渠）的水动力条件之间存在着复杂的线性和非线性关系，特别是非线性关系的研究比较薄弱；②目前在评价灌溉和降水入渗补给时，普遍采用降水入渗系数和灌溉入渗系数法，甚至出现随地下水位埋深的增加入渗系数减小的概念混淆或错误引用的问题，理论上，只要入渗水分达到零通面或者潜水极限蒸发深度以下，入渗系数与地下水埋深无关，实际上是水分在包气带零通面以下至潜水面之间水量的分配问题，涉及土壤水动力学和非饱和带水分运移过程以及不同时间尺度入渗过程的叠加；③地下水的蒸发散排泄是一个复杂的非线性过程，旱区地下水的蒸发散排泄不仅受到地下水埋深、包气带岩性结构、立地条件、植被类型与覆盖度等影响，还受土壤包气带水汽热的影响，综合考虑上述因素下地下水的蒸发机理，构建包气带水分及地下水蒸发的动力学模型等是当前学科热点和难点问题，也是地下水资源评价中亟待解决的关键问题之一；④受机理研究薄弱的影响，在地下水资源评价与模拟计算时常将上界面设定为潜水面，将地下水补给与排泄的复杂过程，简化为几个系数（如降水入渗系数、田间灌溉入渗系数、潜水蒸发系数、河道补给系数、开采系数等），对包气带的作用与影响考虑不够，忽视了包气带水文地质参数及发生在其间的水、汽、热迁移与转化和界面动力学过程对地下水补给与排泄的影响；⑤需重视沿时间序列、空间结构和时空耦合轨迹深化补给与排泄的动力学过程，强调不同尺度的融合，重视成果的针对性和实用性。

（四）解析人类活动和气候变化对地下水资源组成和水质的影响

近年来，联合国教科文组织开展了人类活动与气候变化条件下地下水资源评估项目（Groundwater Resources Assessment under the Pressures of Humanity and Climate Changes，GRAPHIC）指出，流域水文要素除了受气候因素的影响外还与人类活动密切相关，而不同流域内气候变化和人类活动对径流的影响程度是不同的（Zhan，et al.，2012）。在过去的研究中，大部分只是单一地针对气候变化或人类活动对地下水资源的影响，而综合分析二者共同影响的研究很少，且多数集中在定性或者半定量的研究上。同时，目前大部分研究主要针对过去气候变化和人类活动对水文要素的影响，有关未来水文要素变化的定量分析研究还比较少（李峰平等，2013）。

因此，在今后研究中需加强不同气候和自然地理分区的"气候-地下水资源-人类活动"之间的相互作用机理分析，探究地下水文变化与人类活动的内在联系及其对气候变化的响应，推动地下水文-气候双向耦合机理的认识与模式的发展，解析人类活动和气候变化对地下水资源组成和水质的影响。

（五）面向生态的地下水资源评价、开发利用和调控的理论与方法

目前，地下水资源评价方法比较单一，对区域地下水资源评价多数用地下水均衡法、补给量总合法、排泄量总合法进行地下水资源计算评价。实际上，大气降水（蒸发）-地表水-土壤、包气带水-地下水之间转化频繁，若不将其联系起来，构成一个水资源系统进行水资源计算，往往会产生地下水资源重复计算的问题。因此，要加强水循环与生态环境关系、生态环境对地下水补给与排泄的影响等方面深层次的认识，进行较深入细致的研究与实践，依据大气降水-

地表水-包气带水-地下水统一评价、水质水量并重、地下水资源与其相关生态环境统一评价的原则，构建集"水文地质概念模型、集中参数型模型、分布参数型模型和基于地下水变化的生态环境综合评价模型"为一体的模型体系，研究不同模型之间的交换技术，实现地下水资源、生态环境一体化的动态评价，从而形成一套行之有效、使用方便、操作简便、面向生态的地下水资源评价指标体系与方法。

在评价的基础上，应针对不同类型地区的地下水资源，开展可持续利用的理论与方法研究，包括开发模式、调控与保护的成套技术研究，地下水文过程及相关地质-生态环境关键要素在线监测技术的研发，形成不同水文地质单元地下水资源合理开发、调控与保护的方案。

第二节　地下水与地质环境

地质环境是人类生存环境的重要组成部分，是地球演化的产物，是岩石、土壤、水、空气及生物等基本要素在长期相互作用、协同作用下形成的状态和分布格局，也是地球的物质和能量累积、分散、传递、耗散过程的具体表现。在某些地区，如果人为活动改变了某些地质条件而干扰了这些要素的协同过程，就会形成另外的地质现象，或使之减缓或强化，而改变地质环境及其既定的演化进程。因此，对地质环境研究是解读人与自然关系的一个重要内容（潘懋等，2003）。地下水与地质环境的关系分两个层面。一是地质环境对地下水的影响，主要体现在地质环境对地下水资源的形成、分布及特性的控制和影响作用。二是地下水对地质环境的影响，主要体现为地下水作为重要的环境因子，以物质迁移、能量交换以及水量、水位、水温、水力坡度、浓度梯度等动力学特征影响地质环境，其集中表现为地下水资源的开发对地质环境的影响，以及地下水文过程变异引发的地质环境问题及机制。例如水资源过度开发而不断出现的地下水枯竭、水污染、海水入侵、地面沉降、岩溶塌陷、土壤盐渍化、沼泽化、沙漠化等环境水文地质问题（张人权等，2005）。其中，地下水资源的开发对地质环境的影响是目前地下水与地质环境关系研究的重点。

地下水在人为和自然因素影响下，由于水化学、水动力学、热力学和生物学性质变化，而对人类生产和生活环境产生影响，其作用可称为环境水文地质作用（表2-3）。

表 2-3　环境水文地质作用的类型及作用结果

分类	作用实质	控制指标	常见作用	作用结果	环境影响
环境水文地球化学作用	物质迁移	pH、Eh	溶解-沉淀，氧化-还原，吸附-解吸，稀释-浓缩等	有害元素富集、贫化、毒性改变、净化等	水质变坏，引起地方病、公害病、包气带缺氧等
环境水动力学作用	能量转化	水力坡度、孔隙水压、真空度	荷载效应、孔隙水压力效应、应力腐蚀效应、潜蚀	地面沉降、诱发地震、岩溶塌陷等	破坏交通，影响开矿，损坏市政建设或直接危及人身安全等
环境水物理学作用	热量转化	温度、热量、冻土层厚度	冻胀作用、融缩作用、热污染	冻土区地基失稳，热融滑坡等	破坏建筑，影响交通，妨碍渔业
环境水文地质生态作用	生态效应	毒性、浓度、水位	富营养化、蒸发作用、水土流失	生物物种减少、土地盐渍化、沙漠化	影响农业、林业、渔业、旅游业

资料来源：杨忠耀，1990

一、区域地下水位下降与上升

区域性地下水水位下降与不合理的上升是水资源开发负环境效应的主要表现形式之一。由于超量开采地下水，地下水降落漏斗不断扩大，最终出现区域性水位下降，结果导致水资源短缺甚至枯竭。此外，由于水资源空间格局变化或者补给排泄条件变化，也会引起地下水位上升，从而导致生态环境问题。例如，我国西北内陆盆地格尔木河流域、巴音河流域及部分灌区就有此类情况的发生。

地下水的动态变化，实质上是其补给与排泄过程的综合表现。在含水层中，补给水量大于排泄水量，便引起水量增加，水位上升；反之，则水量减少，水位下降。通常来说，一个含水层的地下水未经大量开采之前，基本上处于动态平衡状态，水位大致保持相对稳定。但随着人类生产活动加剧，地下水多年平均开采量超过多年平均补给量，这就会破坏这种动态平衡状态，消耗含水层的"储存量"，结果就是导致地下水位的逐年下降。

水位持续下降是地下水超量开采或者补给量减少的主要标志。它不仅使取水工程的出水量减少或导致机井干枯、抽水设备报废，而且还可引发其他环境地质问题，如地面沉降、地表塌陷、泉水流量减少、生态环境恶化等。

地下水资源的可持续利用与保护对人类社会持续稳定发展至关重要。因此，必须采取有效的措施保护地下水资源，防止地下水水位持续性下降或者上升，避免或减轻由此引发的一系列地质-生态环境问题。其中确定开采区的合理降深、流域调控水位与生态水位等至关重要，也是亟待解决的科学与技术问题。

二、地面沉降

地面沉降的特点是波及范围广、下沉速率相对缓慢、以垂直运动为主，往往不易察觉，但它对于建筑物、城市建设和农田水利危害极大。地面沉降是指某一区域内由于各种原因导致的地表浅部松散沉积物压实加密引起的地面标高下降的现象，又称作地面下沉或地陷。就广义的地面沉降概念而言，地面沉降是自然因素或（和）人为因素作用下形成的地面标高损失（薛禹群等，2006）。自然因素包括构造下沉、地震、火山活动、气候变化、地应力变化及土体自然固结等，因此地面沉降应是地质历史时期普遍存在的现象。人为因素包括开采地下流体资源（油、气、水），开采地下固体矿产（金属矿、煤、盐岩等）。除区域性构造运动引起的地面降低外，地面沉降多发生于松散堆积物分布区，其中以粗粒物质与细粒物质相变复杂的地区即夹有多层黏土、亚黏土的地区更为常见，如冲洪积扇的中段、前缘和扇间地带，山前倾斜平原，河湖平原及滨海地区。因为松散堆积物，一旦受外力作用，易于扰动、压缩变形，体积发生改变。对这些地区来说，地层压缩变形是造成地面沉降的主要原因。在这里我们重点讨论失水压密问题，即与地下水开采有关的地面沉降。

人类活动是诱发高速率地面沉降的重要因素。大量抽取地下水与地面沉降关系最为密切。从孔隙含水层中抽取地下水降低了孔隙水压力，使含水层骨架的有效应力等量增加，引起黏土层产生次生固结压密和砂层排水固结。砂层的压密下沉形变，在时间上没有滞后性并可随着水位的抬高而回弹。黏土层的固结变形和砂层的压密变形的相互叠加就造成了地面沉降。

由于透水性能的显著差异，上述孔隙水压力减小、有效应力增大的过程，在砂层和黏土层中是截然不同的。在砂层中，随着水位降低，有效应力迅速增至与水位降低后相平衡的程度，砂层压密是在"瞬时"完成的。在黏土层中，压密过程进行得十分缓慢，往往需要几个月、几年甚至几十年的时间。相对而言，在较低应力下砂层的压缩性小且主要是弹性、可逆的，而黏土层的压缩性则大得多且主要是非弹性的永久变形。因此，在较低的有效应力增长条件下，黏土层的压密在地面沉降中起主要作用，而在水位回升过程中，砂层的膨胀回弹则具有决定意义。

（一）研究现状

地面沉降受到国际组织的高度重视，1964 年，"国际水文十年"（IHD）即后来的"国际水文计划"（IHP）把地面沉降问题纳入该组织的研究领域。联合国教科文组织（UNESCO）专门成立了地面沉降工作组，每年召开工作组会议，定期召开学术研讨会，对全球地面沉降的研究与防治发挥了重要作用（Hu et al.，2004）。

近年来地面沉降研究有很大进展，主要表现在以下几个方面：①在基础理论和技术方法上都有较大发展，更注重理论模型的深入探索和新技术新方法的广泛实践（Yi，2001）；②在灾害类型上，由以往单一的地面沉降灾害研究扩展到与地面沉降问题密切相关的地裂缝、地面开裂、塌陷等灾害问题的研究；③在灾害发育分布上，由以往的沿江沿海地区扩展到对内陆地区的研究；④在理论研究上，由以往的机理研究扩展到多种模型研究；⑤在调查方法上，由以往的单一地质方法扩展到地质、地球物理、测量、水力等多种技术综合应用；⑥在监测技术上，由以往较单一的水准测量扩展到合成孔径雷达干涉监测（InSAR）技术、GPS 及多种岩土测量仪器等技术的研发与应用，尤其是 InSAR 技术在地面沉降监测方面得到了快速发展和应用（Amelung et al.，1999）；⑦地面沉降对社会经济的影响以及其关法规对策等方面的研究日益得到重视，作出了较多探索和实际应用。

国外地面沉降研究更侧重于地面沉降的机理、监测与模拟预测研究（薛禹群等，2008），且主要集中在高校和科研机构，对地面沉降的防治因缺乏相应的法规及政府的有效管理，难以体现实效。

1. 地面沉降监测研究

地面沉降作为一种普遍存在且由来已久的地质灾害，受到各国学者的广泛重视，由此开展了大量有关地面沉降监控理论及技术的科学研究工作，使得部分区域的沉降增长得到有效控制。随着计算机技术的不断发展，相关学科的进一步融入以及一批高新技术的出现，区域地面沉降研究从广度和深度上都有了较大的推进。目前，研究主要集中在地面沉降的监测技术（特别是卫星测量尤其是雷达干涉测量的应用）、地面沉降的模拟及预测、地面沉降灾害评价、地面沉降治理及缓解措施等重要方向。

目前，精密定位技术已经逐步取代区域性水准测量而得到普遍应用，是区域性地面沉降监测网络的重要组成部分，为世界各沉降区域的地面沉降研究工作积累了大量具有高精度、高时间分辨率的基础数据资料。InSAR 技术具有全天候、高精度和一定的对地穿透力等特性，且具有极高的空间分辨力，能获取连续地表位移的详尽空间信息，以传统监测手段无可比拟的优越性迅速获得各国地面沉降学者的广泛青睐。

此外，地面沉降监测手段呈现多极化综合发展的趋势，各种监测方法相互补充、相互检核，保证监测成果丰富、可靠。我国长江三角洲以及华北平原等区域都已布设区域地面沉降监测网络，包括地面沉降分层标监测、地面沉降监测水准网、地面沉降 GPS 监测网、InSAR 监测以及地下水位动态监测网。

2. 地面沉降的预测计算

地面沉降模型是地面沉降研究的重要内容。抽水引起地面沉降的过程模拟及趋势预测是当前模型研究的重要方面。国内外很多学者针对不同的水文地质条件及地下水采灌状况，提出了许多不同的地面沉降模拟预测方法，概略分类为确定性模型和随机统计模型和人工智能模型。

确定性模型基于抽水引起地面沉降的成因机制，描述水的渗流情况（渗流场模型）、土的变形特性（应力场模型）以及土与水的相互作用（Shi et al.，2008）。通常确定性模型又称为土水模型。国内近年来研制的模型主要为准三维地下水流——一维沉降耦合数值模型。另外还有考虑流变特性的流固耦合地面沉降计算模型。

地面沉降是多因素影响下松散土层压缩固结的结果，其发育生长亦表现出随机性、趋势性及周期性。当确定性模型难以准确建立时，构建基于大量监测数据的随机统计模型也是行之有效的方法之一。常用的随机统计模型有回归分析模型、时间序列模型和灰色模型。鉴于人工智能模型的优越性，有学者将其用来研究地面沉降的趋势预测，为地面沉降的防治提供了技术支持。

（二）未来发展趋势

1. 建设工程的地面沉降

随着城市化规模的扩大，建设工程引发的地面沉降在地面总沉降中的比例逐渐增大。应重视建设工程的地面沉降研究，包括：建筑物不均匀沉降，以及卸荷、井点降水、隧道施工、往复动力荷载和冲击荷载引起的基础和周围地面沉降（Shi et.al.，2000）。

2. 土层孔隙水运移机制与地面沉降

土层孔隙水运移问题是地面沉降复杂机制难以精确刻画的关键，也是地面沉降机理研究的突破点。应以土体微结构要素的变化与孔隙水运移的相关性为研究重点，研究孔隙水压力变化-孔隙水运移-土体结构变化-物理力学性质变化等之间的关系，应特别注意结构层次的分界线与孔隙水渗流速率及物理力学指标变化中的转折点之间的内在联系，而这些分界线和转折点往往是沉降过程发生质变的关键位置和时刻，也是反映沉降本质的定量指标。

3. 高精度监测技术和仪器的应用

1）放射性分层标技术

将 ^{137}Cs 或 ^{60}Co 等放射性元素分层固定放入开采液、气的土层中，采用放射性分层标技术（radio active marker technique），来监测各土层的变形量，并可获得土层垂向一维压缩系数 C_m，以此可预测开采液、气产生的地面沉降。

2）星载 InSAR 技术

星载 InSAR 技术是利用不同时间测量的卫星合成孔径雷达地面图像相重叠而形成的微分干涉图像，图像中一个相干颜色条纹循环代表一定数量的地面变形变量，并通过对比地面变形实测值来确认，再利用计算机处理形成地面变形等值线图。InSAR 技术在地面沉降监测中将得到越来越多的应用。

另外，应加强 GPS 地面沉降观测站优化布设的研究，充分利用 GIS 技术来描述地面沉降现状，预测地面沉降发展趋势，并实现成果可视化。

4. 地下水-地面沉降耦合模型

黏土层释水引起地面沉降和土层压缩，土层压缩又反过来影响黏土层渗流和释水量，从而又影响土层压缩变形，如此反复，互为影响。因此，地下水-地面沉降数学模型的有机耦合问题，已成为地面沉降预测预报研究的主要方向。另外，在耦合计算中，应引入考虑流变因素的固结理论，并注重考虑差异沉降和土层水平方向运移的三维渗流和三维固结的耦合计算。

5. 地下水采灌优化设计

在地下水-地面沉降数学模拟、耦合基础上，应积极提出地下水采灌优化方案（包括开采总量分配，人工回灌量设计，地下水开采层次、地段、时间的优化等）及地下水管理建议，以便有效、合理地利用和保护地下水资源，防止地面沉降等地质环境问题的产生，从而促进区域经济的增长和社会的发展。

6. 地面沉降生态-经济-社会影响评估

地面沉降是城市主要地质灾害之一。地面沉降生态-经济-社会影响评估主要包括地面沉降危害性评价，对生态-经济-社会系统的易损性评价、破坏损失评价以及防治工程评价。评价方法有灾害动力学分析法、模型模拟法、数理统计法、成本-价值核算法、成本-收益损失核算法、趋势预测法、影子工程法等。

7. 地面沉降系统防治

地面沉降是地质环境系统与社会系统综合作用的结果。地面沉降防治并非单一的技术问题，必须从技术、行政、社会、经济、法律和政治等多方面进行综合考虑。地面沉降防治系统包括行政机构、技术方案、经济政策、法规制度、公众意识等。地面沉降防治必须综合考虑资源利用、环境保护、城市建设、经济发展、居民生活和社会进步等各个因素。

8. 城市化建设与地面沉降的相互关系

在城市化建设中，不仅要研究建设导致的地面沉降加剧，还要研究地面沉降对城市化建设和发展的影响与危害。在城市规划、工业布局、市政建设、大型建筑物的设计和建造中，必须慎重考虑地面沉降这一重要因素，严格控制城市地下水的开采。

联合国教科文组织及国际水文科学协会国际地面沉降工作组主席A. I. Johson 指出，既然现在地面沉降已普遍发生在世界上人口稠密、且工业化程度较高国家的大多数地区，而且在今后几十年里，随着世界人口和工业的进一步增长，仍会保持对地下水和新能源的需求，地面沉降在程度和范围上还会进一步加深加大。所以，为了防止地面沉降导致巨额损失，新的城市化地区和工业化地区都需要认真规划和控制。

三、岩溶塌陷

据不完全统计，全球已有 16 个国家存在严重的岩溶塌陷问题。就我国而言，可溶岩分布面积达 365 万 km²，是世界上岩溶最发育的国家之一。岩溶塌陷分布范围也相应广泛，见于 22 个省区，以南方的桂、黔、湘、赣、川、滇、鄂等省区最为发育；北方的冀、鲁、辽等省区也发生过严重的岩溶塌陷灾害（张丽芬等，2007）。

岩溶塌陷的产生，使岩溶区的工程设施（如工业与民用建筑、交通干线、矿山及水利水电设施、地下油气管道工程等）遭到破坏，还造成岩溶区严重的水土流失及环境恶化（袁道先，2003）。

岩溶塌陷的形成，通常必须具备三个条件：一是下部有岩溶地层，有溶蚀的空间（溶洞或土洞），为地下水和塌陷物质提供存储场所或通道；二是上部有厚度较薄的盖层，盖层可以是基岩，也可以是松散土层；三是要有产生岩溶塌陷的诱发因素即致塌作用力。

（一）研究现状

岩溶塌陷研究进展主要体现在以下 5 个方面（杨立中和王建秀，1997；Lei et al.，2002）。

1. 岩溶塌陷的探测方法

地质雷达、浅层地震和电磁波、声波透视（CT）等物探方法，在原地矿部门组织实施的武汉、唐山、湘潭、玉林、桂林、深圳等城市的岩溶塌陷防治勘察，以及铁道部门组织的贵昆、南昆线铁路岩溶段岩溶塌陷勘察工作中发挥了重要作用。

2. 岩溶塌陷预测技术

地理信息系统（GIS）技术的应用，使得岩溶塌陷危险性预测评价上升到一个新的水平。国内运用 GIS 的空间数据管理、分析处理和建模技术，对潜在塌陷危险性进行预测评价，取得了良好的效果（雷明堂和蒋小珍，1998）。国外虽未见有直接运用 GIS 进行岩溶塌陷预测的工作，但在其他类型地质灾害的预测方面，GIS 的成功应用则早有报道（Zuo et al.，2009）。这些预测方法均局限于对研究区的潜在塌陷的危险性分区上，未能解决塌陷时间和空间位置的预测预报问题。

3. 岩溶塌陷地质灾害信息管理

早在 1984 年，美国存在岩溶塌陷问题的几个州相继建立了岩溶塌陷数据库，并存放于公共信息系统中，大大提高了岩溶塌陷资料的利用率。我国相关工作起步较晚，而且主要以 MapInfo 桌面地图信息系统为平台开发进行。例如：在原地质矿产部环境地质所完成的"东南亚地质灾害信息管理系统"中，岩溶塌陷作为一种灾害类型被列入其中；1997 年，在桂林市建设规划局资助下，中国地质科学院岩溶地质研究所以 MapInfo 为平台开发了"桂林岩溶塌陷信息管理系统"，建立了相应的数据库和图库，为桂林岩溶塌陷防治、塌陷抢险以及城市规划提供了有力条件。

4. 岩溶塌陷监测预报

Benson 和 Yuhr 等（1987）在北卡罗来纳那州 Wilmnigton 西南部的一条军用铁路进行了试验。该项工作从 1984 年开始，1987 年结束。试验中，每隔半年用地质雷达以相同的频率（80MHz）、相同的牵引速度沿 1113 m 铁路线扫描一次，通过不同时间探测结果的对比，圈定扰动点并作出预报。结果表明，地质雷达因能提供具高度可重复性的监测资料，完全可以达到对塌陷进行长期监测的目的（Benson and Yuhr，1987）。然而，地质雷达探测成本较高、无法实时监测，因而难以在塌陷监测中进行推广。

5. 岩溶塌陷的综合防治技术

要从根本上减轻岩溶塌陷灾害的发生，必需采取地下水优化开采与工程处理措施相结合这一"标本兼治"的方法。在工程处理上，钻孔注浆技术是一个行之有效的手段，已被各地普遍采用。

（二）未来发展趋势

1. 岩溶塌陷风险评价方法研究

当前，岩溶塌陷评价只局限于根据其主要影响因素和由模型试验获得的临界条件进行潜在塌陷危险性分区。这对有关部门进行塌陷防治决策而言是远远不够的，因为对塌陷危险区的处理与否，以及处理方案的确定往往还取决于它所产生的社会经济影响。因此，在岩溶塌陷评价中，需开展环境地质学、土木工程学、地理学、城市规划与社会经济学等多领域、多学科协作，对潜在塌陷的危险性、生态系统的敏感性、经济与社会基础结构的脆弱性进行综合分析，才能达到对岩溶塌陷进行风险评价的目的。这对有关部门进行塌陷防治决策将具有重要意义。"3S"〔遥感技术（RS）、地理信息系统

(GIS) 与全球定位系统（GPS）］技术是这一工作的支撑技术。因此，塌陷研究的重要内容之一，是研制开发基于"3S"技术的岩溶塌陷风险评价与防治决策系统。

2. 岩溶塌陷时空预测预报方法研究

目前，对岩溶塌陷的预测还只能是根据其危险性的评价进行分区。由于岩溶塌陷在时间上的突发性和空间上的隐蔽性，其影响因素十分复杂。近期实例发现，一些可引起岩溶水压力发生突发性变化的因素，如振动、气体效应等，有时也可成为直接致塌因素，甚至导致在常规认为安全的地区也发生了塌陷，而且一旦发生塌陷，还会有很长的后续效应。这都成为困扰救灾工作的一大难题。因此，如何进行岩溶塌陷灾害的时空预测预报已成为岩溶塌陷防治研究中具有国际性的、最突出的前沿课题。

模型试验结果表明，就人类抽（排）水活动诱（触）发的岩溶塌陷而言，基岩面附近岩溶水压力的变化，特别是有气体或外界振动压力影响下的突发性变化，与岩溶塌陷的发育有显著的关系。通过运用这一关系，有可能达到对岩溶塌陷进行时空预测预报的目的。因此，未来岩溶塌陷研究的一项重要工作是建立一套以致塌工程地质背景条件为基础、以岩溶水压力监测为主与地质雷达监测为辅的现场监测思路和方法手段，克服目前仅考虑岩溶水压力的常规变化，而未考虑在气压、振动波影响下的非常规变化之不足。国外已有研究中，因完全采用地质雷达监测所带来的成本高、操作较难的问题，运用高灵敏度传感器及相应的数据自动采集分析系统将是这一工作有力的支撑技术手段。

3. 岩溶塌陷模拟试验研究

开展室内模型试验，以确定不同条件下岩溶塌陷发育的机理、与各主要影响因素的关系，以及塌陷发育的临界条件，并进一步完善已有模型试验的功能，使之能更全面反映岩溶塌陷发育的实际条件。岩溶塌陷的孕育过程是一个复杂的非线性动力过程，在未来研究中应开展岩溶塌陷非线性动力学仿真研究，以进一步深入探索岩溶塌陷发育的内在规律，为岩溶塌陷防治提供理论依据。

4. 岩溶塌陷全球发育规律研究

应进一步加强国内、国际交流，从地球系统科学的视角出发，分析全国乃至全球范围内岩溶塌陷与人类活动、环境变迁（全球变化），以及与其他自然灾害的伴生关系。

5. 岩溶塌陷的探测方法研究

进一步完善和加强目前已形成的以地质雷达、浅层地震和电磁波、声波透视（CT），以及高密度电法探测系统等技术方法为代表的综合物探方法，形成能对岩溶塌陷迹象进行有效探测、识别的探测技术。

6. 岩溶塌陷防灾减灾体系研究

应从减灾系统工程的角度，建立一整套包括勘查、评价、监测、预报、防灾、抢险、治理、立法和保险等内容的防灾减灾体系。

四、海水入侵

海水入侵是由于滨海地区地下水动力条件发生改变，引起海水或高矿化咸水向陆地淡水含水层运移而发生水体侵入的过程和现象（郭占荣和黄奕普，2003），又称盐水入侵、海水内浸、咸水入侵等。

海水入侵是沿海地区水资源过度开采带来的特殊环境问题。由于沿海城市人口高度集中、经济发展较快，对淡水资源的需求很大。随着地下水大量开采，水位持续大幅度下降，造成了咸淡水界面发生变化，海水向淡水含水层侵入，使地下水矿化度增高、水质恶化。因此，海水入侵危害在国内外广泛存在，如美国的长岛、墨西哥的赫莫斯城，以及日本、以色列、荷兰、澳大利亚等国家的滨海地区都存在这一问题。中国海岸线长达 1.8×10^4 km，沿海地区近几十年来牵引着中国经济的快速发展，但海水入侵已经带来严重的经济损失。如大连、锦西、秦皇岛、青岛、厦门等地，由于海水入侵，水质恶化、大量水井报废、粮食绝产、果园被毁，严重地妨碍了工农业生产和旅游业的发展。

（一）研究现状

自 Ghyben（1888）和 Herzberg（1901）建立海水入侵咸-淡水界面水力平衡理论至今，海水入侵研究经历了 130 多年的历史。特别是以第一届国际海水入侵会议的召开（1968 年，德国汉诺威）为标志，海水入侵成为近半个世纪国际地学和水科学研究的热点主题，受到国际学术界和邻海国家政府的广泛关注。海水入侵相关的基础理论随着物理模拟与数值模拟技术的不断发展、实际观测数据的不断丰富而不断得到完善和发展，海水入侵的监测和评价、模拟和预测、综合防治和调控等技术也取得了重要进展（Ataie-Ashtiani et al.，1999；Li and Jiao，2001）。

1. 海水入侵监测

除传统的水化学监测技术（赵建，1998），航空电磁法、电阻率成像、瞬变电磁法、探地雷达、折射波地震法等综合地球物理探测技术和遥感技术也得到了广泛应用，特别是多参数多层原位监测技术的突飞猛进使得海水入侵的三维立体监测成为可能。同时，相关国家的政府十分重视海水入侵监测技术与监测网络的建设，如美国、澳大利亚、西班牙、丹麦、韩国等都建立了海水入侵的专门监测技术与网络，提高了海水入侵综合防治水平（Werner and Simmons，2009）。

2. 海水入侵机理研究和趋势预测

该方面的研究多采用室内物理模型试验和数学模拟方法（李国敏和陈崇希，1996；吴吉春等，1996；薛禹群等，1993；Galeati et al.，1992）。基于势能理论和稳态突变咸-淡水界面假设的解析法，作为一种简便而有效的工具被广泛用于对海水入侵相关问题的快速判别（Huyakorn et al.，1987）。目前，国际上较为流行的变密度流数值模拟软件以美国地质调查局开发的 SEAWAT 和 SUTRA 及德国 WASY 公司开发的 FEFLOW 为代表，这些模拟软件提高了复杂水文地质条件下海水入侵过程模拟的仿真度与预期结果的可靠性。

3. 气候变化导致的海平面上升对海水入侵的影响

研究发现，海平面上升所引起的陆海边界条件变化对海水入侵的影响不可忽视。但目前关于海平面上升和地下水开采双重作用对海水入侵影响程度的研究还比较薄弱，在海平面上升对海水入侵的扰动机制和时间尺度效应研究方面还存在诸多有待突破的关键理论和技术问题。

4. 海水入侵的综合防治

目前较为成熟且效果较好的防治技术主要有水力帷幕技术（抽水帷幕、注水帷幕和抽-注水帷幕）、气泡帷幕技术、地下坝技术、地下水优化开采技术、承压含水层压缩气体注入技术等。在实践中，突出多种技术的联合应用，实现综合防治，且越来越强调管理措施和工程技术措施的有机结合，实现防治并举（黄磊和郭占荣，2008）。管理措施更加突出政府和社会的责任，以及水资源–地质环境问题的综合管理水平。

尽管我国海水入侵研究起步较晚，但在过去 30 多年里，我国在海水入侵的调查与评价、数值模拟和预测、防治技术研发等方面，也取得了较大进展，开始从单一问题的研究过渡到综合性的研究，从简单的定性调查研究走向定量化和模型化的研究。但是这些进展与我国海水入侵防治要求、水资源的精细化管理要求相比还有很大的差距。

（二）存在的问题和未来发展趋势

总结国内外研究现状，海水入侵研究领域仍存在诸多问题与挑战，突出表现在以下方面。

（1）目前，国内普遍采用空–地–井技术对海水入侵开展监测，但尚未建立空–地–井一体化综合监测体系，无法在真正意义上融合多源监测信息，未能实现不同监测技术和数据的优势互补。在滨海地区，由于地下水位的潮汐波动，传统的抽水试验效果不好甚至失败，而勉强计算参数时不得不对观测资料进行校正。抽注水试验会引起观测孔中的水位变化，而海潮的波动也引起了观测孔中水位的周期性变化，因此如何更加合理地直接利用水位潮汐动态求参仍然是值得研究的方向。野外弥散试验所求出的弥散度参数远远大于在室内试验所测出的值，相差可达 4~5 个数量级，而且即使是同一含水层，示踪剂运移越远，所计算出的弥散度也越大。基于空–地–井一体化综合监测的地下水水动力弥散尺度效应研究对提高海水入侵和其他水质模型应用水平具有指导意义。

（2）基于野外观测和室内试验、数学模拟的研究较为分割，而国际学术界一致认为，野外观测与模拟相结合的方法是未来研究海水入侵过程与机理的趋势（Werner et al.，2013）。含水层参数反映了含水层介质的空间结构特征，其大小影响了咸淡水过渡带的宽度及海水入侵的速度与规模。所以，参数的合理选取与可靠性分析是必要的，特别是模型用于海水入侵的预测。通过抽水试验计算的水力参数和弥散试验获取的水质参数，通常是含水层中海水入侵模型或其他水质模型模拟计算的基础。在滨海含水系统中，基于多层含水系统中的开采井和观测孔，一些学者利用混合抽水试验和混合观测孔的数据确定了含水层的分层水文地质参数（Rathod and Rushton，2010；陈崇希和胡立堂，2008）。陈崇希和胡立堂（2008）等提出的符合混合抽水机理的渗流-管流耦合模型，不仅可用于混合抽水试验确定分层水文地质参数，亦为解决有关层流-紊流的地下水流动问题开拓了新的思路。

（3）对区域高度非均质介质及人类活动强干扰条件下海水入侵过程的准确预测还有困难，具有较好表征的实例研究非常稀缺，这严重阻碍了对现场尺度海水入侵过程和机理的全面理解。由于实际含水层空间分布与结构的复杂性，往往很难概化出真正的剖面二维模型，一般需要三维模型。若三维模型中垂向剖分的层数过少，很难模拟咸淡水界面，尤其是过渡带的变化。若视含水层为水平层状，则离实际距离较远，无法合理刻画含水层的空间结构变化。通过分析研究区有限钻孔资料所揭露的不同含水层标高及地下水位观测资料，利用插值方法（例如地质统计理论的克里格方法），对不同层位标高与水头分布进行插值处理，作为数值模型中结点的垂向坐标值与初始水头值。通过计算机程序自动完成插值处理过程，可为实现考虑井孔分布和含水层空间分布的计算网格剖分自动化乃至海水入侵模拟的软件化创造条件。

（4）在海水入侵的防治方面，具备实用性、经济性的海水入侵防治关键技术，还有待于进一步发展和创新，综合防治技术体系也尚未完善。目前，绝大多数海水入侵研究是在发生严重海水入侵危害地区开展的。在我国，随着沿海地区经济的高速发展，目前除在部分滨海城市和地区遭受到较严重的海水入侵危害外，绝大多数滨海地区和海岛都存在着海水入侵的趋势，或者已经遭受到轻度的海水入侵危害。鉴于海水入侵一旦发生即会造成难以治理的环境危害，应进行超前的以防止海水入侵为主要目的的预报模型研究，分析在不同的自然和人为活动条件下，咸淡水过渡带的变化与运动规律。需注意的是，由于海水入侵范围有限，不宜选用天然示踪剂（如氯离子）进行模拟求解弥散度，若设计专门的弥散试验又遇到弥散度尺度效应的困扰。分形理论是解决水动力弥散尺度效应问题及参数估算的一种有益尝试。

（5）虽然海平面上升和地下水开采对海水入侵的独立影响已被广泛研究，但两种驱动因子在耦合作用下对海水入侵的相对贡献率的研究尚未取得丰富成果。此外，滨海地区地下水与地表水联合调度模型、微咸水与淡水综合利用、近岸抽水井动态优化开采方案设计，以及结合多媒体技术的海水入侵模拟、预报与管理软件设计和开发等，也是海水入侵研究在目前和今后一段时期内的重要方向。

五、土壤盐渍化

土壤盐渍化又称土壤盐碱化，是土壤表层盐分含量不断增加以至超过某一限度的发展过程。土壤盐渍化被当作地质环境问题，是因为土壤的积盐过程实质上是土壤系统中地下水运动和盐分迁移富集的一种水文地质过程。土壤盐渍化作为这种过程的结果，又进而导致农作物减产或绝收，生态环境恶化并向土地沙漠化方向发展，降低环境质量。

土壤盐渍化是世界性资源问题和生态问题，制约着土地的可持续利用与生态环境的稳定（Ghassemi et al.，1995）。在干旱区，区域盐渍化现象日益严重，成为绿洲农业的发展障碍（Goossens and van Ranst，1998）。防治次生盐渍化、改造和治理中低产田已成为当今土地利用的重点。运用科学的手段准确监测土壤盐渍化动态，分析盐渍化信息，掌握盐渍化的时空变异特征，对盐渍化的形成和调控有着重要的指导意义。随着全球暖化趋势的日益加剧，中低纬度区域的土壤盐渍化问题将日趋明显，美国、中国、匈牙利、澳大利亚等国的盐渍化问题将会日益显著，而非洲北部、东部、南美洲、中东、中亚和南亚地区的盐渍化问题也将会更加严峻。众多国家已经将土壤盐渍化问题纳入国家未来的发展规划当中，盐渍化问题已经成为全球变化研究框架下的重要内容。

（一）研究现状

我国开展盐渍土研究已经有70年的历史，对盐渍土的类型分布、盐渍化发生和演化的机理与趋势都有了比较系统的认识。20世纪70年代开始从理论研究向应用实践研究转变，在此基础上形成了相对完整的土壤盐渍化研究的内容框架。土壤盐渍化研究经历基础理论探索、应用实践两个主要阶段（李建国等，2012）。从内容上看，研究主要集中于以下几个方面。

1. 盐分离子的毒害机理研究

通过相关学者们提出的渗透抑制论、矿质营养失调理论、离子毒害论和氮素代谢影响理论等，发现土壤中盐分离子的集聚会引起植物生理性缺水，土壤盐分离子的增加会抑制植物对其他养分的吸收，导致植物发育不良进而导致减产或死亡；Na^+和Mg^{2+}的增加会引起植物细胞的结构性损伤，并阻碍植物光合作用，减少叶绿素的产生；同时土壤盐分能引起植物氮素代谢过程中产生具有毒性的中间产物，造成作物新陈代谢过程减弱等机理性问题。Kinraide（1999）的研究表明，K^+对于植物的根系具有较高的毒性，而Na^+对于植物的径发育毒性更明显，并驳斥了K^+释放假说和Cl^-毒性假说。

2. 自然环境因素及人类活动对土壤盐渍化的影响

自然环境因素包括降雨、温度、湿度、pH、蒸发、植被覆盖、地下水位埋深、土壤结构与地貌等，表现为对土壤盐分累积的影响（郭全恩等，2011）。大型工程对于土壤盐渍化的发生具有明显的季节性和梯度特征。

人类活动对盐渍化的影响主要体现在现代工程和不同种植耕作与管理方式上。研究表明，三峡大坝建成运行后，季节调蓄加速了长江口的土壤盐渍化（余世鹏等，2009）；南水北调工程的运行对于南四湖以北黄淮海平原地下水位为 2～3 m 的区域具有较高的盐渍化威胁（祝寿泉等，1984；李建国，2012）。在国外，大型工程的盐渍化风险也备受关注，埃及阿斯旺高坝的建设加速了尼罗河下游平原的盐渍化发育，甚至影响到苏伊士运河的盐分演化。在不同种植耕作与管理方式方面，目前学者对于滴灌、覆膜、咸水-淡水轮灌、咸水灌溉、氮肥、有机肥料、秸秆覆盖以及废水灌溉等方式下土壤的盐渍化演化趋势都有了比较清楚的认识（Muyen et al.，2011）。

3. 盐渍土盐分监测、预警、模拟及评估技术

土壤盐渍化的大面积快速监测预报一直是科学家关注的焦点。1999～2011 年，国家自然科学基金共资助 14 项不同方法、数据源的土壤盐渍化监测、预报及可视化项目，主要包括 EM38、雷达遥感、MODIS、微波成像辐射计、高光谱、地统计插值与计算机制图等（李建国等，2012）。在实用性评估技术方面主要有：田间尺度的土壤盐分运移与模拟研究，土壤盐渍化综合检测与评估技术，例如，GIS 与 EM38 相结合的快速土壤盐渍化程度评价体系、盐渍化土壤肥力与土壤适宜性评价体系、土壤盐渍化风险评价体系、土壤质量等级评价体系等。同时，在水盐平衡理论及实用模拟软件方面也取得了众多的成果，人们基于 Schofield 的水盐平衡理论和 Henry Darcy 总结的Darcy 定律，提出对流-弥散方程和两域模型对土壤水盐过程进行数值模拟，在此基础之上开发出众多水盐平衡模拟软件，最具代表性的有：CDE 模型、STM 模型、HYDRUS 模型、SHAW 模型等（Guo et al.，2008；Hanson et al.，2008）。

4. 盐渍土的生态治理与改良研究

通过建立完善的农田灌溉水利设施，保证旱季不缺水，雨季不积水，可以有效防止盐渍化的发生。"盐随水来，盐随水去"是研究水盐动态的重要依

据，水的水平运动和垂直运动使得土壤中盐类的地球化学成分产生分异。水的运动和盐类的移动紧密结合，土壤水分的水利工程调节是控制土壤盐渍化重要的措施（Letey et al.，2011）。

利用化学改良的方式，一些发达国家（如美国、澳大利亚）在盐土上，特别在碱土上实施化学改良剂（如石膏、硫酸、矿渣磷石膏），有效地改善了土壤盐渍化问题（Hulugalle et al.，2006）。

联合生物、生态措施，通过农耕、种植耐盐性植物来提高对盐渍土的利用率。中美科学家共同破解了水稻的耐盐基因，为进一步的耐盐水稻培育创造了条件。通过生物、生态措施来改善盐渍土是目前盐渍化改良的重要方向，此种方式一方面可以促进土壤脱盐，另一方面还能带来额外的经济收入，并且投入成本低、易于掌握、推广性好，是农业上宜于采用的技术措施。

（二）存在的问题和未来发展趋势

在全球气候变化的大背景下，土壤盐渍化呈现区域性突变与全球性加剧并存、湿润半湿润区次生盐渍化与干旱半干旱区盐碱地并存、局地盐渍化减缓与加剧并存、新技术应用推广与旧田间管理体制并存、被动耐盐植被培育与主动盐渍土改良并存的格局，其表现和演化走向十分复杂。同时，现有的研究成果对于盐渍化发生的机理性认识还不够，全球气候变化背景下的土壤盐渍化还没有形成完全统一的研究框架。因此，以下领域的研究应重点关注。

1. 高光谱、微波等多元遥感数据支持下的盐渍化高精度监测与制图

目前，遥感监测是大尺度土壤盐渍化监测的主要手段，也是唯一手段（Metternicht and Zinck，2003）。但是遥感监测也存在许多不足：①不同的盐具有不同的电磁波谱吸收特征，特定波段只能对于特定的盐渍化类型进行监测；②植被的干扰可以导致遥感图像上像元的混合，增加盐渍化识别难度；③盐渍化是个不断变化的动态过程，遥感卫星的时间分辨率很难达到；④基于盐结皮表面的几何特征进行盐渍化识别，由于放牧和人类活动的影响，现实意义并不明显。高光谱是目前进行土壤盐渍化监测较为理想的监测手段。借助多源、多时相的高光谱数据对盐渍化较为严重的区域具有很好的监测效果。

2. 土壤盐渍化发生与全球碳循环之间的互馈耦合关系

全球气候变化框架催生下的全球碳循环研究既是科学的前沿也有现实的

需求。碳循环研究的主要内容就是确定全球碳源和碳汇的主要类型、空间布局、碳通量及总量平衡的清单。而盐渍土的面积占到地球表面积的 7%，对全球生态系统平衡起到至关重要的作用，盐碱土对 CO_2 有很好的吸收能力，其吸收量相当于植物的 2～15 倍，这就表明盐渍土也是一种重要的陆地碳汇系统。盐渍土的碳吸收过程是非生命的土壤化学过程，因此其吸收机理、过程等还有待进一步的研究。

3. 土地利用变化与土壤盐渍化响应关系

土地利用既是一种人类经济活动行为，也是一种自然要素改造过程。不合理的土地利用模式特别是灌溉农业的不合理开发，会造成土壤盐渍化的发生。但人口的膨胀、资源短缺在短期内无法解决，在这样的前提下，提高土地利用强度、开垦新的土地是当前无法避免的战略抉择。在此过程中必然会引起一系列的土壤生态问题。土地利用与土壤盐渍化风险的互馈耦合关系具有极强的尺度依赖性。这种尺度关系的内部推演转化规律需要进一步的量化研究来确定。

4. 土壤有机质与土壤盐分离子迁移、累积互馈机理的认识

随着耕作带来的土壤不断熟化，土壤有机质的不断升高，土壤的盐分呈不断下降的趋势。已有的研究多从基于经验统计的相关性角度了解土壤脱盐与土壤有机质的关系，没有从机理层次给出科学合理的解释。目前，国内外的相关研究多集中于不同盐碱程度对土壤中有机质含量的影响（Mavi et al.，2011），完全忽视了有机质增加对于土体盐分迁移、累积的积极影响。两者之间不是完全的单向作用，而是具有相互影响的互馈关系。目前有机质与土体盐分离子的互馈机理的研究，特别是有机质对于盐分迁移影响的研究成果，国内外都少见报道。所以，开展土壤有机质与土体盐分离子的互馈机理研究，对于全面了解土壤脱盐的科学过程和制定合理的区域土壤脱盐方法具有重要意义。

第三节　地下水与表生生态环境

地下水不仅具有资源属性，而且具有重要的生态功能，特别在干旱地区，地下水的生态功能尤为重要。表生生态环境常常和包气带、地下水的水盐运

动相关联。地下水和土壤包气带的水盐运动是一个重要的链接，把地表水、地下水、包气带和表生生态环境联系在一起，影响并改变着表生生态环境，是表生生态环境稳定性的一个重要的指标。地下水的生态功能是指地下水在参与自然界水循环过程中与周围的环境进行物质和能量的交换，对生态系统生命周期及地质环境安全的维持能力和对生态环境修复与改善的支持力（王文科等，2011）。其生态功能主要体现在维持地表植被生存和演化、调节土壤-包气带含水率和含盐量、维持河床基流量、维持湖泊湿地的水域面积、调节地表温度等 5 个方面（Wang，et al.，2013b）。依据生态系统对地下水的依赖程度，一般把地下水生态系统划分为以下 4 类（Loheide et al.，2005）。①完全依赖地下水的生态系统：超过临界值后地下水变量的轻微变化会导致生态系统完全消失。②高度依赖地下水的生态系统：地下水系统状态变量的微小变化会引起生态系统的分布、组成与健康的很大变化，特别是在旱区。这些生态系统利用地下水、土壤水和地表水，但地下水的消失将导致生态系统发生重大的改变。③线性依赖地下水的生态系统：生态系统对地下水的响应不是突变的，而是成线性比例关系。比如依赖于地下水溢出量的生态系统，如果地下水排泄量减少一半，生态系统可能相应地成比例收缩。④有限依赖地下水的生态系统：这些生态系统能忍耐短时期地下水的缺失，但在干旱期或枯水期末期及时地利用地下水对其长期生存起到极其重要的作用。

自 20 世纪 90 年代以来，受水文气候变异和人类活动强烈的影响，流域水循环条件产生了极大的改变，引发了诸如区域地下水位持续下降、植被退化、土壤盐渍化、泄出带下移和湖泊与湿地萎缩等生态环境问题，对区内水和生态环境安全构成了严重的威胁。孔金玲等（2005）通过对我国西北内陆盆地典型流域的解析，指出旱区与表生生态环境相关的地下水和包气带水文要素的稳定域非常狭窄，抗外界干扰能力小，稳定性差，这是旱区生态环境脆弱的重要原因。人类活动超过了流域水资源和生态系统的承载力时，将引起地表水与地下水格局以及地下水位、水质、包气带水盐等状态发生变化，导致表生生态环境发生变异。这种变异波及范围广、速度快、很难恢复和逆转，影响具有区域性。旱区流域水循环主导了流域宏观生态过程，控制生态环境"格局-过程-尺度"的转化，地下水和包气带的水文要素变化控制着生态环境的异质性。

鉴于地下水在维系表生生态功能的重要作用，科学家对地下水生态功能的关注日益加强。地下水生态功能的研究已经成为国内外学者关心的重大科学命题。发达国家（如澳大利亚）20 多年前就开展了地下水生态功能的研究与实践，已经把地下水的生态功能作为流域水资源管理的重要组成部分。在我国，近10年来该问题已经得到重视，在面向生态水资源评价、生态用水规划方面进行了多层面的有益探索。但是，限于地下水-生态系统之间机理的复杂性、关系的高度非线性，对诸如地下水生态功能形成机制、地下水生态功能的临界标识、地下水生态功能识别、地下水生态功能"量变-质变-灾变"演变机制、地下水生态功能的危机退化的控制与修复等重大科学问题的认识和机理研究相当薄弱，相关的理论框架和生产实践都亟待建立和深入研究。

一、研究现状

（一）地下水与植被生态

干旱半干旱区在全球广泛分布，占陆地面积的47.2%以上（Banimahd and Zand-Parsa，2013）。地下水不仅是旱区人畜饮水和工农业生产的重要水源，而且是维系干旱地区中生和旱生植被生态系统的主要水源，具有极为重要的生态功能。然而最近50年来，干旱区植被不断退化，不仅制约了当地社会的经济发展，而且影响整个中国北方地区生态安全，并对中国中、东部地区的环境构成威胁（程国栋和王根绪，2006）。已有研究表明，干旱区植被生态系统的退化与该区水资源尤其是地下水资源的不合理开发密切相关（Rodriguez-Iturbe，2000；Loik et al.，2004；Rodriguez-Iturbe and Porporato，2004）。

澳大利亚在20世纪90年代末已经完成了地下水生态系统的调查，并对环境需水量进行了评价，制订了保护表生生态的供水方案和地下水管理计划，于2009年出版了专著《生态水文学》（*Ecohydrology*）。此外，2008年国际SCI杂志《生态水文学》（*Ecohydrology*）创刊，显示出国际生态水文地质学研究的热度。2009年国际水文地质学家学会水文地质期刊刊登的18篇生态水文地质学研究论文，反映了地下水与表生生态关系研究的广度与深度。同时欧美等地的其他发达国家把地下水的生态属性作为流域水资源综合管理的重要组成部分。在国内，地下水生态功能的研究日益得到重视。近年来，面向地下水生态功能的地下水资源评价得到重视。大多数水资源规划和管理方案也已为生态系统的用水预留配额（王芳等，2002；刘桂民和王根绪，2004；程国栋和赵传燕，2006；陈伟涛等，2014；Han et al.，2015）。

国内外在区域尺度和场地尺度上开展地下水与生态植被关系研究。区域尺度上，定量遥感获取植被信息结合区域地下水埋深数据进行统计分析是常用的、重要的技术方法。例如，利用 NDVI、植被覆盖度的空间信息与地下水埋深网格化数据建立统计关系，分析得出依赖地下水植被的分区（金晓媚等，2007）。在场地尺度上，主要通过点上和剖面上的试验、观测等方法，研究植被生态指标与地下水和包气带水文要素之间的关系，研究植被根系耗水规律与模型（周仰效和李文鹏，2011）。Stromberg（1993）通过建立美国干旱的 Arizona 地区三类植物的植被特征与植物水势和地下水位的回归方程，来预测地下水位变化时植被特征的相应变化。汤梦玲等（2001）探讨了植被分带与水文地质分带的相关性，概括了泉水溢出带植物群落演替规律。杨泽元等（2006）构建了鄂尔多斯风沙滩地区地下水位埋深和包气带含水率与含盐量之间的半定量关系，发现植被的生理指标与地下水和包气带相关水文要素之间存在着对数和线性两种关系。黄金廷（2011）研究发现地下水位变化包括水位的上升和下降，这两种过程都会引起植物的水分胁迫响应。地下水位下降对植物的影响包括植物水势变化、植物根系重新分布、生物量改变、利用水源发生改变等方面。在水势变化方面，Tyree 和 Ewers（1991）、Scott（2000）研究发现，根区的水势压增高将导致植物的吸水困难；植物的茎水势和叶水势也会发生变化，导致植物吸水困难。水势负值达一定程度时，植物可能脱离叶片、枝条，甚至死亡。Mahoney 和 Rood（1998）研究指出，水分胁迫将导致植物根系的重新生长，但生长的速度取决于植物的物种。研究发现，由于植物得不到充分的供水，生物量将减少。而 Chimner 等（2004）指出，地下水位下降后，植物将充分利用浅根系吸取表层土壤水分，以满足植物蒸腾的需求。

在干旱半干旱区，不合理的人为因素使区域地下水位下降，导致植被生态环境的恶化，这些地区的水位重新抬升后将对植物产生有利的影响。但自然条件下，地下水位上升，植物根区土壤水分饱和反而对植被产生不利影响。根系呼吸缺氧诱发植物生物量变化、根系重分布、形成新的通气组织等水分胁迫响应。Martin 和 Chamber（2001）对比研究不同水位条件下的多年生黑麦草的生物量，发现在浅埋水位条件下生长的黑麦草的生物量显著低于深水位条件下的生物量。为了适应水位上升的环境，植物需重新发育浅根系以吸收非饱和带的水分，同时一些植物将通过产生新的通气组织的方式生存。

地下水水质同样对植被生态具有制约作用。研究发现，即使地下水位埋深在植物适宜生长范围内，植物也有可能出现局部枯萎现象，其原因是地下水矿化度高，特别是浓度高于植物细胞液的浓度时，细胞中的水分会渗透出来，从而造成植物脱水枯萎。前人对干旱区塔里木河干流区主要植物生长状态与地下水的关系研究表明：植物生长良好的潜水矿化度一般不超过 3～5 mg/L，生长较好的潜水矿化度一般不超过 5～8 mg/L，高于 10 mg/L 绝大多数会枯萎死亡。因而植物生长的适宜矿化度为小于 8 mg/L。半干旱地区由于地下水的矿化度比较低，一般情况下水质对表生植被影响不大，可以不考虑该因素的影响。

此外，围绕地下水时空演变与植被生态之间的内在联系，许多学者从不同角度提出了适宜地下水水位、盐渍化水位、生态警戒水位、包气带适生含盐量与含水率等指标，为表生生态保护与修复提供依据（Wang et al.，2013b）。

（二）地下水与包气带含水量和含盐量

旱区包气带的含水量和含盐量在很大程度上是通过地下水来调节，这与包气带岩性的毛细上升高度和地下水位埋深之间的关系有关。地下水埋深大于包气带的毛细上升高度时，地下水对包气带的含水量和含盐量控制作用较弱。

植被生存与包气带含水量直接相关。当地下水位埋深大于某一阈值时，土壤-包气带含水率非常低，不能涵养植被生态，土壤出现荒漠化、石漠化等生态灾害。而地下水位埋深小于某一阈值时，盐分在地表积累，形成土壤盐渍化。王文科等（2012）在准噶尔盆地调查研究发现，当地下水埋深介于 0.5～3 m 时，土壤盐渍化非常严重；当地下水埋深大于 8 m 时，土壤含水量低于 0.2，地表极易受到风沙侵蚀。

地下水对土壤含水量和含盐量的调节作用实质是多因素影响下复杂的水、汽、热、溶质在饱和-非饱和带运移的动力学过程。在基础理论研究方面，Richards 建立的土壤溶质运移与水分运移方程，奠定了研究土壤水溶液中各种可溶物质成分运移规律的理论基础。后续 Nassar（1989）、Nassar 等（1992）在 PDV 模型（Philip and Vries，1957）的基础上，利用水、热、盐运移方程和连续方程，对受温度梯度影响的封闭土柱中水、热、溶质耦合运移进行研究。Flerchinger 和 Saxton（1989）建立了 SHAW 模型，用于模拟土壤冻结和融化过程中，水量、热量和溶质通量的传输交换。Nassar 等

（2000）等利用SHAW模型研究了封闭土柱中盐渍化和非盐渍化土壤中水、热、溶质的运移，结果表明相对非盐渍化土壤，溶质浓度降低了冻结温度。但是，上述基础理论方面的研究多是在实验土柱的尺度上进行实验验证的，在大尺度上对地下水土壤含水量和含盐量的调控研究多见于统计的方法（麦麦提吐尔逊和艾则孜，2016）。地下水影响下的土壤水盐运动过程涉及土-气、水-溶质等多相多界面的动力学过程，无论是在理论还是在实际应用的诸多问题方面仍面临着挑战。

（三）地下水与河流生态基流

地下水对河流的补给量通常称为基流量，基流量在维持河流生态基流方面具有重要的作用，特别是枯水季节，一些河流的生态基流全部由地下水来维持。Wang等（2004）研究发现黄河花园口站河流基流量的44%来自上游地下水的补给量，指出要保持一条健康的黄河必须要保护上游地下水位。他们的研究还发现渭河华县站河流径流量中的37%来自上游的地下水补给量。由此可见，地下水在维持河流生态基流方面具有重要的作用。但近几十年来，受人类活动的影响，地下水位出现大幅度的下降，仅关中盆地地下水位30年来就下降了5~15 m，造成河流基流量和径流量大幅度的减少，河流生态基流严重不足。

解析地下水对河川生态基流的贡献，需要从流域尺度河水与地下水的转换关系入手。陈梦熊和马凤山（2002）指出：旱区水资源是以河流-含水层为纽带的上下游统一体，主导流域生态过程，地表水与地下水相互转化与生态系统组成了一个统一的生态链条，它们通过彼此之间的水分、能量和物质的交换，维持整个流域生态系统的平衡，流域上游耗水量增加，必然引起下游水资源减少，导致泄出带的下移和河川基流量及尾闾湖补给量的减少甚至干枯，流域生态环境空间格局的变化。王文科等（2001）研究了人类活动对格尔木河流域水资源和生态系统的影响，指出1992~1996年由于上游水库修建、渠道大量引水、河道硬质化以及洪积扇中上部大量开采地下水，洪积扇地下水位与天然情况相比平均下降了0.85 m，下游河流基流量变少，溢出带向下游迁移了0.8~2 km，从而引起生态环境变化。马金珠和高前兆（1997）以黑河流域中游盆地为例，提出20世纪70年代至90年代由于水利工程建设改变了黑河流域的地表水与地下水循环条件，出山地表径流转化为地下水的量由64.30%减少为40.64%，溢出带地下水转化为河水的水量减少了

36.70%，诱发了沙漠扩大、天然河湖水面缩小、草场退化等问题。以上都是地表水与地下水转化关系演变所引起的环境生态效应的典型案例，在我国西部内陆盆地具有普遍性。

综上，揭示流域尺度地下水与河流之间转化的动力学机制，构建流域尺度地下水-河流之间的耦合模型，解析人类活动和气候变化条件下地下水的变化对河川生态基流的贡献是一个亟待解决的科学问题。

（四）地下水与湖泊湿地

湖泊湿地具有重要的资源功能和生态功能，是水资源的载体、洪水的通道、生态环境的重要组成部分。被誉为"地球之肾"的湿地是重要的天然蓄水库和水循环调节器，具有涵养水源、补充地下水、调蓄洪水、改善小气候、净化水质等重要的水文功能，在维系流域水量平衡、减轻洪涝灾害、改善水质等方面发挥着极其重要的作用。近几十年来，在气候变化和人类活动影响的共同作用下，出现了湖泊湿地大幅度萎缩、生态格局与工程发生巨大变化以及生态服务功能急剧退化乃至消失等诸多问题，严重威胁到区域和国家的生态安全，引起国际社会与专家学者的普遍关注和高度重视。湖泊湿地生态补水、跨流域调水等一系列以调控湿地水文水资源为主导的湖泊湿地生态恢复和保护工程相继启动。

地下水是湿地水文循环的重要环节，尤其是在干旱-半干旱地区，地下水溢出带是其湿地最主要的补给来源，其分布与径流特征成为控制湿地形成、发育乃至消亡的主要因子。中国北京西苑湿地地下水超采导致的湿地补给不足、面积萎缩；埃塞俄比亚 Wonji 湿地接收大规模灌溉回水补给后，地下水位抬升、土壤盐渍化；苏格兰 Fergus dune 滨海地区地下水因湿地地表水补给而缓解了咸水入侵等一系列案例（Furi et al.，2011），昭示着湿地-地下水之间的联系与作用对湿地系统功能稳定与地下水环境健康产生着普遍而深刻的影响。

地下水对湿地湖泊的贡献取决于二者之间的水力联系和界面动力学过程以及流域地下水的形成演化，基于特定水力联系的水量交换，以及水化学特征的分异使得地下水与湿地之间存在着密切的相互联系与作用（Schmalz et al.，2009；王磊和章光新，2007）。根据湿地-地下水的水力联系，Jolly 等（2008）最早提出将湿地划分为 4 种类型：①非饱和流-补给型湿地，湿地下垫面与地下水面之间存在着不相连的非饱和区间，湿地地表水垂向渗流补给地下水，多见于季节性湿地系统；②饱和流-补给型湿地，湿地下垫面与含水层之间连通且湿地水位高于周边地下水，湿地水体因而成为周边地下水的补给来源；③饱和流-排泄型湿地，与饱和流-补给型湿地水力梯度相反，四周地下水补给湿地；④饱和流-贯穿型湿地，地下水流场的水力梯度方向连续一致，导致湿地在上游接受地下水补给，在下游排泄至地下水，地下水流"贯穿"整个湿地。需要指出的是，由于湿地水文过程受气候变化及人类活动等多种因素影响，湿地地表水-地下水作用过程具有一定的时空变异性。Rosenberry 和 Winter（1997）的研究表明美国 North Dakota 湿地自然状态下为贯穿型湿地，干旱导致湿地持续补给地下水，大规模集中降水后则转变为排泄型湿地。由此可见，气候变化与人类活动影响下，湿地地表水-地下水作用模式可以发生相互转化。

湿地发育于水陆环境过渡地带，其景观格局的演变、物质元素的循环、生物生存与生长及其他生态功能的实现，均与水文过程有关（Bullock and Acreman，2003）。地下水是湿地水文循环的重要环节（Krause et al.，2007），湿地-地下水之间的交互作用，如湿地-地下水之间的渗流交换、地下水位埋深对湿地植被根系及其生长的影响、地下水位变化驱动的湿地土壤干湿交替等，是控制依赖地下水的湿地生态系统形成与演化、影响湿地类型分异、结构与功能稳定的关键因素。尤其是湿地地表水-地下水之间的水量交换与水质演变是理解湿地水循环机制及其他物质、能量与信息传递的关键基础（Schmalz et al.，2009；王磊和章光新，2007；Schot and Winter，2006；McCarthy，2006）。日本与美国多个湿地作为天然的地下水修复系统去除氮磷及重金属污染物（Li et al.，2011；Jordan et al.，2011）等一系列案例，表明湿地地表水-地下水之间的交互作用对湿地生态系统结构-功能稳定与地下水环境健康有着广泛深刻的影响。伴随着全球气候变化和人类活动双重影响的加剧，湿地水文过程越来越复杂（章光新等，2008），湿地生态系统随之表现出高度脆弱性（董李勤和章光新，2011），同时对湿地地表水-地下水交互作用的响应也更加敏感（Candela et al.，2009）。湿地-地下水系统相互作用及其生态响应可能成为缓解或加剧湿地"水量-水质"危机的关键。然而，国内外已有的工作成果，更多地从"水文过程与生态系统的关联"角度开展湿地生态水文学（eco-hydrology）研究，它以植物-水分的相互作用为核心，侧重于大气水、地表水与土壤水的研究（范伟等，2012；Baird and Wilby，1999）。而湿地地表水-地下水之间的关系则由于涉及地质学、水文地质学与水文地球化学等多个学科，在传统的湿地研究中相对少见。然而，忽视或简化地下水文过程的刻画和湿地-地下水相互关系研究深度不够，将大大降低湿地水循环机制的识别精度，也将严重制约湿地景观格局演变、物质元素循环等其他方向的深入研究，地下水已成为目前湿地水文研究的薄弱环节，亟待开展针对性研究。

因此，深入理解湖泊、湿地-地下水交互作用中的水量水质转化机制，对流域（区域）水资源综合管理与湿地生态保护具有重要的理论和实践价值，同时也是湿地生态系统演变与调控修复领域关注的重大科学问题。

二、关键科学问题

(一) 地下水生态功能的形成机制

分析地下水的水位、水质、水量、水温及包气带的含水率、含盐量、温度等水文要素与生态环境之间的关系，揭示地下水文与生态过程的耦合机理及地下水生态功能的形成机制，定量分析地下水文过程驱动下生态环境"格局-过程-尺度"的转化关系，界定地下水的生态功能，划分地下水生态功能区。

(二) 地下水生态功能危机与退化的多维临界标识

依据地下水及包气带水文要素对生态环境影响的敏感性与稳定性进行分析，确定影响生态环境的主要地下水文要素，构建基于地下水文要素的生态功能退化与危机的多维标识指标体系。在此基础上，沿生态梯度最大的方向，研究生态环境随地下水文要素之间的变异规律，确定变异区间，形成基于地下水文过程的生态功能危机与退化的多维标识指标与阈值体系。

(三) 地下水生态功能"量变—质变—灾变"演变机制

甄别地下水和包气带水文要素对生态环境影响的敏感性与稳定性，确定生态环境要素组成和结构的变异区间，揭示地下水生态功能"量变—质变—灾变"演变机理。

(四) 地下水生态功能退化与危机的控制与修复

依据地下水文过程引起的生态环境问题，针对地下水形成演化及生态功能特殊性，确定地下水生态功能受损区的修复和保护目标，研发包括地下水水盐调控、洪水地下储存与调蓄、河流基流与沼泽湿地恢复保障、"非-净-保-调"

（非常规水源利用、污水净化、水源保护、水资源调蓄）水资源与生态环境保护等技术，形成工程与管理相结合的修复与保护体系和技术规范，指导地下水资源合理开发与生态环境保护的实践。

第四节　特殊类型地下水

一、地下热水

（一）水热型地热资源

地热资源的形成，与地球岩石圈板块运动、演化及其相伴的地壳热状态、热历史有着密切的联系。水热型（hydrothermal type）地热资源以高温蒸汽或高-中温热液为主要存在形式，在我国分布广泛。

中国有记载的地热利用历史已超过 2000 年。随着全球能源需求增加，我国于 20 世纪 70 年代开始进行全面的勘探和研究工作，在地下热水的围岩构造、赋存条件、分布特征、开发潜力、利用方式等方面取得了一系列成果，为地热资源的精准勘探与科学利用奠定了基础（汪集旸等，2015；庞忠和等，2014；陈墨香和注集旸，1994）。

（二）地下热水资源分布特征

中国大陆大地热流分布及相应的岩石圈热状态特征的总体空间分布格局源于新生代的构造热事件，构造活动越强烈、构造热事件年龄越小的地区大地热流值越高，构造稳定的古老块体大地热流值较低（姜建军，2005）。因此，中国地热资源分布具有明显的规律性和地带性。

水热型地热资源按构造成因可分为沉积盆地型和隆起山地型，按热流传输方式可分为传导型与对流型，按温度可分为高温（≥150℃）、中温（≥90℃且<150℃）和低温（<90℃）地热资源。我国水热型地热资源主要分布于东部、东南沿海（包括台湾）、环鄂尔多斯断陷盆地、藏南、川西和滇西等地区。其中，华北盆地、河淮盆地、松辽平原、苏北盆地、江汉平原以及西部环鄂尔多斯断陷盆地、西宁盆地等地区分布有沉积盆地传导型地热资源，属于中-低温地热资源；东南沿海、台湾、藏南、川西、滇西和胶辽半岛等地区分布有隆起山地对流型地热资源，其中高温地热资源主要分布于藏南、滇西、

川西和台湾等地区，已发现的高温地热系统达 200 余个，其余地区主要为中低温地热资源（蔺文静等，2013）。

1. 西南滇藏地热带高-中温地热资源

在中国内陆西南侧的滇西、藏南、川西地区，统称为滇藏地热带，属于印度板块与欧亚板块碰撞形成的聚敛型大陆边缘活动带（廖志杰和赵平，1999）。在板缘地带形成岩浆活动型高温地热资源，而在板块内部地壳隆起区形成隆起断裂型中低温地热资源，这些水热活动区的地下热水基本均来自于大气降水，水分沿断裂带下渗，经由裂隙折返地表，形成对流系统（赵平等，2003；陈墨香和汪集旸，1994）。

沿板块边缘，构造活动强烈，呈现高热流异常，具备产生强烈水热活动和孕育高温水热系统的地质构造条件，形成我国温泉数量最多、延伸最长、规模最宏伟的高温温泉密集带，被称为喜马拉雅地热带、雅鲁藏布江地热带、藏南-川西-滇西水热活动带或滇藏地热带。在板内地壳隆起区构造活动性相对较弱，多形成沿断裂带展布的中低温温泉密集带，如沿南北构造带展布的滇川温泉密集带（黄尚瑶，2001）。

西藏的羊八井已探获 329℃ 的高温地热资源，并于 1976 年在此建立了中国第一个地热蒸汽电站，这个电站至今还保持着每年 1.2×10^8 kW·h 左右的发电量，目前累计发电量超过 22.7 亿 kW·h（郑克棪等，2010；多吉和郑克棪，2008）。而在云南的腾冲—梁河一带，其地热可与西藏羊八井相媲美。

2. 沉积盆地型地热资源

我国的沉积盆地型地热资源主要分布于东部、中部和西北部（西部北段）地区。盆地传导型地热资源其热储岩石多为沉积岩，属于非热源岩石，其热源均来自地壳深部。巨厚层的沉积地层，组成较高孔隙度和渗透性的储集层，同时又有大量由细粒物质组成的隔层，对储集层起到积热和保温盖层的作用。因此，如华北盆地等大型盆地的内部成为热聚存的理想环境，并且目前这类盆地也是我国大地热流研究程度最高的地区。由于沉积地层受地质构造破坏相对较小，地下水在长距离的水平运移过程中，从深部岩层中获得的热传导时间较长，从而形成地下热水，且越往深部水温越高、水岩交换作用越强（陈墨香和汪集旸，1994）。部分地区由于基岩热储层埋藏浅、深部构造断裂沟通良好，可以产生相对较大的热异常，如牛驼镇热田（Wang et al.，2013）。

总体来说，沉积盆地在 2000～3000 m 的深度内并不具备高温地热资源形成的条件，而以低温、部分为中温地热资源为主。虽然各主要大型盆地的地热成因无显著差异，但由于东部的热背景高于中部和西部（北段），所以东部盆地的水热条件相对较优。

根据相关统计，中国主要沉积盆地的中生代和新生代地层地热资源储量为 2.5×10^{22} J，折合标准煤 8531.9 亿 t，但深部的古生代、元古代地层尚未进行统计，一些盆地沉积盖层下伏的深部基岩热水储层系统同样具有重要价值（蔺文静等，2013；庞忠和等，2012）。

3. 东部、东南地区断裂构造活动带地热资源

我国东部、东南部位于太平洋西缘构造活动带的区域，由于受到了太平洋板块俯冲和菲律宾板块的挤压作用，其构造单元岩石圈热活动强烈，并呈现出由东向西减弱的趋势（黄尚瑶等，2009）。而东南地区恰处于碰撞边界上，包括沸泉在内的各种高温地热显示集中分布于碰撞边界的两侧。以福建、广东、海南和台湾为主体的东南沿海地区温泉数量约占全国温泉数的 1/4，成为我国东部温泉最密集的地带（陈墨香和汪集旸，1994）。

因为受多期构造运动影响，东部及东南地区的断裂构造十分发育，区域性的大断裂切割深、延伸远，同时次级断裂较为发育（万天丰和赵庆乐，2012）。热储介质由岩浆岩、火山岩组成，地下水通过深循环沿断裂或裂隙对流传递，最终形成地下热水。其中，北东向的深部活动大断裂一般为控热构造，其他不同次级的裂隙及共轭断裂形成导热、导水通道，这些构造条件为深部岩层的富水及导热创造了良好的基础，地热资源具备优越的应用前景。

(三) 地下热水资源研究发展趋势

1. 地热资源开发利用方式及程度多元化

目前，我国地热资源的勘察和潜力评价程度总体较低，且开发利用数量少、综合开发利用水平低。除少数城市及重点地区外，我国的地热开发大多停留在洗浴、游泳、养殖等少数项目上，大部分地区的地热资源处于自发、分散和粗放的初级利用阶段。此外，在滇藏地区的高温热储的勘察、开采及地面工程工艺有待进一步发展、提高。

2. 地热水利用造成的地质环境问题

地热虽属于可再生的清洁能源，但是其可再生性相对较差，若开发

与利用方式不合理，会导致地热资源过度消耗，并造成环境、地质灾害问题，如资源浪费、地面沉降、热污染、大气污染、诱发地震、地温变化等。

为了科学合理地开发和保证地热资源的可持续利用，需在加快勘察步伐的同时，还要加强地热资源动态监测工作，及时掌握地热水位、水量、水质、水温随开采过程的变化，保证地热资源开发利用建立在坚实的资源基础上，防止资源不合理开发和引发环境问题。此外，还需加强地热资源管理、规划、保护等开发后相关问题的研究。

加大低渗透热储层回灌技术的研究，保持地下热水采补平衡；对于高矿化热水，开展"取热不取水"的工艺技术研究，避免高矿化废水对环境的污染。

3. 地热水与矿产资源、地质环境等相关研究

随着研究程度的深入与研究领域相互交叉，在地下热水赋存的特定地质构造部位，伴生的矿产资源成矿规律和方式研究成为国内外新的热点。应用数值模拟、同位素分析、物理模拟、地温监测等方法，还可以研究气候变化、矿产、油气、构造等一系列相关科学问题。

4. 地热水资源开采与生态功能区划政策的协调性研究

由于地热资源分布广泛，部分资源的分布区域与生态保护区、自然保护区、国家地质公园等位置重合或部分重合。按照相关的规划、指南、区划等的要求，位于上述区域内的地热资源无法得到开发和利用。由于地热资源不同于固体矿产资源，其分布和开采形式与地下水基本类似，并且属于国家积极倡导利用的可再生清洁能源。因此，如何在政策协调性上研究地热资源的合理开发利用，也是我国急需要开展的论证研究工作。

二、矿泉水

我国矿泉水的利用历史悠久，应用现代技术对矿泉水的研究始于20世纪50～60年代，主要研究矿泉水的成分、矿泉水的医疗价值以及矿泉水利用。20世纪80年代随着我国经济的快速发展，各地对矿泉水的开发利用逐步重视，自90年代起全国各地陆续开展了矿泉水的勘查工作。进入新世纪以来，随着科技的发展，越来越多的学者在应用传统水文地球化学分析方法的同时，结合新的测试手段（如离子色谱法、ICP-MS法、气相色谱法等）对矿泉水

的成分尤其是微量元素进行研究，对我国天然矿泉水的分布、成因类型以及资源利用形成了比较系统的认识。

（一）我国矿泉水的类型及分布

我国矿泉水资源分布广，种类繁多，既有单一型，也有复合型，其类型以偏硅酸、碳酸、锶、锶硅酸矿泉水居多，少部分地区矿泉水以含锌、碘、锂、硒、溴为主，如四川地区和黑龙江松嫩平原地区（周训等，2010）。矿泉水主要集中在我国东北平原地区（黑龙江和吉林）、华北平原地区、华南地区（广东）和青藏高原地区（青海），其中广东作为我国饮用天然矿泉水的主要水源地，全省经勘查评价的矿泉水点有 331 处（祝桂峰和丘国庆，2008）。此外，在甘肃、新疆等地也发现具有一定资源量的天然矿泉水出露。在东北地区黑龙江境内主要分布含硅质或硅锶质天然矿泉水；在江西、广东、福建等地主要分布偏硅酸矿泉水。在江苏省六合、盱眙玄武岩地区，偏硅酸矿泉水是赋存于玄武岩孔洞裂隙含水层及沙砾石层孔隙含水层的地下水，经水岩作用形成（高明等，1992）；在山东崂山花岗岩地区，分布有含锶、偏硅酸矿泉水，赋存于断裂构造发育的地层中（赵广涛等，1996）；而在青海昆仑山地区主要分布重碳酸钙镁型锶矿泉水（张森琦等，2009）。在广东境内矿泉水的分布主要受新华夏断裂构造体系及北西向深大断裂的控制，以单一的偏硅酸型为主，还有多种复合型矿泉水。

（二）天然矿泉水的研究现状

矿泉水的形成分布主要受地质构造、地层岩性、地下水类型、微量元素丰度、矿物盐溶解度以及地质环境条件等影响（周训等，2010）。我国大部分地区矿泉水的补给来源主要是大气降水和地表水入渗补给，矿泉水化学成分的形成作用以溶滤作用为主。例如，在我国东北的五大连池和长白山地区，特殊的火山喷发产物（玄武岩、火山渣等）、断裂构造及独特的地形地貌，可为重碳酸钙镁或钠型偏硅酸型矿泉水创造良好的介质及有利的水动力环境（张烽龙等，2003）。而在东部地区（尤其以山东淄川和青岛为代表）地下水接受降水入渗补给，且受地质构造、岩性和微量元素丰度的影响，径流条件良好，水岩作用强，形成锶型、锂型和锶锂复合型以及含锂、偏硅酸矿泉水（赵广涛等，1996）。华南地区以广东为典型，地下水补给充足、高硅含量的地球化学环境以及良好的水文地质条件，有利于地下水的径流循环，以偏硅酸型矿泉水为主（王华启，1996）。在青藏地区，受大型活动断裂分布影响，冰雪消融水、大气降水经断层破碎带入渗补给地下水，并经深循环排泄至地表，形成水质较好的重碳酸钙镁型锶矿泉水，尤以昆仑山西大滩矿泉群分布为典型（张森琦等，2009）。矿泉水的宏量元素和微量元素含量与地下水赋存和流经的围岩介质密切相关。例如，福建盘陀矿泉水微量元素主要来源于地下水对三叠系中上统长石砂岩的溶滤（苑连菊，1995）；而黑龙江克山县天然矿泉水元素成分来源于地下水与富含锶和硅的岩石的溶滤作用（张洪志和吕欣，2015）。

（三）未来研究重点

（1）对矿泉水资源的研究主要偏重小尺度上矿泉水的分布特征、成因机制，缺少对较大尺度上的矿泉水资源评价。对我国矿泉水资源量从时空分布上进行科学、全面、系统的分析和评价，将有助于为我国矿泉水资源的合理开发利用提供依据。

（2）对于一些特殊地层地貌中矿泉水的形成演化机制研究深度不够，应加强这些地区矿泉水形成以及演化过程的相关研究。

（3）矿泉水不仅属于水资源，同时还是稀有的可再生矿产资源。矿泉水的产生往往伴随着特殊的地质构造现象，并且对自然生态环境的要求较高，这些自然环境优越、地形地貌奇特的地理位置常位于自然保护区或地质公园之中。根据国家相关规划和条例的要求，位于生态红线区内的矿产资源不得进行开发利用，而矿泉水的出露为地方精准扶贫、经济产业发展提供了自然基础条件，所以关于矿泉水勘察、利用的政策法规的协调性研究亟待加强。

三、卤水资源

我国卤水资源分布广泛，是一个多盐湖卤水资源的国家。盐湖卤水资源主要分布在青海、西藏、新疆及内蒙古等地，而地下卤水资源除了上述地区之外，在我国沿海地区尤其是山东渤海湾和莱州湾地区也广泛存在。新中国成立以来，国内众多水文地质学者对西部盆地地区卤水的来源和演化做了大量研究，主要涉及：沉积盆地结晶基底中的卤水、浅层地下卤水和深层地下卤水等水体。尤其是在青海柴达木盆地开展了长期大量的研究工作，发现绝大多数卤水资源尤其是油田卤水富含较高品位的钾、锂、硼等微量组分；而沿海地区如山东莱州湾等地，卤水资源的勘察工作自20世纪60年代开始进行，到70～80年代大规模的勘探开发，再到现在由于大规模过度开发造成的资源环境问题，前人做了大量的研究工作。

(一) 卤水类型及分布

1. 地表盐湖卤水

我国地表盐湖卤水资源丰富,分布广泛。全国范围内现存 350 个盐湖,其水质均达到卤水含盐量水平,主要集中于青藏高原、新疆、内蒙古和四川等地区大型沉积盆地,分为四个盐湖区,即新疆盐湖区、青海盐湖区、西藏盐湖区和晋陕甘宁蒙盐湖区,其中西藏地区和柴达木盆地是我国盐湖卤水资源量最大的两个地区(张兆广,2009),而位于塔里木盆地东部的新疆罗布泊是世界上最大的现代干盐湖之一。在东部一些凹陷盆地中,如中原油田、胜利油田、任丘油田,以及部分滨海地区也有盐湖卤水的分布(郑绵平,2001;周训等,2010)。

2. 地下卤水

浅层地下卤水主要集中于我国西北地区塔里木盆地、柴达木盆地、青藏高原、四川盆地、冀中平原、渤海湾沿岸地区,主要分布在地表以下直至数百米深的第四系沉积物或储卤层中;晶间卤水主要分布在我国西北地区,充填于矿床岩层孔隙,含有较多的钾、镁成分;而我国深层地下卤水主要赋存于沉积盆地内碳酸盐岩、碎屑岩等沉积地层和少量火山岩中,主要集中分布在四川盆地三叠系、柴达木盆地西部新近系和江汉盆地江陵凹陷古近系沉积地层(刘成林,2013)。有学者发现在柴达木盆地西部地区以及我国东部一些凹陷盆地中,赋存有储量巨大的油田卤水资源。

(二) 研究进展

我国盐湖卤水形成时间晚、成盐期短,多数盐湖形成于第四纪末期的全新世至近代,目前仍处在广泛的成盐作用阶段。盐湖卤水形成受古地理环境和地质构造等许多因素影响,是在包括盆地的封闭性、成盐元素的迁移条件以及干旱的气候条件下长期作用的产物(郑绵平,2001;郑喜玉,1996)。地下卤水起源包括同生沉积水、渗入-溶滤水及混合来源等。同生沉积水起源包括陆相同生沉积水和海相沉积水,前者来源于古大气水或古地表水,是沉积物在沉积期间被埋藏并封存,经受沉积作用和水文地球化学作用最终在陆相地层中而形成的卤水;后者来源于古海水,是古海水经过蒸发浓缩在蒸发岩沉积后残留下来的卤水。还有少部分地下卤水是溶盐卤水,来源于大气降水,在大气降水和地表水的入渗过程中,发生蒸发盐的溶解以及含盐岩系的溶滤,形成溶盐地下卤水。

20 世纪 70 年代中后期，我国首次开展地下卤水资源量实质性的定量评价工作，由四川省有关地矿和盐业单位通过提捞、气举、抽水等试验，运用水位下降法、产量递减法以及解析法等方法初步评价四川盆地地区的卤水开采井开采量，之后在全国其他地区陆续开展了相应的评价工作，如在山东莱州湾和胶州湾沿岸地区，评价了浅层地下卤水矿体的面积；采用容积法，初步计算了柴达木盆地西部新近系储卤层地下卤水的潜在资源量；根据收集资料分析，估算了河北省冀中平原区古近系地层中卤水矿产资源分布面积；利用非稳定井流解析法，评价计算了四川盆地油罐顶构造和罗家坪构造深层地下卤水钻井卤水的可采量。

我国的地表盐湖卤水，其主要补给来源是大气降水。在我国西北盆地以及四川盆地的浅层地下卤水中，罗布泊地区地下卤水主要接受塔里木地区大气降水和地表水补给（伯英等，2012），四川盆地东部高褶带三叠系卤水接受大气降水入渗补给，而柴达木盆地西北地区大部分浅层地下卤水接受大气降水和地表水的入渗补给（Vengosh et al.，1995；Yu et al.，2013）。深层地下卤水由于处于深埋、封闭状态，基本不参与现代水循环，几乎没有补给资源（周训等，2010）。在我国西北的一些地区，地下水沿断裂带深循环，并与一定量的深部来源流体相混合，形成了深部油田卤水的补给来源。

对卤水水文地球化学特征及其演化的研究是认识卤水来源的必要途径，除了元素地球化学方法（如 Na/Cl 比值、Br/Cl 比值、B/Cl 比值、Li/Cl 比值以及 Na/Br-Cl/Br 图解）和氢氧稳定同位素研究之外，近年来国内外利用一些卤水溶质的非传统稳定同位素（如 B、Li）研究卤水来源取得了新的进展（Bottomley et al.，2003），丰富了卤水研究的理论和方法。

（三）未来研究重点

（1）目前，我国开展的卤水资源量评价工作相对较少，并且评价方法过于简单，应当加强相关理论和方法的研究。

（2）有关深层卤水补给来源的研究较少，已有的研究工作主要针对的是柴达木盆地的深部油田卤水地区，缺乏对四川盆地及江汉盆地等地的相关研究，不利于这些地区深层卤水资源的合理开发和利用。

（3）应逐步加强稀有气体及非传统稳定同位素的应用，用以弥补单一同位素在深层卤水来源和水文地球化学作用研究上的不足。多种同位素相结合的示踪方法研究，是沉积盆地卤水来源研究的国际趋势。

第五节　中国区域水文地质

　　我国从青藏高原到东部近海平原地形呈三级阶梯状分布，以山地为骨架，高原、盆地、平原镶嵌其中构成地貌基本格局。气候、地貌、构造和地层岩性等诸多地域性形成因素，在时空上相互作用、关联组合，造就了各具特色的水文地质区，控制着地下水形成、分布和生态环境演化。我国学者从不同的角度出发，提出了区域水文地质分区的多种划分方案：①根据影响潜水性质、分布规律和动态类型的自然条件划分；②按照含水介质和含水岩系进行划分；③按照气候、地貌、岩性分区划分；④按气候、地貌、含水岩系、大河流域划分。概括起来，基本上是基于气候、地貌、含水岩系来反映我国区域水文地质的基本特征。近几十年来，我国的水文地质工作者对各种地貌、岩性条件下地下水流动系统和地下水资源进行了较为系统的研究，为我国经济社会的发展提供了坚实的水文地质和水资源支撑。

一、青藏高原

　　青藏高原位于我国地势第一级阶梯，高原面平均海拔 4000～5000 m，地形复杂、气候寒冷。张宗祜（2005）将青藏高原水文地质区划分为藏北内陆水文地质亚区、三江源水文地质亚区以及藏南水文地质亚区。藏北内陆水文地质亚区主要是指昆仑山以南、唐古拉山（格拉丹东）以西、冈底斯山及念青唐古拉山以北的高原内流湖盆地区。该区平均海拔 4500 m 以上，区内广泛分布连续片状多年冻土区，限制了地表、多年冻土层及其下伏融土层之间的水分交换，在陆地水循环中具有特殊的作用（程国栋和金会军，2013）。三江源水文地质亚区指长江源（金沙江）、澜沧江源及怒江的中上游流域区（黄河源区属于黄河上游水文地质区）（张宗祜，2005），其中长江源、怒江上游北部属于多年冻土区，而怒江中游、长江源下游（金沙江）、澜沧江中上游河谷深切、降雨丰富，区内主要分布基岩裂隙水，主要赋存于变质岩、侵入岩的裂隙、节理、风化带中。藏南高原水文地质亚区指雅鲁藏布江流域及其周边地区，该区降雨较为丰富，河谷地带发育大型河谷平原，地下水赋存条件较好。在基岩山区，主要发育基岩裂隙水。

　　鉴于青藏高原的高寒特点及全球变暖的气候背景，青藏高原地区水文地质核心问题在于：冻土区地下水的形成、分布及演化规律；多年冻土活动层的冻融过程对冻土带地下水运移和生态环境的影响，气候变化条件下不同尺度冻土区水环境变化及其生态环境效应。根据有关资料，近几十年来，青藏高原多年冻土区面积缩减了 16%，多年冻土带上限不断下移，冻土层上水位下降了 0.2～1.2 m，引发了地下水泄出带下移、沼泽湿地萎缩等一系列生态功能退化问题，加剧了区内地表植被格局从"湿地"向"草地""裸地（沙地）"的退化进程。青藏高原冻土退化在很大程度上改变了冻土区水文地质条件，并导致地下水动态特征产生显著变化（程国栋等，2013）。受高原自然条件以及冻土区地下水监测技术的制约，目前对青藏高原地下水动态缺乏有效连续系统的监测。因此，研发多年冻土区地下水-生态环境监测技术与方法，获取更多的原始观测数据，是青藏高原水文地质研究的一项重要任务。

二、干旱内陆盆地

干旱内陆盆地是我国水资源最为缺乏的区域之一。在我国干旱内陆盆地，主要城市的供水量有 50% 以上均来自地下水，许多城市这一占比甚至高达 80%（中国地下水科学战略研究小组，2009）。我国大型干旱内陆盆地，总面积约 253 万 km²，大约占国土面积的 1/4，地域辽阔，蕴含各种化石能源和矿产资源。然而，水资源的匮乏、生态环境的脆弱以及人类活动的影响，使该区域的可持续发展战略面临严峻考验。研究表明，干旱内陆盆地地表水与地下水从山前到排泄区往往经历了多次相互转化（Wang et al.，2016；李文鹏和郝爱兵，1999），使得干旱内陆盆地水资源具有系统性、复杂性、综合性。因此，深入理解水循环转化规律和合理地利用水资源并尽可能地避免生态环境负效应是干旱内陆盆地地下水研究的重要课题，其核心是建立与生态保护相协调的科学的水资源利用模式。

近些年来，众多学者的研究表明，过去对地下水循环模式及其生态效应尚未有很好的理解，水资源的不合理开发利用改变了流域的水文条件，从而引发一系列环境问题（Yang et al.，2014；Bassi et al.，2014）。近年来，生态水文学的发展为地下水在生态系统中的作用提出了新的见解（Hu et al.，2016）。许多研究表明地下水位与生态状况之间有显著相关性，应用生态学-水文学模型或环境示踪方法有助于更好地理解地下水位波动过程中地下水与植被的相互作用（Wang et al.，2013a；Zhu et al.，2007）。在现在和未来，如何基于地下水循环模式与地下水和生态系统之间的关系建立地下水开发利用模式是干旱内陆盆地研究中值得重视的前沿问题（Liu et al.，2015；Shang，et al.，2016）。

三、黄土高原

黄土高原的范围主要包括青海东部地区、陇西区、陇东区、子午岭—吕梁山间地区、内蒙古南部地区、吕梁山以东地区及河南西部地区（张宗祜等，1993）。多年来，许多学者从黄土高原地区地下水系统划分、水资源量、水分与能量循环、人类工程建设对地下水的影响、地下水动态等方面进行了研究，取得了一系列进展。在鄂尔多斯盆地，根据黄土高原地质-水文地质结构及含水介质类型，划分了含水层系统，研究了地下水的赋存规律和运动特征，评价了地下水资源量和供水潜力（侯光才等，2008）。通过对黄河河川基流量的分析发现黄河的河川基流量在过去 50 年总体呈下降趋势，并且加剧了黄河流域的一系列生态环境问题（钱云平等，2004）。通过同位素方法发现很多地区地下水在入渗或渗漏过程中经历了强烈的蒸发作用以及与包气带先存水的混合作用，不同地区降水补给地下水的滞后期不同（Liu et al.，2011；Wan et al.，2016）。基于关中盆地大量地下水动态资料和地下水样化学分析，获取了地下水动力场、地下水化学场的时空演化特征和影响因素，研究表明关中盆地水动力场对水化学类型的分布起着控制性作用，水-岩间离子交换作用主要发生在高矿化度的地下水中（Wang et al.，2013b）。黄土丘陵沟壑区土地再造工程（削山填谷、削峁填沟）中地下水流场的基本特性受控于整个研究区的原始地形和新地形，夯实措施相对减少了大气降水的入渗补给，人工砾石排水系统（或导水盲沟）增加了地下水渗漏，加速流域上游水位下降，促使下游地下水位上升。

根据已有研究，黄土高原地区云水资源丰富，降水量少，地下水资源短缺，因此，应从系统观点出发，加强黄土高原云水-大气降水-地下水-地表水系统水热转化与循环机理研究，以期增加地下水天然补给资源量。需要开展黄土高原生态脆弱带-能源高强度开发区-地下水资源短缺区水资源优化配置与保障措施的研究。在人类活动强烈地区，应加强大型挖填方工程对地下水系统的长效影响机制的研究。

四、大型平原

我国大型平原地区人口集中，经济社会发展水平相对较高，研究各大型平原区的区域水文地质特征对于保障这些地区的供水安全和经济社会发展具有重要意义。多年来，在我国华北平原、东北平原、河套平原、银川平原、成都平原等，开展了大量的水文地质工作，在区域水文地质结构、地下水流系统、地下水资源评价、可持续利用与调控、地下水开采引起的环境问题等方面取得了丰富成果。以华北平原为例，应用多种环境同位素确定地下水补给来源、年龄、补给时期、更新能力及水动力特征，研究大尺度时空条件下，地貌变化以及海平面变化对地下水流动系统演化的影响（陈宗宇等，2009；张人权等，2013）；综合研究了近 50 年来华北平原地下水流动系统演化过程及其阶段划分，认为造成流动系统变化的重要原因是人类活动影响（费宇红等，2009）；建立了大尺度水文地质结构模型和地下水流模型，模拟计算了地下水资源量，预测了不同开采条件下水资源量的变化（张兆吉等，2009）。在滨海地区，应用多种方法识别和研究地下水盐分来源、海水入侵程度以及入侵机理（杨吉龙等，2012）。这些研究，为计算地下水均衡变化、地下水资源科学利用与调控等研究提供了理论依据（石建省等，2014）。此外，InSAR、GPS、Grace重力卫星等技术手段被广泛应用于大尺度地下水存储量变化的估算以及地面沉降的研究，并取得了一系列重要进展（Huang et al.，2015）。

五、沿海地区

我国海岸线长达 1.8 万 km，沿海地区经济发达，人口密集，人类活动强烈，环境地质问题和地质灾害发育，其中以环渤海地区和长江三角洲地区最为典型。环渤海经济区主要包括辽东半岛、山东半岛、津冀三省一市。区内分布第四系松散岩类孔隙含水层系统、基岩裂隙含水层系统和岩溶裂隙含水层系统，地质环境条件复杂，环境地质问题大体上可分为以原生为主的环境地质问题和以次生为主的环境地质问题两大类。其中，以原生为主的环境地质问题有：区域地壳稳定性、海岸侵蚀与淤积、原生劣质地下水（高氟、高矿化度等）、土地盐渍化、砂土液化和软土地基、构造型地裂缝等。以次生为主的环境地质问题为地下水超采形成的地下水位降落漏斗、地面沉降、海（咸）水入侵、地下水与土壤污染、地面塌陷与地裂缝、崩塌、滑坡、泥石流、湿地退化等。长江三角洲地区大中城市密集，经济发达，对地下水资源的需求量十分巨大。过量开采地下水等人类活动，引起了地面沉降、地裂缝、岩溶水分布区地面塌陷和浅层地下水污染等环境地质问题，其中地面沉降和地下水污染尤为严重。因此，在沿海地区，地下水开发利用与生态环境、地质环境保护是水文地质研究的核心问题。

六、岩溶地区

我国岩溶发育广泛，从特征上可分为南方岩溶和北方岩溶两大类。南方岩溶地区地下水资源分布以 2836 条地下河为代表。受到气候影响，地下水储量或地下河流量均呈现强烈的动态变化。且由于集中补给的方式和缺少防护层，水量和水质对气候变化、污染和土地利用变化的响应较为迅速。由于水资源开发利用难度大，南方岩溶地区目前还存在上千万人口和上千万亩农田的水资源需求得不到解决，成为 2020 年全面完成脱贫任务的最后目标。北方岩溶水以其集中程度高、动态稳定、水质良好的自然属性，成为重要的集中供水水源。近 30 年来，随着气候变化和岩溶水的大规模开发、采煤等人类活动强度的加剧，岩溶水系统的输入-结构-输出都发生了根本性改变。在短短的数十年内，有 1/3 的岩溶大泉相继断流消亡，80% 以上的泉水流量大幅度衰减，区域岩溶地下水位普遍以每年 1~2 m 的幅度持续下降，岩溶水水质不断恶化，由此导致不少地区原有水井吊泵、报废，泉水的旅游价值降低、生态功能恶化；同时又带来了诸如山区岩溶含水层疏干，向平原含水层补给量减少并诱发地面沉降；泉域岩溶含水层调蓄功能降低，引发岩溶塌陷、沿海地区海水入侵、岩溶地下水污染等一系列岩溶水环境问题，对当地人民的饮水健康安全，供水安全，工、农业生产保障乃至社会稳定构成了挑战。

近年来，在岩溶地区，在气候变化、生态退化与岩溶地下水动态的关系、岩溶含水层脆弱性评价与保护、跨界含水层管理以及岩溶地下水资源评价和管理等方面开展了许多研究工作，获得了一些重要认识（袁道先，2014）。一些新技术手段，比如示踪技术、新型监测技术和生物地球化学方法也不断地应用于岩溶地区水文地质单元、结构和岩溶地下水的探测和研究，以深化对岩溶地区水文过程的认识。洞穴探测和绘制技术也取得了长足的进展，一些在线实时岩溶水监测网络也在不断建立，为认识高度复杂的岩溶含水空间提供了最直接的数据。

七、基岩山区

基岩裂隙水是我国分布最为广泛的地下水类型之一，由于基岩裂隙具有强烈的非均质性和空间变异特征，同一含水介质中随深度不同差别很大，使得基岩裂隙水的运动十分复杂。我国基岩山区分布广泛，但水资源分布强烈不均。大部分地区水量较贫乏，一般不适宜集中开采，但对山地丘陵区和高原地区的人、畜用水有重要作用。而且，我国的发展战略均与基岩裂隙水密切相关，如国家正在实施的"西部大开发""一带一路""饮水安全保障""核能安全开发"等战略。因此，开展基岩裂隙水的相关研究具有重要的理论意义和现实意义。

近年来，许多学者分别从理论研究、数值模拟、实验室模拟以及野外观测等方面，对基岩裂隙水运动特征进行了大量研究，试图寻找能够有效计算和评价裂隙水运动和溶质运移的模型和方法。概括起来主要在以下几个方面：①从单个裂隙以及裂隙网络的角度分别进行裂隙的几何特征表征和刻画（Zou et al.，2015）；②裂隙地下水流状态及其控制机理的研究（Hu et al.，2012；Qian et al.，2011a）；③基岩裂隙溶质运移研究（Chen et al.，2011；Qian et al.，2011b）；④基岩裂隙地下水勘查（Qiu，2010）。然而，目前对裂隙介质的属性认识以及对裂隙水和溶质运移预测的可靠性仍然十分有限（Berkowitz et al.，2002；Tsang et al.，2015）。由于基岩裂隙介质具有高度的非均质性及多尺度性，如何刻画该类介质中水流和溶质运移过程，是水文地质界所面临的挑战性难题之一。

八、红层地区

红层，是侏罗纪、白垩纪、第三纪沉积的以砂岩、泥岩为主的一套地层，因地层颜色为红色而得名，主要分布于四川省、重庆市、云南省、贵州省、湖南省、湖北省、广东省、广西壮族自治区、福建省、浙江省、江西省、江苏省和安徽省等省（自治区、直辖市）。受研究程度、开采技术和经济条件的限制，缺水是红层地区一直未能有效解决的问题，因此红层地区地下水开发利用一直是研究重点。

近年来，水文地质工作者在红层地区地下水埋藏特点、富集规律、地下水资源计算、开发利用模式等方面取得了新的进展。提出了西南红层地区基于地貌、岩性组合和构造条件的富水地段圈定的理论和方法，总结了蓄水构造模式；建立了红层地区含水层富水性评价指标体系；针对红层地区往往村落规模小、农户居住分散、需水量不大且间歇性取水的特点，建立了红层地区新的地下水开发利用模式。例如，在四川地区根据红层地区区域地质、水文地质条件并结合广大农村农户分散居住而少有集中的特点，将单井出水量小于 $20\ m^3/d$、大于 $0.5\ m^3/d$ 的广大地区划分为"一户一井"供水模式，将单井涌水量大于 $20\ m^3/d$ 的地区划分为"相对集中"供水模式。在云南红层地区，采取多井取水统一调配村落式供水为主、分散单井联户供水为辅的供水模式；在向斜核部、人口集中、具备使用条件的地方采用深井统一联村集中供水模式（武选民等，2006）。

九、展望

近几十年来，我国在区域水文地质研究方面取得了丰富成果，为地下水资源合理利用提供了重要的科学依据，为我国的经济和社会发展做出了重大贡献。展望未来，仍有许多问题亟待解决。为此，建议加强极端气候区（比如高寒地区）地下水动态连续监测技术研究；提高岩溶区、红层区、基岩区地下水探测与监测技术方法研究；充分利用卫星遥感与地球物理手段开展大尺度、大范围的区域地下水研究；加强区域地下水流动系统的空间分布及其演化规律的研究，揭示在自然和人类活动影响下区域地下水的响应过程及机理；加强地下水与地表水相互作用的研究，建立区域水资源的优化配置和高效利用模式；应加强水资源开发利用与生态环境、地质环境保护关系的研究，发展区域水资源可持续利用的理论和方法；加强我国具有知识产权的水文地质云科学计算平台与相关模拟与分析软件的研发。

本章作者：

长安大学王文科撰写第一、三节。中国地质调查局西安地质调查中心黄金廷，长安大学博士研究生宫程程、陈立、张在勇，中煤科工集团西安研究院有限公司刘再斌副研究员协助完成部分内容撰写。

中国地质大学（北京）王广才撰写第二节。中国地质环境监测院张进德、郭海鹏，中国地质大学（北京）张政（博士研究生）、穆文清（博士研究生）、郑邵铎（博士研究生）和孙晓熠（博士研究生），中国地质调查局西安地质调查中心张俊，中国地质科学院岩溶地质研究所郭芳博士协助完成部分内容撰写。

中国地质大学（北京）王广才撰写第四节。中国地质环境监测院赵伟，中国地质大学（北京）蒋万军（研究生）、许庆宇（博士研究生）、李志红（博士研究生）、郭亮（博士研究生）、黄丹丹（博士研究生）和孔庆敏（研究生）协助完成部分内容撰写。中国科学院地质与地球物理研究所庞忠和研究员为本节提供了部分资料。

中国地质大学（北京）王广才撰写第五节；长安大学王文科、段磊、杨泽元、邓林，中国地质大学（北京）史浙明，中国地质调查局水文地质环境地质研究所陈宗宇、张兆吉、张翼龙，合肥工业大学钱家忠，长安大学博士生陈立，中国地质调查局水文地质环境地质调查中心李颖智，河海大学束龙仓，中国地质科学院岩溶地质研究所郭芳、姜光辉、梁永平，中国地质调查局沈阳地质调查中心王晓光、中国地质调查局水文地质环境地质调查中心张福存，中国地质大学（北京）胡伏生，四川省地质调查院毛郁协助完成部分内容撰写。

长安大学王文科、中国地质大学（北京）王广才负责本章内容设计和统稿；长安大学申一形负责本章图的清绘，博士研究生宫程程、陈立协助本章统稿。

本章参考文献

白春艳，贾瑞亮，李巧等．2012．塔里木盆地平原区 2003～2011 年地下水水质变化特征分析．新疆农业大学学报，35（6）：504-509.

伯英，刘成林，焦鹏程等．2012．罗布泊地下卤水中幔源稀有气体及其意义．中国地质，39（4）：978-984.

陈崇希，胡立堂．2008．渗流-管流耦合模型及其应用综述．水文地质工程地质，35（3）：70-75.

陈梦熊．1997．西北干旱区水资源开发与防止生态环境恶化．水文地质工程地质，（3）：18-20.

陈梦熊．2000．西北干旱区水资源与生态建设．见：中国地质学会农业地学专业委员会编．中国农业地学研究新进展——2000 年全国农业地学学术研讨会论文集．中国地质学会农业地学专业委员会：53-58.

陈梦熊．2003．西南岩溶石山地区岩溶水资源与石漠化治理．见：中国地质学会编．岩溶地区水、工、环及石漠化问题学术研讨会论文集．中国地质学会：1-12.

陈梦熊，方鸿慈等．1983．我国区域地下水资源评价的若干问题及有关意见．全国地下水资源评价经验交流会论文选．北京：地质出版社.

陈梦熊，马凤山．2002．中国地下水资源与环境．北京：地震出版社.

陈墨香，汪集旸．1994．中国地热研究的回顾和展望．地球物理学报，37（S1）：320-338.

陈同心．1990．提高石羊河水资源有效利用率夺取无效蒸发水量．甘肃水利水电技术，（4）：54-58.

陈伟涛，王焰新，孙自永等．2014．干旱内陆区依赖地下水的生态系统研究：以敦煌盆地为例．第四纪研究，34（5）：950-958.

陈宗宇，皓洪强，卫文等．2009．华北平原深层地下水的更新与资源属性．资源科学，31（3）：388-393.

程国栋，金会军．2013．青藏高原多年冻土区地下水及其变化．水文地质工程地质质，40（1）：1-11.

程国栋，王根绪．2006．中国西北地区的干旱与旱灾——变化趋势与对策．地学前缘，13（1）：3-14.

程国栋，赵传燕．2006．西北干旱区生态需水研究．地球科学进展，21（11）：1101-1108.

丁文晖．2006．干旱区土地利用/覆盖变化的地下水水文效应——以黑河中游甘州、临泽、高台为例．西北师范大学硕士学位论文.

董李勤，章光新．2011．全球气候变化对湿地生态水文的影响研究综述．水科学进展，22（3）：429-436.

多吉，郑克棪．中国地热发电现状及前景分析．2005．科学开发中国地热资源——科学开发中国地热资源高层研讨会论文集．2008：5.

范伟，章光新，李然然．2012．湿地地表水-地下水交互作用的研究综述．地球科学进展，27（4）：413-423.

方生，陈秀玲，Boers T M．2003．华北平原东部水资源可持续利用．地下水，25（4）：24-31.

费宇红，苗晋祥，张兆吉等．2009．华北平原地下水降落漏斗演变及主导因素分析．资源科学，31（3）：394-399.

高明，陈芸．1995．江苏六合玄武岩地区含锶偏硅酸矿泉水形成机制研究．工程勘察，（2）：27-32.

郜洪强，费宇红，雒国忠等．2010．河北平原地下咸水资源利用的效应分析．南水北调与水利科技，8（2）：53-56.

郭全恩，王益权，马忠明等．2011．植被类型对土壤剖面盐分离子迁移与累积的影响．中国农业科学，44（13）：2711-2720.

郭占荣，黄奕普．2003．海水入侵问题研究综述．水文，23（3）：10-15.

韩再生．2002．为可持续利用而管理含水层补给——第四届国际地下水人工补给会议综述．水文地质工程地质，（6）：72-73.

何自立．2012．气候变化对流域径流的影响研究．西北农林科技大学博士学位论文.

侯光才，尹立河，苏小四等．2013．鄂尔多斯白垩系盆地地下水流动系统驻点的理论与实际意义．水文地质工程地质，40（1）：19-23.

侯光才，张茂省，刘方．2008．鄂尔多斯盆地地下水勘查研究．北京：地质出版社.

黄磊，郭占荣．2008．中国沿海地区海水入侵机理及防治措施研究．中国地质灾害与防治学报，19（2）：118-123.

黄金廷，侯光才，尹立河等．2011．干旱半干旱区天然植被的地下水水文生态响应研究．旱区地理（汉文版），34（5）：788-793.

黄尚瑶．2001．中国西部地热资源分布特征及其开发利用前景．中国西部地热资源开发战略研究论文集：13.

黄尚瑶，田廷山，陶庆法等．2009．亚洲东部高温地热资源特征及开发建议，国际地热协会西太平洋分会地热研讨会.

姜建军，陶庆法，胡杰．2005．我国地热资源开发利用现状、存在问题与建议．地热能，（5）：12-17.

金晓媚，万力，张幼宽等．2007．银川平原植被生长与地下水关系研究．地学前缘，14（3）：197-203.

孔金玲，王文科，赵成．2005．河西走廊水资源与生态环境关系分析．干旱区地理（汉文版），28（5）：581-587.

雷明堂，蒋小珍．1998．岩溶塌陷研究现状、发展趋势及其支撑技术方法．中国地质灾害与防治学报，9（3）：1-6.

李峰平，章光新，董李勤．2013．气候变化对水循环与水资源的影响研究综述．地理科学，

33（4）：457-464.

李国敏，陈崇希.1996.海水入侵研究现状与展望.地学前缘，3（1-2）：161-168.

李建国，濮励杰，朱明等.2012.土壤盐渍化研究现状及未来研究热点.地理学报，67（9）：1233-1245.

李静.1997.马庙地下水回灌工程效益分析.排灌机械，（1）：27-29.

李维静.2013.藁城市滹沱河傍河带示范区地下水回灌模式研究.中国地质大学（北京）硕士学位论文.

李文鹏，郝爱兵.1999.中国西北内陆干旱盆地地下水形成演化模式及其意义.水文地质工程地质，（4）：28-32.

李文鹏，康卫东等.2010.西北典型内流盆地水资源调控与优化利用模式——以黑河流域为例.北京：地质出版社.

李彦彬，徐建新，黄强.2006.灌区地表水和地下水联合调度模型研究.沈阳农业大学学报，37（6）：884-889.

李振山，尹强.1998.小区域密集型分层取水.地下水，20（4）：166.

连英立，张光辉，聂振龙等.2011.西北内陆张掖盆地下水温度变化特征及其指示意义.地球学报，32（2）：195-203.

廖志杰，赵平.1999.滇藏地热带——地热资源和典型地热系统.北京：科学出版社.

林学钰.1984.论地下水库开发利用中的几个问题.长春地质学院学报，（2）：113-121.

林学钰，廖资生等.2006.地下水管理.北京：地质出版社.

蔺文静，刘志明，王婉丽等.2013.中国地热资源及其潜力评估.中国地质，40（1）：312-321.

刘毅.2001.地面沉降研究的新进展与面临的新问题.地学前缘，8（2）：273-278.

刘成林.2013.大陆裂谷盆地钾盐矿床特征与成矿作用.地球学报，34（5）：515-527.

刘桂民，王根绪.2004.我国干旱区生态需水若干问题评述.冰川冻土，26（5）：650-656.

刘建军.2014.垦利县土地盐渍化及其发生变化趋势分析.山东国土资源，30（9）：106-107.

刘喜坤，孙燕，韩宝平.2008.快速城市化条件下徐州市区岩溶地下水总硬度变化分析.环境科技，21（4）：9-12.

马金珠，高前兆，钱鞠.1997.西北干旱区内陆河流域水资源系统与生态环境问题.干旱区资源与环境，11（4）：15-21.

麦麦提吐尔逊，艾则孜.2016.绿洲土壤盐渍化及水盐调控.北京：北京理工大学出版社.

聂相田.1999.水资源管理系统模糊与随机分析方法及应用研究.大连理工大学博士学位论文.

潘懋，李铁锋等.2003.环境地质学（修订版）.北京：高等教育出版社.

庞忠和，胡圣标，汪集旸.2012.中国地热能发展路线图.科技导报，30（32）：18-24.

庞忠和, 黄少鹏, 胡圣标等.2014. 中国地热研究的进展与展望(1995～2014). 地质科学, 49 (3): 719-727.

齐学斌, 等.1999. 地表水地下水联合调度研究现状及其发展趋势. 水科学进展, 10 (1): 89-94.

齐学斌, 樊向阳, 王景雷等.2004. 井渠结合灌区水资源高效利用调控模式. 水利学报, 35 (10): 119-124.

钱鸣高.2010. 煤炭的科学开采. 煤炭学报, 35 (4): 529-534.

钱云平, 蒋秀华, 金双彦等.2004. 黄河中游黄土高原区河川基流特点及变化分析. 地球科学与环境学报, 26 (2): 88-91.

尚海敏, 王文科, 段磊等.2014. 天山北麓面向生态的地下水资源优化配置研究. 地球环境学报, 5 (3): 221-226.

石建省, 李国敏, 梁杏等.2014. 华北平原地下水演变机制与调控. 地球学报, 35 (5): 527-534.

苏华, 王忠静.2002. 内蒙古中西部区域发展与水资源合理配置的多目标分析. 冰川冻土, 24 (4): 393-399.

汤梦玲, 徐恒力, 曹李靖.2001. 西北地区地下水对植被生存演替的作用. 地质科技情报, 20 (2): 79-82.

万天丰, 赵庆乐.2012. 中国东部构造—岩浆作用的成因. 中国科学: 地球科学, 42 (2): 155-163.

汪集暘.1992. 地热学向何处去. 地球科学进展, 7 (3): 1-8.

汪集暘, 等.2015. 地热学及其应用. 北京: 科学出版社.

王芳, 梁瑞驹, 杨小柳等.2002. 中国西北地区生态需水研究(1)——干旱半干旱地区生态需水理论分析. 自然资源学报, 17 (1): 1-8.

王磊, 章光新.2007. 扎龙湿地地表水与浅层地下水的水文化学联系研究. 湿地科学, 5 (2): 166-173.

王根绪, 杨玲媛, 陈玲等.2005. 黑河流域土地利用变化对地下水资源的影响. 地理学报, 60 (3): 456-466.

王华启.1996. 饮用天然矿泉水资源的开发前景与建议. 资源开发与市场, 12 (4): 189.

王文科, 韩锦萍, 赵彦琦等. 2004b. 银川平原水资源优化配置研究. 资源科学, 26 (2): 36-45.

王文科, 孔金玲, 段磊等.2004a. 黄河流域河水与地下水转化关系研究. 中国科学 E 辑技术科学, 34 (增刊 I): 23-33.

王文科, 李俊亭, 王钊等.2007. 河流与地下水关系的演化及若干科学问题. 吉林大学学报(地球科学版), 37 (2): 231-239.

王文科, 栾约生, 杨泽元等.2001. 人类重大工程对格尔木冲洪积扇水资源与生态环境系统的影响研究. 地球科学与环境学报, 23 (2): 6-11.

王文科, 王雁林, 段磊等.2006. 关中盆地地下水环境演化与可再生维持途径. 郑州: 黄河水利出版社.

王文科, 杨泽元, 程东会等. 2011. 面向生态的干旱半干旱地区区域地下水资源评价的方法体系. 吉林大学学报 (地球科学版), 41 (1): 159-167.

王文科, 杨泽元, 段磊等. 2012. 旱区地下水引起的表生生态效应与阈值研究. 全国水资源合理配置与优化调度技术交流研讨会, 43-49.

王宇航, 王文科, 段磊等. 2014. 格尔木河流域山前冲洪积扇地下水动态研究. 水资源与水工程学报, 25 (1): 133-136.

魏晓华, 孙阁. 2009. 流域生态系统过程与管理. 北京: 高等教育出版社.

吴吉春, 薛禹群, 张志辉. 1996. 海水入侵含水层中水——岩间的阳离子交换的实验研究. 南京大学学报 (自然科学版), 32 (1): 71-76.

武选民, 文冬光, 郭建强等. 2006. 西部严重缺水地区人畜饮用地下水勘察示范工程. 北京: 中国大地出版社: 150-176.

肖重华, 李鹏, 李文鹏. 2005. 天山北麓中段山前拗陷带地下水库的特征及其开发利用建议. 水文地质工程地质, 32 (4): 74-77.

徐金涛. 2011. 长江三角洲地区小流域环境变化对水文过程影响研究. 南京大学博士学位论文.

薛禹群, 吴吉春, 张云等. 2008. 长江三角洲 (南部) 区域地面沉降模拟研究. 中国科学 D辑: 地球科学, 38 (4): 477-492.

薛禹群, 谢春红, 吴吉春等. 1993. 龙口——莱州地区海水入侵含水层三维数值模拟. 水利学报, (11): 20-23.

薛禹群, 张云, 叶淑君等. 2006. 我国地面沉降若干问题研究. 高校地质学报, 12 (2): 153-160.

闫成云. 2007. 地表水调配引起的地下水环境变化——以疏勒河流域为例. 干旱区研究, 24 (4): 428-433.

严明疆, 王金哲, 张光辉等. 2010. 引淡水与地下咸水混合灌溉开源分析. 全国地下水与环境科学研讨会.

杨国靖, 周立华, 肖笃宁. 2006. 绿洲土地利用变化对中国西北干旱区地下水资源的影响: 以石羊河流域尾闾绿洲为例. AMBIO-人类环境杂志, (8): 665-667.

杨吉龙, 韩冬梅, 苏小四等. 2012. 环境同位素特征对滨海岩溶地区海水入侵过程的指示意义. 地球科学进展, 27 (12): 1344-1352.

杨立中, 王建秀. 1997. 国外岩溶塌陷研究的发展及我国的研究现状. 中国地质灾害与防治学报, 8 (增刊): 6-10.

杨泽元, 王文科, 黄金廷等. 2006. 陕北风沙滩地区生态安全地下水位埋深研究. 西北农林科技大学学报 (自然科学版), 34 (8): 67-74.

杨忠耀. 1990. 环境水文地质学. 北京: 原子能出版社.

叶勇, 谢新民, 柴福鑫等. 2010. 北方小流域地表水与地下水联合开发新模式探讨. 水利水电科技进展, 30 (2): 36-39.

余世鹏, 杨劲松, 刘广明 . 2009. 三峡工程时长江河口土壤盐渍化演变影响 . 辽宁工程技术大学学报, 28 (6): 1013-1017.

袁道先 . 2003. 岩溶地区的地质环境和水文生态问题 . 南方国土资源, (1): 22-25.

袁道先 . 2014. 西南岩溶石山地区重大环境地质问题及对策研究 . 北京: 科学出版社 .

苑连菊 . 1995. 盘陀天然矿泉水特征及水化学成分形成的研究 . 太原理工大学学报, 26 (4): 100-105.

张烽龙, 尹喜霖, 王者平等 . 2003. 五大连池矿泉水的特点与开发保护对策 . 国土与自然资源研究, (3): 61-62.

张洪志, 吕欣 . 2015. 克山县天然矿泉水分布与形成机制分析 . 黑龙江水利科技, 43 (9): 28-32.

张丽芬, 曾夏生, 姚运生等 . 2007. 我国岩溶塌陷研究综述 . 中国地质灾害与防治学报, 18 (3): 126-130.

张人权, 梁杏, 靳孟贵等 . 2005. 当代水文地质学发展趋势与对策 . 水文地质工程地质, 32 (1): 51-56.

张森琦, 范基姣, 吴宏涛等 . 2009. 昆仑山北坡岛状冻土区西大滩大型饮用矿泉群成因分析 . 冰川冻土, 31 (5): 925-934.

张兆广 . 2009. 察尔汗盐湖东段潜卤水水文地球化学特征及卤水成因分析 . 盐湖研究, 17 (1): 19-26.

张兆吉, 雒国中, 王昭等 . 2009. 华北平原地下水资源可持续利用研究 . 资源科学, 31 (3): 355-360.

张志杰, 杨树青, 史海滨等 . 2011. 内蒙古河套灌区灌溉入渗对地下水的补给规律及补给系数 . 农业工程学报, 27 (3): 61-66.

张宗祜 . 2005. 华北大平原地下水的历史和现状 . 自然杂志, 27 (6): 311-315.

张宗祜, 陈云, 石建省等 . 1993. 黄土高原地区土壤侵蚀, 北京: 中国地质大学出版社 .

章光新, 尹雄锐, 冯夏清 . 2008. 湿地水文研究的若干热点问题 . 湿地科学, 6 (2): 105-115.

赵建 . 1998. 海水入侵水化学指标及侵染程度评价研究 . 地理科学, 18 (1): 16-24.

赵平, 多吉, 谢鄂军等 . 2003. 中国典型高温热田热水的锶同位素研究 . 岩石学报, 19 (3): 569-576.

赵广涛, 曹钦臣, 孙悦鹏 . 1996. 崂山花岗岩地区含锶、偏硅酸矿泉水的形成机理 . 中国海洋大学学报自然科学版, 26 (2): 239-245.

赵天石, 王卫东 . 2004. 地下水资源开发模式和降落漏斗问题 . 地质调查与研究, 27 (3): 139-143.

郑克棪, 韩再生, 张振国 . 2010. 中国地热的稳步产业化开发——2010 年世界地热大会中国国家报告 . 新能源, (1): 3-7.

郑克棪, 潘小平 . 2009. 中国地热发电开发现状与前景 . 中外能源, 14 (2): 45-48.

郑绵平 . 2001. 论中国盐湖 . 矿床地质, 20 (2): 181-189.

郑喜玉.1984.新疆盐湖及其成因.海洋与湖沼,15(2):168-178.

郑喜玉,刘建华.1996.新疆盐湖卤水成分及其成因.地理科学,16(2):115-123.

周训,金晓媚,梁四海等.2010.地下水科学专论.北京:地质出版社.

周仰效,李文鹏.2010.地下水可持续开发:概念、原理与方法.水文地质工程地质,37(1):1-8.

周仰效,李文鹏.2011.地下水监测信息系统模型及可持续开发.北京:科学出版社.

祝桂峰,丘国庆.2008.广东省将在7年内查明矿泉水资源.地热能,(3):25.

祝寿泉,单光宗,胡纪常等.1980.南水北调东线沿线土壤盐渍化初步分析.地理研究,3(4):118.

Acreman M C, Adams B, Bsc P B, et al. 2000. Does groundwater abstraction cause degradation of rivers and wetlands? Water & Environment Journal, 14 (3): 200-206.

Amelung F, Galloway D L, Bell J W, et al. 1999. Sensing the ups and downs of Las Vegas: InSAR reveals structural control of land subsidence and aquifer-system deformation. Geology, 27 (6):483-486.

American Society of Civil Engineerings. 1961. Groundwater Basin Management. New York: Manual of Engineering Practices:40.

Anawar H M. 2013. Impact of climate change on acid mine drainage generation and contaminant transport in water ecosystems of semi-arid and arid mining areas. Physics & Chemistry of the Earth Parts A/B/C, 58~60 (6): 13-21.

Askri F, Dhaou H, Jemni A, et al. 2010. Numerical simulation of heat and mass transfer in metal hydride hydrogen storage tanks for fuel cell vehicles. International Journal of Hydrogen Energy, 35 (4): 1693-1705.

Ataie-Ashtiani B, Volker R E, Lockington D A. 1999. Tidal effects on sea water intrusion in unconfined aquifers. Journal of Hydrology, 216 (1): 17-31.

Attard G, et al. 2016b. Deterministic modelling of the cumulative impacts of underground structures on urban groundwater flow and the definition of a potential state of urban groundwater flow: example of Lyon, France. Hydrogeology Journal, 24 (5): 1213-1229.

Attard G, Rossier Y, Eisenlohr L. 2016a. Urban groundwater age modeling under unconfined condition-impact of underground structures on groundwater age: evidence of a piston effect. Journal of Hydrology, 535: 652-661.

Badon-Ghyben, W. 1888. Nota in verband met de voorgenomen putboring nabil Amsterdam. The Hague 1888/9: 8-22.

Baird A J, Wilby R L. 1999. Eco-hydrology: plants and water in terrestrial and aquatic environments. Journal of Ecology, (6): 1095-1096.

Banimahd S A, Zand-Parsa S. 2013. Simulation of evaporation, coupled liquid water, water vapor and heat transport through the soil medium. Agricultural Water Management, 130: 168-177.

Banks H O. 1953. Utilization of underground storage reservoirs. Transactions of the American Society of Civil Engineers, 118 (1): 220-234.

Bassi N, KumarM D, Sharma A, et al. 2014. Status of wetlands in India: a review of extent, ecosystem benefits, threats and management strategies. Journal of Hydrology: Regional Studies, 2: 1-19.

Bates B C, Hope P, Ryan B, et al. 2008. Key findings from the Indian Ocean Climate Initiative and their impact on policy development in Australia. Climatic Change, 89 (3-4): 339-354.

Benson R C, Yuhr, L B. 1987. Assessment and long time monitoring of localized subsidence using ground penetrating radar. Proceedings of the Second Multidisciplinary Conference on Sinkholes and the Environmental impacts of Karst, Orlando, Florida: 161-169.

Benz S A, Bayer P, Menberg K, et al. 2015. Spatial resolution of anthropogenic heat fluxes into urban aquifers. Science of the Total Environment, 524-525: 427-439.

Berkowitz B, et al. 2002. Characterizing flow and transport in fractured geological media: a review. Advances in Water Resources, 25 (8): 861-884.

Bick A, Oron G. 2005. Post-treatment design of seawater reverse osmosis plants: boron removal technology selection for potable water production and environmental control. Desalination, 178 (1-3): 233-246.

Bottomley D J, Chan L H, Katz A, et al. 2003. Lithium isotope geochemistry and origin of Canadian Shield brines. Groundwater, 41 (6): 847-856.

Bozek F, Bumbova A, Bakos E, et al. 2015. Semi-quantitative risk assessment of groundwater resources for emergency water supply. Journal of Risk Research, 18 (4): 505-520.

Bredehoeft J D. 1997. Safe yield and the water budget myth. Groundwater, 35 (6): 929.

Bredehoeft J D. 2002. The water budget myth revisited: why hydrogeologists model. Ground Water, 40 (4): 340-345.

Bredehoeft J D, Young R A. 1983. Conjunctive use of groundwater and surface water for irrigated agriculture: risk aversion. Water Resources Research, 19 (5): 1111-1121.

Bullock A, Acreman M. 2003. The role of wetlands in the hydrological cycle. Hydrology and Earth System Sciences, 7 (3): 358-389.

Camporese M, Paniconi C, Putti M, et al. 2010. Surface-subsurface flow modeling with path-based runoff routing, boundary condition-based coupling, and assimilation of multisource observation data. Water Resources Research, 46 (2): W02512

Candela L, Igel W V, Javier Elorza F, et al. 2009. Impact assessment of combined climate and management scenarios on groundwater resources and associated wetland (Majorca, Spain) . Journal of Hydrology, 376 (3-4): 510-527.

Cartwright I, Hannam K, Weaver T R. 2007. Constraining flow paths of saline groundwater at basin margins using hydrochemistry and environmental isotopes: Lake Cooper, Murray Basin, Australia. Australian Journal of Earth Sciences, 54 (8): 1103-1122.

Cartwright N, Li L, Nielsen P. 2004. Response of the salt-freshwater interface in a coastal aquifer to a wave-induced groundwater pulse: field observations and modelling. Advances in Water Resources, 27 (3): 297-303.

Chae G T, Yun S T, Choi B Y, et al. 2008. Hydrochemistry of urban groundwater, Seoul, Korea: the impact of subway tunnels on groundwater quality. Journal of Contaminant Hydrology, 101 (1-4): 42-52.

Chen Z, Qian J Z, Qin H. 2011. Experimental study of the effect of roughness on the flow and solute transport in a single channel fracture. Journal of Hydrodynamics, 23 (6): 745-751.

Chiew F H S, McMahon TA. 1991. Improved modelling of the groundwater processes in modhydroiog. In Proceedings of the Hydrology and Water Resources Symposium, Perth, Western Australia, October, National. Conference. Publication, 91/22 (2): 492-497.

Chimner R A, Cooper D J. 2004. Using stable oxygen isotopes to quantify the water source used for transpiration by native shrubs in the San Luis Valley, Colorado USA. Plant and Soil, 260 (1-2): 225-236.

Climate Change Science Program and the Subcommitteeon Global Change Research. 2002. Our changing planet: the fiscal year 2003 U S global change research program and climate change research initiative. Environmental Policy Collection.

Collin M L, Melloul A J. 2003. Assessing groundwater vulnerability to pollution to promote sustainable urban and rural development. Journal of Cleaner Production, 11 (7): 727-736.

Conkling H. 1946. Utilization of ground-water storage in stream system development. Transactions of the American Society of Civil Engineers, 111 (1): 275-305.

Cook P G, Herczeg A L. 2000. Environmental Tracers in Subsurface Hydrology. New York: Springer Press: 397-424.

Crosbie R S, et al. 2010. Modelling climate-change impacts on groundwater recharge in the Murray-Darling Basin, Australia. Hydrogeology Journal, 18 (7): 1639-1656.

Dai A. 2011. Drought under global warming: a review. WIREs Climate Change, 2 (1): 45-65.

Dai A, Qian T, Trenberth K E, et al. 2009. Changes in continental freshwater discharge from 1948 to 2004. Journal of Climate, 22 (10): 2773-2793.

Daniel P L, John S G. 1998. Sustainability criteria for water resource systems. In: International Hydrology Series. New York: Cambridge University Press: 154.

Deangelis A, Dominguez F, Fan Y, et al. 2010. Evidence of enhanced precipitation due to irrigation over the Great Plains of the United States. Journal of Geophysical Research Atmospheres, 115 (D15): 4447-4458.

Deveughèle M, Zokimila P, Cojean R. 2010. Impact of an impervious shallow gallery on groundwater flow. Bulletin of engineering geology and the environment, 69 (1): 143-152.

Dietz M E, Clausen J C. 2008. Stormwater runoff and export changes with development in a traditional and low impact subdivision. Journal of Environmental Management, 87 (4): 560-566.

Döll P, Flörke M. 2005. Global-Scale Estimation of Diffuse Groundwater Recharge: Model Tuning to Local Data for Semi-Arid and Arid Regions and Assessment of Climate Change Impact. Frankfurt Hydrology.

Döll P. Hoffmann-Dobrev, H. Portmann, et al. 2012. Impact of water withdrawals from groundwater and surface water on continental water storage variations. Journal of Geodynamics, 59-60: 143-156.

Douglas E M, Beltranprzekurat A, Niyogi D, et al. 2006. Simulating Changes in Land-Atmosphere Interactions From Expanding Agriculture and Irrigation in India and the Potential Impacts on the Indian Monsoon. AGU Spring Meeting.

Dragoni W, Sukhija B S, Dragoni W, et al. 2008. Climate change and groundwater: a short review. Geological Society London Special Publications, 288 (1): 1-12.

Drost D T, et al. 1997. Response of bean and broccoli to high-sulfate irrigation water. Horttechnology, 7 (4): 429-434.

Epting J, Huggenberger P. 2013. Unraveling the heat island effect observed in urban groundwater bodies-definition of a potential natural state. Journal of Hydrology, 501: 193-204.

Essink G H P O, ex al. 2010. Upward groundwater flow in boils as the dominant mechanism of salinization in deep polders, The Netherlands. Journal of Hydrology, 394 (3-4): 494-506.

Famiglietti J S, Lo M, Ho SL, et al. 2011. Satellites measure recent rates of groundwater depletion in California-s Central Valley. Geophysical Research Letters, 38 (3): L03403.

Ferguson G, Woodbury A D. 2004. Subsurface heat flow in an urban environment. Journal of Geophysical Research Solid Earth, 109: B02402.

Ferguson G, Woodbury A D. 2007. Urban heat island in the subsurface. Geophysical Research Letters, 34 (23): 1-4.

Ferguson I M, Maxwell R M. 2010. Role of groundwater in watershed response and land surface feedbacks under climate change. Water Resources Research, 46 (10): W00F02.

Fernald A G, Baker T T, Guldan S J. 2007. Hydrologic, riparian, and agroecosystem functions of traditional acequia irrigation systems. Journal of Sustainable Agriculture, 30 (2): 147-171.

Fetter C W. 1972. The concept of safe groundwater yield in coastal aquifers. Jawra Journal of the American Water Resources Association, 8 (6): 1173-1176.

Fetter C W. 1977. Statistical analysis of the impact of ground water pumpage on low-flow hydrology. Water Resources Bulletin, 13 (2): 309-323.

Fetter Jr. 2011. Groundwater. 2011, 49: 949-949.

Flerchinger G N，Saxton K E. 1989. Simultaneous heat and water model of a freezing snow-residue-soil system II. American Society of Agricultural Engineers，32 (2)：573-576.

Freeze R A. 1971. Three-dimensional, transient, saturated- unsaturated flow in a groundwater basin. Water Resources Research，7 (2)：347-366.

Furi W，Razack M，Haile T，et al. 2011. The hydrogeology of Adama-Wonji basin and assessment of groundwater level changes in Wonji wetland, main ethiopian rift：results from 2D tomography and electrical sounding methods. Environmental Earth Sciences，62 (6)：1323-1335.

Galeati G，Gambolati G，Neuman S P. 1992. Coupled and partialy coupled Eulerian-Lagrangian model of freshwater-saltwater mixing. Water Resources Research，28 (1)：149-165.

Gao Z Q，Li Y X，Wu Q Y，et al. 2004. Transformation of water resources in the inland river basins of Hexi region. Journal of Glaciology and Geocryology，26 (1)：48-54.

Garabedian M，Lerasle M，Meyer-Dreux S. 1992. Trampoline I，II. Méthode de Français. Didáctica Lengua Y Literatura，5：243-244.

Ghassemi F，Jakeman A J，Nix H A. 1995. Salinisation of Land and Water Resources：Human Causes，Extent，Management and Case Studies. Sydney：University of New South Wales Press.

Goderniaux P，Brouyère，S，Fowler，H J，et al. 2009. Large scale surface-subsurface hydrological model to assess climate change impacts on groundwater reserves. Journal of Hydrology，373 (1-2)：122-138.

Goodrich D. 2004. reaping the rewards of automated capacitor control. (salt river project) (automated capacitor control system). Transmission & Distribution World，56 (7)：28-31.

Goossens R，Van Ranst E. 1998. The use of remote sensing to map gypsiferous soils in the Ismailia Province (Egypt). Geoderma，87：47-56.

Green T R，Charles S P，Bates B C，et al. 1997. Simulated effects of climate change on groundwater recharge：Gnangara Mound，Western Australia. Proc. 24th Hydrology and Water Resources Symp. ，Auckland，NZ，pp. 149-154.

Grismer L L，Wood P L，Anuar S，et al. 2013. Integrative taxonomy uncovers high levels of cryptic species diversity in Hemiphyllodactylus Bleeker，1860 (Squamata：Gekkonidae) and the description of a new species from Peninsular Malaysia. Zoological Journal of the Linnean Society，169 (4)：849-880.

Grismer M E，Orang M N，Clausnitzer V，et al. 1994. Effects of air compression and counterflow on infiltration into soils. Journal of Irrigation & Drainage Engineering，120 (4)：775-795.

Guo R，Feng Q，Si J，et al. 2008. Progress in the study of models for water and salinity transport in soils. Journal of Glaciology and Geocryology，30 (3)：527-534.

Guzman V L, Sanchez C A, Nagatal R T. 1989. A comparison of transplanted and direct-seeded lettuce at various levels of soil fertility. Soil Crop Science, 48: 26-28.

Han M, Zhao C, Feng G, et al. 2015. An eco-hydrological approach to predicting regional vegetation and groundwater response to ecological water conveyance in dryland riparian ecosystems. Quaternary International, 380-381 (4): 224-236.

Hanson B, Hopmans J W, Simunek J. 2008. Leaching with subsurface drip irrigation under saline, shallow groundwater conditions. Vadose Zone Journal, 7 (2): 810-818.

Hanson R T, Benedict J F. 1994. Simulation of ground-water flow and potential land subsidence: Upper Santa Cruz Basin, Arizona. Center for Integrated Data Analytics Wisconsin Science Center, 93 (4196): 47.

Harvey F E, Sibray S S. 2001. Delineating ground water recharge from leaking irrigation canals using water chemistry and isotopes. Ground Water, 39 (3): 408-421.

Helmus A M, Fernald A G, Vanleeuwen D M. 2009. Surface Water seepage effects on shallow ground-water quality along the Rio Grande in Northern New Mexico. Jawra Journal of the American Water Resources Association, 45 (2): 407-418.

Herzberg A. 1901. Die Wasserversorgung einiger Nordseebader. J Gasbeleucht Wasserversorg, 44: 815-819.

Hollanders P, Schultz B, Wang S, et al. 2005. Drainage and salinity assessment in the Huinong Canal Irrigation District, Ningxia, China. Irrigation & Drainage, 54 (2): 155-173.

Holman I P, Allen D M, Cuthbert M O, et al. 2012. Towards best practice for assessing the impacts of climate change on groundwater. Hydrogeology Journal, 20 (1): 1-4.

Huang Z, Pan, Y., Gong, H. et al. 2015. Subregional-scale groundwater depletion detected by grace for both shallow and deep aquifers in north china plain. Geophysical Research Letters, 42 (6): 1791-1799.

Hulugalle N R, Weaver T B, Ghadiri H, et al. 2006. Changes in soil properties of an eastern Australian vertisol irrigated with treated sewage effluent following gypsum application. Land Degradation & Development, 17: 527-540.

Hu R L, Yue Z Q, Wang L C, et al. 2004. Review on current status and challenging issues of land subsidence in China. Engineering Geology, 76 (1): 65-77.

Hu X, Wang X, Gunzburger M, et al. 2012. Experimental and computational validation and verification of the Stokes-Darcy and continuum pipe flow models for karst aquifers with dual porosity structure. Hydrological Processes, 26 (13): 2031-2040.

Hu Y, et al. 2016. Hydrological and land use control of watershed exports of dissolved organic matter in a large arid river basin in Northwestern China. Journal of Geophysical Research: Biogeoscience, 121 (2): 466-478.

Hu Z H, Li X Z, Zhao X B, et al. 2008. Numerical analysis of factors affecting the range of heat transfer in earth surrounding three subways. Journal of China University of Mining and Technology，18（1）：67-71.

Huyakorn P S，Anderson P F，Mercer J W，et al. 1987. Saltwater intrusion in aquifers：development and testing of a three-dimensional finite element model. Water Resources Research，23（2）：293-312.

IPCC. 2007. Working Group I Contribution to the IPCC Forth Assessment Report，Climate Change：The Physical Science Basis：Summary for Policymakers.

IPCC. 2013. Working Group I Contribution to the IPCC Fifth Assessment Report，Climate Change 2013：The Physical Science Basis：Summary for Policymakers.

Jolly I D，McEwan K L，Holland K L. 2008. A review of groundwater-surface water interactions in arid/semi-arid wetlands and the consequences of salinity for wetland ecology. Ecohydrology，1（1）：43-58.

Jordan S J，Jonathan S，Janeta N. 2011. Wetlands as sinks for reactive nitrogen at continental and global scales：A Meta-Analysis. Ecosystems，14（1）：144-155.

Kazemi G A. 2011. Impacts of urbanization on the groundwater resources in Shahrood，Northeastern Iran：Comparison with other Iranian and Asian cities. Physics & Chemistry of the Earth Parts A/B/C，36（5-6）：150-159.

Kazmann R. 1956. Safe yield in ground-water development，reality or illusion. Journal of the Irrigation & Drainage Division，82（2）：329-338.

Kennett-Smith A，Cook P G，Walker G R. 1994. Factors affecting groundwater recharge following clearing in the south western Murray Basin. Journal of Hydrology，154（1）：85-105.

Kim J H，Jackson R B. 2012. A global analysis of groundwater recharge for vegetation，climate，and soils. Vadose Zone Journal，11（1）：120-128.

Kimrey J O. 1989. Artificial recharge of groundwater and its role in water management. Desalination，72（1）：135-147.

Kinraide T B. 1999. Interactions among Ca^{2+}，Na^+ and K^+ in salinity toxicity：quantitative resolution of multiple toxic and ameliorative effects. Journal of Experimental Botany，50（338）：1495-1505.

Kirchner J，Moolman J H，Plessis H M D，et al. 1997. Causes and management of salinity in the Breede River Valley，South Africa. Hydrogeology Journal，5（1）：98-108.

Kitamura Y，Yano T，Honna T，et al. 2006. Causes of farmland salinization and remedial measures in the Aral Sea basin-Research on water management to prevent secondary salinization in rice-based cropping system in arid land. Agricultural Water Management，85（1）：1-14.

Kollet S J，Bovolo C I，Parkin G，et al. 2010. Influence of soil heterogeneity on evapotranspiration under shallow water table conditions：transient，stochastic simulations. Environmental Research Letters，4（3）：51-63.

Kollet S J，Maxwell R M. 2008. Capturing the influence of groundwater dynamics on land surface processes using an integrated, distributed watershed model. Water Resources Research, 44 (2): 252-261.

Koster R D, Suarez M J, Ducharne A, et al. 2000. A catchment-based approach to modeling land surface processes in a general circulation model: 1. Model structure. Journal of Geophysical Research Atmospheres, 105 (D20): 24809-24822.

Koster R D, Suarez M J, Higgins R W, et al. 2003. Observational evidence that soil moisture variations affect precipitation. Geophysical Research Letters, 30 (5): 45-41.

Kovda V A, Berg C V D, Hagan R M. 1973. Irrigation, Drainage and Salinity. An International Source Book. Irrigation Drainage & Salinity An International Source Book. Paris: UNESCO/Hutchinson.

Krause S, Heathwaite A L, Miller F, et al. 2007. Groundwater-dependent wetlands in the UK and Ireland: controls, functioning and assessing the likelihood of damage from human activities. Water Resources Management, 21 (12): 2015-2025.

Kruseman R, Hengsdijk H, Kuyvenhoven A. 1997. The impact of agrarian policies on sustainable land use. Applications of Systems Approaches at the Farm and Regional Levels, 1: 65-82.

Kustu M D, Fan Y, Rodell M. 2011. Possible link between irrigation in the U. S. High Plains and increased summer streamflow in the Midwest. Water Resources Research, 47 (3): 77-79.

Lachaal F, Gana S. 2016. Groundwater flow modeling for impact assessment of port dredging works on coastal hydrogeology in the area of Al-Wakrah (Qatar). Modeling Earth Systems & Environment, 2 (4): 201.

Le T, Somerville R, Cubasch U, et al. 2007. Historical overview of climate change science. In: IPCC. Climate Change 2007: The Physical Science Basis: 93-127.

Leblanc M, Tweed S, Dijk A V, et al. 2012. A review of historic and future hydrological changes in the Murray-Darling Basin. Global & Planetary Change, 80 (1): 226-246.

Leblanc M J, Favreau G, Massuel S, et al. 2008. Land clearance and hydrological change in the Sahel: SW Niger. Global & Planetary Change, 61 (3): 135-150.

Lee C H. 1915. The determination of safe yield of underground reservoirs of the closed basin type. Transactions of the American Society of Civil Engineers, lxxix (1): 148-218.

Lei M, Jiang X, Yu L. 2002. New advances in karst collapse research in China. Environmental Geology, 42 (5): 462-4684.

Leng G, Huang M, Tang Q, et al. 2014. Modeling the effects of groundwater-fed irrigation on terrestrial hydrology over the Conterminous United States. Journal of Hydrometeorology, 15 (3): 957-972.

Lerner D N. 2002. Identifying and quantifying urban recharge: a review. Hydrogeology Journal, 10: 143-152.

Letey J, Hoffman G J, Hopmans J W, et al. 2011. Evaluation of soil salinity leaching requirement guidelines. Agricultural Water Management, 98 (4): 502-506.

Li F, Zhang Q, Tang C, et al. 2011. Denitrifying bacteria and hydrogeochemistry in a natural wetland adjacent to farmlands in Chiba, Japan. Hydrological Processes, 25 (14): 2237-2245.

Li H L, Jiao J J. 2001. Tide-induced groundwater fluctuation in a coastal leaky confined aquifer system extending under the sea. Water Resources Research, 37 (5): 1165-1171.

Li Z, Quan, Jin, Li, Xiao-Yan, et al. 2016. Establishing a model of conjunctive regulation of surface water and groundwater in the arid regions. Agricultural Water Management, 174 (C): 30-38.

Liu X, Shen Y, Guo Y, et al. 2015. Modeling demand/supply of water resources in the arid region of northwestern China during the late 1980s to 2010. Journal. Geographical. Science. 25 (5): 573-591.

Liu X, Song X, Zhang Y, et al. 2011. Spatio-temporal variations of $\delta^2 H$ and $\delta^{18}O$ in precipitation and shallow groundwater in the Hilly Loess Region of the Loess Plateau, China. Environmental Earth Sciences, 63 (5): 1105-1118.

Llamas M R, Martínezsantos P. 2005. Intensive groundwater use: a silent revolution that cannot be ignored. Water Science & Technology A Journal of the International Association on Water Pollution Research, 51 (8): 167-174.

Loheide S P, Butler J J, Gorelick S M. 2005. Estimation of groundwater consumption by phreatophytes using diurnal water table fluctuations: a saturated-unsaturated flow assessment. Water Resources Research, 41 (7): 372-380.

Loik M E, Breshears D D, Lauenroth W K, et al. 2004. A multi-scale perspective of water pulses in dryland ecosystems: climatology and ecohydrology of the Western USA. Oecologia, 141 (2): 269-281.

Los S O, Weedon G P, North P R J, et al. 2006. An observation-based estimate of the strength of rainfall-vegetation interactions in the Sahel. Geophysical Research Letters, 33 (16): L16402.

Louise C, Barthélemy J, Carletti T, et al. 2015. Calculation of an interaction index between the extractive activity and groundwater resources. Energy Procedia, 76: 412-420.

Madioune D H, Faye F, Orban P, et al. 2014. Application of isotopic tracers as a tool for understanding hydrodynamic behavior of the highly exploited Diass aquifer system (Senegal). Journal of Hydrology, 511 (7): 443-459.

Mahoney J M, Rood S B. 1998. Streamflow requirements for cottonwood seedling recruitment-an integrative model. Wetlands, 18 (4): 634-645.

Mani A, Tsai T C, Kao S C, et al. 2016. Conjunctive management of surface and groundwater resources under projected future climate change scenarios. Journal of Hydrology, 540: 397-411.

Margat J. 1985. Hydrology and water resources in arid zones. Bull Soc Geol France，（8）：1009-1020.

Marinos P，Kavvadas M. 1997. Rise of the groundwater table when flow is obstructed by shallow tunnels. Groundwater in the urban area：problems processes and management. The 27th Congress of the International Association of Hydrogeologists：21-27.

Marios Sophocleous. 2002. Interactions between groundwater and surface water：the state of the science. Hydrogeology Journal，10（2）：348-348.

Matrin D W，Chamber J C. 2001. Restoring degraded riparian meadow：biomass and species responses. Journal of Range Management，54：284-291.

Matsukawa J，Finney B A，Willis R. 1992. Conjunctive use planning in Mad River Basin，California. Journal of Water Resources Planning & Management，118（2）：115-132.

Mavi M S，Marschner P，Chittleborough D J，et al. 2011. Salinity and sodicity affect soil respiration and dissolved organic matter dynamics differentially in soils varying in texture. Soil Biology and Biochemistry，45：8-13.

Maxwell R M，Miller N L. 2005. Development of a coupled land surface and groundwater model. Journal of Hydrometeorology，6（3）：233.

Mays L W. 2007. Water sustainability of ancient civilizations in mesoamerica and the American Southwest. Water Science & Technology Water Supply，7（1）：229-236.

Mc Carthy T S. 2006. Groundwater in the wetlands of the Okavango Delta，Botswana，and its contribution to the structure and function of the ecosystem. Journal of Hydrology，320（3）：264-282.

Meehl G，Stocker T，Collins W，et al. 2007. Global Climate Projections//Climate Change 2007：The Physical Science Basis. Contribution of Working Group I to the Fourth Assessment Report of the IPCC. Cambridge，UK/New York，USA：Cambridge University Press：746-845.

Meinzer O E. 1923. Outline of Ground-Water Hydrology：With Definitions. Superintendent of Documents. Washington D C：Government Printing Officce：1-69.

Menberg K，Bayer P，Zosseder K，et al. 2013. Subsurface urban heat islands in German cities. Science of the Total Environment，442：123-133.

Metternicht G I，Zinck J A. 2003. Remote sensing of soil salinity：potentials and constraints. Remote Sensing of Environment，85（1）：1-20.

Miguez-Macho G，Fan Y. 2012. The role of groundwater in the Amazon water cycle：2. Influence on seasonal soil moisture and evapotranspiration. Journal of Geophysical Research Atmospheres，117（D15）：156-169.

Mimura N. 2012. Sea-level rise caused by climate change and its implications for society. Proceedings of the Japan Academy，89（7）：281-301.

Morankar D，Raju K S，Kumar D N. 2013. Integrated sustainable irrigation planning with multiobjective fuzzy optimization approach. Water Resources Management，27：3981-4004.

Morway E D，Gates T K，Niswonger R G. 2013. Appraising options to reduce shallow groundwater tables and enhance flow conditions over regional scales in an irrigated alluvial aquifer system. Journal of Hydrology，495（2）：216-237.

Muyen Z，Moore G A，Wrigley R J. 2011. Soil salinity and sodicity effects of wastewater irrigation in South East Australia. Agricultural Water Management，99：33-41.

Nassar I N. 1989. Water transport in unsaturated nonisothermal salty soil：I. experimental results. Soil Science Society of America Journal，53（5）：1330-1337.

Nassar I N，Horton R，Flerchinger G N. 2000. Simultaneous heat and mass transfer in soil columns exposed to freezing/thawing conditions. Soil Science，165（3）：208-216.

Nassar I，Globus A，Horton R. 1992. Simultaneous soil heat and water transfer. Soil Science，154（6）：465-472.

National Research Council. 2008. Prospects for managed underground storage of recoverable water. Washington D C：National Academies Press.

Niu G，et al. 2014a. Incipient subsurface heterogeneity and its effect on overland flow generation-insight from a modeling study of the first experiment at the Biosphere 2 Landscape Evolution Observatory. Hydrology & Earth System Sciences，18（5）：1873-1883.

Niu G，et al. 2014b. An integrated modeling framework of catchment-scale ecohydrological processes：2. the role of water subsidy by overland flow on vegetation dynamics in a semi-arid catchment. Ecohydrology，7（2）：815-827.

Niu G Y，et al. 2005. A simple TOP model-based runoff parameterization（SIMTOP）for use in global climate models. Journal of Geophysical Research，110：D21106.

Nulsen P E J. 1989. The dynamics of shell formation. Astrophysical Journal，346（2）：690-711.

Orth R，Seneviratne S I. 2012. Propagation of soil moisture memory to runoff and evapotranspiration. Hydrology & Earth System Sciences Discussions，9（10）：12103-12143.

Ozdogan M，et al. 2010. Simulating the effects of irrigation over the United States in a land surface model based on satellite-derived agricultural data. Journal of Hydrometeorology，11（1）：171-184.

Panwar S，Chakrapani G J. 2013. Climate change and its influence on groundwater resources. Current Science，105（1）：37-46.

Peck A J，Hatton T. 2003. Salinity and the discharge of salts from catchments in Australia. Journal of Hydrology，272（1-4）：191-202.

Percia C，Oron G，Mehrez A. 1997. Optimal operation of regional system with diverse water quality sources. Journal of Water Resources and Management-Asce，123（2）：105-115.

Philip J R，Vries D A D. 1957. Moisture movement in porous materials under temperature gradients. Eos Transactions American Geophysical Union，38（2）：222-232.

Pons-Branchu E, Roybarman M. , Jeansoro L. , et al. 2017. Urbanization impact on sulfur content of groundwater revealed by the study of urban speleothem-like deposits: Case study in Paris, France. Science of the Total Environment, 579: 124-132.

Qi X B, et al. 1999. Present situation and tendency of conjunctive ground water and surface water management. Advances in Water Science, 10 (1): 89-94.

Qian J Z, Chen Z, Zhan HB, et al. 2011a. Solute transport in a filled fracture under non-Darcian flow. Internal Journal of Rock Mechanics and Mining Sciences, 48 (1): 132-140.

Qian J Z, Zhan H B, Chen Z, et al. 2011b. Experimental study of solute transport under non-Darcian flow in a single fracture. Journal of Hydrology, 399 (3-4): 246-254.

Qiu J. 2010. China faces up to groundwater crisis. Nature, 466 (7304): 308.

Rains M C, Mount J F, Larsen E W. 2004. Simulated changes in shallow groundwater and vegetation distributions under different reservoir operations scenarios. Ecological Applications, 14 (1): 192-207.

Rathod K S, Rushton K R. 2010. Interpretation of pumping from two-zone layered aquifers using a numerical model. Ground Water, 29 (4): 499-509.

Re V, Cissé Faye S, Faye A, et al. 2011. Water quality decline in coastal aquifers under anthropic pressure: the case of a suburban area of Dakar (Senegal) . Environmental Monitoring Assessment, 172: 605-622.

Reineck K H, Kuchma D A, Kim K S, et al. 2003. Shear database for reinforced concrete members without shear reinforcement. Aci Structural Jouranl, 100 (2): 240-290.

Rigon R, Bertoldi G, Over T M. 2006. GEOtop: a distributed hydrological model with coupled water and energy budgets. Journal of. Hydrometeorology, 7 (3): 371-388.

Rodriguez-Iturbe I. 2000. Ecohydrology: a hydrologic perspective of climate-soil-vegetation dynamics. Water Resources Research, 36 (1): 3-9.

Rodriguez-Iturbe I, Porporato A. 2004. Ecohydrology of Water-Controlled Ecosystems: Soil Moisture and Plant Dynamics. London: Cambridge University Press.

Roosmalen L V, Christensen B S B, Sonnenborg T O. 2007. Regional differences in climate change impacts on groundwater and stream discharge in denmark. Vadose Zone Journal, 6 (3): 554-571.

Rosenberry D O, Winter T C. 1997. Dynamics of water table fluctuations in an upland between two prairie pothole wetlands in North Dakota. Journal of Hydrology, 191 (1-4): 266-289.

Rossman N R, Zlotnik V A, Rowe C M, et al. 2014. Vadose zone lag time and potential 21st century climate change effects on spatially distributed groundwater recharge in the semi-arid Nebraska Sand Hills. Journal of Hydrology, 519 (Part A): 656-669.

Safavi H R, Falsafioun M. 2017. Conjunctive use of surface water and groundwater resources under deficit irrigation. Journal of Irrigation & Drainage Engineering, 143 (2): 1-9.

Scanlon B R，Mukherjee A，Gates J，et al. 2010. Groundwater recharge in natural dune systems and agricultural ecosystems in the Thar Desert region, Rajasthan, India. Hydrogeology Journal, 18 (4)：959-972.

Scanlon B R，Reedy R C，Stonestrom D A，et al. 2005. Impact of land use and land cover change on groundwater recharge and quality in the southwestern US. Global Change Biology, 11 (10)：1577-1593.

Scanlon T M，Caylor K K，Manfreda S，et al. 2006. Dynamic response of grass cover to rainfall variability：implications for the function and persistence of savanna ecosystems. Advances in Water Resources，28 (3)：291-302.

Schirmer M，Leschik S，Musolff A. 2013. Current research in urban hydrogeology—a review. Advances inWater Resources，51：280-291.

Schmalz B，Springer P，Fohrer N. 2009. Variability of water quality in a riparian wetland with interacting shallow groundwater and surface water. Journal of Plant Nutrition & Soil Science，172 (6)：757-768.

Schot P，Winter T. 2006. Groundwater-surface water interactions in wetlands for integrated water resources management. Journal of Hydrology，320 (3-4)：261-263.

Schoups G，Addams C L，Minjares J L，et al. 2006. Reliable conjunctive use rules for sustainable irrigated agriculture and reservoir spill control. Water Resources Research, 42 (12)：731-741.

Schueler T R. 1994. Hydrocarbon hotspots in the urban landscape. Feature article from Watershed Protection Techniques，1 (1)：3-5.

Scott M L，Lines G C，Auble G T. 2000. Channel incision and patterns of cottonwood stress and mortality along the mojave river, california. Journal of Arid Environments，44 (4)：399-414.

Seneviratne S I，Koster R D，Guo Z，et al. 2006. Soil moisture memory in AGCM simulations：analysis of global land-atmosphere coupling experiment (GLACE) data. Journal of Hydrometeorology，7 (5)：1090-1112.

Shang H，Wang W，Dai Z，et al. 2016. An ecology—oriented exploitation mode of groundwater resources in the northern Tianshan Mountains, China. Journal of Hydrology，543：386-394.

Shao W，et al. 2009. Water resources allocation considering the water use flexible limit to water shortage-a case study in the Yellow River Basin of China. Water Resources Management，23 (5)：869-880.

Shen C P，Phanikumar. M. S.，2010. A process-based，distributed hydrologic model based on a large-scale method for surface-subsurface coupling. Advances in Water Resources, 33 (12)：1524-1541.

Shen R，Yao Y，Pennell K G，et al.，2013. Modeling quantification of the influence of soil moisture on subslab vapor concentration. Environmental Science Processes & Impacts, 15 (7): 1444-1451.

Shi W, Jiang R, Yie W. 2000. Comparison and analysis for the effects of construction engineering and water resources development on Shanghai land subsidence//Carbognin L, Cambolati G, Johson A I (eds). Land Subsidence (Vol. l), Proceedings of the Sixth International Symposium on Iand Subsidence. Padova: LaGarangola, ViaMontona: 293-300.

Shi X, Xue Y, Wu J, et al. 2008. Characterization of regional land subsidence in Yangtze Delta, China: the example of Su-Xi-Chang area and the city of Shanghai. Hydrogeology Journal, 16 (3): 593-607.

Sinai G, Jain P K. 2006. Evaluation of DRAINMOD for predicting water table heights in irrigated fields at the Jordan Valley. Agricultural Water Management An International Journal, 79 (2): 137-159.

Singh A. 2012. Optimal allocation of resources for the maximization of net agricultural return. Journal of Irrigation & Drainage Ergineering, 138 (9): 830-836.

Singh R, Kroes J., Van Dam J., Feddes R. 2006. Distributed ecohydrological modelling to evaluate the performance of irrigation system in Sirsa district, India: I. Current water management and its productivity. Journal of Hydrology, 329 (3): 692-713.

Sophocleous M. 1997. Managing water resources systems: why "safe yield" is not sustainable. Ground Water, 35 (4): 561.

Sophocleous M. 2002. Interactions between groundwater and surface water: the state of the science. Hydrogeology Journal, 10 (2): 348.

Sorooshian S, Aghakouchak A, Li J. 2014. Influence of irrigation on land hydrological processes over California. Journal of Geophysical Research Atmospheres, 119 (23): 13137-13152.

Stromberg J C. 1993. Riparian mesquite forests: a review of their ecology, threats, and recovery potential. Journal of the Arizona-Nevada Academy of Science, 27 (1): 111-124.

Sulis S, Mary D, Bigot L. 2017. Using hydrodynamical simulations of stellar atmospheres for periodogram standardization : application to exoplanet detection. IEEE 2016 International Conference on Acoustics: 4428-4432.

Sun D Y, Yi L H M, Feng S L, Zhao C Y, 2009. Progress in the study onconjunctive regulation of surface water and groundwater in arid inland river basins. Progress in Geography, 28 (2): 168-169.

Sun Y, Solomon S, Dai A, et al. 2007. How often will it rain? Journal of Climate, 20: 4801-4818.

Tang D. 1995. Optimal allocation of water resources in large river basins: I. Theory. Water Resources Management, 9: 39-51.

Taniguchi M, Burnett W C, Ness G. 2009. Human impacts on urban subsurface environments. Science of the Total Environment, 407 (9): 3073-3074.

Taylor P C, Ellingson R G, Cai M., 2011. Seasonal variations of climate feedbacks in the NCAR CCSM3. Journal of Climate, 24 (13): 3433-3444.

Taylor R G. 2013. Ground water and climate change. Nature Climate Change, 3 (4): 322-329.

Thayalakumaran T, Bethune M G, Mcmahon T A. 2007. Achieving a salt balance-Should it be a management objective. Agricultural Water Management, 92 (1): 1-12.

Theis C V. 1940. The source of water derived from wells: essential factors controlling the response of an aquifer to development. Civil Engineer, 10: 277-280.

Thomas H E. 1951. Conservation of Ground Water. New York: McGraw-Hill.

Treidel H, Martinbordes J L, Gurdak J J. 2011. Climate Change Effects on Groundwater Resources: A Global Synthesis of Findings and Recommendations. Florida: CRC Press.

Treidel H, Martinbordes J L, Gurdak J J. 2012. Climate Change Effects on Groundwater Resources. Bocal Raton: CRC Press/Balkema.

Trenberth K E. 2004. Climatology (communication arising): Rural land-use change and climate. Nature, 427 (6971): 213; discussion 214.

Trenberth K E, Overpeck J T, Solomon S. 2004. Exploring droughtand its implications for the future. Eos, Transactions-American Geophysical Union 85: 27-29.

Törnqvist R, Jarsjö J. 2012. Water savings through improved irrigation techniques: basin-scale quantification in semi-arid environments. Water Resources Management, 26 (4): 949-962.

Tsang C F, Neretnieks I, Tsang Y. 2015. Hydrologic issues associated with nuclear waste repositories. Water Resources Research, 51 (9): 6923-6972.

Tuinhof A, Attia F, Saaf E J. 2003. Major trends in groundwater developmentopportunities for public-private partnership. International Journal of Water Resources Development, 19 (2): 203-219.

Turkeltaub T, Kurtzman D., Russak E E, et al. 2015. Impact of switching crop type on water and solute fluxes in deep vadose zone. Water Resources Research, 51 (12): 9828-9842.

Tyree M T, Ewers F W. 1991. The hydraulic architecture of trees and other woody plants. New Phytologist, 119: 345-360.

Vengosh A, Chivas A R, Starinsky A, et al. 1995. Chemical and boron isotope compositions of non-marine brines from the Qaidam Basin, Qinghai, China. Chemical Geology, 120 (1): 135-154.

Vieira J, et al. 2010. Optimization of the operation of large-scale multisource water-supply systems. Journal of Water Resources Planning & Management, 137: 150-161.

Vliet M. 2007. Impact of climate change on groundwater review. IGRAC report for TNO Bouw en Ondergrond: 34.

Wachyan E, Rushton K R. 1987. Water losses from irrigation canals. Journal of Hydrology, 92 (3): 275-288.

Wada M. 2013. Genealogy of gas cells for low-energy RI-beam production. Nuclear Instruments and Methods in Physics Research, 317 (12): 450-456.

Wan H, Liu W. 2016. An isotope study (δ^{18}O and δD) of water movements on the Loess Plateau of China in arid and semiarid climates. Ecological Engineering, 93: 226-233.

Wang H J, Chen Y. N., Shi X., et al. 2013. Changes in daily climate extremes in the arid area of northwestern China. Theoretical and Applied Climatology, 112 (1-2): 15-28.

Wang S F, Pang Z H, LiuJ R et al. 2013. Origin and evolution characteristics of geothermal water in the Niutuo zhen geothermal field, North China Plain. Journal of Earth Science, (6): 891-902.

Wang W K, Dai Z, Zhao Y, et al. 2016. A quantitative analysis of hydraulic interaction processes in stream-aquifer systems. Scientific Reports, 6: 19876.

Wang W K, Duan L., Yang X T, et al. 2013a. Shallow groundwater hydrochemical evolution and simulation with special focus on Guanzhong Basin, China. Environmental Engineering and Management Journal, 12 (7): 1447-1455.

Wang W K, Kong J L, Lei D, et al. 2004. Research on the conversion relationships between the river and groundwater in the Yellow River drainage area. Science in China (Series E: Engineering & Materials Science), 47 (s1): 25-41.

Wang W K, Li J T, Feng X Z, et al. 2011b. Evolution of stream-aquifer hydrologic connectedness during pumping-Experiment. Journal of Hydrology, 402 (3-4): 401-414.

Wang W K, Yang Z Y, Kong J L, et al. 2013b. Ecological impacts induced by groundwater and their thresholds in the arid areas in Northwest China. Environmental Engineering and Management Journal, 12 (7): 1497-1507.

Wang W K, Zhao G Z, Li J T, et al. 2011a. Experimental and numerical study of coupled flow and heat transport. Water Management, 164 (10): 533-547.

Wang Z, Fu J, Elrick D E. 1998. Prediction of fingering in porous media. Water Resources Research, 34 (9): 2183-2190.

Wang Z, Fu J, He M, et al. 1997. Effects of source/sink manipulation on net photosynthetic rate and photosynthate partitioning during grain filling in winter wheat. Biologia Plantarum, 39 (3): 379-385.

Werner A D, Bakker M, Post V E A, et al. 2013. Seawater intrusion processes, investigation and management: recent advances and future challenges. Advances in Water Resources, 51: 3-26.

Werner A D, Simmons C T. 2009. Impact of sea-level rise on sea water intrusion in coastal aquifers. Ground Water, 47 (2): 197-204.

Xie X, Cui Y. 2011. Development and test of SWAT for modeling hydrological processes in irrigation districts with paddy rice. Journal of Hydrology, 396 (1-2): 61-71.

Yang C, Dai Z, Romanak K D, et al. 2014. Inverse modeling of water-rock-CO_2 batch ex-

periments: implications for potential impacts on groundwater resources at carbon seques-
tration sites. Environmental Science & Technology, 48: 2798-2806.

Yi L. 2001. Land subsidence research approaches and advent problems. Earth Science Frontiers,
8 (2) 2-11.

Youngs E G, Leedsharrison P B, Elrick D E. 1995. The hydraulic conductivity of low per-
meability wet soils used as landfill lining and capping material: analysis of pressure infil-
trometer measurements. Soil Technology, 8 (2): 153-160.

Yu J Q, Gao C L, Cheng A Y, et al. 2013. Geomorphic, hydroclimatic and hydrothermal
controls on the formation of lithium brine deposits in the Qaidam Basin, northern Tibetan
Plateau, China. Ore Geology Reviews, 50 (50) 171-183.

Zhan C S, Zhang Y Q, Xia J. 2012. Hydrologic response to climate variability and human activi-
ties in the Chao River catchment near Beijing. Water International, 37 (5): 1-13.

Zhu G F, Li Z Z, Su Y H, et al. 2007. Hydrogeochemical and isotope evidence of groundw-
ater evolution and recharge in Minqin Basin, Northwest China. Journal of Hydrology. 333
(2-4): 239-251.

Zhu K, Blum P, Ferguson G, et al. 2010. The geothermal potential of urban heat
islands. Environment Research Letters, 5 (4): 44002.

Zou L C, Jing L R, Cvetkovic V. 2015. Roughness decomposition and nonlinear fluid flow in
a single rock fracture. International Journal of Rock Mechanics and Mining Sciences, 75:
102-118.

Zuo J P, Peng S P, Li Y J, et al. 2009. Investigation of karst collapse based on 3-D seismic
technique and DDA method at Xieqiao coal mine, China. International Journal of Coal Ge-
ology, 78 (4): 276-287.

第三章
地下水水质安全

第一节　地下水水质与人体健康

　　水是人类生活中必不可少的物质资源。成年人每天所需的饮水量为 $2\sim3$ L。饮用水质量的好坏直接关系到人体的健康。在地表水缺乏或水质受到污染的地区，地下水成为主要饮用水源。地下水是水资源的一个重要组成部分，它是在与环境介质不断进行相互作用的过程中形成的（沈照理和许绍倬，1985），具有与地表水极不相同的水化学特点的水资源。由于地质条件、水文地质条件、气候条件以及地球化学条件等的差异，不同含水层中地下水的化学特征也千差万别（沈照理等，1993）。

　　在某些特定的环境中，受某些水文地球化学作用的控制，地下水中的某些元素或化学组分会聚集或亏缺，这就是地下水化学异常。由人为污染导致的地下水化学组分的变化不属于地下水化学异常的范畴。地下水化学异常一般是天然条件形成的。例如，在富含有机质的浅层地下水系统中，铁锰氧化物矿物的还原、竞争吸附、解吸等作用过程使含水层沉积物矿物中的砷释放出来进入地下水中，加之地下水循环交替缓慢，释放出来的砷极易在地下水系统中聚集（Guo et al.，2008，2011a）。在弱碱性条件的 HCO_3-Na 型地下水中，竞争吸附、溶解等作用使氟离子从含水层沉积物进入地下水中，而在地下水中聚集（Wang and Cheng，2001）。在岩石、土壤中元素稀缺、雨水丰富、地下水循环交替迅速的地区，地下水中某些元素往往含量极低（张映芳等，2009）。长期以这些元素或化学组分（如砷、氟、碘等）聚集或亏缺的地下水作为饮用水源，可引发某些地方病如地方性砷中毒、地方性氟中毒和地方性碘中毒等（Sun，2004；全国地方性氟中毒检测组，2002；张映芳等，2009）。

一、特殊地下水的水质特征与人体健康

长期饮用高砷或高氟、碘含量异常的地下水，可产生慢性地方病。本节重点介绍与高砷地下水有关的地方性砷中毒、与高氟地下水有关的地方性氟中毒和与碘含量异常有关的地方性碘中毒。

（一）地方性砷中毒

在我国饮水型砷中毒区，地方性砷中毒发病率和饮水中砷的含量密切相关（金银龙等，2003），砷中毒检出率与饮水砷含量呈显著正相关（侯少范等，2002）。一般而言，饮用水中砷含量越高，居民饮用时间越长，则地方性砷中毒患病率越高，病情也越严重。例如，新疆准噶尔西南部天山北麓山前冲积平原地区（奎屯地区）砷中毒检出率与饮水砷含量呈显著正相关（图 3-1），表明水砷含量与病情呈明显的剂量-效应关系。根据回归方程计算，当居民砷中毒检出率为 0 时，水砷的最小浓度为 0.12 mg/L。调查证明，该病区尚未发现水砷浓度<0.1 mg/L 而发生砷中毒的案例（侯少范等，2002）。

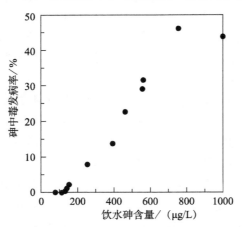

图 3-1　砷中毒发病率与地下水砷含量之间的关系图

资料来源：侯少范等，2002

此外，砷形态是影响地方性砷中毒的一个重要因素。一般而言，无机 As(Ⅲ)的毒性是无机 As(Ⅴ)的 60 倍以上（Ferguson and Gavis，1972），主

要原因是 As(Ⅴ) 与巯基的亲合力较 As(Ⅲ) 弱。砷的甲基化过程是一个脱毒的过程，因为合成的甲基化合物比无机砷的毒性小得多。尽管对于大多数动物来说，其肝脏能够把无机 As(Ⅲ) 甲基化，但是无机 As(Ⅲ) 进入肝脏之前，能与含巯基化合物如辅酶 A、半胱氨酸及各种带有巯基的蛋白质、酶等结合成稳定的螯合物，抑制其活性而出现中毒，引起肌体病变；而 As(Ⅴ) 与巯基的亲合力较弱，形成的螯合物没有 As(Ⅲ) 的稳定，因而毒性较 As(Ⅲ) 小（唐志华，2003）。然而，由于 AsO_4^{3-} 和 PO_4^{3-} 具有相似的化学性质，它能替代生物体内生化反应中合成腺苷三磷酸（ATP）的主要物质 PO_4^{3-}（中华人民共和国地方病与环境图集编纂委员会，1989），因此 As(Ⅴ) 在生物体内可严重干扰 ATP 合成。

此外，砷容易和角蛋白中的巯基结合，易在头发和指甲上积累，因此，这些生成物可以作为慢性砷中毒的生物标志物（Cui et al.，2013；Hughes，2002；Slotnick and Nriagu，2006）。指甲中硫基砷要比头发中相对多一些，这与指甲中有更多的角蛋白是一致的。此外，指甲中有二甲基砷，摄入人体的砷主要在肝脏中代谢，并甲基化，最后积累在指甲和头发上（Hughes，2002）。指甲主要是在近端指甲基质上形成的，在这个基质上的砷和自由巯基结合，并且这个形成过程在指甲生长过程中是和新陈代谢独立的（Slotnick and Nriagu，2006）。

（二）地方性氟中毒

地方性氟中毒发病率和饮水中 F^- 的含量密切相关（王晓昌等，2001）。一般饮水中氟含量越高，饮用时间越长，病情越严重。当饮水中氟的含量超过 1.0 mg/L 时，就有地方性氟中毒发生。目前，我国饮用水氟含量卫生标准定为 0.5～1.0 mg/L。虽然这一标准比世界卫生组织采用的 1.5 mg/L 还要低，但即使在这类地区也有氟中毒病流行。这可能与我国居民的饮食结构、营养水平有关。有研究表明，改善营养结构，特别是增加维生素的摄入量，可有效降低地方性氟中毒的发病率（中华人民共和国地方病与环境图集编纂委员会，1989）。

此外，有人认为地方性氟中毒的患病率除了与饮用水的氟含量有关外，还与饮用水中 Ca^{2+} 的含量密切相关。并且 F/Ca 比值在 0.008 以下时，只有氟斑牙而无氟骨症发生（吴银海和苏文荣，1987）。黎秉铭等对我国北方地区的高氟水与地方病的研究表明，在氟含量几乎相同的情况下，氟斑牙的患病率随着 Ca^{2+}、Mg^{2+} 含量的增加而降低（黎秉铭等，1995）。然而，在对地下水氟的赋存形式与地氟病患病率的研究中，任福弘等（1996）认为氟含量只是导致地氟病发病的因素之一，地下水中常量、微量、有机组分在水中的组分比例及其赋存形式在一定程度上对发病机制产生影响。他们的研究表明，浅层高氟水中地下水的总氟浓度、氟离子活度、氟镁络合物活度和氟钙络合物活度与地氟病患病率在 0.01 显著水平上呈正相关，并且氟镁络合物活度与地氟病患病率正相关性较氟钙络合物活度与地氟病患病率正相关性显著。王晓昌等（2001）对内蒙古托克托县的地方性氟中毒的研究表明，氟离子浓度和氟斑牙患病率之间大致存在一种线性关系，氟骨症患病率与氟离子浓度间的关系不明显，但氟骨症病例的 90％以上发生在饮用水氟离子浓度高于 4.0 mg/L 的村庄（图 3-2）。

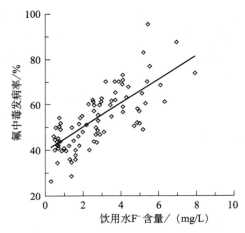

图 3-2　内蒙古自治区托克托县氟中毒发病率与地下水氟含量之间的关系图
资料来源：王晓昌等，2001

（三）地方性碘中毒

碘是维持生物生长发育必需的微量元素，高碘或缺碘均能引起人类或动物的各种疾病。地方性碘中毒是地方性甲状腺肿（简称地甲病）的一种，主要由长期饮用高碘地下水引起。1978 年后，在我国的内陆和沿海相继发现高碘地甲病，它分布于渤海海滨的河北、山东省的一些县，其居民有因饮用深层高碘地下水而引起的高碘地甲病；新疆、山西、河北等省（自治区）的少数内陆低洼地带，也有饮用深层或浅层高碘地下水而引起的地甲病。

随着中国碘缺乏病基本得到控制，高碘所带来的一系列健康问题也逐渐引起重视。高碘引起的地方性碘中毒主要与饮用水碘浓度有关。据《水源性高碘地区和地方性高碘甲状腺肿病区的划定》（GBT 19380—2003），居民饮用水碘含量超过 150 μg/L 的为高碘地区，超过 300 μg/L 的为高碘病区，超过 1000 μg/L 的为超高碘区域。中国现有 12 个省市自治区存在高碘地区，包括北京、天津、河北、河南、山东、山西、内蒙古、新疆、江苏、安徽、福建、陕西。区域上主要位于黄淮海平原、干旱内陆盆地、长江三角、珠江三角洲等沿海地区等，其中黄淮海平原是中国高碘地下水的主要分布区（张二勇等，2010）。

高碘地下水的成因主要包括含水层中碘的溶滤、浅层地下水蒸发浓缩作用、深部富含有机质还原环境的地下水环境碘的释放、海水海相地层的影响等。高碘地下水一般富集于地下水排泄区或径流滞缓区。如华北平原高碘地下水主要分布于研究区北部地下水流相对滞缓的平原中心地带，以 Cl-Na、Cl·HCO₃-Na、HCO₃·Cl-Na 型水为主。大同盆地高碘地下水主要位于盆地中部，水化学类型主要以 HCO_3-Na 及 Cl-Na 型为主。

综上所述，尽管已有研究表明地方性砷中毒、地方性氟中毒与饮用水砷含量、氟含量等密切相关，但是我们对地方性砷中毒、地方性氟中毒的发病机理、影响因素等方面的认识还相当有限，急需开展临床医学、水文地球化学、环境毒理学、社会统计学、环境生态学等多学科的联合攻关，揭开地方病的神秘面纱。

二、地下水灌溉与食品安全

特殊水质的地下水不仅通过直接饮用影响人体健康，还通过灌溉影响作物质量，从而对人体产生健康效应。

（一）地下水灌溉与土壤质量

灌溉水中较高的砷含量会导致土壤中砷的积累。土壤中砷的形态、迁移性和生物可利用性受环境中一系列相互依存的生物或非生物因素相互作用，如灌溉水的氧化还原电位、pH 值和土壤矿物及其对砷的吸附能力（Tang et al.，2007）。水中阴离子（HCO_3^-、SO_4^{2-} 和 Cl^-）会因竞争性阴离子交换导致被灌溉的土壤中砷的释放（Goh and Lim，2005）。

土壤中砷的迁移、毒性与生物可利用性与在土壤中砷的赋存状态相关。土壤中积累的砷主要以水溶态（F1）、非特异性吸附态（F2）、特异性吸附态（F3）、非晶质铁锰氧化物结合态（F4）等活性砷的形式存在（Tong et al.，2014）。水溶态砷（F1）在土壤中极易迁移，容易被植物吸收；非特异性吸附态砷（F2）与土壤颗粒结合松弛，吸附于土壤颗粒表面，迁移性强，易被植物吸收；特异性吸附态砷（F3）和非结晶质铁锰氧化物结合态砷（F4），在土壤理化性质（pH 和 Eh）发生变化或土壤中金属离子及微生物的作用下，均有可能被释放而成为生物可利用的砷；而结晶质铁锰氧化物结合态砷（F5）与土壤中矿物结合较稳定。在黄河灌区的试验研究结果表明：除 F5-As 以外，高砷水灌溉使表层土壤的其他 4 种赋存态砷的含量均高于黄河水灌溉的表层土壤（图 3-3）。两种水灌溉下，表层土壤的 F5-As 相差较小，仅地下水灌溉条件下 F5-As 离散性略高于黄河水条件（图 3-3）。与黄河水灌区相比，高砷水灌溉区域，土壤中的 F1-As、F2-As 等易迁移易被植物吸收的砷含量升高，所占比例增多；同时，F3-As 和 F4-As 这两种赋存态砷的含量也升高明显，比例增大。

上述结果表明，在高砷地下水灌溉条件下，F1-As 和 F2-As 等活跃的砷含量增加，且 F3-As 和 F4-As 等容易活化的对环境存在潜在危害的砷增多，而 F5-As 基本保持不变。这说明，高砷地下水灌溉提高了表层土壤中活性砷的含量，而对活性较弱的砷基本没有影响。

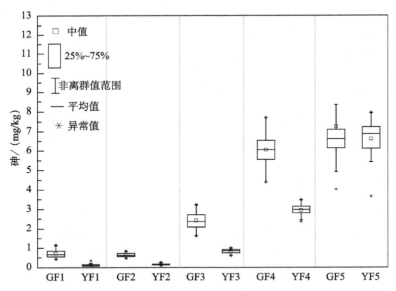

图 3-3　表层土壤中五种不同化学态砷的含量

G 为高砷地下水灌溉区，Y 为黄河水灌溉区；F1 为水溶态砷，F2 为非特异性吸附态砷，
F3 为特异性吸附态砷，F4 为非晶质铁氧化物结合态砷，F5 为结晶质铁锰氧化物结合态砷

资料来源：Tong et al.，2014

（二）地下水灌溉与作物质量

作物在吸收水分和土壤中养分的同时吸收了其中的砷，导致作物中砷含量的增加（Neidhardt et al.，2012）。由于灌溉水中砷含量的不同导致小麦中砷含量的差异。Tong 等（2014）对比了两块灌区：地下水灌溉农田中 25 份小麦谷粒中砷含量为 138～365 μg/kg，平均含量 238 μg/kg；黄河水灌溉农田中 25 份小麦谷粒中砷的含量为 22.8～154 μg/kg，平均含量为66.9 μg/kg（图 3-4）。高砷地下水灌溉的小麦含砷量明显高于黄河水灌溉的小麦。高砷水灌溉使小麦谷粒中的砷含量明显增加。长期使用高砷地下水灌溉农田，使农田土壤中砷含量增加，进而导致作物中砷含量的增加（Neidhardt，et al.，2012）。对大米谷粒中砷含量的研究指出，使用高砷水灌溉水稻田会使大米谷粒中砷含量增加，同时影响大米产量和质量。地下水中的砷含量是黄河水的 40 倍，而地下水灌溉的小麦谷粒中的砷含量高于黄河水灌溉的小麦谷粒中砷含量的 4 倍。

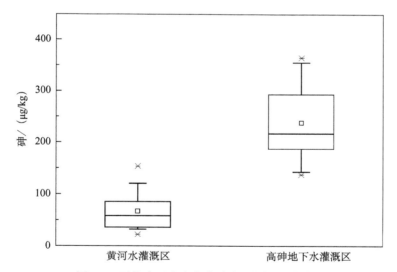

图 3-4　两块农田中小麦中砷含量的框状统计图

资料来源：Tong et al.，2014

高砷地下水中砷形态以无机三价砷为主，黄河水则以无机五价砷为主。两块农田中小麦样品中砷形态为无机三价砷、无机五价砷和二甲基砷。地下水灌溉的小麦中三价砷含量为 18.8～43.6 μg/kg、五价砷含量为 17.5～32.6 μg/kg、二甲基砷含量为 42.4～136.5 μg/kg。黄河水灌溉的小麦中三价砷含量为 3.6～17.9 μg/kg、五价砷含量为 8.3～23.6 μg/kg、二甲基砷含量为 33.4～57.8 μg/kg（图 3-5）。地下水灌溉的小麦中三价砷最低含量高于黄河水灌溉小麦的三价砷最高含量；地下水灌溉的小麦中测得的有机砷含量占总砷比值小于黄河水灌溉小麦。说明高砷水不仅使小麦中总砷含量增多，还使小麦中无机三价砷比例增多，而有机砷所占比例减小，这与 Khan 等（2009）的研究结果是一致的。

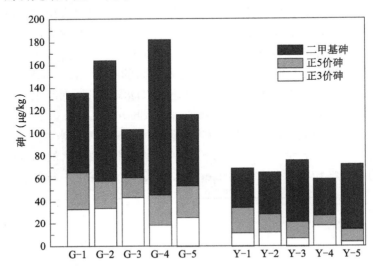

图 3-5　两块不同灌溉水系统中生长的小麦中各种砷形态的含量

G 为高砷地下水灌溉区；Y 为黄河水灌溉区

资料来源：Tong et al.，2014

　　如图 3-6 所示，在两个灌区小麦谷粒中砷含量与土壤中 F2-As 和 F4-As 含量密切相关。其中，高砷地下水灌溉的小麦谷粒中砷含量与 F2 含量呈正相关 $r=0.71$（$p<0.05$），与 F4 砷的线性较 F2 差，为 $r=0.67$（$p<0.05$）。黄河水灌溉的小麦也有相同情况，与 F2 的线性相关 $r=0.61$（$p<0.05$）；与 F4 的 $r=0.61$（$p<0.05$）。Niazi 等（2011）研究盆栽实验油菜也有相似规律，油菜芽中砷含量与土壤中非特异性吸附态砷有明显正相关性（$r=0.85$），与非晶态铁锰氧化物结合砷也有较好的正相关性（$r=0.67$）。Anawar 等（2008）的研究也表明，苜蓿中砷与土壤中非特异性吸附态的砷正相关性明显（$r=0.94$）。这说明，非特异性吸附态砷的生物可利用性高，易被植物吸收。非晶态铁锰氧化物结合砷虽然活性较非特异性吸附态砷弱，但同样具有生物可利用性。与黄河水灌溉区相比，高砷水灌溉使土壤中这两部分砷的含量增加，所占总砷的比例也增加，从而使进入作物的砷含量增加。也有研究表明，灌溉水中较高的砷含量会导致大米中砷含量的升高（Williams et al.，2005）。小麦谷粒中砷与 F2-As 和 F4-As 的相关性可能是由于

植物根系分泌的有机酸，增加土壤中溶解性有机碳的浓度，调节土壤的 pH，增强砷铁络合物的溶解，从而增多土壤根系附近的砷浓度（Fitz et al.，2003）。F4-As 作为一种生物可利用的砷，来源于无定型铁氧化物，其稳定性低于结晶态铁氧化物吸附的砷（Juhasz et al.，2009）。土壤中 F4-As 的溶出源于土壤根系分泌出的草酸或柠檬酸，或者是源于土壤 pH 或氧化还原电位的改变（Mikutta et al.，2010）。

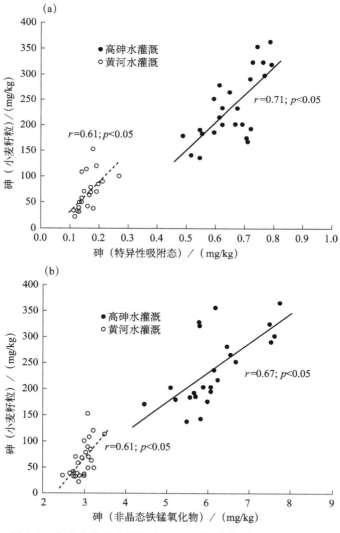

图 3-6　小麦中总砷含量与土壤中两种不同赋存态砷的相关性

资料来源：Tong et al.，2014

三、未来的研究重点

1. 注重地下水中致病元素的形态分析

地下水中致病元素的形态不仅影响其迁移转化特征，还决定其健康效应。以砷为例，As(Ⅲ)和As(Ⅴ)是地下水中砷的主要存在形态，As(Ⅲ)在地下水系统中的迁移能力强于As(Ⅴ)，另一方面，As(Ⅲ)的毒性是As(Ⅴ)的60余倍。因此，特别需要开展地下水化学组分的形态研究。地下水中致病元素（如砷、氟、碘等）在地下水中的存在形态、迁移转化规律及健康效应，将是今后一段时间的研究重点。

2. 加强致病机理的研究

慢性地方病的一个重要特点是发病时间长、治愈效果差。开展致病机理的研究有助于从根本上解决医治地方病的难题。尽管有研究表明，亚砷酸根进入细胞后，会与巯基蛋白结合并抑制其功能；而砷酸根与磷酸根具有相似性，通过磷酸盐转运系统进入细胞后，破坏细胞的能量生产。然而这些生物化学过程的长期毒性效应如何，是否存在由量变到质变的过程，我们并不清楚。此外，针对As(Ⅲ)和As(Ⅴ)的毒性和致病路径的差异，需要制定专门针对As(Ⅲ)或As(Ⅴ)的饮用水标准。

3. 注重地下水中致病元素的生态效应研究

在很多地区，地下水不仅用于饮用，而且用于工农业生产。因此，地下水中的致病元素会以多种方式进入人体：直接饮用、空气吸入、以地下水灌溉的作物摄入等。以砷为例，在燃煤地区，砷主要通过室内空气进入人体；在高砷地下水灌溉区，砷既可通过饮用水进入人体，也可以通过高砷水灌溉的作物经食物链进入人体。因此，需要特别注重地下水化学组分在生态系统中的分布、迁移转化和生态效应的研究。

第二节　原生劣质地下水

一、概述

地下水化学组成受地形地貌、气象水文、地质构造、水文地质条件变化及人类活动等综合因素的控制。中国地域广阔，自然地理条件变化多样，特别是地质构造及山脉分布方向性强，不仅直接影响区域地质分区、气候及植被分带，而且直接控制总体水流作用的方式与方向（张宗祜和李烈荣，2004；Wen et al.，2013）。

新构造运动决定了松散沉积物的分布及变化，中国气候的分区及其变化过程以及与全球气候变化所具有的可对比性，构成了我国地下水化学形成变化的气候条件。在上述综合因素影响下，地下水化学组成不仅表现为空间（垂向和水平方向）上的带状分异，而且表现为时间上的涨落演替。特别是近几十年的强烈人类活动，导致地下水化学组成在一定范围内发生再分配，且随新的化学物质的溶入，产生新的地下水化学类型，从而引起地下水质量变异（张宗祜和李烈荣，2004）。地下水质量局部呈下降态势，原生劣质地下水的分布范围有所扩大。

二、我国原生劣质水分布特征

按照《地下水水质标准》（DZ/T 0290—2015），对 2005～2015 年中国地质调查局组织开展的全国地下水污染调查数据进行评价，该数据覆盖调查面积 440 万 km^2，包括了我国主要人口密集区、经济发达区和部分生态脆弱区，采集分析样品 3 万多组。

对应原生劣质水主要水质评价指标（锰、铁、溶解性总固体、氟化物、碘化物和砷），我国地下水的超标率分别为：33.92%、28.47%、23.04%、15.02%、13.97%和7.83%。

总体来看，南方大部分地区地下水天然水质较好，但部分平原区的浅层地下水水质较差；北方地区的丘陵山区及山前平原地区天然水质较好，滨海地区及内陆沙漠戈壁地区水质不良。

（一）砷

高砷地下水主要分布在河套平原、大同盆地、松嫩平原中西部、华北平原黄泛区、江苏沿海平原、珠江三角洲中心区、新疆的塔里木盆地西南边缘区和准格尔盆地的西部等地（Guo et al.，2014）。地下水中的砷主要源于独特的水文地质环境地质条件下，含砷矿物以及湖相沉积物中砷的释放。

地下水中的砷主要为天然来源，少部分为人为污染来源（Wen et al.，2013）。自然界中，砷主要以硫化物或金属的砷酸盐、砷化物等形式存在，常见矿物有雄黄、雌黄、砷黄铁矿等，无论何种金属硫化物矿石中都含有一定量砷的硫化物。这些矿物的风化溶解是地下水中砷的主要天然来源。地下水中砷的人为污染来源包括冶炼矿渣、染料、制革、制药、农药等企业的废渣或废水排放，以及泄漏、火灾等意外事故。

（二）氟化物

高氟地下水主要分布在松嫩平原中部、华北平原中东部、山西六盆地、内蒙古锡林浩特西北部地区和河套平原、淮河流域平原北部、塔里木盆地平原细土带等地区，主要源于气候条件控制下含氟矿物的溶解与富集（He et al.，2013；Su et al.，2013；Wen et al.，2013）。

自然界中的氟化物主要来源于火山爆发、高氟温泉、干旱土壤、含氟岩石的风化释放以及化石燃料的燃烧等。地下水中氟化物的浓度随着水流经岩石的种类不同而各异，在一些富含氟化物矿物的地方，地下水中含氟量可达10 mg/L，有些地方甚至更高（World Health Organization，2011）。

（三）碘

高碘地下水主要分布在我国华北平原东部、河套平原、淮河流域平原区、长江三角洲地区、珠江三角洲地区（Wen et al.，2013；Zhang et al.，2013a；Tang et al.，2013）。

地下水中的碘多以 I⁻ 的形式存在。地下水中碘的主要来源有岩石中的有机物分解以及海相、湖相和河相沉积；农田灌溉以及植物本身含有的碘，也可能通过吸附、下渗等作用进入地下水中（徐清等，2010）。

（四）铁和锰

高铁锰地下水主要分布在我国东部各大平原区的浅部、东北平原和长江三角洲的深部，源于松散地层的沉积环境。

地下水中铁的来源非常广泛，地壳中的铁多半分散在各种岩浆岩、沉积岩及第四系地层中，都是难溶性的化合物。这些铁大量进入地下水中的途径有：①含碳酸的地下水对岩土层中二价铁的氧化物起溶解作用；②三价铁的氧化物在还原条件下被还原而溶解于水；③有机物质对铁质的溶解作用，有些有机酸能溶解岩土层中的二价铁，有些有机物质能将岩土层中的三价铁还原成为二价铁而使之溶于水中，还有些有机物质能和铁质生成复杂的有机铁而溶于水中；④铁的硫化物被氧化而溶于水中（雷万荣等，2006）。

天然地下水中铁的形态主要为可溶的二价铁离子。铁在水溶液中的溶解和沉淀，主要受 pH 和 Eh 控制。铁的价态也是影响其溶解度的重要因素，二价铁的化合物的溶解度要比三价铁的化合物高得多。含水层处于强还原环境及地下水运动滞缓部位，有利于地下水中铁离子的富集，这时，三价铁被活化为二价铁溶于水中。特别是含水层中夹有淤泥层或泥炭层时，就更有利于铁在水中的富集，这是由于腐殖酸和铁细菌的活动降低了 pH、Eh 值，提高了铁的溶解度。

此外，地下水中铁的含量与含水层的垂向水文地球化学分带也有着密切的关系。含水层在垂向上一般可分为氧化、过渡和还原三个带：在氧化带，由于地下水中含有较多的溶解氧和二氧化碳，铁常以不可溶或难溶的氧化物形式存在，故铁含量一般较低；过渡带的地下水一般呈酸性或中性，铁含量较高；而在还原带，地下水呈碱性，铁含量低（刘兴华，2012）。另外，在含水层中，微生物对铁的迁移起着重要作用，不同种属所起的作用不一样，有的促使 Fe^{2+} 氧化和沉淀，有的促使 Fe^{3+} 还原和溶解。

地下水中的锰主要来源于岩石和矿物中锰的氧化物、硫化物、碳酸盐、硅酸盐等的溶解。高价锰的氧化物，如软锰矿等，在缺氧的还原环境中，能被还原为二价锰而溶于含碳酸的水中。此外，在富含有机物的水中，还可能存在有机锰（雷万荣等，2006）。天然地下水中的锰有正二价到正七价的各种价态，但在天然地下水中溶解状态的锰主要是二价锰。地下水中锰的迁移在基岩山区除了受含水介质成分、径流条件影响外，主要是受氧化环境控制。岩石受强烈风化、分解、溶滤作用时，岩土中的锰矿物释放出大量的锰离子。而在平原区，尤其在细粒物沉积的滨湖区，地下水中锰的迁移，除了与含水介质成分、径流条件、上覆土层性质、酸碱条件、地下水中的氯离子含量有关外，主要受还原环境控制。对于微咸水中的锰离子的形成，氯离子的含量起主导作用，氯离子的含量越高，越有利于锰的迁移（雷万荣等，2006）。

地下水中锰含量水平的变化，主要受地貌、含水层的沉积环境及水力特征等因素控制。当含水层中夹有淤泥或淤泥质亚黏土，或含有较多的淤泥质时，锰含量较高；含水层中含淤泥少时，地下水中锰含量显著下降。此外，垂向水文地球化学分带与地下水中铁、锰含量也有明显的关系。在垂向上，一般可分为三个带：氧化带、过渡带和还原带。在氧化带，由于地下水中含有较多的溶解氧和二氧化碳，锰常以不可溶或难溶的氧化物形式存在，故锰含量一般较低；在过渡带地下水一般呈酸性或中性，锰含量较高；在还原带，地下水呈碱性，锰含量低。微生物分解有机物的过程，也能使含水层的不溶性锰还原为可溶状态，同时释放出二氧化碳。水中可溶性的重碳酸锰被微生物获取后，其中二氧化碳变为碳酸锰或经其他催化氧化作用，二价锰变成四价锰，从水中析出（刘兴华，2012）。

三、高砷地下水

砷在上地壳中的平均含量为 1.5 mg/kg（Chowdhury et al.，1999）。一般情况下，在天然水体中砷的含量较低，大部分低于 1.0 μg/L（Acharyya，1999）。但是一些特殊的水文地球化学环境可赋存原生成因的高砷地下水（Guo et al.，2014；Wen et al.，2013）。原生高砷地下水的形成机理主要包括以下四个方面。①还原性溶解：吸附了砷的铁氧化物矿物，在有机质分解的影响下，被还原并发生溶解，在此过程中所吸附的砷被释放出来。还原环境是该类型地下水的主要特征（Nickson et al.，1998；Smedley and Kinniburgh，2002；Guo et al.，2008，2010，2013a；Senn and Hemond，2002）。②碱性条件下的解吸附：由于大部分铁氧化物矿物对砷的吸附性能随着 pH 的升高而降低，在高 pH 条件下，铁氧化物矿物表面吸附的砷被解吸附出来；此外，其他共存阴离子（如 HCO_3^-、SO_4^{2-} 和 PO_4^{3-} 等）与砷产生竞争吸附（Harvey et al.，2002；Polizzotto et al.，2008）。③硫化物矿物氧化：硫化物矿物（如黄铁矿和含砷黄铁矿）在氧气存在的情况下被氧化溶解，释放出其晶格中的砷，该类地下水一般形成于氧化环境中。④地下水中有机和无机胶体促使砷迁移（Guo et al.，2011b）。尽管如此，在特定的环境中，地下水中的富砷过程并不是由某单个机理决定的，而是有几种机理同时发挥作用（郭华明等，2014）。

（一）砷的空间分布特征

1. 高砷地下水空间分布

高砷地下水的一个显著特点就是高度的不均匀性，同一个村子相隔几米的水井，砷的浓度可以从符合饮水标准变化到数百 μg/L（BGS and DPHE，2001；van Geen et al.，2003；Guo et al.，2012；Zhang et al.，2013b），这也给人们寻找低砷水源提出了挑战。对于砷浓度的分布具有如此的高度差异性，研究者给出了各种解释，但至今仍未有统一的认识。

主要观点认为，地形、地貌、沉积学的差别是造成砷这种空间分布差异的主要原因。汤洁等（1996）研究认为，内蒙古河套地区高砷地下水的分布与局部的湖沼相沉积环境有关，与盆地沉降中心带相一致。高存荣（1999）

发现，内蒙古河套地区更新世晚期与全新世早期的古河床、湖泡形成的淤泥质含水层系是砷聚集的主要场所。Anawar 等（2002）、Nath 等（2005）和 van Geen 等（2006）证实，古堤岸和其他河流相的沉积特征是高砷地下水的重要标志。Quicksall 等（2008）的研究显示，高砷地下水分布的地区与某些特定的地貌很好地吻合。而 Polya 等（2005）与 Buschmann 等（2007）的研究表明，含砷地下水分布与地形相关，高砷地下水基本位于地形梯度小的地区。

还有观点认为，砷的分布与地层沉积物中有机物的含量以及有机物的有效性密切相关。McArthur 等（2004）认为，沉积盆地地下水中砷的分布差异是由含水层上覆地层的渗透性以及上覆沉积物中的有机质含量所决定的。在那些上覆地层有机物含量丰富、地层渗透性好的区域，有机物易于向下入渗，将促进下覆含水层中砷的释放。对印度西孟加拉邦的进一步研究发现，地下古土壤层的分布对砷浓度分布有重要影响（McArthur et al.，2008；McArthur et al.，2011）。古土壤缺失的地段，地下水中砷的浓度显著高于存在古土壤的区域。他们认为这层渗透性差的古土壤层控制了地下水的垂向流动，阻止了浅地表高砷地下水、有机物等组分的垂向入渗。

也有观点认为，砷的分布差异与地下水的补给速率有关。Stute 等（2007）的研究发现，近地表沉积物含砂量高时，地下水的补给速率越快，地下水年龄相对较小，砷的含量较低；而沉积物是黏土等低渗透性岩性时，地下水年龄较大，砷的含量高。Aziz 等（2008）的研究也有同样的结论。他们指出地下水中砷的浓度、近地表沉积物的渗透性、地下水年龄三者关系密切。低渗透性的沉积物导致地下水垂向补给速率变慢，阻碍了地表水对于地下水的补给。因此，他们认为地下水的补给速率与生物地球化学作用一样，控制着地下水中砷的分布。Guo 等（2012）在内蒙古河套地区的研究也发现，高砷地下水的分布与湖积成因的黏土层的分布基本一致。Zhang 等（2013b）的研究发现，在内蒙古河套盆地，地下水砷含量与水力梯度有关，水力梯度越大，砷含量越高。van Geen 等（2008）的研究认为，地下水中砷分布差异与沉积物受地下水的冲洗时间有关，由于沉积物中可交换态砷的含量是一定的，如果沉积物经历了长时间的地下水冲洗历史，可交换态的砷大部分被冲洗走，则可进入地下水中的砷含量相应较低。

此外，地下水砷含量随地下水埋深变化（Guo et al.，2008；Han et al.，2013；BGS and DPHE，2001）。一般来说，高砷地下水一般赋存于浅层含水层中，而深层地下水砷含量往往较低。如在银川盆地和河套盆地，高砷地下水主要赋存于 20～30 m 深度的含水层中（Guo et al.，2008；Han et al.，2013）。在银川盆地和孟加拉盆地，深度大于 80 m 的含水层往往赋存有低砷地下水（Han et al.，2013；BGS and DPHE，2001）。

2. 高砷地下水空间预测模型

为了预测砷浓度的分布，研究人员通过选取对砷迁移释放起关键作用的指标因子建立了各种模型，如基于克里格方法的模型（Goovaerts et al.，2005），基于逻辑回归方法的模型（Amini et al.，2008；Winkel et al.，2008），后者较为成熟。对砷的富集起重要作用的是 pH（解吸附）和 Eh（铁氧化物还原性溶解）两个条件。对这两个条件起控制作用的因素有：土壤、水文、地质（沉积物年龄）、气候、高程等。依据专家经验，对各个因子进行赋值。采用统计学的逻辑回归模型，将各个参数耦合，预测砷浓度超标的发生概率。Amini 等（2008）据此划分出了世界范围内还原和氧化两种条件下，砷浓度大于 10 μg/L 概率分布图。基于现有的文献资料来看，模型预测的准确性较好。Winkel 等（2008）的研究也是基于同样的方法，他们建立了东南亚地区砷分布的预测模型，并指出苏门答腊岛和缅甸的地下水存在砷污染的风险。

但是由于影响高砷地下水的因素众多，部分影响因素的研究还没有最终定论，加之现有资料的缺乏，所以模型预测的准确性往往局限于小范围内，还不足以实际指导水资源管理实践。因此，准确砷分布模型的开发还依赖于砷释放机理的生物地球化学效应的研究，提炼出对砷富集最重要的因子及其相应表征指标。同时，使用不断丰富的水文、地质、水化学等各方面数据，来提升模型的准确性和实用性。

（二）砷的时间变化特征

地下水中砷浓度随时间的变化，也是另一个值得关注的问题，这直接关系到地下水水源的可持续利用。影响地下水砷浓度变化的因素众多。由于地下水中的砷是一种氧化还原敏感组分，任何氧化还原条件的改变均可能引起其浓度的变化。同时，在人类活动影响下，不同含水层间水的混合也会导致砷浓度的变化。国内外对此开展了多方面的研究，包括定期检测现有水井的砷浓度，设置长期的监测井并在不同的季节连续取样，对比浅深井中砷浓度的变化差异等。

1. 砷含量的季节性变化

Cheng 等（2005）在孟加拉国 Araiharzar 地区，对 20 口水井开展了为期 3 年的监测。结果显示，监测的 20 口井中，7 口浅井和 10 口深井砷的含量基本维持稳定，没有明显变化；而另外 3 口浅井中砷的含量却有明显的季节性变化趋势，最大变幅为 $50 \pm 32 \, \mu g/L$，与雨季降水的补给有关。其中 2 口井在雨季砷含量达到最大，旱季砷含量降到最低值；另外 1 口正好相反，雨季砷含量低，旱季含量高。总体上，3 口井的砷的含量与阳离子浓度及 SO_4^{2-}、Mn 含量呈负相关。对于雨季砷含量高，作者给出有两种可能解释，一是鉴于浅层含水层地下水砷含量随深度增加，雨季水位的上升可能将较深处的高砷水带到浅层，造成砷浓度增加；二是水位升高使地下水中的还原条件增强，也有利于砷的还原性释放。对于雨季砷含量低的情况，作者认为有可能是含有氧气、SO_4^{2-} 等氧化剂的地表水补给到地下水中，阻碍了砷的还原性释放。

其他学者的研究也发现，地下水中砷浓度存在季节性变化（Berg et al.，2001；Guo et al.，2013b；Han et al.，2013）。CGWB（1999）的研究结果显示，西孟加拉邦地下水的砷浓度在每年的八月份到九月份达到最低值，此时正接近雨季的终点。Berg 等（2001）对 68 口水井的研究表明，地下水中砷的最大浓度出现在雨季与旱季的过渡阶段，在旱季结束时，砷浓度达到最小。AAN（Asia Arsenic Network，1999）对 5 口监测井的研究结果表明，雨季地下水中砷的浓度要大于旱季。

而 BGS/DPHE（2001）对 32 口监测井以每 2 周 1 次的采样频率、连续 1 年的监测结果表明，大部分监测井砷中的浓度没有显著的季节性变化。van Geen 等（2003）的研究也得到类似的结果，他们对 7 口深井开展了 1 年的监测，采样频率也为每 2 周 1 次，砷的含量没有呈现明显的季节性变化。

2. 砷含量的长期变化

现有的高砷地下水长期监测资料不多。人们对此的研究多是通过间接的井龄与砷浓度的关系来推断砷含量的长期变化特征。

Chakraborti 等（2001）的研究结果表明，在调查的 100 个村庄中有 23 个村原先符合砷水质标准的水井随时间推移，出现了砷超标的情况。Rosenboom（2004）对比 30 万口井的砷浓度和井龄数据发现，井龄大的井砷超标的可能性更大，75% 井龄超过 25 年的井砷含量超标，这明显大于所有井的超标率 60%。McArthur 等（2004）研究表明，地下水中砷的超标率随井龄增加也在不断增大（图 3-7）。

van Geen 等（2003）通过分析 5 971 口井的砷浓度和井龄数据发现，地下水中砷的浓度大致以每 10 年 16±2 μg/L 的速度在增加。Stute 等（2007）的研究也显示类似的规律。他们依据同位素的测年数据和砷的浓度，推断出地下水中砷的浓度约以 23 μg/（L·a）的速度在增加（图 3-8）。

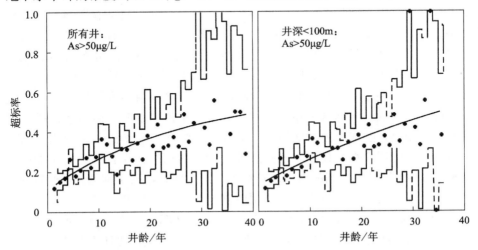

图 3-7　砷浓度超标率与井龄关系图

资料来源：McArthur et al.，2004

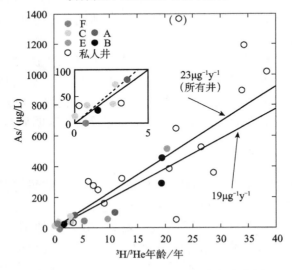

图 3-8　砷浓度随地下水 ^{3}H/^{3}He 年龄变化图

A、B、C、E、F 表示 5 个不同位置的分层井，其中 B 井的砷浓大于 50 μg/L；

A 和 E 是高砷和低砷的混合井；C 和 F 井的砷浓度小于 50 μg/L

资料来源：Stute et al.，2007

这种基于井龄和地下水中砷浓度关系得出的砷含量随时间增加不断升高的结论，也存在诸多争议。因为在认识到砷问题的危害性后，人们在钻取新井时有意识地避开了一些可能的高砷区，这给数据造成了明显的系统误差。

3. 深层低砷地下水开采后的含量变化

在孟加拉地区，浅层高砷地下水分布较为普遍。但是现有的研究结果表明，大部分深层地下水（>150 m）的砷浓度符合 WHO 的饮水标准 10 μg/L（Fendorf，et al.，2010；BGS and DPHE，2001；Rosenboom，2004）。因此，人们钻掘深井来开辟新水源。但是对于深层地下水的开采是否会造成浅层高砷地下水的垂向补给，进而带来砷以及与砷释放有关的化学组分，也是一个迫切需要解决的问题。

Michael 和 Voss（2008）的研究认为，深层地下水开采产生的水力梯度的增加会造成浅部高砷地下水的入渗，进而造成深层地下水的砷污染。他们通过量化水文地质条件和建立水量均衡模型，研究了深部低砷地下水的可持续能力。结果表明，如果深部的地下水只用作饮水水源而不用来灌溉，1000年内，深层地下水都是安全的饮水水源。Burgess 等（2010）的研究认为，沉积物的化学组分和在含砷地下水中的暴露时间会影响沉积物对砷的吸附。他们在考虑沉积物的砷吸附行为而建立的地下水流模型显示，大量的深层地下水用于灌溉，会大大降低深层地下水作为饮用水水源的安全性，其可持续性可能不到 100 年，而仅用于饮水，能保证几百年的稳定安全供水。

砷在进入深层地下水过程中会产生明显的吸附行为。为了定量表征这种吸附行为对砷迁移的影响，Radloff 等（2011）在孟加拉地区进行了野外的现场原位试验。通过向深层地下水中注入砷，他们发现 24 小时内砷的含量下降了 70%。他们将砷的吸附行为耦合到水量模型中进行模拟，结果也显示深层水只用作饮水水源，其安全性是有保障的。

目前，对于深层含水层对于砷的脆弱性研究还处于起步阶段。因此，有必要进一步对深层含水层的岩性、水力联系、水头、沉积物的矿物组分、沉积物吸附特征、地下水年龄等进行研究，提高深层含水层砷的脆弱性模型的可靠性和准确性。

（三）人类活动对砷富集的影响

研究人类活动对于砷的富集究竟有无影响，具有很强的现实意义。在此基础上，可以改变一些人类的生产建设活动，从而使地下水中的砷浓度朝着对人类有利的方向发展。人类活动对地下水砷浓度的影响主要体现在改变了地下水的天然流场，造成了地下水氧化还原条件改变或者导致地下水补给差异，引入了砷或与砷迁移有关的组分。现有的研究关注了以下几个方面：地下水开采活动、池塘等水利设施的兴建、农业活动、灌溉沟渠等。

人类活动对地下水中砷浓度的影响最有突破性，也最具争议的观点是2002年Harvey等在《科学》期刊发表的论文中提出的。他们通过分析地下水中有机碳和无机碳的同位素年龄发现，后者的年龄要明显小于前者。结合地下水与地表水的水量分析结果，他们认为是人类的大量开采活动改变了地下水的天然流场使得池塘等地表水入渗补给地下水，地表活性有机物随之进入含水层，导致了孟加拉地区大面积高砷地下水的出现（Harvey et al.，2002；Harvey et al.，2006）。这种观点得到了Polizzotto和Neumann等的继承和发展。Polizzotto等（2008）在《自然》期刊上发表文章称，近地表的湿地沉积物是地下水中砷的主要来源。他们在柬埔寨湄公河地区的研究发现，入渗的地表水中富含活性高有机物，造成在湿地底部沉积物中的砷在微生物作用下被大量释放出来，进而随地下水流进入含水层。Neumann等（2010）的研究发现，人类的开采行为造成了地表水体对地下水的入渗补给。不同补给来源的地下水，其砷浓度有明显差异：来源于地表池塘的地下水由于富含易于生物降解的有机物，砷的含量最高；而来自农田水补给的地下水，其有机物生物活性低，砷的含量很低。

这种观点也遭到了众多的质疑。van Geen等（2003）认为，如果是近几十年来的人工大量抽水灌溉造成了地表水体对地下水的补给，那么高砷地下水中应该含有^3H，而事实上他们的研究数据以及Aggarwal等（2003）的结果均没有发现^3H。Klump等（2006）对孟加拉地区地下水中He同位素以及^3H的研究发现，砷浓度最高处的地下水年龄远大于30年；进一步的数值模拟结果显示，深层地下水与浅层发生了混合，地表水入渗的情况没有出现。Aggarwal等（2003）认为，虽然经历了20年的大量抽取地下水，1979年和1999年的浅层地下水的氢氧同位素以及碳同位素组成没有明显变化，说明地下水的补给来源并没有发生明显变化。同时，30年（1967～1997年）的水位监测数据也表明，近25年抽水历史以来地下水位的季节波动明显小于此前，说明没有发生明显的垂向水力联系。Sengupta等（2008）的研究结果显示，西孟加拉邦地表水体和地下水的氢氧同位素组成以及常量组分（K、Ca、Mg）有显著差异，两者没有发生明显混合，因此地表水体补给地下水，引入高活性有机物造成砷大量释放的观点不能成立。

农业活动造成与砷释放有关的氧化还原化学组分、竞争性阴离子的引入，对砷的浓度产生影响。Kim 等（2009）的研究显示，在渗透性较好的农业耕作区，地表的 NO_3^- 和 SO_4^{2-} 等氧化剂渗入地下水中，降低了水中砷的浓度。

与人类的灌溉活动有关的沟渠排干的兴建，会改变天然地下水流场、氧化还原条件进而改变水砷浓度。Guo 等（2012）在内蒙古河套地区的研究表明，灌渠和排干的兴建，使得周围地下水氧化性增强，水砷浓度相应较低，随离灌渠和排干距离的增加，地下水还原性增强，砷浓度升高。

四、未来的研究趋势

针对上述热点问题，今后应增强野外的长期监测、室内的模拟实验、同位素技术手段的应用等，揭示水文地质和生物地球化学多重作用下砷等元素的释放机制。

1. 野外的长期监测

季节性地下水位的波动、水中氧化还原敏感组分的变化、人类活动的介入等均可能对砷等元素的含量造成影响。现有监测数据的时间序列往往较短，不足以揭示砷等元素变化的内在机制。监测水位和化学组分等水文地球化学因素的变化与砷等元素含量的关系，可有效揭示控制砷等元素释放的关键驱动因素。

2. 室内实验

已有的室内研究发现，部分微生物在人为添加特定有机物的情况下，可加速沉积物中砷等元素的释放。但现有的室内实验往往只考虑个别种类的微生物和简单有机物的作用。在今后的研究中，应选取地下水中的土著微生物以及天然有机物进行室内模拟的实验。同时，采集野外现场沉积物和地下水样开展大型的室内模拟实验，通过对边界条件的有效控制，探究砷等元素的变化规律以及富集机理。

3. 加强同位素水文地质学研究

氢氧同位素可以一定程度上表征地下水的补给来源；碳同位素不仅可以揭示地下水的年龄，还可以解释水中无机碳的来源以及伴随的生物地球化学作用。此外，砷的释放往往伴随着铁的还原性溶解，对于沉积物和水中铁同位素的研究，可以揭示铁的氧化还原行为，进而认识伴随的砷的释放机制。

深入开展地下水系统的同位素研究，有助于揭示地下水砷等元素的来源、成因以及生物地球化学作用，加深人们对砷等元素释放机制的认识和理解。

第三节　地下水污染与防控

一、地下水污染研究现状

(一) 地下水污染的概念与含义

关于地下水污染的概念和含义，早在 1993 年沈照理等编写的教材《水文地球化学基础》中就有全面论述。目前比较公认的定义是：凡是在人类活动影响下，地下水质变化朝着恶化方向发展的现象，统称为"地下水污染"。不管此种现象是否使水质恶化达到影响使用的程度，只要这种现象发生，就应视为污染（沈照理等，1993）。由于地下水赋存于地下岩土介质中，地下水在自然循环过程中与岩土介质发生水-岩相互作用，经过长期演化，地下水中会富集各种物质，形成多种水质类型的地下水。当某些物质达到一定浓度后，会出现不宜使用的水质现象，不属于污染。但是，在人类活动影响下，地下水的循环径流条件会直接或间接地受到不同程度影响而发生改变，打破水-岩相互作用的平衡，导致水质恶化现象产生，严格来讲，这种应当属于污染。

正因为如此，美国"国家水质评价"（NAWQA）计划认为：污染物来源非常广泛，既有人为来源，也有天然地质环境来源。地下水中那些与人类健康密切相关的大多数有机化合物都是来自人为来源的。相反，地下水中的大多数无机组分往往来自地质环境来源或者其他天然来源。

美国环保署（EPA）对污染物的定义为"任何对空气、水或土壤能产生不利影响的物理的、化学的、生物的或放射性物质"[①]。这个定义更具可操作性，它允许将水中人为来源组分和地质环境来源组分定义为污染物。然而，它并没有定义什么是"不利"，这就可能出现某些条件下是不利的，但另外一种条件下则是有利的情况。虽然，该定义同国内对污染的定义是矛盾的，它不可避免地会将地质成因的天然劣质水纳入到污染范畴。因此，就目前国内

---

① 参见：http://epa.gov/region04/superfund/qfinder/glossary.html

外情况来看，对于地下水污染概念的理解是有区别的，需要注意甄别语境和用词习惯。

（二）地下水中污染物

地下水中污染物，顾名思义就是指能够造成地下水污染的物质。理论上，在人类活动的作用和影响下，任何一种物质都可能进入到地下水中，引起水质的改变。地下水中的污染物可分为无机污染、有机污染、放射性污染、生物污染四大类。此外，环境中近年来关注的抗生素抗性基因也逐步被列入到污染物中。

1. 无机污染物

1）溶解盐类污染物

溶解盐类污染主要是指各种无机盐类组分升高所导致的污染，代表性指标和组分包括：溶解性总固体、总硬度、氯化物、硫酸盐、硝酸盐等。

能够造成溶解盐类污染的情况有多种，其中比较有代表性的是城镇地区地下水的盐污染。农业区污水灌溉也是造成盐污染的一种类型。城市污水中普遍含有营养组分 COD、氮、磷、各种溶解盐类、重金属等，可通过入渗作用进入地下水，还可以通过溶滤、离子交换作用等各种复杂反应加速土壤包气带介质中各种矿物组分的溶解淋出，从而造成地下水溶解盐类污染。

此外，集中水源地的过量开采也可能引起不同程度的盐污染。

地下水中的溶解盐类污染研究，关键在于识别人类活动的贡献。由于天然条件下也可以形成具有盐污染特征的天然劣质水，在遇到高溶解盐类的地下水时，人们往往难以识别出人类活动到底对其叠加了多少贡献。美国 NAWQA 计划（第三轮）中，已经开始尝试利用 SPARROW 模型进行自然与人类活动对地表水的影响程度的研究。他们选取溶解性总固体作为对自然与人为皆敏感的指标，通过研究其来源、负荷、运移过程、流失过程等因素，并将各因素刻画为具体的参数，综合估算其最终到达流域中的浓度来衡量其影响大小（Anning and Flynn，2014）。国内也有学者基于水化学指标背景值的获取，尝试从地下水的主要溶解类组分的水化学特征异常，来识别人类活动的影响，结果表明，柳江盆地南部石门寨镇地下水水质受到人类活动的影响较大（彭聪等，2017）。但目前的研究仅仅是开始，还有许多问题是未来需要进一步深入探讨的。

2）营养组分污染物

营养组分污染主要包括 COD、BOD、氮、磷等，在地下水中最具有代表性的营养组分污染是氮污染。地下水中的溶解氮主要有 NO_3^-、NH_4^+、NO_2^-、NH_3、N_2、N_2O 和有机氮等。其中 NO_3^-、NH_4^+ 和 NO_2^- 以离子的形式存在；而 NH_3、N_2 和 N_2O 以溶解气体的形式存在；有机氮则赋存于水中的有机质里。天然地下水中硝酸盐氮的含量通常小于 10 mg/L，超过 10 mg/L 通常被认为是人为污染所致。地下水中氮的人为来源很多，包括化肥、农家肥、城市生活污水及生活垃圾等。

氮素在环境中存在极其复杂的转化作用，这往往会影响到其在地下水中的主要存在形式。来自于化肥、农家肥、生活污水及垃圾的氮，其存在形式主要是有机氮和氨氮，有机氮在有氧或无氧的条件下均易产生矿化作用，从而释放出氨氮；而氨氮在好氧条件下可被微生物通过硝化作用转化为硝酸盐氮；硝酸盐氮又可以在缺氧或厌氧的条件下，被微生物通过反硝化作用转化为氮气。在与地表大气环境连通比较顺畅的浅层含水层中，地下水中往往会以硝酸盐氮形式存在。在一些包气带颗粒较细且富含有机质的条件下，浅层含水层与地表大气环境连通困难，地下水中往往会以氨氮的形式存在。

由于氮素的污染来源非常普遍，地下水中的硝酸盐氮污染已经成为世界上很多国家和地区面临的最严重的地下水水质安全问题。如何削减氮污染负荷，减缓地下水硝酸盐氮污染恶化趋势，是今后地下水污染防治的重要内容之一。如何科学合理地评估含水层反硝化自净能力也是值得深入探讨的科学问题。

3）重金属/类金属污染物

地下水中的重金属/类金属类污染种类比较多，常见的主要包括六价铬、砷、氟、碘、汞、镉、铅等。地下水中金属污染物和非金属污染主要来源于金属、非金属矿床的开采、冶炼、加工，以及相关工业生产企业排放废水、废渣所导致。因此，重金属/类金属类污染多发于场地尺度的地下水污染，区域尺度的地下水中比较少见。但是，含有这些污染物的地表水体渗漏、污水灌溉也是导致地下水污染的主要原因之一，某些污染严重的地区还是出现重金属/类金属类污染。据中国地质调查局调查结果，目前国内局部地区出现了多金属污染的集中片区，通常与工业聚居区及污水灌溉有关。

与溶解盐类污染相类似，如何区分天然形成的重金属/类金属劣质水和人为造成污染水也是一个难点。以常见的砷为例，我国地域广，地质、水文地质条件复杂，常常发育地质成因的高砷地下水；而人为活动可能扩大这些高砷水的分布范围。这种情况下，这些物质既有天然来源，也有人为来源，现阶段还难以将其量化区分。由于含砷矿物分布较广，天然形成的高砷地下水在世界范围内均比较常见。但同时，砷又常用于颜料、农药、药品、合金和玻璃等工业领域，这些行业的固体和液体废物的不合理排放，也会造成地下水砷污染。

2. 有机污染物

环境中的有机污染物具有种类多、含量低、危害大的特点。目前，有机污染物的分类方法并不统一。由于污染物的环境行为是由其性质决定的，而官能团是决定其性质的主要因素，所以比较有代表性的分类是按照污染物官能团进行分类的。总结国内外地下水污染的调查成果，目前常见的有机污染物包括：卤代烃类、单环芳烃类、氯代苯类、多环芳烃类、有机氯农药类、有机磷农药类、多氯联苯、酚类、酯类等。有机物类别复杂，结构千变万化，除了以上有机污染物的种类以外，还有很多种。如硝基芳烃和苯胺是重要的化工原料，主要用于国防、印染、塑料、农药和医药工业等。它们的大量生产和广泛使用，对环境造成了严重污染。

药物和个人护理品（pharmaceuticals and personal care products，PPCPs）是一类极具代表性的新型污染物，包括各种处方药、非处方药（如抗生素、消炎药、镇静剂及显影剂）、化妆品等（Daughton and Ternes，1999），近年来，先后在污水、地表水、地下水、土壤等环境中检出，且被证明可能对生态环境和人类健康具有一定的风险（Nassef et al.，2010）。国内已有报道显示，我国河流及湖泊等天然水环境中开展的相关调查研究涉及约158种PPCPs，被报道次数最多的前10种物质均为抗生素，其中磺胺类抗生素磺胺甲噁唑和磺胺甲嘧啶被报道次数最多，分别为15次和12次。非抗生素类PPCPs中萘普生和双氯芬酸的次数最多（8次），其次是布洛芬和氯贝酸（7次）。从PPCPs在所有报道中被检出的频率情况看，大部分抗生素类PPCPs在中国地表水环境中检出的频率都很高，其中东部地区多于西部地区、南方地区多于北方地区（王丹等，2014）。美国、欧洲等国家和地区先后开展了地下水中PPCPs广泛区域的调查。综合比较各地研究情况，地下水中检出率最高的物质有DEET、咖啡因、卡马西平、双酚A、磺胺甲噁唑等。由于自然衰减和地下水的稀释，因而大部分地下水中新型污染物的污染水平极低。

全氟化合物（perfluorinated chemicals，PFCs）是另外一类有代表性的

新型污染物，由于其具有优良的稳定性、表面活性以及疏水疏油性等物理化学性质而被广泛用于化工、造纸、纺织、涂料、皮革、合成洗涤剂等工业和民用领域。由于使用范围宽广，在 PFCs 的制备、生产、使用、运输、存储等过程中，PFCs 由直接和间接的污染源排放到环境中。因此，环境中全氟化合物的残留及危害引起了环境科学工作者和公众的广泛关注。

3. 生物污染物

地下水的生物污染可分为细菌、病毒及原生动物三类。由于地下水赋存于地下含水介质中，土壤包气带及含水层的吸附及过滤作用常可将尺寸较大的原生动物截留下来，因此，原生动物类生物污染较为少见，细菌和病毒类污染较为常见。但是，不排除岩溶地区地下水补给区存在天坑、落水洞，以及宽大裂隙等地表水可直接补给地下水的特殊情况。

污染地下水的病原菌主要包括大肠杆菌、鼠伤寒沙门菌、索氏志贺氏菌、空肠弯曲杆菌、结肠耶氏菌等肠道病原菌。污染地下水的病毒主要包括肠道病毒、脊髓灰质炎病毒、柯萨奇病毒、甲型肝炎病毒、轮状病毒等。它们主要来自粪便、动物尸体等。因此，化粪池、生活污水池、污水排放系统、垃圾填埋场、畜禽养殖基地等都是比较典型的污染源。在我国地下水质量标准中，明确了总大肠菌群和菌落总数两个指标，用来判断地下水受生物污染的水质状况。天然条件的地下水中总大肠菌群一般含量很低，难以检出。但是一旦遭受粪便、污水等污染，其含量会明显增高。因此它是反映地下水是否遭受污染的重要微生物指标之一。

4. 放射性污染物

放射性污染物在地下水中比较少见，且种类比较少，如 ^{226}Ra、^{238}U、^{60}Co、^{90}Sr 等，这类污染物只在局部地方发现，多与放射性物质生产和使用有关。除人为污染外，天然条件下因地质成因所导致的某些地区地下水会出现放射性异常。我国地下水质量标准中给出了总 α 放射性和总 β 放射性两个指标，用来判断地下水受放射性物质污染的水质状况。

总 α 放射性（gross alpha-particle radioactivity）是指水样中除氡以外的所有天然和人工放射性核素的 α 辐射体总称（王利华，2010）。总 α 放射性是常规的监测指标。据国内调查，地下水的总 α 放射水平为 0.04～0.4 Bq/L，最高可达 2.2 Bq/L（Guo，2014）。

总 β 放射性（gross beta-particle radioactivity）是指水样中除 ^{3}H，^{14}C、

^{35}S、^{241}Pu 以外的所有天然和人工放射性核素的 β 辐射体总称。总 β 放射性也是常规的监测指标。据国内调查，地下水的总 β 放射水平为 0.19~1.0 Bq/L，最高可达 2.9 Bq/L（National Research Council of the National Academies，2013）。

总体而言，目前我国地下水研究中对放射性污染的关注较少。Wu 等（2014）较系统地开展了山西大同盆地地下水中铀异常成因研究。Guo 等（2016）发现，在内蒙古河套盆地砷含量低的地下水往往铀含量较高，提出氧化环境和碳酸根的络合作用是高铀地下水形成的主要原因，并揭示了地下水中铀主要来源于基岩（特别是变质岩）的风化水解作用。美国 NAWQA 计划重点关注了铀和氡两种放射性组分。他们的研究表明，这些放射性组分主要来自于天然的岩石矿物，但是人类活动会影响到它们的迁移富集（图 3-9 和图 3-10），从而导致一些局部地段放射性超标现象的产生。

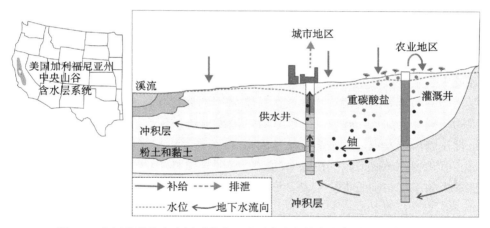

图 3-9　在河谷处的含水层系统中，地下水中的铀在含高浓度重碳酸盐的
灌溉水入渗的作用下迁移
资料来源：DeSimone et al.，2014

5. 抗生素抗性基因

近年来，医疗保健品和个人护理品的频繁使用以及养殖业中抗生素的长期滥用，导致大量有耐药性的细菌在环境中出现。因此，抗生素抗性基因作为一种新型的环境污染物引起学界关注。与传统的污染物不同，抗生素抗性基因由于其固有的生物学特性，可在不同细菌间转移和传播，甚至自我扩增，

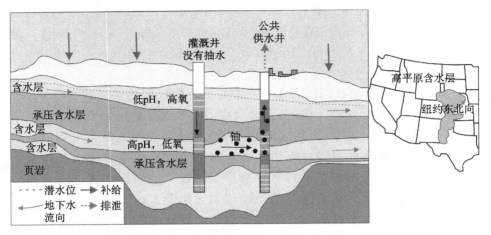

图 3-10　在高平原含水层中，流经不同层位过滤段井中地下水的混合作用
引起了地下水中铀的迁移

资料来源：DeSimone et al.，2014

可表现出独特的环境行为，其在环境中的持久性残留、传播、扩散比抗生素本身的危害还要大。抗性细菌通过人和动物粪便随着肠道细菌排出体外，是环境中抗生素抗性基因的重要来源。已有研究表明，受人类活动影响，很多受污染的河流和河流沉积物已成为抗性基因的储存库，并可能加速了抗性基因的传播。例如，Luo 等（2011）对中国海河流域河水和沉积物中的抗生素抗性基因检测发现，磺胺类抗性基因在 38 个样品中均能检测到，其丰度高达每克沉积物 10^{11} 拷贝，沉积物中的抗性基因是水样中的 120～2000 倍，且抗性基因的丰度与磺胺类抗生素呈显著正相关。

（三）地下水污染防控技术

1. 地下水污染的预防和控制

1）污染源的去除和控制

地下水污染源的去除与控制是地下水污染修复的关键环节。地下水污染修复必须在有效控制污染源的前提下，才能最大限度地提高效率。我国目前对于包气带污染源和饱水带污染源的去除控制技术方面做的工作不多。而国外，尤其是欧美国家，自 20 世纪 70 年代以来在地下水点源污染去除控制方面取得了很大的进展，且逐渐发展形成较为系统的地下水污染的去除控制技术，如原位控制法、水动力控制法等。

2）污染羽的控制

污染羽的控制包括水动力控制和地下阻滞拦截系统。水动力控制主要是利用地下水流场控制污染羽的扩展，通过减小地下水的水力梯度的方法来减缓地下水污染羽的迁移速度。也可以利用地下水的抽取或注入，达到控制地下水污染的目的，包括恢复法和压力水脊法。

通过在地下水污染源周围建立低渗透性垂直屏障将受污染水体圈闭（阻隔）起来，能够控制污染源，阻截受污染地下水流出，控制污染羽扩散。早在 20 世纪 50 年代，欧美等国家和地区就已经开始兴建泥浆垂直防渗墙来控制地下水污染的扩散，修复受污染水体。在欧洲，通过在受污染地下水周围建造垂直阻截墙，控制污染物的迁移和扩散，并配合抽取处理技术将受污染地下水抽出后进行处理，取得了很好的控制修复效果。

2. 地下水污染的修复

发达国家早在 20 世纪 70 年代就开展了地下水污染场地的修复研究和工程实践，到目前为止有许多技术和方法，较典型的地下水污染修复技术主要有异位修复技术、原位修复技术和监测自然衰减技术（MNA）等。

1）异位修复技术

异位修复技术主要是抽取-处理技术。对于污染的地下水，抽取-处理技术（pumping and treatment，PAT）是最早使用的技术。据美国 EPA 统计，在 1982～2002 年，PAT 技术的使用比例高达 68%，远远超过其他修复技术。我国于 1991～1995 年在山东淄博地区首次开展的石油污染地下水修复实践中也是采用了抽取-处理技术，有效地控制了地下水污染范围的进一步扩大。但 PAT 技术存在污染物抽取效率变差的问题。20 世纪 90 年代后一些学者提出了表面活性剂增效修复（SEAR）技术，利用表面活性剂溶液对憎水性有机污染物的增溶作用和增流作用来清除吸附于含水层介质中的非水相液体（NAPL）污染物，强化了 PAT 技术的效率。

2）原位修复技术

近年来，污染场地的原位修复技术受到人们的广泛关注。和异位修复法相比，原位修复能最高程度地减少污染物的暴露和对环境的扰动，是一种很有发展前景的修复技术。国际上较常用的污染场地原位修复技术有：土壤气体抽取（SVE）、原位冲洗、地下水空气扰动技术（AS）、可渗透反应屏障（墙/带）技术（PRB/RZ）、原位化学氧化技术（ISCO）与原位化学还原技术（ISCR）、原位生物修复技术等。

（1）土壤气体抽取技术。是对包气带土中挥发性有机污染进行修复的方法，使包气带土（或土-水）中的污染物进入气相，进而排出处理。SVE 系统要求在包气带中设立抽气井（井群），使用真空泵在地表抽取包气带中的空气，抽出的气体要经过处理后排入大气。

（2）地下水空气扰动技术。该技术最早在德国应用。实践表明，该技术对于地下水挥发性组分的去除非常有效，如汽油、与苯类（BTEX）成分有关的其他燃料、氯化溶剂等，不适用于非挥发性的污染物，且受地层介质条件限制，不适合在低渗透率的含水层中使用。

（3）可渗透反应屏障（墙/带）技术。20 世纪 90 年代，加拿大滑铁卢大学 Robert Gillham 教授提出了可渗透反应屏障（permeable reactive barrier，PRB）技术，对地下水污染进行原位修复，并在一些发达国家污染场地的修复中取得了显著的效果。首先在污染源的下游开挖沟槽，然后充填反应介质，使之与流经的污染地下水进行反应，使污染物得到处理。用于反应的充填介质可以包括零价铁、微生物、活性炭、泥炭、蒙脱石、石灰、锯屑或其他物质。污染物与注入的介质发生物理、化学和生物化学作用而使地下水中的污染物得以阻截、固定或降解。

（4）原位化学氧化与还原技术。通过在地下环境中注入"氧化"或"还原"药剂，使其与介质和地下水中的污染物发生作用，污染物被氧化或还原得以去除。常用的氧化药剂包括：高锰酸盐、过氧化氢、臭氧、过硫酸盐等。常用的还原药剂包括：零价铁、双金属还原剂、连二亚硫酸钠、多硫化钙等。

（5）原位生物修复技术。从 20 世纪 70 年代开始，发达国家就开始进行污染土壤、含水层的微生物原位修复研究，目前已有许多污染场地的工程实例。在已有的各种污染场地修复技术中，原位生物修复技术具有投资低、效益好、应用简便等特点。目前研究应用比较多的主要是激活土著微生物和注入优势菌种两种方法。

3）监测自然衰减技术

当污染物泄漏进入土壤或地下水中，一些天然过程可以分解和改变这些化学物质。这些过程统称为自然衰减，它包括土壤颗粒的吸附、污染质的微生物降解、在地下水中的稀释和弥散等。由于土壤颗粒的吸附，一些污染物不会迁移到场地以外；微生物降解是污染物分解的重要作用；稀释和弥散虽不能分解污染物，但可以有效地降低许多场地的污染风险。

二、地下水污染研究中存在的问题

近年来，随着人类社会经济发展、人口增加以及生活水平提高，一方面人类活动对地下水环境的影响日益加剧，地下水遭受污染的程度和范围不断扩大；另一方面，检测技术水平的提高以及人类对地下水污染关注不断增高，使得越来越多的地下水污染被报道出来，地下水污染多样化、复杂化趋势明显。在地下水污染研究过程中，制约其发展的主要环节包括检测技术、评估方法、环境行为以及防控技术等。

（一）检测技术

地下水中的化学组分纷繁复杂，污染物的检测技术方法是帮助人们发现地下水污染的最重要手段。在当前的检测技术水平条件下，传统的无机污染组分，包括溶解盐类、痕量重金属/非金属，以及一些反映地下水水质特征的综合性指标均已成熟。对于一些常见的地下水中的痕量有机污染物的检测技术也逐步成熟。但是由于有机污染物的种类非常繁多，且在地下水环境中多为痕量，特别是对于环境中产生的一些人工合成的新型有机化合物，检测技术方法的先进与否，往往决定了是否能在地下水中发现这些痕量的污染物，并准确定量。地下水中痕量有机污染物的检测技术已成为未来地下水污染调查研究的重要支撑。

对于地下水中的有机污染物常用的分析方法有气相色谱法和高效液相色谱法。近年来，包括电感耦合等离子体质谱技术、全二维气相色谱技术、气相色谱-质谱联用技术、高效液相色谱-质谱联用技术等发展迅猛，为地下水污染调查研究提供了有力的技术手段。但是，未来相当长的一段时期内，由于环境中污染物产生和发现的速度远远赶不上人类活动向环境中释放污染物的速度，也就不可避免地存在检测仪器及检测技术水平的发展远远不能满足地下水污染检测需求的现象。

（二）评估方法

地下水污染调查研究过程中，对地下水污染的一系列评估技术方法是人们认知地下水污染的重要技术手段，也是应对地下水污染决策制定的重要科学依据。由于地下水污染的多样性和复杂性，涉及地下水污染的评估技术仍是未来相当长一段时间内研究的重点。

1. 地下水的污染识别与判定评估

对于既有人为来源的也有天然地质环境来源的污染物而言，如何判定其是否污染，如何区分天然劣质水和污染水成为回答地下水水质成因的一个关键，它直接关系到地下水污染防控决策和措施的制定。

这里我们暂将水质不安全类型分为三大类：劣质水、劣变水、污染水。所谓劣质水，是指天然地质环境条件下形成的水质不合格水；所谓劣变水是指影响水质的物质是天然环境存在的，人类活动往往改变了其赋存状态，从而导致其加速、过量进入地下水引起水质恶化，所形成的水质不合格水；所谓污染水是指人类活动影响下，来源于人为污染源的物质输入到地下水中，所形成的水质不合格地下水。针对劣变水，应当从如何合理控制人类活动的强度，减缓或降低对地下水影响的角度出发。输入性污染通常有特定的污染来源，从污染源防控角度出发是解决这类问题的关键。从上述分析可以看出，科学准确地区分、评估和判定劣质水、劣变水、污染水对于围绕地下水供水的水质不安全问题的如分质供水、污染防控、水质改善等国家重大策略都具有重要的实际意义。

2. 地下水污染的危害性评估

人类活动不可避免地会造成地下水污染，故关键在于把地下水污染防控到可接受的范围内。这就需要开展一系列的地下水污染危害性评估，它是确定地下水污染防控所要达到目标的重要确定依据。由于地下水的功能具有多样性，其所涉及的危害性评估或者安全性评估种类繁多。目前涉及危害性评估的关键问题主要包括污染物的环境低剂量累计毒理学效应、多污染物环境毒理学的协同效应、地下水中污染物暴露途径等方面。

由于地下水污染物种类非常繁多，且很多有毒有害的污染物在地下水中多为痕量水平，其危害性的显现往往是通过长时间的累积、传递、富集最终才在目标受体中显现出危害。这就导致关于其毒理学特征的研究与有毒物质大剂量毒害研究不同，动植物的饲喂方式研究所取得成果应用到环境领域往往会出现较大的偏差。正是由于这些原因，环境中污染物的毒理学参数的缺乏已成为制约各种危害性评估开展的瓶颈，特别是对于近年来环境中不断涌现的一些新型污染物，如药物和个人护理品类、内分泌干扰素、全氟类有机化合物等。尽管美国 EPA 及国际癌症机构每年都会有新的数据不断补充污染物环境毒理学数据库，但其速度仍远跟不上人们对污染物环境危害性评估的要求，这一问题将是相关领域长期关注的热点。此外，多种污染物的协同毒理学效应也是危害性评估的一个关键点，该领域是目前研究的一个薄弱点，在众多的危害性评估模型中，几乎很少有能将这一问题考虑进去的，其必将成为未来需要重点关注和解决的问题。

　　暴露途径是污染物从环境介质到达目标受体的途径，在危害性评估中是关键一环。目前的各种评估模型中，暴露途径多根据经验确定，不同暴露途径中污染物的变化过程往往被高度概化。这就导致评估结果的不确定性偏高和准确性偏低的现象。如何进一步完善暴露途径的确定是所有危害性评估所面临的重要问题。

3. 地下水污染的发展趋势评估

　　地下水污染发展演化趋势评估，是基于已知时间序列的地下水污染发展变化，结合人类活动未来可能产生的变化趋势所开展的趋势评估，它是为地下水污染防治提供决策的依据，也是地下水污染防控中的预警预报的基础。

　　长期以来，由于地下水污染问题受重视程度不够，我国长期性的地下水监测工作投入严重不足，区域性的监测网数量少、密度低，服务于地下水污染发展演化趋势评估的时间序列基础资料严重不足。全国范围的区域性地下水污染调查工作也严重滞后。美国 NAWQA 计划自 1999 年启动，每 10 年完成一轮全国范围内的主要含水层水质调查评价工作，目前正在实施第三轮。而我国 2016 年才刚刚完成第一轮调查工作。2016 年，中国地质调查局启动了含水层水质综合调查工程，标志着第二轮全国地下水污染调查工作开始。这些工程的实施为地下水污染发展演化趋势评估开展提供了可能。

　　美国 NAWQA 计划（第三轮）制定的目标中，"评估国家淡水资源现状的质量和水质如何随时间变化"和"预测人类活动、气候变化、管理策略对未来的水质和生态条件的影响"是其重要组成内容。我国的含水层水质综合调查工程也将"基本查明地下水水质和污染变化趋势"作为总体目标之一。由此可见，地下水污染发展趋势评估必将成为未来一段时期的研究重点，但是，相关的技术方法目前尚属于探索阶段。

（三）环境行为

　　如前所述，污染物的环境行为在很大程度上影响和决定了它们是否容易进入地下水，是否长期存在以及是否会转化为其他污染物等。因此，污染物在地质环境中的行为特征及归宿涉及地下水污染研究领域的各个方面。长期以来不同污染物在环境中的行为特征及归宿研究一直是该领域的研究热点。地下水中污染物种类多样化，地下水环境介质条件的多样化，以及污染物环境行为包括挥发、吸附、降解、氧化还原、溶解沉淀等迁移转化多个方面，使得这一问题的研究变得非常复杂。目前，在诸多的污染物环境行为研究中，有机污染物的吸附和生物降解关注最多。

在污染物吸附领域，从早期以 Karickhoff（1981）为代表的学者提出了分配理论模型，到 20 世纪 90 年代分别出现的以 Weber 等（1992）和 Huang 等（1997）为代表的学者所提出的分布式反应模型（a distributed reactivity model），以 Xing 和 Pignatello（1997）为代表的学者所提出的双模式吸附模型（Dual-mode model），以 Abraham（1993）为代表的学者所提出的多参数 LFERs 模型（polyparameter Liner Free Energy Relationships），再到有机矿质复合体对有机污染物的吸附行为研究。由于环境介质组成的复杂性，以及污染物的物理化学性质的差异性普遍存在，其理论的研究多采用宏观吸附解吸实验所表现的吸附规律，辅助以扫描电镜、红外光谱、核磁共振、纳米二次离子质谱技术等表征手段，探索其吸附机制。从分子角度直接揭示其机制的方式仍受到技术手段的限制，严重制约了该领域的深入发展。

在生物降解领域，微生物学领域的现代凝胶电泳-基因扩增技术的加入，为有机污染物在环境中的降解研究提供了重要手段，特别是针对那些持久性高危害的有机污染物。长期以来人们持续关注，不断发现、分离、鉴别出新的降解微生物，探索出不同污染物的降解途径以及影响和控制因素，有不少研究成果已逐步应用到水土环境中有机污染的原位修复实践中。但是由于环境中出现的污染物种类越来越多，该领域的研究仍处于相对滞后状态。

（四）防控技术

地下水污染防控需要综合分析水文地质条件、污染源（潜在污染源）等多方面因素，在地下水污染调查、风险评价的基础上，采取"预防—控制—修复"的策略。我国于 2011 年发布了《全国地下水污染防治规划（2011～2020 年）》，针对地下水的污染开展了预防、控制和治理工作。取得了一定的成效，但也存在以下问题。

1. 没有国家层面的地下水污染场地清单

没有建立系统的全国地下水污染场地清单，包括污染场地的分类、分级以及风险评价。所以，很难针对不同的风险，开展地下水污染场地的防控和修复工作。地下水污染防治工作由于现状不清，缺少系统性和目标性。

2. 地下水污染场地管理法规不健全

目前，我国针对地下水污染场地管理的制度和法规处在逐步地建立和完善的过程中。人们往往关注表层的土壤污染问题，对于地下水的污染问题重视不够。由于法规的不健全，地下水污染的防控缺少依据、约束和动力。

3. 对地下水污染控制与修复的认识存在误区

无论是管理层面还是修复从业者，普遍认为地下水污染的修复耗资巨大，目前难以承受。这在某种程度上是由于缺少水文地质方面的背景所导致的不准确的认识。实际上，并不是所有的地下水污染控制与修复技术都是昂贵的，并不是所有的地下水污染都要修复到饮用水标准，并不是所有的地下水污染都需要修复。只要科学地进行地下水污染场地的调查、风险评估，在此基础上，开展地下水污染的控制与修复，正如许多发达国家所做的一样，这在我国也是切实可行的。

4. 轻视地下水污染场地的调查工作，急于修复

就我国地下水污染场地的修复对于场地的调查工作要求重视不够，往往只进行简单的调查，就急急忙忙开展修复。场地调查、诊断资料的不足，影响了风险管理手段的选择、修复技术的选择，修复很难达到经济、理想的效果。而且对于修复的时间周期要求不切实际，为了场地的使用，任意压缩场地修复所需要的时间。

5. 亟待联合运用多种技术进行综合修复技术的集成

自然衰减方法可以和其他治理方法联合使用，可以使治理的时间缩短。发达国家非常重视污染场地的自然衰减修复技术，目前研究的热点除了监测下的自然衰减修复技术（MNA），还有增强自然衰减修复技术（ENA）。我国污染场地的控制与修复技术正处于探索阶段，研究工作刚刚起步，急需适合我国实际情况的污染场地修复技术集成。联合运用多种技术进行综合修复技术的集成是污染场地净化与修复的发展方向。

综上所述，我国地下水污染的防控还需要从认知层面和方法技术层面开展细致的工作。

三、地下水污染研究的发展趋势

(一) 背景值研究

如何科学、合理地确定不同地下水系统、单元的地下水水化学背景值，

是地下水污染识别、评价以及人类活动影响程度识别的关键。传统概念认为，地下水环境背景值是指地下水中各要素在未受环境污染情况下的天然特征值，它反映了在天然环境的存在和发展下地下水中各要素的演化过程及其变化特征。人类活动不可避免地对地下水水质和水量的演化产生不同程度的影响，这也就造成了现阶段根本无法找出严格意义上的背景值。这种情况下，因为囿于背景值概念的制约，找不到突破口，背景值的问题在相当长的一段时间内被搁置。但是不解决背景值的问题，就无法科学合理地开展地下水污染评价。因此，只有突破传统概念，建立满足污染评价需要的新概念，方能从根本上解决这一问题。

为解决这一问题，近年来提出了视背景值（present baseline）的概念，即地下水在天然状态下叠加人类正常活动影响所形成的各水化学组分特征含量、变化范围、比例关系等，它反映了地下水中各水化学要素随自然环境的存在和发展以及人类正常活动影响条件下而演化和发展的过程及特征。视背景值的概念，关键在于将人类正常活动对地下水水化学特征的影响和改变，纳入到背景值形成的概念范畴，而将异常的、突出的、不符合地下水污染防治策略以及法律法规的人类活动对地下水水质改变的影响作为背景值范围以外形成的异常。这样一来，不仅可以解决天然背景值根本无法获取的矛盾，而且能够更好地、有针对性地识别人类活动异常影响对地下水水化学的改变以及所造成的污染，同时有效避免天然条件下形成的劣质水问题，使得地下水污染调查评价工作能够更好地掌握由人类活动引起的异常及其发展的程度，并对其进行优先控制和治理。从这种意义上说，其对于地下水污染防控更具有针对性和可操作性。不同于传统意义的地下水背景值，视背景值的研究必须在合理划分不同的地下水系统单元的基础上，将天然水化学基本原理与污染水化学原理结合在一起，综合考虑天然条件下地下水的水化学演化规律、水化学特征以及人类正常活动影响的水化学演化规律及特征，这样得出的背景值才能够为后续各项评价工作提供更科学合理的依据。

国际上，早在 1996 年，英国地质调查局开展了英格兰和威尔士两地地下水环境背景值的调查，1998 年初步完成了 7 个主要含水层的背景值确定工作。调查结果还指出了地下水水质天然变化的原因，对地下水水质的发展趋势和被污染地下水修复的时间进行了预估。2005～2007 年，根据各国地下水环境背景值研究尺度和研究程度不同，欧洲 14 个国家运用不同的方法来确定各国的地下水环境背景值，并为地下水阈值的建立奠定了基础。2008 年，欧盟各成员国对地下水水质展开了详细调查，其主要目标是确定地下水环境背景值，阐明其水化学演化过程，并对定义什么组分构成污染提供基础框架。Edmunds 和 Shand 合著的《天然地下水水质》（*Natural Groundwater Quality*）（2008）中，汇总了 12 个国家 25 个含水层的监测数据，并探讨了地下水背景值趋势、监测技术及政策制定等问题。

国内配合全国地下水污染调查综合研究，曾颖（2015）和廖磊（2016）以柳江盆地为典型区，建立了基于天然水化学特征及污染水化学特征，区分主要组分、次要组分、微量组分的水化学特征及数理统计的异常识别技术方法以及背景值计算方法。该方法不仅能够实现传统上基于数理统计方法的异常识别，还可以针对人类活动引起的水化学特征异常进行识别。但是，目前的研究成果尚不能满足全面系统地开展背景值建立工作的需要。由此可见，科学合理地开展背景值建立方法的研究，以及全国范围内各主要含水层系统单元的背景值建立是今后一项长期的重要基础工作。

（二）人类活动的识别

人类活动对地下水的影响不仅表现在有毒有害的污染组分的输入，而且还对地下水的水化学场产生重大影响，打破了天然的地下水水化学平衡，导致原本的优质地下水或天然劣质地下水产生劣变。在传统的水质评价和污染评价工作中，人类活动的影响常被简单地作为水质恶化或污染的原因，但是从来没有进行过量化和贡献识别。水质评价反映的是水质现状，不能具体准确地反映人类活动的影响；而污染评价虽可作为人类活动影响的标尺，但是其反映的多是有毒有害物质在人类活动影响下向地下水中的输入情况，对于人类活动对地下水水化学场产生重大影响识别则无能为力。因此，人类活动的识别量化评估是内涵和外延均高于污染评价的一项工作，是一项更能全面反映人类活动对地下水水质影响的综合评价工作。

在美国 NAWQA 计划中，将"评估人类活动和自然因素，如土地使用、水资源利用和气候变化等，如何影响地表水和地下水质量"作为第三轮工作的主要目标之一，并且也有了一些良好的尝试和探索。就我国地下水监测工程及含水层水质综合调查工程而言，开展人类活动对地下水影响的识别和评估也是主要目标之一。目前国内外学者已有部分尝试工作，主要有正反两种思路：其一是基于各种人类活动的指标体系，如土地利用、人口密度、地下水开采、污染源分布等，采用叠置指数法正向构建评价体系和方法（张翠云和王昭，2004；王金哲等，2010）；其二是从人类活动对地下水水质影响作用的最终结果——地下水水质本身出发，反向构建基于水化学特征异常识别和污染识别的人类活动影响量化评价方法（赵微等，2013；Huang et al.，2014；刘林等，2014；彭聪，2017）。

通过开展人类活动对地下水水质影响的量化识别评价，能够更全面地量化人类活动引起的各种水质问题，准确识别人类活动对输入性污染、诱导型水质恶化以及水化学场变化的贡献。这项工作的开展不仅对污染防控，而且对水质演化和分质供水都具有重要的现实意义，对于再认识地下水水质问题也具有重要的理论意义。

（三）地下水污染发展演化趋势

基于已知时间序列的地下水污染发展变化，结合人类活动未来可能产生的变化所开展的趋势评估，是地下水污染防治决策制定的重要依据，也是地下水污染防控中的预警预报的基础。美国NAWQA计划，以及我国开展的地下水监测工程、含水层水质调查工程，均将评估人类活动影响下的地下水污染发展演化趋势作为重要目标之一。

关于地下水污染发展演化趋势评估的技术方法，目前还鲜有文章的报道，但从其构成和本质上可以分析得出，要解决这一问题，首先要研究以往地下水污染在人类活动影响下的演化特征和影响控制因素。只有梳理清楚既往的各种因素、各种作用对地下水中水质变化的影响，才有可能依据未来人类活动可能产生的变化，预测污染演化趋势。由此可见，地下水污染发展演化趋势是以背景值研究、人类活动识别为基础的更高层次的预测评估，是区域地下水污染研究未来发展的重要趋势。

（四）新型污染物的调查评价

近20年来，随着检测技术方法的提高，越来越多痕量的新型污染物在地下水环境中检出，并引起关注。尽管目前对这些新型污染物的认知水平尚不高，很多污染物的毒理学参数、危害性、水质标准、环境行为等尚处于未知状态，但是掌握其在区域地下水、重要水源地中的基本状况非常重要。

美国NAWQA计划（第三轮）中，针对全国尺度的区域地下水水质调查，覆盖了全国62个主要含水层，选择了包括公共供水井、私人供水井及监测井等共计6600个水井进行采样分析；监测指标共282项，除了反映水质基本状况的物理指标等具有天然来源的39项组分外，主要考虑了具有人为来源污染组分，包括农药及杀虫剂150项、挥发性有机物85项。近年来，美国、欧洲等国家和地区先后开展了地下水广泛区域的调查。地下水中除常规污染物外，相继发现超过 180 种新型污染物，其中药物和全氟有机物问题突出（Marianne et al.，2012）。2010 年结束的第一次全欧地下水新型污染物调查，对欧洲地下水中的极性有机物做了广泛的研究，包括药物和全氟有机物等新型污染物均被检出（Loos et al.，2010）。

中国地质调查局在开展的第一轮全国地下水污染调查中，所规定的1∶25万区域地下水污染调查指标仅有 71 项。其中，反映水质基本状况的物理指标、主要离子组分、痕量元素有 35 项组分或指标，具有人为来源污染组分包括有机氯农药 11 项，以及挥发性有机物、卤代烃、氯代苯、单环芳烃等 25 项。可见我国开展的相关调查从检测指标上明显滞后于国际先进水平。因此，不断增加检测指标，持续开展区域性地下水污染调查评价是今后发展的重要趋势。

（五）环境毒理学研究

污染物的环境毒理学研究是制定水质标准、开展水质评价、污染物环境危害、地下水污染健康风险及生态风险评价的基础。早期美国 NAWQA 计划在实施过程中，存在检测的污染物中有大量无法找到评价参考依据的现象。为了解决这一问题，由美国地调局联合美国 EPA 等机构于 1998 年开始建立基于健康的基准值（health-based screening levels，HBSLs），并于 2003 年公布报告 "*Development of Health-Based Screening Levels for Use in State- or Local-Scale Water-Quality Assessments*"，2007 年对 HBSLs 实际应用存在的问题进行了修正。HBSLs 的建立主要是针对那些饮用水标准中无强制执行标准浓度值的污染物，采用基于健康影响计算，是一个非强制执行标准，它的建立方法与美国 EPA 地下水及饮用水办公室用于建立饮用水健康咨询值（health advisory）和风险剂量值 RSD 值相一致。HBSLs 建立过程中，最关键的就是毒理学参数，没有毒理学参数就无从建立 HBSLs，由此可见环境毒理学研究是涉及地下水污染危害性评估的重要基础。环境中污染物的毒理学参数的缺乏已成为制约各种危害性评估开展的瓶颈。尽管美国 EPA、国际癌症研究机构（IARC）以及其他一些研究机构，每年都会有新的数据不断补充污染物环境毒理学数据库，但其速度仍远跟不上人们对污染物环境危害性评估的要求，这一问题将是相关领域长期关注的热点。

（六）地下水污染的源识别

地下水污染的源识别既是区域尺度地下水污染防控的主要依据，也是场地地下水污染修复的关键。只有弄清楚污染物的来源和途径，才能有针对性地切断污染来源、阻控污染途径。正如前述，地下水污染的形成受到污染源特征、人类活动方式及污染途径、地下水埋藏条件、污染物的环境行为等多种因素的影响，地下水的污染物经历了多种因素的影响，其来源和途径的识别难度可想而知。因此，地下水污染的源识别研究是地下水污染领域一个重要难题。近年来，这一领域一直是业内人士关注的热点，一些新的技术方法不断涌现。例如：基于同位素分子标识物的源识别技术，是一种利用污染物来源中所具有的特殊标示性同位素组成，及其在污染物迁移转化过程中同位素分馏的特征进行源识别的技术；利用不同来源的同种污染物具有相同组分、官能团或者其他物理化学构成特征的指纹图谱识别技术来识别污染源；利用聚类分析、因子分析结合污染物的水化学演化特征进行污染来源识别；利用混合污染物在包气带地下水中迁移转化差异性特征，结合污染源及地下水的响应关系识别地下水污染来源等。

尽管新的研究成果和技术方法不断涌现，但已有的技术要么成本过高、适用范围过窄，要么仅能初步地、概略地实现来源识别。更为科学、精准地定量源识别是地下水污染防控的关键，只有准确掌握地下水污染来源及途径，才能更有对症下药。因此，源识别技术仍是地下水污染防治的技术瓶颈，也是未来地下水污染研究领域亟待攻克的难题。

（七）污染物的迁移转化机理研究

污染物的迁移转化行为特征，也在很大程度上影响和决定了它们是否容易进入地下水，是否能够长期存在以及是否可转化为其他污染物等。因此，污染物在地质环境中的迁移转化机理涉及地下水污染研究领域的各个方面，长期以来一直是该领域的研究热点。涉及污染物的迁移行为，近年来多相流迁移模式广受关注，特别是有机溶剂类的非水溶相液体通过泄露方式污染地下水的过程中，介质中污染物的迁移不仅局限于溶解相，还有可能同时具有非水溶相和气相。这种污染物以多种相态在环境介质中的迁移，变得极为复杂，其迁移机制仍有待于进一步探索，而现有的理论难以对其进行刻画。

除此之外，近年来人们不断发现，按照传统的溶质迁移理论和方法进行的模拟预测，很多情况下难以合理解释实际观测到的污染物迁移情况。地下水中的胶体对污染物的迁移行为影响的研究，逐步受到重视。地下水中广泛存在各种无机胶体和有机胶体，其存在将原本水溶液-固相介质两者之间关系，变成了胶体-污染物、固相介质-污染物、胶体-固相介质三者之间的复杂关系。地下水中的胶体对目标污染的迁移是促进作用还是抑制作用？是什么样的条件控制着胶体存在条件下污染物的迁移行为？这一系列问题都是目前的研究尚不能准确科学回答的。

（八）防控技术研究

1. 强调修复技术的可持续性和绿色修复

地下水污染的修复技术发展非常迅速，各种修复技术通过实践应用不断得到完善。其中原位修复技术和监测自然衰减是最受关注的修复技术。

地下水污染场地修复技术的选择一般从技术的可接受性、场地可应用性、有效性、修复时间、修复费用5个方面进行评估。修复技术的低成本、高效率、可持续始终是污染修复追求的目标。目前国际上地下水污染修复技术的发展方向是可持续修复和绿色修复，既要考虑修复技术的经济性，又要考虑其环境友好性。

2. 地下水污染修复技术的发展趋势

目前虽然国外已有许多成功的地下水污染修复工程实践经验，但污染的修复仍面临着挑战，在污染修复过程中有很多问题还有待于进一步研究解决。地下水污染本身就存在着非均质性和不确定性，这种不确定性是许多问题的根源。因此，未来的修复技术要针对地下环境的不确定性，向着低成本、高效率、可持续修复等方面不断发展。

（1）非确定性的定量化和最小化。地下环境的不确定性是不可避免、必然存在的，如取样的代表性问题、介质分布的非均质性、随机性等。一般在修复决策过程中，很少定量考虑这种不确定性。因此，需要充分利用计算机模型进行模拟分析，在管理决策和修复技术效果分析中使非确定性定量化和最小化。

（2）基本原理和过程的进一步认识。修复过程中的物理、化学和生物作用过程，以及修复实施后这些过程的变化情况还有待于进一步研究。更好地了解这些基本原理和过程能够进一步提升地下水污染场地修复的效果和效率。如有机污染物生物降解的详细过程和中间产物的研究；化学氧化和还原修复中药剂传输效率和作用过程的研究；微生物活动和地球化学过程的相互作用等。

（3）修复技术的改进。针对大面积污染羽的修复和低渗透地层的修复，目前的修复技术尚存在修复效率低的问题。大面积污染羽的修复问题具有很大的挑战性，污染羽的遏制和修复费用巨大。低渗透地层污染的修复非常困难，污染物趋向于"滞留"在低渗透的地层介质中，并可以长期"反向扩散"，构成二次污染源。反应药剂通过对流传输进入低渗透地层较难，修复效果差。因此，需要不断地对已有的地下水污染修复技术进行改进，以适应复杂的地下水污染修复的需求。

第四节　地下水水源地保护

一、概述

地下水因其分布广、储存空间大、调蓄功能强、水质优良、就近利用方便等优越性，从古至今一直受到人们的青睐，是一种优质的淡水水源。地下水约占全球水资源总量的 20%～40%（McIntosh and Pontius，2016）。在全球地下水利用量中，生活用水约占 65%，灌溉及牲畜饮水约占 20%；工业及采矿业约占 15%。其中，全球有超过 15 亿～20 亿人口的主要饮水来自地下水（表 3-1）。水质安全的地下水应该达到地下水水质三级标准，符合饮用水水质要求，满足人类的生活和生产需求。

表 3-1　全球饮水依靠地下水的地区

地区	饮用地下水的比率/%	饮用地下水的人口数/百万
亚洲-太平洋	32	1000～1200
欧洲	75	200～500
拉丁美洲	29	150
美国	51	135
澳洲	15	3
非洲	—	—
全球	—	1500～2000

资料来源：McIntosh and Pontius，2016

《全国地下水污染防治规划（2011～2020 年）》统计，我国的地下水资源总量约为 8 219 亿多 m³，约占全国水资源总量的 1/3。我国地下水资源区域分布不均，其中矿化度小于 1 g/L 的地下水资源量为 7972 亿 m³（图 3-11），可直接饮用的地下水约占 63%。我国地下水的总取水量为 1084 亿 m³，约占到总用水量的 1/6，其中，农业用水占 71%，工业用水占 18%，居民生活用

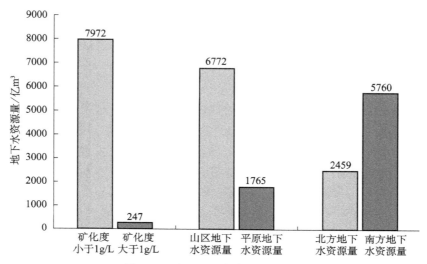

图 3-11 中国地下水资源分布情况

资料来源：中华人民共和国国土资源部，2002

水占 11%（彭燕和沈照理，2007）。杨建峰等（2007）以省（直辖市、自治区）为单元，对我国地下水资源在支撑社会经济发展中的作用进行了评估，结果表明：地下水资源对我国华北地区的支撑度和依存度最高，西南地区地下水资源的可持续性最高。

饮用水源地指提供居民生活及公共服务用水取水工程的水源地域，主要包括河道型、湖库型和地下水型（水利部水资源司，2015）。地下水水源地是指对城镇或工农业供水具有价值的、已集中开采和可能集中开采地下水资源的地段《地下水资源分类分级标准》（GB 15218—1994）。

地下水水源地是人类开发和利用地下水资源的主要区域。特别是水井的发明极大地拓展了人类的生存空间，结束了人类"逐水而居"的被动局面。我国对地下水资源的开发历史悠久。目前，我国共有地下水水源地 1817 个（唐克旺等，2009），其中有 90% 以上的地下水水源地为中小型水源地，而特大型地下水水源地有 16 个（表 3-2）。

表 3-2 我国地下水水源地规模统计表

地下水水源地规模	数量/个	比例%
小型水源地（0.5 万 m^3≤日取水量<1 万 m^3）	824	44.6
中型水源地（1 万 m^3≤日取水量<5 万 m^3）	870	47.1
大型水源地（5 万 m^3≤日取水量<15 万 m^3）	137	7.4

续表

地下水水源地规模	数量/个	比例/%
特大型水源地（15 万 m³≤日取水量）	16	0.9
合计	1847	100

资料来源：中华人民共和国水利部，2013

随着全球工业化和城市化进程的加快，人类对地下水资源的开发强度和规模不断提升。Famiglietti 等（2015）通过对美国国家航空航天局于 2002 年发射的"重力测量卫星"（GRACE）监测数据的分析，发现：全球几乎所有地下水体的储量都在减少，包括全球最大粮食产区的地下水也在以较快的速度枯竭。Gleeson（2012）通过对地下水足迹（groundwater footprint）的计算，发现：全球 1/4 的人口居住在地下水过度开采区。我国目前共有 21 个省（自治区、直辖市）平原区存在地下水超采区，总面积近 30 万 km²，地下水超采量约 170 亿 m³（陈飞等，2016）。此外，地下水污染问题也较为普遍。根据环保部 2013 全国地下水饮用水源地专题调查结果，常规指标达标水源地 1579 个，占城镇地下水水源地总数的 90.3%；超标水源地 170 个，592.99 万人饮用水水源存在安全隐患。

2015 年 4 月 2 日，国务院印发了《水污染防治行动计划》（国发［2015］17 号），将提升饮用水安全保障水平纳入工作目标，并明确提出：到 2020 年，地级及以上城市集中式饮用水水源水质达到或优于Ⅲ类的比例总体高于 93%。可以看出，我国地下水饮用水源地的保护面临的挑战还非常严峻。

二、地下水水源地的区域规划

从世界范围来看，地下水资源开发利用仍具有一定的潜力。根据世界粮农组织（FAO）的资料显示，俄罗斯联邦使用的地下水资源量还不到其年补给量（9000 亿 m³）的 5%，而西非不到 1%；我国可更新的地下水供水量超过 8000 亿 m³，但仅使用了 1084 亿 m³；即使印度已存在严重的过量开采问题，但其使用量仍不足其年补给量（4500 亿 m³）的 1/3。一些地区之所以出现地下水资源超采问题和相关的环境地质问题，主要是缺乏地下水水源地的统一规划、合理布局和水资源的优化配置。

地下水水源地的区域规划与管理，就是以流域（盆地）或完整的地下水系统为单元，基于水循环和水均衡理论，将"大气水、地下水与地表水"以及"水量、水质与生态"统一于一体，充分考虑自然（如气候变化）和人类活动（如水利工程、土地利用方式等）的影响，科学评价地下水资源的可持续利用量，合理规划地下水水源地数量、位置、规模和开发利用方式，确保地下水资源的可持续利用，避免盲目开采和地下水超采引起次生环境问题。这一过程需坚持如下三个原则。

1. 系统性

在地下水水源地的区域规划时，应以流域（盆地，水文系统）或完整的地下水系统（以隔水或相对隔水的岩层作为边界，系统的边界是地质零通量面或准零通量面）为基本单元。处于同一含水系统的各个局部地域的地下水资源评价，应当用此含水系统整体的地下水资源评价结果加以校核。在此基础上，根据需要与可能，进行城乡水量的合理分配（张人权，2003）。张人权等（2011）在陈梦熊工作的基础上，将我国地下水划分为4个大区8个亚区。4个大区分别是：东部湿润半湿润平原丘陵区、中部气候复杂高原山地盆地区、西北干旱山地盆地荒漠区和青藏半干旱冻土高原区。这为我国地下水水源地的区域规划提供了基础。

2. 地下水资源的可持续性

地下水资源同时具有可再生性与不可再生性。参与现代水循环、可再生恢复的部分称为补给资源；不参与现代水循环、不可再生恢复的部分称为储存资源。补给资源量是指一个含水系统在天然条件下，多年平均单位时间里，可以从外界获得补充的水质水温合乎一定标准的水量（张人权，2003）。从供水角度来看，在一个含水系统中提取的地下水量不超过其补给资源量时，理论上说，水源便有持续供应的保证。在实际的应用中，通常将天然补给量乘以一个百分比当作安全开采量。

Alley 等（1999）将地下水可持续开发定义为：长期永久地开发使用地下水但不会引发严重的社会、经济和环境后果。此外，地下水可持续开发必须从地下水资源管理的长远目标出发，并且要面向完整的水文地质盆地。有关地下水的可持续开发问题，张人权（2003）、周仰效和李文鹏（2010）和黄鹏飞等（2012）作了很好的总结和分析。

3. 多要素、多过程和多尺度的耦合性

地下水的可持续开发涉及时间问题。对水文系统而言，年内尺度有雨季和旱季之分，多年尺度有丰水年、平水年和枯水年之分，世纪尺度有湿期和干期之分，而千万年尺度存在冰期和间冰期。目前，在地下水管理实践中一

般用规划期，如我国的五年计划和中长期发展目标 10～50 年。Gleeson 等（2010）建议地下水的"永续"利用可以用 50～100 年代际时间。

对于地下水可持续开发的空间问题，大家的认识趋于一致，即流域或地下水盆地。然而，对于跨国界的流域或盆地，这一问题处理起来就比较复杂。特别是那些水资源已经短缺的国家或地区，将可能触发地区间或者国际间的暴力冲突。为此，有学者提出了水破产（water bankruptcy）危机和水破产理论（孙冬营等，2015；Mianabadi et al.，2015）。

水循环和水均衡是地下水可持续开发定量评价的基础。为此，大气水、地表水和地下水的转化规律以及入渗、径流、排泄和蒸发等过程需要统筹考虑，同时还要兼顾水量、水质和生态问题（Wang et al.，2001；文冬光，2002；Jha et al.，2009；滕彦国等，2010；Kang et al.，2011；王文科等，2011；王琨等，2014），但就如何将预测的地下水位和水流的变化与对生态系统和社会利益产生的影响联系起来方面仍面临很大挑战。而伴随着全球一体化进程和人类活动的有序性的推进（叶笃正等，2001），地球关键带科学（earth's critical zone sciences）（Richter and Mobley，2009；Wang and Zhan，2015）以及基于依赖地下水的生态系统（GDE）的生态水文耦合模型有望破解这一难题（刘昌明等，2009；Bertrand et al.，2014）。

三、地下水饮用水源地保护区区划

设立保护区是世界各国保护地下水饮用水源地的普遍做法。18 世纪 50 年代西德意志水与气专业协会就拟定了《地下水水源保护区条例》；英国早在 1902 年就授权供水部门控制保护井口附近 1500 码①内的范围；建设地下水源保护区的历史已有 100 多年。美国在 1974 年发布的《安全饮用水法》和 1986 年发布的《联邦安全饮用水法案修正案》中，将公共饮用水源井和地下水源地保护区定义为"水源保护计划"制定的一个重要组成部分。1987 年美国 EPA 制定了划定孔隙潜水含水层中水源井保护区指南。1997 年，美国 EPA 启动了 WHPP（Well Head Protection Program），形成了比较完备的饮用水水源保护制度。

我国在这方面研究起步相对较晚。在 1984 年颁布并于 2008 年修正实施的《中华人民共和国水污染防治法》中规定了建立饮用水水源保护区制度；1989 年在《饮用水水源保护区污染防治管理规定》中对地表水和地下水水源

----

① 1 码＝0.9144m。

保护区的划分做了原则性规定，并提出了保护区污染防治的监督管理办法；2000 年在《中华人民共和国水污染防治法实施细则》中进一步细化了水源保护区污染防治的监管措施。2007 年之后，国家环境保护总局（现环境保护部）发布的《饮用水水源地保护区划分技术规范》（HJ/T 338-2007）是目前国内对于保护区划分最为系统的规范。在此基础上，2010 年启动了《全国地下水污染防治规划（2011～2020 年)》；2013 年起围绕地下水水源地和污染源开展了全国地下水基础环境调查评估工作；在此基础上先后编制了《分散式饮用水水源地环境保护指南（试行）》（环办［2010］132 号）、《集中式饮用水水源环境保护指南（试行）》（环办［2012］50 号）和《农村饮用水水源地环境保护技术指南》（HJ 2032-2013）等。我国地下水饮用水源保护的法律制度体系得到进一步完善。

我国《饮用水水源保护区划分技术规范》（HJ/T338-2007）对水源地保护区的定义是：国家为防止水源地污染和保护水源地环境质量而划定并要求加以特殊保护的一定面积的水域和陆域，它分为地表水和地下水饮用水水源地保护区。美国在《安全饮用水修正案》（*Safe Drinking Water Act Amendments*，United States Congress House，1986）的 1428（e）条中定义了地下水饮用水源地（wellhead protection area，WHPA），即公共供水系统的开采井或井场周边的地表和地下区域，污染物很容易通过这些区域而进入开采井（US EPA，1993）。

开采井或井场所影响的范围或地下水水位降落漏斗区称为影响带（zone of influence，ZOI）；而为开采井或井场提供水的整个区域称为贡献带（zone of contribution，ZOC；图 3-12），也称开采井捕获带（capture zone），它包括影响带的全部或部分。污染物一旦进入该带就很容易到达开采井。地下水水源地保护区的大小和形状取决于含水层系统的水文地质条件以及开采井的设计和运行特征。由此可以看出，地下水水源地保护区区划的核心问题是如何识别开采井（场）的捕获带，并采取经济有效的方法保障捕获带内地下水水质的安全。

为了进一步强化地下水水源地保护区的功能，一般将其细分为三个带（图 3-13）。①远区保护带（Ⅲ 带），又称为区域侵害保护带或矫正带（remedial action zone），目的是保证水源地免受来自区域难分解的化学或放射性污染物的侵害。②近区保护带（Ⅱ 带），又称为卫生保护带或衰减带（attenuation zone），主要用来保证水源地免受病菌和微生物的污染。③开采区保护带（Ⅰ 带），又称直接保护带或事故预防带（accident prevention zone），主要用

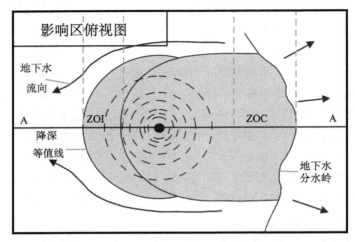

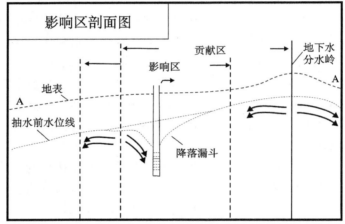

图 3-12　地下水水源的影响带（ZOI）和贡献带（ZOC）
的平面与剖面示意图

资料来源：US EPA，1993

来保证开采井免受任何一种污染物的直接污染或侵害，是级别最高的保护带。国内外关于地下水水源地保护区三级带的划分方案详见表 3-3。从表 3-3 可以看出，地下水水源地保护区的识别涉及了两个关键参数，即系统边界和旅行时间（time of travel，TOT）。流域边界、含水层边界相对固定，而开采井补给区边界、远区保护带的边界一般需要用地下水的旅行时间确定。

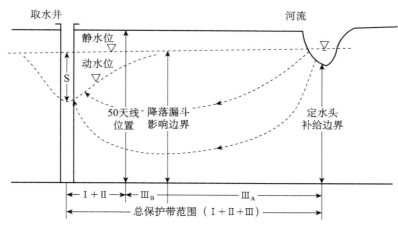

图 3-13 地下水水源保护区的分带边界

50 天线位置是指地下水流到取水井中需要 50 天的位置

资料来源：孟伟等，1998

表 3-3 世界各国水源地保护区划分方案

国家	一级区	二级区	三级区
德国	0～50 m	150 d（≥50 m）	2000 m
法国	直接保护区；10～20 m	内保护区	远保护区
芬兰	取水区	60 d	流域界限
比利时	直接保护区；20 m	100 m，24 d；被保护区；300～1000 m，50 d	50 d；远保护区
瑞典	井区	≥100 m，≥ 60 d	流域界限
英国	50 d，≥ 50 m	4000 d，面积不小于流域的 25%	流域区界，半径不小于 5 km
澳大利亚	直接防护区，10～20 m	50 d（≥50 m）	局部保护区
瑞士	10～20 m	≥ 100 m，10 d	流域界限
荷兰	井区	集水区，≥ 30 m，50～60 d	滞留 20 年；保护区
中国	100 d	1000 d	补给和径流区

资料来源：王丽娟等，2014

　　地下水水源地保护区划分的常用方法包括经验法、公式法、圆柱法、分析法、解析解模型法、数值模拟法（徐海珍等，2009；李国敏等，2011；王丽娟等，2014）。随着社会经济的快速发展以及人类对水资源质量需求的提高，需要发展精确性更高的地下水水源地保护区划分新理论和新方法。

　　地下水水源地保护区划分需要同时考虑抽水系统、地下水系统和污染物 3 个方面。其中，抽水系统需要考虑相邻水源间以及相邻抽水井之间的干扰、抽水井的类型、抽水方式等；地下水系统需要考虑含水介质的三维非均质性、地下水流态（稳定流与非稳定流、层流与紊流）等；污染物需要考虑源强、存在形态与毒性、降解过程等。为此，一批新的理论和技术不断涌现。如 Frind 等（2002）针对传统的逆对流质点追踪法（backward advective particle tracking）存在的只能用于二维条件、追踪轨迹不规则等的不足，以 waterloo moraine 复杂含水层系统为对象，运用逆时对流-弥散方法（backward-in-time advective-dispersive transport approach），确定了三维非均质含水层捕获带。

Enzenhoefer 等（2012）基于地下水水源地保护区区划过程中的弥散效应和不确定性，在 Frind 等（2006）所提的抽水井脆弱性准则（well vulnerability criteria，WVP）基础上，嵌入了对流-弥散作用，建立了基于概率框架下的抽水井脆弱性新准则，即达到时间（arrival time）、峰浓度水平（level of peak concentration）、首次达到极限浓度之前的时间（time until first arrival of critical concentrations）和暴露时间（exposure time）。在此基础上，通过脆弱性等效百分数（vulnerability isopercentiles，VIPs）等值线图确定地下水水源地保护区分带边界（Enzenhoefer et al.，2014）。

四、地下水饮用水源地水质安全保障

（一）保护区污染源的风险管理

设定地下水饮用水源地保护区的目的在于限制和规范保护区内的人类活动，避免因人类活动而造成保护区内地下水污染。因此，制定严格而有效的"地下水饮用水源地保护条例"是非常必要的（姚金海，2015）。

地下水饮用水源地保护区的污染源风险管理是水质安全保障的关键。为此，需建立保护区内的污染源清单，并对污染源进行污染风险评估，建立优控污染源（表 3-4）和优控污染物清单（表 3-5～表 3-8）。在评估体系中应综合考虑水源、含水层、污染源三者间的相互作用关系（Barzegar et al.，2016），风险等级数一般可以分为优先、高、中、低 4 个等级，对于前 3 种情况可采取的措施包括移除污染源并修复地下水、控制污染源并修复地下水、启动地下水监测（王红旗等，2011；钟秀等，2014）。

表 3-4　我国地下水水源地主要污染源

污染源	污染途径
石油生产区	在对石油的开采、运输、炼制的过程中，不可避免地将大量含有石油类物质的废渣、废水排入水体，污染地下水环境
垃圾填埋场	垃圾渗滤液通过土壤对地下水水源造成污染
加油站	加油站的埋地储罐（USTs）渗漏是地下水有机污染物的主要潜在污染来源

表 3-5 工业源下游水源地优先控制清单

序号	化学名称	CAS	序号	化学名称	CAS
1	二噁英	1746～01～6	6	硒	7782～49～2
2	镉及其化合物	7440～43～9	7	n-亚硝基二甲胺	62～75～9
3	铬（Ⅲ）和铬（Ⅴ）	7440～47～3	8	氰化物类	74～90～8
4	汞及其化合物	7439～97～6	9	铁	7439～89～6
5	铍	7440～41～7	10	五氯酚	87～86～5

表 3-6 出现频率较高的优先控制污染物与重点控制污染物清单

类别	污染物名称
金属与无机化合物（12种）	铜、锌、硒、镉、铬、锑、铍、镍、银、铊、四氯化碳、丁基锡化合物
农药（14种）	林丹、毒死蜱、敌敌畏、乐果、对硫磷、甲基对硫磷、敌百虫、阿特拉津、异丙隆、氟乐灵、敌草隆、西玛津、毒杀芬、杀螺威
卤代脂肪烃（11种）	二氯甲烷、1，2-二氯乙烷、U-三氯乙烷、1，1，2-三氯乙烷、氯乙烯、三氯乙烯、四氯乙烯、1，2-二氯丙烷、六氯丁二烯、六氧环戊二烯、三溴甲烷
醛类（1种）	丙烯醛
单环芳香族化合物（9种）	苯、氯苯、1，2-二氯苯、1，3-二氯苯、1，4-二氯苯、1，2，4-三氯苯、三氯苯、乙苯、甲苯
苯酚类（3种）	2，4-二氯苯酚、氯酚、2，4，6-三氯苯酚
酯类（1种）	二-(2-乙基己基) 邻苯二甲酸酯
多环芳烃类（7种）	突蒽、苯并 [b] 荧蒽、苯并 [k] 焚蒽、苯并 (a) 花、節并 [1，2，3-cd] 花、苯并 [ghi] 芘、苯并 [3，4] 荧蒽

表 3-7 生活源下游的饮用水源地优先控制清单

序号	化学名称	CAS	序号	化学名称	CAS
1	氟化物		6	硫化物	
2	硝酸盐	14797～55～8	7	余氯	7782～50～5
3	硫酸盐		8	总磷	
4	氯化物		9	总氮	
5	氨氮		10	溴酸盐	15541～45～4

表 3-8 农业源下游的饮用水源地优先控制清单

序号	化学名称	CAS	序号	化学名称	CAS
1	呋喃丹	1563～66～2	6	禾草特	2212～67～1
2	涕灭威	116～06～3	7	乐果	60～51～5
3	溴氯菊醋	52918～63～5	8	敌敌畏	62～73～7
4	环氧七氯	1024～57～3	9	敌草快	85～00～7
5	毒死蜱	2921～88～2	10	氰草津	21725～46～2

（二）主要保障技术与方法

1. 区域含水层的人工调控

对于地下水超采严重、天然劣质地下水分布广泛或地下水遭受区域性污染的情况可以考虑对整个含水层进行修复。常用的方法包括含水层储存与恢复系统（aquifer storage and recovery，ASR）（Brown et al.，2016）和人工调控含水层修复（managed aquifer rehabilitation，MAR）（Xie et al.，2016）。

ASR是一个水资源综合利用与优化配置系统，指未处理的地表水，如可再生的废水等，通过开阔盆地、渗水廊道、回灌井等被储存在一个适当的含水层中，并且储存的部分或全部的水可通过回灌井或其邻近的生产井以及增加溪流的基流量等方式获得再利用。水源、目标含水层、回灌与回用设施是ASR系统的关键。

MAR是指通过人为对区域含水层的介质、水动力、水化学等进行人工调控和优化。例如，王焰新教授依托863课题在山西大同盆地高砷地下水分布区，从调控地下水中铁及HS^-角度出发，通过合理选择铁盐及试剂的注入来调控含水层氧化还原条件（ORP）及铁行为，促进砷的原位固定，并取得了良好效果（Xie et al.，2016）。

2. 地下水监测

建立地下水监测系统是地下水水质保护规划中的重要环节。为此，不少国家均建立了较完善的地下水水质监测网。在监测井建造、监测井分层采样、地下水实时监测、数据存储与传输和信息发布等方面取得了很大进展。

与此同时，针对地下水水源地，一般设立三种类型的监测孔：污染源监测、供水井监测、污染控制与修复效果监测。

3. 地下水污染治理

控制污染源、阻断污染途径、固定污染晕并清除污染物是地下水污染修复的"主链"。对于区域性面状污染源，可以通过优先控制区的方法进行分区分级控制（郑倩琳等，2016）；可以通过防渗墙等措施阻断污染途径；可以通过水动力屏障等措施固定污染晕；而污染的地下水则可用原位和异位处理法

（表 3-9）（Hashim et al.，2011；王焰新，2007）。

表 3-9　水源地地下水污染治理方法

类型	治理方法
原位处理法	水平井法、原位冲洗法 污染土壤气体提取法、 原位曝气法 原位生物修复法、电动力修复法 原位氧化还原法、反应性渗透墙法 原位稳定-固化法、自然衰减法 植物处理法、注气-土壤气相抽提法 有机黏土法
异位处理法	水力学方法、吸附法 污染土体开挖法、重力分离法 过滤法、膜分离法 氧化还原法、离子交换法 综合沉淀法、生物接触氧化法 生物滤池法

4. 突发事件的预警与响应

地下水动态监测网络的建立与优化是实现动态预警的关键。充分依托地下水饮用水源地监测系统，在监测到水源地突发事件发生时，及时启用备用水源地进行替代供水，并迅速组织相关人员对污染事件进行分析，制定合理的处理方式，同时加大监测密度，对饮用水源地的水质和水量的变化进行实时监测，验证所制定的处理方案的效果，有至地下水饮用水源地恢复到正常运行状态，并在延长一季度以上的监测结果显示无问题之后，才可解除地下水饮用水源地的预警机制，恢复水源地的正常使用（Storey et al.，2011）。美国 EPA 在 2003 年颁布了《饮用水源污染风险及突发事件的预警与响应编制导则》。

（三）保障机制

1. 地下水饮用水源地评估

地下水饮用水源地评估的目的在于确定"水源是否可继续支持饮用水供应"。若不支持，则应启动污染控制与修复方案；若仍不支持，则应启动备用或替代水源。而对于那些没有替代水源且为服务区提供 50% 以上饮用水的水源地，须采取更为严格的水源地保护措施，即唯一源含水层计划（SSAP）。

美国方面的经验是，对于被定义为唯一源含水层（SSAP）及其地下水涉及地区的某些特定项目需经美国 EPA 审核，在确定项目不会危害水源地安全后方可实施。这些需要接受的审查项目包括公路改善和新公路建设项目、废水处理设施、涉及暴雨管理的建设项目等。

2. 水源地保护基金

建立水源地保护基金是地下水水源地可持续利用的重要保障。在这方面，美国没有专门用来落实水源保护计划和活动的专项资金，但是有广泛的资金来源支持各类饮用水源保护活动。法国采取了"以水养水"政策管理和保护水资源：谁污染水，谁交钱治理；谁用水，谁付费。此外，为进一步治理水源污染，法国政府要求所有市镇都要在 2005 年以前，建立起符合欧盟标准的污水处理系统，对污水处理不能达标的地区，政府将不断增加征收水源管理费，以促进这些地区尽快达标，使全国的水源污染问题最终得到彻底解决。

3. 公众参与

发达国家都非常重视公众在水源保护中的作用。在德国，饮用水被确定为生活中的第一物质，以提高公众的水资源保护意识。在美国，保护私有水井水源是所有者的责任。国家地下水协会建议，井的所有者应该在井口周围保持一个 50 英尺①的清洁区。在法国个人家庭支付的水费中，大约 42% 是使用自来水费，39% 是污水处理费。法国"以水养水"政策，不但为国家及地方治理水源计划提供了资金，而且增强了企业及个人节约用水和保护水源的意识。

五、地下水饮用水源地风险管理

饮用水安全问题已经引起社会的广泛关注，地下水水源地的安全则是饮水安全的重中之重。随着经济的快速发展，局部地区对地下水的依赖程度越来越高。但由于地下水保护技术体系尚未建立，以及对地下水形成演化科学规律的认识尚存不足，尤其是历史的原因，局部地区土地利用不尽合理，工业废物和生活垃圾的处置欠妥，农药化肥使用过量，对地下水水源地构成巨大威胁。

目前，我国针对地表水水源地具有较系统的污染控制体系，但地下水型

---

① 1 英尺＝0.3048m。

饮用水源地的水源保护、水源地饮水安全应对等技术系统尚不完善。因此，服务于地下水水源地保护和管理方面的技术需求非常急迫。地下水水源地的污染风险评价是判定区域地下水安全的重要指标，是水源地保护过程中的重要手段。

近年来，我国地下水污染风险分析技术在地下水管理和保护方面的作用日显突出。相继开展了地下水风险评价理论和方法研究，分为区域尺度或城市尺度以及地下水水源地尺度。对于后者，尤其是大型集中式地下水型饮用水源地的尺度，水源化处在常年开采状态，地下水水位和水质处于动态变化过程中，其地下水污染风险评价，对保障供水安全，更具应用价值和科学意义。

（一）地下水水源地污染风险管理方法

目前，关于地下水污染风险评价，国内外通常采用地下水含水层脆弱性评价，其方法主要以构建 DRASTIC 模型为基础，针对不同地区的实际情况，改进该模型，对基础模型的七要素进行增减，增加诸如土地利用状况、污染源分布、地下水社会经济价值、开采井的集水范围等相关要素，该方法主要是辨识空间要素差异性，获得风险等级；其次是构建地下水数值模拟系统，主导思路是对污染风险进行时空预测；最后是借鉴健康污染风险评价的四步法，对特定污染源污染风险进行评价。此外，综合考虑区域地下水污染风险和水源地开采时地下水流场发生变化条件下的污染风险，推荐使用地下水型水源地污染风险评价方法。该方法考虑了开采过程中的地下水动态变化，适宜于识别时空变化条件下的地下水型饮用水源地地下水污染风险评价，其整体思路如图 3-14 所示。

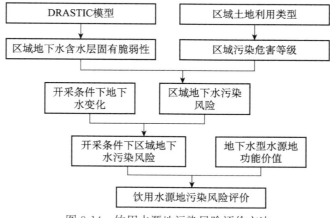

图 3-14　饮用水源地污染风险评价方法

（二）地下水水源地风险评价方法

地下水型饮用水源地污染风险评价归结为三个层次：一是表征含水层固有特性的水源地所在区域含水层固有脆弱性评价，以反映地下水系统消纳污染物的自净能力，同时反映污染物达到含水层的速度和质量；二是对人类活动和各种污染源对水源地污染的可能性及负荷量的评价；三是表征地下水水源地的功能价值和风险可接受水平。因此，地下水型饮用水源地污染风险评价即地下水固有脆弱性（条件）、水源地污染源负荷风险（源）和水源地功能价值（后果）三个因素叠加的结果，同时还应考虑地下水水源地开采条件下的污染风险。

1. 水源地地下水固有脆弱性评价方法

1）评价指标体系

目前评价地下水脆弱性最常用的方法是 DRASTIC 模型。模型将地下水埋深 D、净补给量 R、含水层介质 A、土壤带介质 S、地形 T、包气带介质 I 以及水力传导系数 C 等 7 个水文地质参数组成评价指标体系。虽然 DRAS-TIC 模型可以较客观地评估不同地区的地下水固有脆弱性，但其前提是假设各地区的含水层都分别具有均一趋势。实际上由于各国各地区的地质、水文地质等条件不同，以及模型计算方法的缺陷，DRASTIC 模型存在一定的局限性，需要对模型进行一定的改进，使其具有更强的适用性。比如，针对地表水域发育地区，需要考虑河网的密度，而土地利用类型可以表征入渗污染物分布的大致类型和状态，故这两个指标应引入评价过程中，改进后的指标体系见表 3-10 所示。

表 3-10　地下水固有脆弱性评价指标

指标	数据来源	说明
地下水埋深	地下水水位统测资料	单位为 m。此处地下水埋深指地表到潜水面的距离
垂向净补给量	降雨量减去地表径流量和蒸散量或降雨量乘以降雨入渗系数	以大气降水为区域潜水补给最主要来源时，可近似采用降雨入渗补给量代替垂向净补给量；在有其他主要的补给途径时，要综合考虑各种补给来源对潜水的补给量。在农灌区需叠加灌溉回归量，在地表水和地下水有水力联系的研究区需叠加地表水渗漏量。单位为 mm/a
地形坡度	DEM 坡度提取	单位为%

指标	数据来源	说明
土壤介质类型		土壤层为地表厚度2 m或小于2 m的风化层
包气带黏性土层厚度	钻孔柱状图	单位为m
含水层渗透系数	经验值或野外抽水试验	单位为m/d
含水层厚度	钻孔柱状图	单位为m
区域河网密度	借助GIS技术对一定比例尺下的DEM进行河网的提取，然后用一定规格的格网套在流域水系图上，然后统计落在每个格网内的河流长度，除以格网面积，来定量表示该网络的河网密度	在南方水系发育的区域，要考虑该指标
区域土地利用类型	遥感影像经监督分类获取	

2）评价方法

地下水脆弱性的研究程度较高，评价方法较为成熟。目前国内外已有的评价方法主要有叠置指数法、过程模拟法、统计方法、模糊数学方法以及各种方法的综合等，具体信息见表3-11。

表 3-11　地下水脆弱性评价的主要方法

类型	对象	结果	范围	优点	缺点
叠置指数法	潜水、承压水	定性或半定量	小比例尺	相对省钱、直观、数据容易得到、评价结果易于解释并直接服务于决策过程	评价指标的取值范围和权重的确定主观性太强；缺乏区域可比性
过程模拟法	包气带、潜水、承压水	定量	大比例尺	可以描述影响地下水脆弱性的物理、化学和生物等过程；定量化评价指标，克服主观性	需要足够的监测资料和信息
统计方法	潜水、承压水	定量	小比例尺	客观地筛选出影响地下水污染的主要因素，避免主观性	未涉及发生污染的基本过程；统计显著相关的并不一定存在必然的因果关系；需要足够的地质和长系列污染质运移数据
模糊数学	潜水、承压水	半定量或定量	不限	可以分级界限通过隶属函数来描述非确定性参数和指标	人为构造隶属函数随意性大，计算烦琐
综合	包气带、潜水、承压水	定量	不限	借鉴各种方法的优点	—

其中，叠置指数法是通过选取的评价参数的分指数进行叠加形成一个反映脆弱性程度的综合指数，包括指标、权重、值域和分级。它又分为水文地质背景参数法（HCS）和参数系统法，后者又包括矩阵系统（MS）、标定系统（RS）和计点系统模型（PCSM）。它是通过对选取指标进行等级划分和赋值以及赋予权重，然后进行加权求和得到一个反映程度的综合指数，并通过对综合指数进行等级划分表征评价对象的一种方法。

2. 地下水水源地污染风险评价方法

地下水水源地污染风险的评价方法主要是在脆弱性的基础上，更进一步地叠加水源地所在区域的污染物等影响因素进行评价。目前没有统一的方法，现有方法包括以下 6 种。

（1）仅利用地下水固有脆弱性评价来代表地下水污染风险的大小。

（2）通过耦合地下水脆弱性和研究区土地利用状况来完成地下水污染风险评价。

（3）利用地下水脆弱性指代地下水污染的可能性，用污染源的危害分级指代地下水污染的后果，叠加进行地下水污染风险评价。

污染源危害性分级的评价有两种方法：简单评价法和详细评价法。

简单评价法是应用现有的污染源的类型及其规模等信息评价其对地下水可能造成的威胁。简单评价法的污染源危害分级标准见表 3-12 。

表 3-12　污染源危害分级标准

污染源类型	特点	灾害等级	备注
点源	污染物量大、未处理	高	将点源污染影响范围转化为面源，影响半径为 200 m
	污染物量中、简单处理	中	
	污染物量小、规范处理	低	
线源	主要排污河流、排污量大	高	将线源污染影响范围转化为面源，影响半径为 50 m
	排污量较小的河流	低	
面源	农田分布区	中	主要考虑农田化肥、农药污染
	其他区	低	

详细评价法是在充分调查污染源污染物的前提下，选取恰当的评价指标，如污染物的存在形式、衰减特征、污染物的量、迁移性以及毒性等，根据一定的方法（比如模糊层次分析法或专家评价法）确定各指标的权重，并根据各指标的性质对各个指标进行分级评分，将各指标的评分与权重相乘得到该指标的危害值，然后将各个指标的危害值相加得到污染源的污染危害分级。

（4）在耦合地下水脆弱性和污染源危害分级的基础上，再叠加地下水价值（饮用、灌溉等不同用途的地下水给予不同的价值评价）进行地下水污染风险评价。

（5）利用地下水脆弱性和土地利用状况指代地下水污染的可能性，利用开采井的影响范围与污染源污染物的危害分级指代地下水污染的后果，二者叠加得到地下水污染风险，该法适用于水源地地下水污染风险评价。

（6）针对特定污染物的污染风险评价，往往借鉴污染健康风险评价或基于事件的环境风险评价的 4 个通用步骤来进行评价；或者采用地下水数值模拟系统，对特征污染物的迁移转化进行数值模拟，预测其对地下水污染的可能性及后果，评价地下水污染风险。

总的来说，国内外对地下水污染风险评价采用的主要方法是，在地下水脆弱性评价的基础上，增加诸如土地利用状况、污染源分布、污染源危害分级、地下水社会经济价值、开采井的集水范围等相关指标。但总体上，缺乏系统的地下水污染风险评价方法与参数体系。地下水污染风险不仅没有一个公认的定义，而且地下水污染风险评价所涉及的评价内容和方法在不断地探索、深入，有待完善，亟待形成规范性的技术体系。

3. 地下水水源地风险评价技术流程

地下水污染风险评价研究主要通过水文地质条件调研、污染源情况调研，进行区域地下水脆弱性评价和区域污染源危害分级，进而进行区域地下水污染风险评价，并通过水质调查结果，筛选区域地下水中的特征污染物，通过数值模拟软件对特征污染物进行迁移模拟，最后通过耦合区域保护区划分方案，实现在时间和空间上水源地的污染风险评价。地下水污染风险评价技术流程可按图 3-15 所示开展。

1) 数据库和制图

地下水污染风险一般定义为地下水遭受污染的可能性与污染后果的叠加。研究中利用地下水脆弱性代替地下水污染的可能性，利用污染源危害分级代替地下水污染的后果，并且以地理信息系统为平台，分别建立地下水脆弱性图和污染源危害分级图，将二者耦合得到地下水污染分级分类图，并以此图为底图，对前期调研筛选的研究区特征污染物的迁移转化进行数值模拟，从而在时间和空间上对水源地的污染风险进行评价。

对现有资料进行搜集，筛选研究区特征污染物为研究对象，研究区域污染源类型、性质和空间分布特征，并以此为数据基础，结合地理信息系统，建立地下水型饮用水源地的污染源数据库。

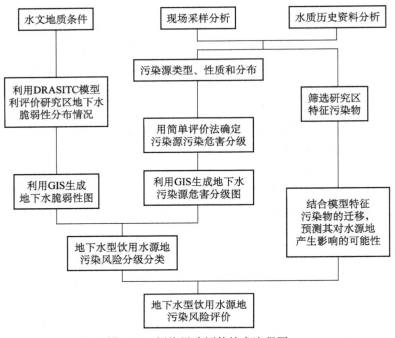

图 3-15　污染风险评估技术流程图

2）地下水脆弱性评价

如上文所述，地下水脆弱性一般分为两种，一种是考虑人为活动和污染源的特征脆弱性，另一种是不考虑人为活动和污染源的固有脆弱性。可采用固有脆弱性的概念，即不考虑人为活动和污染源的地下水固有脆弱性。

3）污染风险的叠加

将污染源识别后的分析结果，进行污染源危害分级，即污染源中污染物进入地下含水层的难易程度及其危害性，主要受污染源处污染物的存在形式、衰减特征、污染物的量、迁移性以及毒性等性质影响。污染源暴露、衰减缓慢、量大、迁移性强且毒性大的污染源危害级别高。

受限于基础资料的不完全性，可采用简单评价法（表 3-13）对研究区污染源进行分级评价。简单评价法根据污染源的类型（分为点、线、面源）、污染物的量以及处理情况等，定性地进行分级评价，同样利用不同的颜色代表不同危害级别，级别越高则颜色越重，从而利用 GIS 软件进行污染源危害分级制图。

在地理信息系统平台上，通过按权重 1∶1 耦合地下水脆弱性图和污染源危害分级图，从而得到地下水的污染风险分级分类图。在此图基础上，利用地下水数值模拟软件，对特征污染物的迁移转化进行模拟，从而实现在空间和时间上的研究区污染风险评价。

表 3-13   简单评价法污染源危害分级标准

污染源类型	特点	灾害等级	备注
点源	污染物量大、未处理 污染物量中、简单处理 污染物量小、规范处理	高 中 低	将点源污染影响范围转化为面源，影响半径为 200 m
线源	主要排污河流、排污量大 排污量较小的河流	高 低	将线源污染影响范围转化为面源，影响半径为 50 m
面源	农田分布区 其他区	中 低	主要考虑农田化肥、农药污染

4）适用性分析

上述污染风险评价方法对于孔隙类和岩溶类地下水型水源地较为实用。而针对裂隙类的地下水型水源地，还应根据实际情况，对指标体系进行修订，使其各项因子更具有代表性、科学性和可操作性。

（三）地下水水源地污染风险防控对策

地下水水源地污染风险评价方法技术体系适用于不同尺度、不同污染源类型的地下水水源地污染监测系统优化、风险评价、预警与管理，能够有效监控污染源、防控环境风险、保护饮用水源，提高地下水环境管理的决策支持能力。针对不同污染监控对象和风险管理目标，应结合地下水污染监控与管理技术的特点，充分发挥各技术的优势，实现不同技术和方法的优化组合，形成各具特色的地下水环境管理技术体系。在风险评价的基础上进行地下水水源地保护区区划，并进行污染的监控和风险的分级分类管理，最终形成地下水水源地环境管理技术体系。

1. 低、较低风险

低、较低风险防控措施主要以预防和监测为主。

1）预防措施

为防止危险废液对地下水造成污染，必须采取适宜的防渗措施。同样由于防渗失效而引起的地下水污染的治理措施也十分必要。

2）监测

实时监测地下水水质时空变化特征，分析其动态变化趋势，水质一旦发生恶化趋势，寻其根源，切断污染源。具体监测策略见表 3-14。

表 3-14　常见地下水污染监测策略

已知条件	调查、监测内容	调查、监测方法
污染源、污染物	污染范围、污染程度	直接测定污染源或排放口浓度及水环境中的浓度
污染源	污染物、污染范围、污染程度	从危害特征、原材料入手，列出可能产生的污染物，分别进行监测分析
污染物	污染源、污染范围、污染程度	在污染地下水的上下游布设监测断面，根据监测结果逐步缩窄调查范围
污染特征	污染源、污染物、污染范围和程度	在污染地下水的上下游布设多个监测断面进行多指标的监测，根据结果和其后的排查先确定污染物和污染源

2. 中级、较高和高级风险防控

中级、较高和高级风险防控措施以控制、监测和预防为主。

1）控制

对于较高和高风险区，其地下水水质具有明显的恶化趋势。针对已经污染的地下水，根据其污染的主要原因、污染途径等采取适当防护措施。首先应当切断地下水污染源，其次考虑以下治理措施：人工补给或加大抽水、物理化学处理法、生物处理法、隔离措施等。

2）监测

首先应解决监测的及时性问题。争取时间，在尽可能短的时间里及时、全面地提供污染物的种类、浓度分布和污染的范围及其可能造成的危害等情况。要在尽量短的时间内对事故有一个较清楚、全面的了解，有的放矢，制定监测方案，充分考虑到可能引发事故的各种因素和污染来源，使监测工作做到细致、全面。实时监测地下水水质时空变化特征，分析其动态变化趋势。水质一旦出现异常，寻其根源并切断。

3）预防

经过上述的控制处理和监测，地下水水质得到改善后，风险防控措施同低、较低和中级风险防控措施。

本章作者：

中国地质大学（北京）郭华明，中国地质调查局张二勇，第一节；中国地质科学院水文地质环境地质研究所孙继朝，中国地质大学（北京）郭华明，中国地质科学院水文地质环境地质研究所荆继红，中国地质调查局水文地质环境地质调查中心张福存，吉林大学汤洁，第二节；中国地质大学（北京）

何江涛，吉林大学赵勇胜，中国地质大学（北京）刘菲、毕二平，中国地质调查局水文地质环境地质调查中心蔡五田，清华大学李广贺，第三节；中国地质大学（武汉）马腾，北京师范大学王金生，中国地质大学（北京）陈鸿汉，第四节。中国地质调查局水文地质环境地质调查中心文冬光和中国地质大学（北京）郭华明负责本章内容设计和统稿。

本章参考文献

陈飞，侯杰，于丽丽，等 . 2016. 全国地下水超采治理分析 . 水利规划与设计，（11）：3-7.

高存荣 . 1999. 河套平原地下水砷污染机理的探讨 . 中国地质灾害与防治学报，10（2）：25-32.

郭华明，倪萍，贾永锋，等 . 2014. 原生高砷地下水类型、化学特征及成因 . 地学前缘，21（4）：1-12.

侯少范，王五一，李海蓉，等 . 2002. 我国地方性砷中毒的地理流行病学规律及防治对策 . 地理科学进展，21（4）：391-400.

黄鹏飞，刘昀竺，王忠静 . 2012. 从概念演进重新审视地下水可持续开采量 . 清华大学学报（自然科学版），（6）：771-777.

金银龙，梁超轲，何公理，等 . 2003. 中国地方性砷中毒分布调查（总报告）. 卫生研究，32（6）：519-540.

雷万荣，唐春梅，江凌云 . 2006. 浅谈地下水中铁、锰质的迁移与富集规律 . 江西科技，24（1）：80-82.

黎秉铭，黎莉，江成忠 . 1995. 地方性氟中毒环境地球化学病因的探讨 . 中国环境科学，15（1）：72-75.

李国敏，徐海珍，黎明，等 . 2011. 地下水源地保护区划分方法与应用 . 北京：中国环境科学出版社 .

廖磊 . 2016. 柳江盆地浅层地下水次要组分和微量组分视背景值研究 . 北京：中国地质大学研究生论文 .

刘林，周迅，叶永红 . 2014. 基于多元统计分析的浅层地下水受人为活动影响表征性指标筛选 . 资源调查与环境，35（4）：305-310.

刘昌明，杨胜天，温志群，等 . 2009. 分布式生态水文模型 EcoHAT 系统开发及应用 . 中国科学：技术科学，（6）：1112-1121.

刘兴华 . 2012. 浅谈高铁、锰地下水的环境水文地质问题 . 科技与企业，7：124.

孟伟，赫英臣，郑丙辉 . 1998. 地下水水源保护带确定的理论原则 . 中国环境科学，18（2）：176-179.

彭聪，何江涛，廖磊，等 . 2017. 水化学方法识别人类活动对地下水水质影响程度——以柳江盆地为例．地学前缘，24（1）：321-331.

彭燕，沈照理．2007．地下水开发利用中的环境地质问题与防御对策．广州大学学报（自然科学版），6（2）：41-46.

任福弘，曾溅辉，刘文生等．1996．高氟地下水的水文地球化学环境及氟的赋存形式与地氟病患病率的关系～以华北平原为例．地球学报，17（1）：85-97.

沈照理，许绍倬．1985．关于地下水地质作用．地球科学——武汉地质学院学报，10（1）：99-106.

沈照理，朱宛华，钟佐燊等．1993．水文地球化学基础．北京：地质出版社.

水利部水资源司．2015．全国重要饮用水水源地安全保障评估指南（试行）.

孙冬营，王慧敏，褚钰．2015．破产理论在解决跨行政区河流水资源配置冲突中的应用．中国人口资源与环境，25（7）：148-153.

汤洁，林年丰，卞建民，等．1996．内蒙古河套平原砷中毒病区砷的环境地球化学研究．水文地质工程地质，（1）：49-54.

唐克旺，朱党生，唐蕴，等．2009．中国城市地下水饮用水源地水质状况评价．水资源保护，25（1）：1-4.

唐志华．2003．微量元素砷与人体健康．广东微量元素科学，10（3）：10-13.

滕彦国，左锐，王金生，等．2010．区域地下水演化的地球化学研究进展．水科学进展，21（1）：127-136.

王丹，隋倩，赵文涛，等．2014．中国地表水环境中药物和个人护理品的研究进展．科学通报，59（9）：743-751.

王琨，束龙仓，刘波，等．2014．地下水安全开采量的内涵及安全开采控制水位划定．水资源保护，（6）：7-12.

王红旗，秦成，陈美阳．2011．地下水水源地污染防治优先性研究．中国环境科学，31（5）：876-880.

王金哲，张光辉，聂振龙，等．2010．滹沱河流域平原区人类活动对浅层地下水干扰程度量化研究．水土保持通报，30（2）：65-69.

王丽娟，张翼龙，李政红，等．2014．地下水水源地保护区划分发展历程及方案、方法研究．环境科学与管理，39（11）：18-22.

王利华．2010．水质总α放射性的测定厚源法．南京：江苏省辐射环境监测管理站.

王文科，杨泽元，程东会，等．2011．面向生态的干旱半干旱地区区域地下水资源评价的方法体系．吉林大学学报（地球科学版），41（1）：159-167.

王晓昌，郭小娟，川原一之，等．2001．地下水氟暴露和地方性氟中毒的相关性研究．中国地方病学杂志，20（6）：434-437.

王焰新．2007．地下水污染与防治．北京：高等教育出版社.

文冬光．2002．用环境同位素论区域地下水资源属性．地球科学，27（2）：141-147.

吴银海，苏文荣．1987．环境地球化学与健康．北京：地震出版社.

徐清，刘晓瑞，汤奇峰，等．2010．山西晋中地区地下水高碘的地球化学特征研究．中国地质，37（3）：809-817.

徐海珍，李国敏，张寿全，等．2009.地下水水源地保护区划分方法研究综述．水利水电科技进展，29（2）：80-84.

杨建峰，万书勤，陈兴华．2007.中国地下水资源对区域经济社会发展的支撑作用评价．资源科学，29（5）：97-104.

姚金海．2015.论饮用水水源保护区法律制度架构——兼论《饮用水水源保护条例》的制定．湖南财政经济学院学报，31（5）：132-137.

叶笃正，符淙斌，季劲钧，等．2001.有序人类活动与生存环境．地球科学进展，16（4）：453-460.

曾颖．2015.秦皇岛柳江盆地浅层地下水常规组分背景值研究．北京：中国地质大学学位论文．

张翠云，王昭．2004.黑河流域人类活动强度的定量评价．地球科学进展，19（S1）：386-390.

张二勇，张福存，钱永，等．2010.中国典型地区高碘地下水分布特征及启示．中国地质，37（3）：797-802.

张人权．2003.地下水资源特性及其合理开发利用．水文地质工程地质，30（6）：1-5.

张人权，梁杏，靳孟贵，等．2011.水文地质学基础（第六版）．北京：地质出版社．

张映芳，宋秀英，邓斌．2009.若尔盖县巴西地区大骨节病病情现状调查分析．中国地方病防治杂志，24（2）：134-135.

张宗祜，李烈荣．2004.中国地下水资源（综合卷）．北京：中国地图出版社．

赵微，林健，王树芳，等．2013.变异系数法评价人类活动对地下水环境的影响．环境科学，34（4）：1277-1283.

郑倩琳，王妍妍，闫雅妮，等．2016.淮河流域浅层地下水氮污染阻断优先控制区识别．南京大学学报（自然科学），52（1）：103-114.

中华人民共和国地方病与环境图集编纂委员会．1989.中华人民共和国地方病与环境图集．北京：科学出版社．

中华人民共和国环境保护部．2008.全国集中式饮用水水源地基础环境调查评估成果．

中华人民共和国水利部，中华人民共和国国家统计局．2013.第一次全国水利普查公报．6-7.

中华人民共和国国土资源部．2002.全国地下水资源评价成果．

钟秀，马腾，刘林，等．2014.地下水饮用水源地污染源风险等级评价方法研究．安全与环境工程，21（2）：104-108.

周仰效，李文鹏．2010.地下水可持续开发：概念、原理与方法．水文地质工程地质，37（1）：1-8.

Abraham M H．1993. Scales of solute hydrogen-bonding：Their construction and application to physicochemical and biochemical processes. Chemical Society Reviews，22（2）：73-83.

Acharyya S K．1999. Comment on Nickson et al. 1998. Arsenic poisoning of Bangladesh groundwater. Nature, 401: 545.

Aggarwal P K, Basu A R, Kulkarni K M. 2003. Comment on "Arsenic mobility and groundwater extraction in Bangladesh" (Ⅰ) . Science, 300: 584b.

Alley W M, Reilly T E, Franke O L. 1999. Sustainability of groundwater resources. Virginia: U S Geological Survey Circular. 1186.

Amini M, Abbaspour K C, Berg M, et al. 2008. Statistical modeling of global geogenic arsenic contamination in groundwater. Environmental Science & Technology, 42: 3669-3675.

Anawar H M, Garcia-Sanchez A, Regina I S. 2008. Evaluation of various chemical extraction methods to estimate plant-available arsenic in mine soils. Chemosphere, 70 (8): 1459-1467.

Anawar H M, Komaki K, Akai J, et al. 2002. Diagenetic control on arsenic partitioning in sediments of the Meghna River delta, Bangladesh. Environmental Geology, 41: 816-825.

Anning D W, Flynn M E. 2014. Dissolved-solids sources, loads, yields, and concentrations in streams of the conterminous United States. Center for Integrated Data Analytics Wisconsin Science Center. Scientific Investigations Report 5012, pp. 2-6.

Asia Arsenic Network (AAN) . 1999. Arsenic contamination of groundwater in Bangladesh, Interim report of the research at Samta Village. Dhaka, Bangladesh: Asia Arsenic Network, Research Group for Applied Geology, Department of Occupational and Environmental Health, National Institute of Preventive and Social Medicine.

Aziz Z, van Geen A, Stute M, et al. 2008. Impact of local recharge on arsenic concentrations in shallow aquifers inferred from the electromagnetic conductivity of soils in Araihazar, Bangladesh. Water Resources Research, 44: W07416.

Barzegar R, Moghaddam A A, Baghban H. 2016. A supervised committee machine artificial intelligent for improving DRASTIC method to assess groundwater contamination risk: a case study from Tabriz plain aquifer, Iran. Stochastic Environmental Research and Risk Assessment, 30 (3): 1-17.

Berg M, Tran H C, Nguyen T C, et al. 2001. Arsenic contamination of groundwater and drinking water in Vietnam: a human threat. Environmental Science & Technology, 35: 2621-2626.

Bertrand G, Siergieiev D, Ala-Aho P, et al. 2014. Environmental tracers and indicators bringing together groundwater, surface water and groundwater-dependent ecosystems: importance of scale in choosing relevant tools. Environmental Earth Sciences, 72 (3): 813.

British Geological Survey and Department of Public Health Engineering, Bangladesh (BGS and DPHE) . 2001. Arsenic Contamination of Groundwater in Bangladesh: Final Report & BGS Technical Report WC/00/19. British Geological Survey, Keyworth, UK.

Brown C J, Ward J, Mirecki J. 2016. A revised brackish water aquifer storage and recovery

(ASR) site selection index for water resources management. Water Resources Management, 30 (7): 2465-2481.

Burgess W G, Hoque M A, Michael H A, et al. 2010. Vulnerability of deep groundwater in the Bengal aquifer system to contamination by arsenic. Nature Geoscience, 3: 83-87.

Buschmann J, Berg M, Stengel C, et al. 2007. Arsenic and manganese contamination of drinking water resources in Cambodia: Coincidence of risk areas with low relief topography. Environmental Science & Technology, 41: 2146-2152.

Central Ground Water Board. 1999. High incidence of arsenic in groundwater in West Bengal. Fariadabad, India: Central Groundwater Board, Ministry of Water Resources.

Chakraborti D, Basu G K, Biswas B K, et al. 2001. Characterization of arsenic bearing sediments in Gangetic delta of West Bengal-India//Chappell W R, Abernathy C O, Caledenron R L (eds). Arsenic Exposure and Health Effects. New York: Elsevier Science.

Cheng Z, van Geen A, Seddique A A, et al. 2005. Limited temporal variability of arsenic concentrations in 20 wells monitored for 3 years in Araihazar, Bangladesh. Environmental Science & Technology, 39: 4759-4766.

Chowdhury T, Basu G K, Mandal B K, et al. 1999. Comment on Nickson et al. 1998, Arsenic poisoning of Bangladesh groundwater. Nature, 401: 545-546.

Cui J, et al. 2013. Arsenic levels and speciation from ingestion exposures to biomarkers in Shanxi, China: Implications for human health. Environmental Science and Technology, 47: 5419-5424.

Daughton C G, Ternes T A. 1999. Pharmaceuticals and personal care products in the environment: Agents of subtle change. Environmental Health Perspectives, 107 (S6): 907.

DeSimone L A, McMahon P B, Rosen M. R. 2014. The quality of our Nation's waters-Water quality in Principal Aquifers of the United States, 1991-2010: U S Geological Survey Circular 1360, http://dx.doi.org/10.3133/cir1360.

Edmunds W M, Shand P. 2008. Natural groundwater quality. Malden: Blackwell Publishing Ltd.

Embrey S S, Runkle D L. 2006. Microbial Quality of the Nation's Ground-Water Resources, 1993-2004. U. S. Geological Survey Publication, Scientific Investigations Report 2006: 5290.

Enzenhoefer R, Bunk T, Nowak W. 2014. Nine steps to risk-informed wellhead protection and management: a case study. Ground Water, 52 (S1): 161-174.

Enzenhoefer R, Nowak W, R Helmig. 2012. Probabilistic exposure risk assessment with advective-dispersive well vulnerability criteria. Advances in Water Resources, 36: 121-132.

Famiglietti J S, Cazenave A, Eicker A, et al. 2015. Satellites provide the big picture. Science, 349 (6249): 684-685.

Fendorf S, Michael H A, van Geen A. 2010. Spatial and temporal variations of groundwater arsenic in South and Southeast Asia. Science，328（5982）：1123-1127.

Ferguson J F，Gavis J. 1972. A review of the arsenic cycle in natural water. Water Research，6：1259-1274.

Fitz W J，Wenzel W W，Zhang H，et al. 2003. Rhizosphere characteristics of the arsenic hyper-accumulator Pteris vittata L and monitoring of phytoremoval efficiency. Environmental Science and Technology，37：5008-5014.

Frind E O，J W Molson，D L Rudolph. 2006. Well vulnerability：A quantitative approach for source water protection. Ground Water，44（5）：732-742.

Frind E O，Muhammad D S，Molson J W. 2002. Delineation of three-dimensional well capture zones for complex multi-aquifer systems. Ground Water，40（6）：586.

Gleeson T. 2012. Water balance of global aquifers revealed by groundwater footprint. Nature，488（7410）：197.

Gleeson T，Vandersteen J，Sophocleous M A，et al. 2010. Groundwater sustainability strategies. Nature Geoscience，3（6）：378-379.

Goh K H，Lim T T. 2005. Arsenic fractionation in a fine soil fraction and influence of various anions on its mobility in the subsurface environment. Applied Geochemistry，20：229-239.

Goovaerts P，AvRuskin G，Meliker J，et al. 2005. Geostatistical modeling of the spatial variability of arsenic in groundwater of southeast Michigan. Water Resources Research，41：W07013.

Guo H M，Jia Y F，Wanty R，et al. 2016. Contrasting distributions of groundwater arsenic and uranium in the western Hetao basin，Inner Mongolia：Implication for origins and fate controls. Science of Total Environment，541：1172-1190.

Guo H M，Liu C，Lu H.，et al. 2013a. Pathways of coupled arsenic and iron cycling in high arsenic groundwater of the Hetao basin，Inner Mongolia，China：An iron isotope approach. Geochimica Et Cosmochimica Acta，112：130-145 .

Guo H M，Wen D G，Liu Z Y，et al. 2014. A review of high arsenic groundwater in Mainland and Taiwan，China：Distribution，characteristics and geochemical processes. Applied Geochemistry，41：196-217.

Guo H M，Yang S Z，Tang X H，et al. 2008. Groundwater geochemistry and its implications for arsenic mobilization in shallow aquifers of the Hetao Basin，Inner Mongolia. Science of the Total Environment，393：131-144.

Guo H M，Zhang B，Li Y，et al. 2011a. Hydrogeological and biogeochemical constrains of arsenic mobilization in shallow aquifers from the Hetao basin，Inner Mongolia. Environmental Pollution，159（4）：876-883.

Guo H M，Zhang B，Wang G C，et al. 2010. Geochemical controls on arsenic and rare earth elements approximately along a groundwater flow path in the shallow aquifer of the Hetao basin, Inner Mongolia. Chemical Geology, 270: 117-125.

Guo H M, Zhang B, Zhang Y. 2011b. Control of organic colloids on arsenic partition and transport in high arsenic groundwaters in the Hetao basin, Inner Mongolia. Applied Geochemistry, 26: 360-370.

Guo H M, Zhang Y, Xing L N, et al. 2012. Spatial variation in arsenic and fluoride concentrations of shallow groundwater from the town of Shahai in the Hetao basin, Inner Mongolia. Applied Geochemistry, 27: 2187-2196.

Guo H M, Zhang Y, Zhao K, et al. 2013. Dynamic behaviors of water levels and arsenic concentration in shallow groundwater from the Hetao Basin, Inner Mongolia. Journal of Geochemical Exploration, 135: 130-140.

Guo J. 2014. Practical design calculations for groundwater and soil remediation (2nd ed). London: CRC Press.

Han S B, Zhang F C, Zhang H, et al. 2013. Spatial and temporal patterns of groundwater arsenic in shallow and deep groundwater of Yinchuan Plain, China. Journal of Geochemical Exploration, 135: 71-78.

Harvey C F, Ashfaque K N, Yu W, et al. 2006. Groundwater dynamics and arsenic contamination in Bangladesh. Chemical Geology, 228 (1~3): 112-136.

Harvey C F, Swartz C H, Badruzzaman B, et al. 2002. Arsenic mobility and groundwater extraction in Bangladesh. Science, 298 (5598): 1602-1606.

Hashim M A, Mukhopadhyay S, Sahu J N, et al. 2011. Remediation technologies for heavy metal contaminated groundwater. Journal of Environmental Management, 92 (10): 2355-2388.

He J, An Y H, Zhang F C. 2013. Geochemical characteristics and fluoride distribution in the groundwater of the Zhangye Basin in Northwestern China. Journal of Geochemical Exploration, 135: 22-30.

He X, Ma T, Wang Y X, et al. 2013. Hydrogeochemistry of high fluoride groundwater in shallow aquifers, Hangjinhouqi, Hetao Plain. Journal of Geochemical Exploration, 135: 63-70.

Huang G X, Chen Z Y, Liu F, et al. 2014. Impact of human activity and natural processes on groundwater arsenic in an urbanized area (South China) using multivariate statistical techniques. Environmental Science and Pollution Research, 21 (22): 13043-13054.

Huang W L, Young T M, Schlautman M A, et al. 1997. A distributed reactivity model for sorption by soils and sediments. 9. General isotherm nonlinearity and applicability of the dual reactive domain model. Environmental Science Technology, 31: 1703-1710.

Hughes M F. 2002. Arsenic toxicity and potential mechanisms of action. Toxicology Letter, 133: 1-16.

Jha M K, Kamii Y, Chikamori K. 2009. Sustainable groundwater management in alluvial aquifer systems. Water Resources Management, 23 (2): 219-233.

Juhasz A L，Weber J，Smith E，et al. 2009. Assessment of four commonly employed in vitro arsenic bioaccessibility assays for predicting in vivo relative arsenic bioavailability in contaminated soils. Environmental Science & Technology，43（24）：9487-9494.

Kang F，Jin M，Qin P. 2011. Sustainable yield of a karst aquifer system：a case study of Jinansprings in northern China. Hydrogeology Journal，19（4）：851-863.

Karickhoff S W. 1981. Semi-empirical estimation of sorption of hydrophobic pollutants on natural sediments and soils. Chemosphere，10：833-846.

Khan M A，Islam M R，Panaullah G M，et al. 2009. Fate of irrigation-water arsenic in rice soils of Bangladesh. Plant Soil，322：263-277.

Kim K，Moon J T，Kim S H，et al. 2009. Importance of surface geologic condition in regulating as concentration of groundwater in the alluvial plain. Chemosphere，77：478-484.

Klump S，Kipfer R，Cirpka O，et al. 2006. Groundwater dynamics and arsenic mobilization in Bangladesh assessed using noble gases and tritium. Environmental Science & Technology，40（1）：243-250.

Loos R，Locoro，G，Comero，S，et al. 2010. Pan-European survey on the occurrence of selected polar organic persistent pollutants in ground water. Water Research，44：4115-4126.

Luo Y，Xu L，Michal R，et al. 2011. Occurrence and transport of tetracycline，sulfonamide，quinolone，and macrolide antibiotics in the Haihe river basin，China. Environmental Science & Technology，45（5）：1827-1833.

Marianne S，Dan L，Emily C，et al. 2012. Review of risk from potential emerging contaminants in UK groundwater. Science of the Total Environment，416：1-21.

McArthur J M，Banerjee D M，Hudson-Edwards K A，et al. 2004. Natural organic matter in sedimentary basins and its relation to arsenic in anoxic ground water：the example of West Bengal and its worldwide implications. Applied Geochemistry，19（8）：1255-1293.

McArthur J M，Nath B，Banerjee D M，et al. 2011. Palaeosol control on groundwater flow and pollutant distribution：The example of arsenic. Environme-ntal Science & Technology，45（4）：1376-1383.

McArthur J M，Ravenscroft P，Banerjee D M，et al. 2008. How paleosols influence groundwater flow and arsenic pollution：a model from the Bengal Basin and its worldwide implication. Water Resources Research，44：W11411.

McIntosh A，Pontius J. 2016. Science and the Global Environment：Case Studies for Integrating Science and the Global Environment. Elsevier：113-254.

Mianabadi H，Mostert E，Pande S，et al. 2015. Weighted bankruptcy rules and transboundary water resources allocation. Water Resources Management，29（7）：2303-2321.

Michael H A，Voss C I. 2008. Evaluation of the sustainability of deep groundwater as an arsenic-safe resource in the Bengal Basin. Proceedings of the National Academy of Sciences，105：8531-8536.

Mikutta C, Frommer J, Voegelin A, et al. 2010. Effect of citrate on the local Fe coordination in ferrihydrite, arsenate binding, and ternary arsenate complex formation. Geochimica Et Cosmochimica Acta, 74 (19): 5574-5592.

Nassef M, Kim S G, Seki M, et al. 2010. In ovo nanoinjection of triclosan, diclofenac and carbamazepine affects embryonic development of medaka fish (Oryzias latipes). Chemosphere, 79 (9): 966-973.

Nath B, Berner Z, Mallik S B, et al. 2005. Characterization of aquifers conducting ground waters with low and high arsenic concentrations: a comparative case study from West Bengal, India. Mineralogical Magazine, 69: 841-854.

National Research Council of the National Academies, USA. 2013. Alternatives for Managing the Nation's Complex Contaminated Groundwater Sites.

Neidhardt H, Norra S, Tang X, et al. 2012. Impact of irrigation with high arsenic burdened groundwater on the soil-plant system: results from a case study in the Inner Mongolia, China. Environmetal Pollution, 163: 8-13.

Neumann R B, Ashfaque K N, Badruzzaman A B, et al. 2010. Anthropogenic influences on groundwater arsenic concentrations in Bangladesh. Nature Geoscience, 3 (1): 46-52.

Niazi N K, Singh B, Shah P. 2011. Arsenic speciation and phytoavailability in contaminated soils using a sequential extraction procedure and XANES spectroscopy. Environmental Science & Technology, 45 (17): 7135-7142.

Nickson R T, McArthur J M, Burgess W, et al. 1998. Arsenic poisoning of Bangladesh groundwater. Nature, 395 (6700): 338.

Polizzotto M L, Kocar B D, Benner S G, et al. 2008. Near-surface wetland sediments as a source of arsenic release to ground water in Asia. Nature, 454 (7203): 505-508.

Polya D A, Gault A G, Diebe N. 2005. Arsenic hazard in shallow Cambodian groundwaters. Mineralogical Magazine, 69: 807-823.

Quicksall A N, Bostick B C, Sampson M. 2008. Linking organic matter deposition and iron mineral transformations to groundwater arsenic levels in the Mekong delta, Cambodia. Applied Geochemistry, 23: 3088-3098.

Radloff K A, Zheng Y, Michael H A, et al. 2011. Arsenic migration to deep groundwater in Bangladesh in fluenced by adsorption and water demand. Nature Geoscience, 11 (4): 793-798.

Richter Dd Jr, Mobley M L. 2009. Environment. Monitoring Earth's critical zone. Science, 326 (5956): 1067.

Rosenboom J W. 2004. Arsenic in 15 Upazilas of Bangladesh: Water Supplies, Health and Behaviours-An Analysis of Available Data. Report for the Department of Public Health Engineering (Bangladesh), the Department for International Development (U K), and UNICEF.

Sengupta S, McArthur J M, Sarkar A, et al. 2008. Do ponds cause arsenic-pollution of groundwater in the Bengal Basin? An answer from West Bengal. Environmental Science & Technology, 42 (14): 5156-5164.

Senn D B, Hemond H F. 2002. Nitrate controls on iron and arsenic in an urban lake. Science, 296: 2373-2376.

Slotnick M J, Nriagu J O. 2006. Validity of human nails as a biomarker of arsenic and selenium exposure: a review. Environmental Research, 102: 125-139.

Smedley P L, Kinniburgh D G. 2002. A review of the source, behavior and distribution of arsenic in natural waters. Applied Geochemistry, 17: 517-568.

Storey M V, Gaag B V D, Burns B P. 2011. Advances in on-line drinking water quality monitoring and early warning systems. Water Research, 45 (2): 741-747.

Stute M, Zheng Y, Schlosser P, et al. 2007. Hydrological control of As concentrations in Bangladesh groundwater. Water Resources Research, 43: w09417.

Su C L, Wang Y X, Xie X J, et al. 2013. Aqueous geochemistry of high-fluoride groundwater in Datong Basin, Northern China. Journal of Geochemical Exploration, 135: 79-92.

Sun G. 2004. Arsenic contamination and arsenicosis in China. Toxicology and Applied Pharmacology, 198: 268-271.

Tang Q F, Xu Q, Zhang F C, et al. 2013. Geochemistry of iodine-rich groundwater in the Taiyuan Basin of central Shanxi Province, North China. Journal of Geochemical Exploration, 135: 117-123.

Tang X Y, Zhu Y G, Shan X Q, et al. 2007. The ageing effect on the bioaccessibility and fractionation of arsenic in soils from China. Chemosphere, 66: 1183-1190.

Tong J T, Guo H M, Wei C. 2014. Arsenic contamination of the soil—wheat system through irrigation with high arsenic groundwater in Inner Mongolia, China. Science of the Total Environment, 496: 479-487.

United States Congress House (ADWAA). 1989. Safe Drinking Water Act Amendments.

US Environmental Protection Agency (US EPA). 1993. Guidelines for delineation of wellhead protection areas (EPA-440/5-93-001). Washington DC: US Environmental Protection Agency.

van Geen A, et al. 2003. Spatial variability of arsenic in 6000 tube wells in a 25 km^2 area of Bangladesh. Water Resources Research, 39: 1140.

van Geen A, Aziz Z, Horneman A, et al. 2006. Preliminary evidence of a link between surface soil properties and the arsenic content of shallow groundwater in Bangladesh. Journal of Geochemical Exploration, 88: 157-161.

van Geen A, Zheng Y, Goodbred S, et al. 2008. Flushing history as a hydrogeological control on the regional distribution of arsenic in shallow groundwater of the Bengal Basin. EnvironmentalScience & Technology, 42: 2283-2288.

Wang G X, Cheng G D. 2001. Fluoride distribution in water and the governing factors of environmentin arid north-west China. Journal of Arid Environments，49：601-614.

Wang Q，Zhan H. 2015. Chapter 10-Characteristic and role of groundwater in the critical zone. Developments in Earth Surface Processes，19：295-318.

Wang Y，Ma T，Luo Z. 2001. Geostatistical and geochemical analysis of surface water leakage into groundwater on a regional scale：a case study in the Liulin karst system，northwestern China. Journal of Hydrology，246（1）：223-234.

Weber W J，Mcginley P M，Katz L E. 1992. A distributed reactivity model for sorption by soils and sediments. 1. Conceptual basis and equilibrium assessments. Environmental Science & Technology，26：1955-1962.

Wen D G，Zhang F C，Zhang E Y，et al. 2013. Arsenic，fluoride and iodine in groundwater of China. Journal of Geochemical Exploration，135：1-21.

Williams P N，Price A H，Raab A，et al. 2005. Variation in arsenic speciation and concentration in paddy rice related to dietary exposure. Environmental Science & Technology，39：5531-5540.

Winkel L，Berg M，Amini M，et al. 2008. Predicting groundwater arsenic contamination in Southeast Asia from surface parameters. Nature Geoscience，1（8）：536-542.

World Health Organization. 2011. Guidelines for Drinking-water Quality - 4th ed.

Wu Y，Wang Y，Xie X. 2014. Occurrence，behavior and distribution of high levels of uranium in shallow groundwater at Datong basin，northern China. Science of the Total Environment，472：809-817.

Xie X，Pi K，Liu Y，et al. 2016lp. In-situ arsenic remediation by aquifer iron coating：field trial in the Datong basin，China. Journal of Hazardous Materials，30：19-26.

Xing B S，Pignatello J J. 1997. Dual-mode sorption of low-polarity compounds in glassy poly（vinyl chloride）and soil organic matter. Environmental Science & Technology，31：792-799.

Zhang E Y，et al. 2013a. Iodine in groundwater of the North China Plain：Spatial patterns and hydrogeochemical processes of enrichment. Journal of Geochemical Exploration，135：31-53.

Zhang Y，Cao W，Wang W，et al. 2013b. Distribution of groundwater arsenic and hydraulic gradient along the shallow groundwater flow-path in Hetao Plain，Northern China. Journal of Geochemical Exploration，135：31-39

第四章

前沿与重大科学问题

第一节　水循环与地下水资源形成分布规律

一、区域水循环、多水转化、地表水-地下水相互作用

水循环这一概念指的是水流从一个水文概念单元连续流向另一个水文概念单元的过程。这些单元包括海洋、湖泊、大气、土壤和含水层。水循环既可以是全球尺度的，也可以是大陆及流域尺度的。无论哪种尺度的水循环，地下水都是一个必不可少的组成部分。图 4-1 是一个简化的水循环示意图。就流域尺度的水循环而言，水流过程包括：以降雨入渗或者地下径流为主要形式的补给；通过地表水体或者包气带的蒸发、植物蒸腾或者地下径流向相邻流域的排泄。

存储于地表以下达数千米厚的地下含水介质中的地下水，是仅次于冰盖和冰川的第二大淡水资源。地壳上层 800 m 以内的地下水较易被利用，并可满足人类的淡水需求。地下水占全球淡水资源的 11.6%，若将冰川水除外，则占 56.4%。由于地下水埋藏于地表以下，无法直接看到，所以我们常常忽视这个巨大水资源库的重要性。此外，识别和利用地下水资源仍面临巨大挑战，对于不同尺度水循环中的地下水资源研究亟待加强。

新技术的出现和模拟能力的提高，推动了基于卫星数据（如 GRACE）的全球地下水资源存储量及消耗速率的评估。一项针对地下水年龄的研究指出，地壳上部 2 km 深度范围内的地下水中，只有很小部分水的年龄小于 50

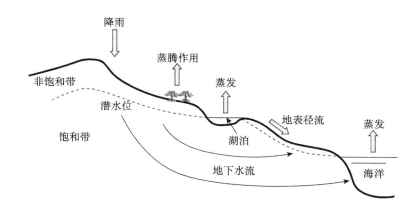

图 4-1　水循环示意图

水通过地表水体蒸发以及植物蒸腾形式进入大气。雨和冰雪融水通过非饱和带入渗补给地下水，或者以地表径流形式汇入地表水体。与河流相比，地下水流动非常缓慢，并向地表水体排泄。潜水位是表层非饱和带和深层饱和带的分界面。该图中的潜水位接近地表，这种情况一般发生在湿润地区（Ge and Gorelick，2015）；在干旱地区，潜水位埋深一般较大（Gleeson et al.，2011）

年，这小部分水被称为"现代水"，比水文循环中所有的其他组成都更加活跃（Gleeson et al.，2015）。地下水储量虽然是一项很有意思的研究课题，但它在地下水管理及可用性评估方面作用不大（Konikow，2015）。其他参数，如含水层渗透性、水质、开采和输送成本对实际利用都有一定的限制。对于一些小型含水层，开采少量的水就会造成地下水位快速下降，逐渐丧失其更新能力。因此，不能被水体总量评估研究所误导。应重视水循环过程的研究、模拟及野外监测，以便深入理解地下水系统和水循环的动态特性。地表水和地下水相互作用研究对于水资源管理至关重要，因为地下水和地表水应该被看作一个整体水源（Winter，1998）。

　　地下水和地表水相互作用的时空模式因地形不同而不同。以山谷地区为例。在山区，地形坡度、植被/根系密度、积雪厚度、土壤水分含量、表面风化程度均可影响水体入渗。图 4-2 显示山区降雨在向山间溪流汇集过程中的 3 种不同地表水-地下水相互作用模式（Winter，1998）。图 4-2（a）显示了在暴雨/积雪融化没有发生的时段，溪流主要依赖于地下水补给。图4-2（b）显示了在暴雨和积雪融水期间，溪流主要接受浅层饱和带（土壤孔隙）的地下水补给。在强降雨条件下，地下水位可能上升至地表以上，形成地表径流。图 4-2（c）显示在干旱地区，降雨量较小，土壤较干燥，植被覆盖稀疏。降雨入渗补给地下水非常有限的条件下，山坡类型和坡度的不同可以影响植被/根系密度、积雪厚度、土壤湿度，并最终影响区域风化作用。河流高寒源区的地下水和地表水相互作用是一个新的研究方向，受到越来越多的关注（Ge et al.，2011；Evans et al.，2015；Walvoord and Kurylyk，2016）。

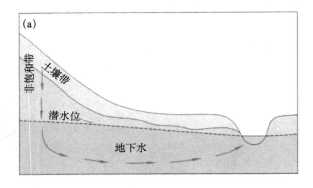

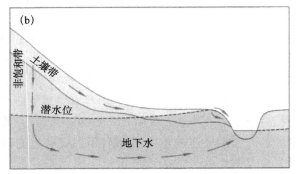

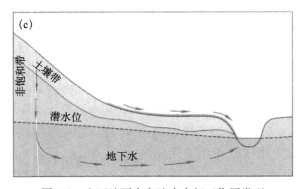

图 4-2　山区地下水和地表水相互作用类型

（a）暴雨/积雪融化没有发生的时段，溪流基本上依赖于地下水补给；（b）暴雨/积雪融化发生期间，溪流主要由地下水和饱和土壤水共同补给；（c）在干旱地区，降雨入渗非常有限，仅有零星的地表径流形成

　　在河谷地形条件下，地表水-地下水相互作用形成的流动系统，由小而浅的局部地下水流动系统和大而深的区域地下水流动系统叠加而成（图 4-3）。

接受浅层局部地下水流系统的地下水补给的溪流往往随季节变化较大，并逐渐演变为季节性河流。此外，河谷地区地表水-地下水相互作用受山洪和蒸散作用的影响也非常显著。

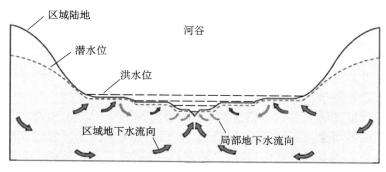

图 4-3 河谷地区地表水-地下水作用模式

资料来源：Winter，1998

地表水-地下水相互作用带的河岸存储研究在水资源管理中具有非常重要的意义。有效的水资源管理需要很好地理解水进入含水层的方式及地下水-地表水作用的程度。将地下含水层作为存储库能减少对地表水存储的要求。当河流流量较大时，可将水资源存储在地下，当流量较小时，可从地下抽水。在向下游径流的过程中，河水不同程度地渗入河岸，这取决于河道水文地质和植被覆盖条件。同位素和溶质示踪与水文监测相结合的方法已被应用于定量研究地表径流及河岸带对河流径流的影响比例。例如，McGlynn 和McDonnell（2003）研究发现，在无降雨发生时段，或者仅有少许地表径流形成，以及强降雨阶段早期，河岸带水的贡献占主导地位。

地表水-地下水相互作用直接影响水的质量。浅层含水层由于接近地表污染源，非常容易受到污染。然而，许多浅部含水层与地表水存在直接水力联系，从而导致地下水中的污染物进入湖泊和河流。河水和附近浅层含水层之间的水和溶质交换，被称为潜流交换，其监测是地表水-地下水相互作用的另一个主要的研究方向（Gooseff et al.，2003；Ward et al.，2013）。Haggerty等（2002）对溪流周边水流的示踪试验和运移模拟证明，潜流带水分和溶质交换涉及的时间尺度变化范围非常大，大量的水和溶质交换持续存在，远远大于河水的平流特征时间。Kiel 和 Cardenas（2014）在密西西比河监测了侧向潜流交换的程度和持续时间，发现整个河道范围内都存在侧向潜流交换。河道地形变化复杂，多次通过河岸阻挡，导致局部发生小的水循环。

二、补给、径流与排泄过程

地下水补给研究是持续了数十年的水文地质课题。针对未来不确定的气候条件，认识降水变化对地下水补给的影响非常重要。Allen等（2010）基于全球气候模型中的一系列降水数据，对地下水补给的可能变化进行了数值模拟和预测，结果显示：相对于历史数据，到2080年，湿润沿海地区的地下水补给的变化范围为－10.5% ～＋23.2%。如此大的变化范围，凸显了在水资源管理规划过程中考虑气候变化的重要性。

补给尺度的研究非常关键。Meixner等（2016）指出，有关地下水补给的研究大多针对全球或特定流域尺度。然而，全球尺度的研究应该对水资源管理和决策提供有针对性的指导。特定地区的研究可行性较强，但是经常需要进一步扩大研究尺度，以期能对水资源管理有关的水政策产生较大的影响力。多流域的中间尺度研究逐渐成为指导水资源规划的有效工具。在Meixner等（2016）开展的涉及美国西部8个流域的一项研究中，识别出了4种补给机制：弥散、汇集、灌溉和山区系统补给。图4-4显示了这4种补给机制在不同气候条件下的变化。气候变暖（积雪厚度减少）被认为是导致山区地下水系统补给减少的原因。然而，其他地下水补给方式在部分地区产生大范围的下降（下降10%～20%），而在其他地区则可能微小升高。为了提高预测能力，降低地下水补给评估的不确定性，需要气候研究部门进一步提高对于降雨量及温度的预测精度。从水文地质角度，基于过程的模型要将气候变量结合到地下水模拟中，并更好地评估山区系统补给及地下径流过程。

尽管河道补给也是重要的补给源之一，但山前补给被认为是盆地含水层

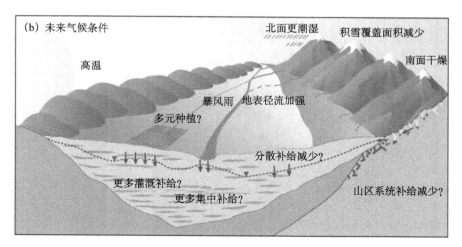

图 4-4 20 世纪气候条件和未来气候条件下 4 种不同补给
机制的概念模型

资料来源：Meixner et al.，2016

最主要的地下水补给机制（Manning and Solomon，2005；Gleeson and Manning，2008）。Wilson 和 Guan（2004）提出，补给研究需要考虑完整的山地地块系统，包括最高峰到深层含水层中地下水的径流过程。Ball 等（2014）对美国科罗拉多州落基山脉一个山区流域开展了复杂的数值模拟研究，识别了不同补给的相对重要性，并分析了山区和盆地衔接区域的水径流过程（图 4-5）。模拟结果表明，山地地形在局部至中间尺度流动系统中发挥主要控制作用，但是，在河谷流动系统中，渗透率各向异性的影响具有主导作用。不同补给机制的相对重要性取决于河谷中主要含水层的位置。山区补给速率高导致山区潜水面较高，从而形成较强的局部流动系统，并增加了山区地下水向河谷的补给（Ball et al.，2014）。

三、古水文地质与古气候记录

地下水对自然气候变化的响应需要较长的时间才能显现。在干旱、半干旱地区的区域含水层系统中，可以找到古水文证据（Taylor et al.，2013）。保存在土壤和孔隙水中的古环境信号已经用于研究古地下水系统。不同的稳定同位素和氯化物深度剖面，是大气降水补给或通过土壤包气带的干循环和陆表温度的表现。这些环境信号揭示了在过去 1 万~50 万年自然气候条件下地下水系统的主要变化（Edmunds and Tyler，2002；Walvoord et al.，

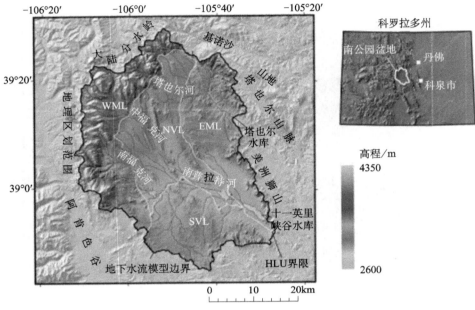

（a）美国科罗拉多州落基山脉中部 South Park 盆地主要地貌和水文特征

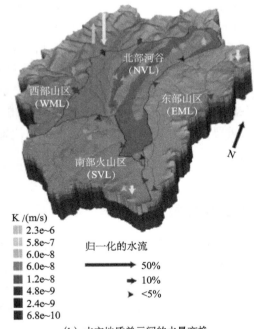

（b）水文地质单元间的水量交换
（每个水均衡组成根据总的补给模型归一化，用箭头表示）

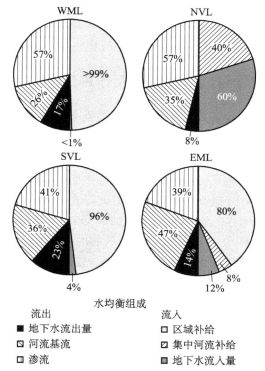

（c）水文地质单元的水均衡组成以及地下水补给和排泄的分布

图 4-5　美国科罗拉多州落基山脉某一山区地下水补给机制（文后附彩图）

资料来源：Ball et al.，2014

2002a；Walvoord et al.，2002b）。

　　惰性气体是保守示踪剂，其在地下水中的浓度被认为是地下水补给区年平均气温和气压的指示剂。因此，惰性气体的温度被视为研究古气候变化的一个非常有潜力的重要指标，在古气候重建中的应用历史已有几十年（Stute and Schlosser，1993；Castro et al.，1998a；Castro et al.，1998b；Kipfer et al.，2001；Sun et al.，2010）。Warrier 等（2013）建立的雨水中稀有气体成分和天气模式之间的直接相关性，有望应用于识别降雨渗滤速度较快的浅层含水层系统的补给时间和位置。Manning（2011）用惰性气体补给温度和地下水样品的放射性碳同位素年龄识别了美国新墨西哥 Española 盆地东部过去 3.5 万年地下水补给率的变化。在末次盛冰期，较高的降水率导致较低的平均补给高程。在末次盛冰期前，降水速率与目前的山区补给条件相似。

　　由于其他地球科学分支学科分析古气候研究中同位素成分的能力与兴趣

不断增加，水文地质学与其他地质科学（如沉积学和同位素地球化学）之间的交叉融合，促进了学科的进步。水文地质和地球化学数据相结合的协同模型研究，可能为理解古气候、古地下水系统提供更有价值的信息和手段。

四、全球变化与地下水的相互作用

科学家们已经达成了共识：预计变化气候条件下，全球降水和温度将增加，极端水文事件将更加激烈和频繁。气候变化通过补给变化和灌溉需求增大直接影响地下水（Taylor et al.，2013）。由于气候预测存在极大的不确定性，其对地下水系统的直接影响的不确定性也很大。地下水系统可以缓冲地表水系的水文变化，并提高生态对气候变化的适应性。

全球变暖对地下水的影响是多方面的。例如，气候变化引起的极端水文事件（如洪水或干旱），由于补给过量或不足，会直接影响到地下水。洪水期间，过量的水可以储存在含水层，并在洪水过后逐渐排入溪流。当一个含水层与一条小溪存在水力联系，洪水期间得到的补给，通常在洪水消退后返回溪流。这些过程导致含水层的净补给量非常少（Winter，1998）。然而，已有研究表明，与地表水没有水力联系的含水层，洪水期间可得到更有效的补给。稳态解是量化补给的一种方法（Abdulrazzak and Morel-Seytoux，1983；Freyberg，1983）。Vázquez-Suñé 等（2007）利用数值模型，模拟了巴塞罗那附近含水层的洪水补给量，发现洪水补给量可达到含水层总输入量的40％。虽然极端降水或长期干旱事件可以直接（往往是立即）影响到地表水，但极端水文事件对地下水储存的长期影响仍不清楚。

高纬度和高海拔寒冷地区的水文过程对气候变化尤为敏感和脆弱。气候变化直接影响多年冻土的完整性和季节性冻土的深度（图4-6）。冻土（包括多年冻土和季节性冻土）覆盖了地球上广泛的高纬度和高海拔地区，50％出露在北半球的地表（Zhang et al.，2003）。在这些地区，冻土可促进或阻碍地下水的补给和排泄（White et al.，2007；Evans et al.，2015；Walvoord and Kurylyk，2016）。温暖的气候可促进冻土解冻，并增加含水层的渗透性，这将导致补给区冰雪融水入渗补给量和向下游地区地表水的排泄量增加，自然水循环和淡水资源随之改变（Ge et al.，2011；Frampton et al.，2013；Wellman et al.，2013）。地下水排泄到河流也可能导致河水的总溶解性固体量、营养物质、碳以及温度升高（Kurylyk et al.，2014；Toohey et al.，2016；Walvoord and Kurylyk，2016）。这些寒冷地区地下水输移的动态变化，为未来水资源规划增添了不确定性。

图 4-6　与无冻土的上游源区地下水流动路径（模型左侧）相比，在多年冻土区，
地下水可能被限制在浅层永冻层以上的含水层，使得深层地下水的
补给受限（模型右侧）

资料来源：Evans et al., 2015

　　多年冻土退化对地下水排泄的影响研究亟待深入。Evans 和 Ge（2017）在研究季节性冻土区的地下水排泄及其与多年冻土地区地下水排泄的差异时，运用地下水流和热传输耦合模型，模拟了多年冻土和季节性冻土覆盖地区 4 个代表性山坡地形的地下水排泄规律。如图 4-7 所示，气候变暖情景下的地下水排泄情况差异明显。没有变暖条件下，季节性冻土区比多年冻土区的地下水排泄量更大。

　　Walvoord 和 Kurylyk（2016）在分析气候对水文过程影响的研究面临的挑战时指出，需要更多的观测数据支持水文变化的推测结果。高分辨率的含水层物理参数表征对于任何特定场地调查都是必不可少的。因为实验或经验数据非常有限，目前对冻结土壤和冻土的水文特性表征的认识仍然是一个知识鸿沟（Koopmans and Miller，1966；Hansson et al.，2004）。目前，旨在模拟冻结和解冻条件下饱和与非饱和地下水流动的建模能力仍然非常有限。为提高计算效率，需要在模型中考虑非线性水文参数。

五、人类活动影响下地下水环境的演化

　　由于变化速率不确定，全球变暖对地下水的影响仍然是一个重要的热点科学问题。人为的土地利用变化和为了满足世界人口和粮食需求的增长带来的农业生产集约化，对地下水资源造成了巨大的影响。因为地下水的渗流较

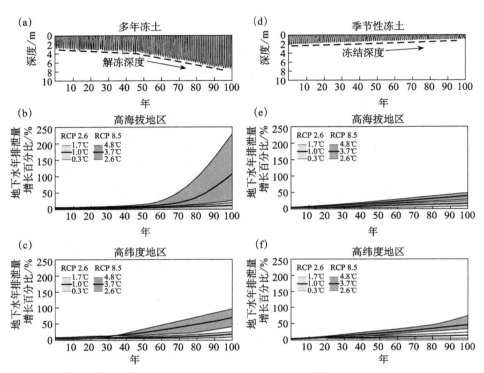

图 4-7 多年冻土（a~c）和季节性冻土（d~f）坡面的冻土
厚度及地下水年排泄量增长百分比（Q）的模拟结果

(a)和(d)为气温增加4.8℃/100a条件下高海拔山坡的0℃等温线深度，所预测的气候变暖趋势上
界为RCP8.5。虚线是0℃等温线，标志着冻融层的下界。高海拔(b)和(e)和高纬度(c)和(f) 山坡，可能的
（阴影区）和平均（实线）RCP温度升高条件下地下水排泄年平均百分比变化
资料来源：Evans and Ge，2017

缓慢，地下水监测需要较长的时间周期才能揭示其动态变化规律，地下水资源与环境问题的发现常常可能滞后，地下水资源管理也因此难度较大。自 20世纪 50 年代以来，主要是由于农业灌溉等的地下水开采，地下水资源逐渐枯竭，并间接造成水从陆地到海洋的净转移，导致海平面上升（Konikow，2011；Foster et al.，2016；Wada et al.，2016）。

20 世纪 60 年代至 70 年代以来，华北平原地下水开采日益增加，造成浅层和深层含水层地下水位持续下降（Zheng et al.，2010）。如图 4-8 所示，20世纪 90 年代，水位下降速率超过 1 m/a（Konikow and Kendy，2005）。现场调查和水位监测表明，浅层含水层的水位最大下降深度超过65 m，深层含水层高达 110 m（Zheng et al.，2010）。地下水位的下降使华北平原大部分地区丧失了支持一个健康的生态系统所需要的浅层地下水资源。

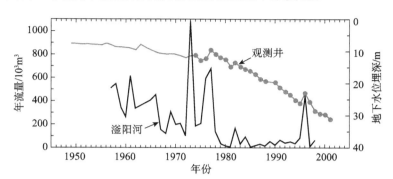

图 4-8　华北平原地下水位下降及伴随的河流流量递减

1974 年之前的地下水位数据来自于 Kendy（2002）的模型模拟结果

第二节　复杂地下水系统中的物质与能量迁移微观机理

地下水是一个复杂的系统。在其内部，各种物理、化学和生物过程相互作用，共同控制着物质和能量的反应迁移。为解决地下水科学问题和相关工程实际问题，前人对地下水系统中的物质与能量迁移开展了大量研究。这些研究不仅有助于深化对地下水系统复杂行为的了解，而且有助于揭示其控制机理。但迄今，我们对地下水系统在微观尺度（如孔隙尺度）上的行为认识仍十分有限，而正是该尺度上的物理、化学、生物过程及其相互作用，控制着宏观尺度上物质和能量的反应迁移。此外，对于不同过程间的内在联系、相互转化及其在微观-宏观尺度间的耦合关系，我们的认识同样非常有限。本节从三个方面讨论当前地下水研究中一些具有挑战性的基础性科学问题和意义重大的前沿性领域，包括：①孔隙度和渗透率的发育和演化；②孔隙尺度上的各种过程、相互间的耦合关系及其造成的影响；③多组分、多尺度过程。

一、孔隙度和渗透率的发育和演化

风化（Navarre-Sitchler et al.，2015）、成岩、变质、构造，甚至人为过程，都能导致地下介质（岩石、沉积物和土壤）中的空隙发生显著变化。随掩埋过程中沉积物的压实，颗粒重新排列，导致孔隙度和孔隙大小降低

（Athy，1930；Dewhurst et al.，1999；Anovitz et al.，2013a）。此外，地球化学和生物地球化学反应可引发矿物的沉淀和溶解，进而导致孔隙增多或减少（Navarre-Sitchler et al.，2009；Stack et al.，2014；Anovitz et al.，2015a；Emmanuel et al.，2015）。类似地，在变质过程中，矿物组合可能发生变化，也会改变岩石的结构和空隙度（Manning and Bird，1995；Manning and Ingebritsen，1999；Neuhoff et al.，1999；Anovitz et al.，2009；Wang et al.，2013a）。由于介质的渗透性在很大程度上取决于空隙的结构，所以空隙结构的上述演化将影响水、污染物、气体、石油等在地下的迁移。

要想深入理解水、气、油等物质在地下的迁移过程以及地下水污染修复、CO_2 封存等技术方案，必须对多孔介质的发育和演化有所了解。孔隙度和渗透率是将地下介质的热力学、水文学和地球化学性质相联结的两个关键参数。孔隙的大小、形状、分布和连通性决定着流体如何进入和穿过微米与纳米级的空间，在其中浸润固相物质并与之发生反应（Anovitz et al.，2013a；Anovitz et al.，2015a；Anovitz et al.，2015b）。为了刻画影响不同地质系统中物质和能量迁移的多孔介质的性质（孔隙度、渗透性、孔隙连通性等），亟待解决下列关键科学问题。

（一）流体-矿物相互作用对孔隙的产生、演化和消失的影响

流体-矿物的相互作用贯穿岩石或矿物从形成到风化分解的整个地质历程（Putnis，2015）。众所周知，岩石或多孔介质中某些矿物的溶解可产生孔隙，进而促进流体的流动。例如，在低 pH 溶液的溶解作用下，碳酸盐岩产生孔洞甚至洞穴，形成岩溶系统。在变质作用或生物地球化学矿化作用过程中，流体-矿物的相互作用也有重要意义：流体带来的物质或营养能使岩石或矿物达到新的平衡态，导致原有的矿物组合被更稳定的新组合取代。该过程不仅涉及原矿物相的溶解，且涉及更稳定的产物相的再沉淀。在这些情况下，孔隙的产生取决于两个因素：①原矿物相和产物相之间的摩尔体积差；②流体中原矿物相和产物相的相对溶解度（Perdikouri et al.，2011；Putnis，2015）。随温度和压力增加，流体-矿物间的再平衡使得孔隙得以生成，但与此同时，压实和重结晶作用使得孔隙减少，即通过矿物的压溶及在孔隙中的再沉淀，压实过程（如在正经历成岩作用的沉积盆地）使得未固结沉积物的原生孔隙度降低。这些相互作用尚未被完全理解，亟待深入研究。

此外，流体-矿物相互作用的反应产物从液相中成核析出，而驱动沉淀的

自由能可用流体相对于沉淀相的过饱和度来表示。然而，目前还不清楚孔隙大小和流体过饱和之间是否存在一种基本关系，也不清楚孔隙度对孔隙内次生矿物的成核和生长有何控制作用。这些问题都有待将来开展详尽研究。

另一个课题研究的是在矿物或岩石风化初期，孔隙是如何发育的。该课题已在不同空间尺度上开展研究（Graham et al.，1994；Taylor and Eggleton，2001）。风化作用本身可增大岩石和风化层的孔隙度及矿物表面积，影响其粒径分布，进而提高其持水能力和养分的可利用性（Cousin et al.，2003；Certini et al.，2004；Zanner and Graham，2005）。风化期间可溶物质的流失使得 Ca、Na、Mg 等主要元素的浓度以及固体的总质量降低，也会造成矿物或岩石的容重减小和孔隙度增大。这些化学和物理变化导致多孔介质的单轴抗压强度和弹性模量降低，但透水能力增强（Tuğrul，2004）。风化作用导致岩石的裂隙度及其基质的孔隙度都增大，更多的水分得以渗入到岩石中，反过来又促进风化作用，从而形成一个正反馈循环，驱使着风化作用的长期持续进行（Brantley et al.，2008）。

得益于地球化学研究的长期积累，我们已经明确了风化过程的宏观特征，包括岩石风化速率、土壤形成速率及其影响因素的量化等（Merrill，1906；Berner，1978；Drever and Clow，1995；Clow and Drever，1996；Anderson et al.，2002；Gaillardet et al.，2003；Amundson，2004；Burke et al.，2007；Anderson et al.，2011；Hausrath et al.，2011）。但截至目前，对风化初期孔隙尺度的物理变化仍知之甚少（Navarre-Sitchler et al.，2009）。深入了解岩石风化初期所发生的这种孔隙尺度的变化，将有助于深入认识微观尺度的岩石风化和孔隙形成机理，以及预测宏观尺度的岩石风化速率和孔隙演化过程（Kang et al.，2007；Li et al.，2008；Molins et al.，2012；Emmanuel et al.，2015；Molins，2015）。

风化致裂可导致风化层的形成，进而影响多孔介质的孔隙度。这一问题是当前的一个研究热点。虽然目前已有多个研究，但仍缺少能够量化风化层形成速度及其与环境或岩性关系的孔隙形成模型（Bandstra et al.，2008）。此外，下述问题也有待解答（Fletcher et al.，2006；Jamtveit et al.，2011）：为何风化致裂在某些情况下会发生，而在另外一些情况下则不会发生？总之，要想全面了解风化层的形成，一个重要的前提是能对风化期间孔隙尺度上孔隙度和表面积的变化作出定量描述。

（二）孔隙度-渗透率间的关系随理化条件的变化

孔隙度-渗透率关系的演化源于孔隙结构的物理演化，而后者又受控于对流和扩散迁移与反应动力学之间的相互作用。孔隙度是对多孔介质容水能力的一种度量；而渗透率则是对其导水能力的度量，它取决于孔隙的连通程度、孔径和喉径分布以及驱动流体流动的压力大小。在流体-矿物的相互作用过程中，若孔隙间的连通性变差，则无论孔隙度是否保持不变（Nijland et al.，2014），渗透率都会显著降低。这相当于关闭了一个个原本开放的孔隙系统，进而限制流体的流动，并将孔隙流体封存为流体包裹体。

多孔介质中孔隙度和渗透率间的关系非常复杂，且随所涉及的孔隙-矿物分布网络及地球化学、生物地球化学过程而发生变化（Bourbie and Zinszner，1985）。对于两者间的关系，目前已有少量预测模型，如 Kozeny-Carman 方程（Kozeny et al.，1927；Whitaker，1998），但这些模型多存在严重的局限性。造成这种状况的部分原因是缺少以下信息：在化学和物理过程作用下，孔隙大小、形状和孔隙分布网络是如何演化的（Xu and Meakin，2008）。对于孔隙度-渗透率间的关系，未来最具前景的研究方法是：基于先进的孔隙度表征（如 XMT）和原位观测技术，将动态测定和孔隙尺度模型相结合，进而深入刻画和建立地下水系统中这两个主要属性间的关系（Noiriel，2015）。

（三）定量阐释不同环境条件下孔隙尺度上反应驱动的压裂、孔隙度和渗透率之间的关系

在流体向初始孔隙度极低的高级变质矿物中迁移时，反应压裂具有特别重要的意义。即使在更为多孔的矿物中，因孔隙内矿物的生长过程会对孔隙壁施加压力，反应压裂也对反应迁移过程起着重要作用（Jamtveit and Hammer，2012）。

无论是因矿物密度增大还是因物质向系统外的输移导致固相体积减少，对应的孔隙度增大将促进流体输送和反应前缘的持续传播（Putnis，2015）。与此相反，若反应产物使固相体积增加，则会填补孔隙空间，可能使渗透率降低（Hövelmann et al.，2012）。在这种情况下，只有当固相的体积增加过程所产生的压力足够大，产生能使流体持续流动的裂隙网络时，反应才能继续进行。

对于流体流动介导的地球化学转化过程，已有大量研究。这些研究表明：对于各种地质系统，反应驱动的压裂在控制流体-矿物/岩石相互作用的速率和过程方面起着关键作用（Jamtveit et al.，2000；Jamtveit and Austrheim，2010；Jamtveit et al.，2011；Kelemen et al.，2011；Plümper et al.，2012）。

最近开发的 2D 模型假定整个过程中晶间孔隙度恒定,针对具有不同初始孔隙度的一系列系统,对压裂、反应和流体迁移间的关系进行了耦合研究(Ulven et al.,2014a;Ulven et al.,2014b)。研究表明:孔隙度越高,反应岩石与未反应岩石间的反应锋面越宽,且因裂隙以切割断裂为主,顺面开裂较少,故裂隙的层级性较低。对于流体驱动、固相体积增加的反应,其进程受控于孔隙度。在较高孔隙度下,反应速率受反应动力学控制,与孔隙度无关;但对于孔隙度较小的介质,反应速率对孔隙度的变化比较敏感。然而,由于地质系统中反应压裂的复杂性,该领域内仍然有许多有待探索的科学问题。对于深入理解溶解、沉淀和迁移之间的耦合关系,以及这些过程与变形和压裂间的耦合关系,纳米尺度的实验和建模将发挥重要作用。

影响反应压裂(使固相体积增加的反应)和孔隙内生长的因素将导致渗透率增加或降低。反应可能产生裂隙和孔隙,而孔隙内矿物的生长也可能导致堵塞,并使渗透率显著降低(Molnar et al.,2007)。一方面,当流动介导的反应与构造变形同步发生时,若渗透率的增长快于孔隙内反应产物的填充,则反应的速率和进展可能完全受外部施加的压力控制。另一方面,若沉淀速率比压裂和渗透率增长的速率快,则即使在裂隙极为发育的岩石中,反应的进展也可能较为平缓。因此,在反应性多孔介质中,反应与迁移间的耦合作用非常复杂。什么因素控制着反应前峰面的推进速度?反应会否终止?岩石渗透率如何演化?若想更好地回答这些问题,亟须深入理解纳米尺度的压力、迁移及反应动力学。

(四)构建概念模型,用以描述地球化学反应、机械压实和水文过程对多孔介质演化的协同影响

矿物的沉淀通常会使空隙变小,而溶解则使其变大。目前,借助于强大的计算方法,已经能够在孔隙尺度上直接模拟这些过程。例如,Lattice-Boltzmann 模型已被用来描绘固-液界面的演化(Kang et al.,2002;Kang et al.,2005;Kang et al.,2007;Huber et al.,2014),而孔隙网络模型则用由孔隙和通道构成的连通性网络代替几何形态复杂的孔隙空间,为深入理解地球化学速率定律的尺度依赖性提供了有力工具(Li et al.,2006;Meakin and Tartakovsky,2009)。然而,尽管孔隙尺度模型是一个强大的工具,但却无法识别尺度小于模型网格的过程。在很多多孔介质中,孔隙的大小具有高度的多尺度性,可从纳米到数百微米或更大级别。如何研究在这些尺度中同时发生的过程是一个难题。此外，大量证据表明（Rother et al.，2007；Anovitz et al.，2013b；Hedges and Whitelam，2013；Kolesnikov et al.，2014），随着孔隙的减小，其内部流体的物理性质会发生显著改变，这使得上述难题变得更为棘手。在任意给定的表征单元中，可能存在数百万个具有不同大小和形状的单个空隙。因此，如果地球化学过程是尺度依赖性的，更为现实的做法是采用孔径分布的方法来模拟不同尺度孔隙中的地球化学过程。

现有的孔径分布方法的一个主要不足是：尽管能对孔隙大小进行预测，但无法表达其空间排列和连通性（Tournassat and Steefel，2015）。随着孔隙变小，孔喉处的流动受到限制，当孔喉<10 nm时，双电层重叠会进一步改变运移速率（Tournassat and Steefel，2015），这种现象在富含黏土的介质中尤其突出。因此，单靠模型可能不足以精确地模拟优先渗流通道的变化过程。未来的研究应将模型耦合到先进的孔隙尺度精细刻画技术中，以清晰揭示地球化学条件变化时孔隙度和渗透率的演化。

虽然地球化学反应对孔隙度和孔径分布具有显著影响，但机械压实也是一个非常重要的影响因素（Emmanuel et al.，2015）。在许多情况下，地球化学反应和机械压实并不是相互独立的，而是共同作用的一个系统（Emmanuel et al.，2015）。在很多系统中，除力学-化学过程外，流体流动也可能会使情况更为复杂。在多孔介质中，连接颗粒的胶结物可能发生溶解，产生悬浮态的颗粒，并作为胶体在多孔介质中迁移。在某些碳酸盐岩的研究中曾观察到悬浮态颗粒的产生过程（Emmanuel and Levenson，2014；Luquot et al.，2014），该过程可使胶体颗粒产生区的孔隙度增加，使胶体颗粒沉积区的孔隙度降低。为了研究这一过程及其对孔隙度和渗透率的影响，需要设计新型实验，开发更为复杂的反应迁移模型。

为了实现地球化学过程和力学过程的耦合，还需解决另外一个关键问题，即孔隙度的演化对地质介质力学性质（如体积弹性模量或断裂强度）的影响。遗憾的是，现有模型仍未解决该问题。统计技术曾用于从孔隙结构的特征中获取这些力学性质数据（Anovitz and Cole，2015）。对于不同孔隙度的岩石，已有其力学性质方面的大量经验数据，但尚不清楚微观结构的演化对岩石强度的影响。因此，在未来的研究中，一个重要的方向是：开展实验和理论研究，以开发地球化学反应、多孔地质材料强度以及多孔介质演化的综合模型。

（五）孔隙度和孔隙结构的定量表征与分析

岩石、土壤等地下介质的孔隙结构对介质的物理性质和介质内的物理过程起着关键控制作用（Emmanuel et al.，2015；Navarre-Sitchler et al.，2015；Royne and Jamtveit，2015）。众所周知，地下介质还起着储存和输导流体的作用，这些流体可能在介质内发生沉淀作用（Stack，2015），或与介质发生反应（Liu et al.，2015；Molins，2015；Putnis，2015），而孔隙结构对介质和流体间的这种相互作用也起着关键控制作用。因此，对这些多孔结构的了解越多，量化能力越强，则越能促进对自然或工程条件下地质环境演化的模拟、理解和预测，如 CO_2 的地质封存、流体的迁移与储存、营养物质的添加、各类污染物的修复等。为了建立这种联系，不仅需要知道孔隙在多孔介质中所占的比例，还要对它的很多性质有所了解，获取连通性、表面积和粗糙度、孔径分布等孔隙结构方面的参数。

天然孔隙系统的精细表征需要用到多种分析测试技术，从不同侧面详细分析孔隙网络的多尺度结构和特征（图 4-9）。应用最广泛的技术有：①水浸法（imbibition）；②浮力法（buoyancy）；③氦气比重法/汞密度法（He pycnometry/mercury density）；④气体吸附法（BET）；⑤压汞法（mercury intrusionporosimetry）；⑥各种显微镜和图像分析技术，如光学显微镜、高分辨率扫描电子显微镜（SEM）和能量色散 X 射线光谱（EDX）、聚焦离子束扫描电子显微镜（FIB SEM）、透射电子显微镜（TEM）、原子力显微镜（AFM）、核磁共振成像（NMRI）；⑦X 射线断层成像和中子散射等方法（Anovitz and Cole，2015）。

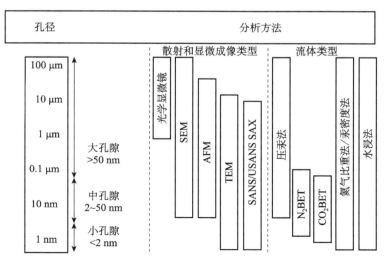

图 4-9 孔隙度和孔径分布（PSD）的测定方法

资料来源：Anovitz and Cole，2015

需要强调的是：上述前 6 种方法是直接方法，但不是当前最先进的技术。BET 法很少用于刻画岩石的孔隙结构。亚临界 N_2 吸附技术最适于研究具有微细孔隙（2～300 nm）的物质（Chalmers et al.，2012），可提供多孔物质质地构造的有用信息，如表面积和孔隙结构（Webb and Orr，1997）。FIBSEM 技术在地球科学领域的应用越来越多（Goldstein et al.，2003）。该方法使用连续切片和成像技术，生成一系列的连续电镜扫描图像（通常几百个），用于矿物、有机物和孔隙的三维可视化。基于这些 3D 图像，可以计算孔隙度、孔径分布、油母质体积百分比和渗透率（Heath et al.，2011；Zhang and Klimentidis，2011；Landrot et al.，2012；Huang et al.，2013）。AFM 是一种相对较新的工具，用于在原子尺度上刻画复杂岩石基质中的孔隙及其特征。该方法不仅可用于获取颗粒表面的形貌图像，同时还能以较高的分辨率识别表面上的不同物质（Javadpour，2009；Javadpour et al.，2012）。虽然 AFM 用于多孔介质的刻画在最近才引起广泛关注，但其历史却可追溯到非传统的页岩气储层的发现。当时，油藏工程师已将 AFM 用于定量刻画纳米尺度上烃类气体和流体的润湿和流动行为。AFM 的独特能力使其非常适用于探测页岩中的纳米级孔隙、有机物质（如油母质）、矿物质及成岩作用导致的微裂隙（Javadpour，2009）。

近年来，小角和超小角散射（USAS）技术为孔隙特征的刻画提供了功能强大且相对较新的独特工具，可用于孔隙度、孔隙分布的几何特征（质量分形特征）、孔隙/岩石界面的性质、表面积与体积比（比表面积）等的表征（Hammouda，2008；Anovitz et al.，2009；Anovitz et al.，2013a；Anovitz et al.，2013b；Anovitz et al.，2014；Anovitz and Cole，2015；Anovitz et al.，2015a；Anovitz et al.，2015b）。对于已报道的大多数 USAS 仪器，其不足之处是一维检测器限制了它对各向异性散射的分析能力。

（六）孔隙尺度的结构、渗透率和反应随时间的演化

多孔岩石的结构和矿物成分复杂，通常具有非均质结构，且其宏观物理性质取决于微观上的特征。例如，渗透率就与微结构密切相关，受孔喉大小、孔喉空间分布、孔隙粗糙度以及细小堵塞颗粒含量等影响显著。水文学、力学和化学（HMC）耦合过程具有高度非线性特征，多孔介质某一属性在孔隙尺度上的微小变化可能导致其他属性的极大改变。因此，为了预测地下系统对化学条件的响应，需要了解微观尺度上发生的单个过程如何影响大尺度上流体的流动和溶质的迁移。

由于对化学反应影响下多孔介质物理性质的演化缺乏了解，特别是长期以来对多孔介质微结构对流动和物质迁移的影响的认识不够，现有模型在预测地下过程在时间和空间上的变化时仍面临许多挑战。尽管已经开展了大量的实验、野外观察和建模工作，但现有的模型很少是建立在微观观察的基础上，通过尺度转换来获取流动和物质迁移的宏观参数的。

随着 X 射线显微成像（XMT）等 3D 成像技术的发展，在孔隙尺度上对多孔介质进行成像的能力已大为提升（Blunt et al.，2013）。因 3D 成像技术的观测尺度跨度大，覆盖了从几纳米到几厘米的一系列尺度范围，所以能将多孔岩石在微尺度上的属性与含水层尺度上的等效参数联系起来。该技术特别适用于结构细节的 3D 表征，通过该方法获得的 3D 结构细节可用于估算多孔介质的物理性质（如渗透率、溶质弥散、电导率或裂隙-基质间的传质系数），有助于提高数值模拟的预测能力和可靠性（Mason et al.，2014）。与其他几种技术相比，XMT 的主要优点是具有非侵入性和非破坏性，因此可用于刻画动态过程期间或实验期间介质的几何结构随时间的变化（Mason et al.，2014）。

在地球科学/水文学领域，最初的 XMT 3D 微观技术主要用于研究裂隙和孔隙介质中的单相流流动和溶质运移过程（Bijeljic et al.，2013；Kang et al.，2014），以及研究胶体在孔隙介质中的沉积及其对渗透率的影响（Chen et al.，2010）。此外，为深入理解孔隙介质中的非水相流体（NAPL）流动和其对地下水造成的污染，常需开展浸吸或排水实验，研究多相流和油气圈闭，而 XMT 技术对这类研究也大有助益（Wildenschild and Sheppard，2013；Landry et al.，2014）。

在反应迁移领域，XMT 已经用于研究溶解或沉淀过程、生物膜生长、风化过程等。有些研究用 XMT 对孔隙结构的变化进行可视化，同时原位记录一些对流动和迁移过程有重要影响的参数（如渗透率大小、化学成分、pH 或示踪剂）的变化。XMT 图像也可直接或间接用于观察研究低孔隙度介质中的溶质迁移性质，或用于追踪反应迁移实验中反应锋面的传播（Mason et al.，2014）。XMT 观测还有助于研究多孔介质（如岩石、混凝土和聚合物）的力学或力学-化学性质（如孔隙度、渗透率、粒径）分布特征（Cilona et al.，2014）。

在水文-力学-化学（HCM）过程的耦合系统中，由于地下多孔介质的结构的复杂性，往往难以精确预测地下水的流动和溶质的反应迁移。随着 XMT 技术的发展，我们已经能在孔隙尺度上对流体的流动、溶质的迁移以及化学过程等直接进行观察，大大促进了对 HMC 耦合机制的理解。XMT 技术，结合实验测量和小尺度观测，能够更好地观察和研究反应引起的孔隙结构、渗透率和矿物表面活性的变化。特别要指出的是，4D XMT（3D XMT 加上时间）技术能够追踪流体-岩石界面的移动，还能测定溶解/沉淀的局部速率随时间的变化，将加深我们对开放水文系统中地球化学反应的理解。

对于岩石中孔隙尺度过程的研究，XMT 实验与数值模拟的联用极具潜力，虽然目前还远谈不上成熟，但已显示出令人鼓舞的进展。如何对实验室获得的成果进行尺度转换提升，用于预测含水层尺度的各种反应过程和长期演化是当今地下水研究所面临的一大挑战。成熟的孔隙尺度建模可以用来研究尺度转换过程，进而完善宏观尺度的建模。

孔隙尺度模型能够用来直接模拟流体流动和溶质迁移，然后通过平均来估算宏观性质，为宏观尺度的模型提供参数。虽然这样的方法已成为研究尺度转换的常规手段，但我们对化学反应、孔隙介质结构变化与水力学和迁移性质之间的耦合关系仍知之甚少，特别在非均质性体系中，这一点表现得尤为突出，影响了孔隙尺度和宏观尺度模型的建立。实际上，通过实验观测，目前已经建立了一些微观特征和宏观性质之间的关系，同时在尺度转换中也发现了一些意料不到的（涌现）效应，给尺度转换带来了难题。如果能够把 4D XMT 数据与多组分化学、流体速度分布和溶质迁移耦合模型相结合，对流体-岩石相互作用的认知必将取得长足进步。

二、孔隙尺度的过程及其耦合与影响

(一) 孔隙尺度反应

多孔介质中的孔隙尺度反应热力学和动力学是当前的研究前沿。以预测不同孔径中沉淀过程为例，其研究难度可能源于该现象自身的复杂性：若沉淀快速均匀地发生，则可轻易造成孔隙的阻塞；若沉淀作用影响较小，则对渗透率或孔隙度都无实质影响。在两种条件下，都难以直接研究孔径中的沉淀过程。而难度更大的是如何控制孔隙中的沉淀过程，为研究某一特定目标服务，比如通过控制沉淀作用填充研究区域内的一些特定孔隙空间，从而达到封存污染物的目的。然而，在未来 5～10 年内，随着对孔隙度和渗透率演化规律的深入探索，有望在沉淀反应研究方面取得突破性进展，从而提升对多孔介质中沉淀作用的准确预测和精准调控。这些突破性发现极可能源于（至少部分源于）以下契机：①X 射线/中子散射实验技术及其结果解译能力的进步，从而能更准确地揭示多孔介质中沉淀反应的程度及其发生的位置（Anovitz and Cole，2015）。②功能日趋强大的模拟技术的应用，用以模拟沉淀过程中孔隙度和渗透率的演化和验证相关的假说（Liu et al.，2015；Steefel et al.，2015）。微流体实验系统（microfluidics cell experiments）是另一种重要技术，该技术能够控制流体在孔隙中的流动路径和速度，可以用来分别研究各种影响沉淀过程的要素（Yoon et al.，2012）。③人工合成理想多孔介质的能力方面取得显著进展，可以按需控制介质的孔隙分布和矿物组成，从而得到更多具有重复性的实验结果，使我们能够单独研究无其他因素干扰的某个过程。在研究天然样品时，正是这种干扰阻碍了对观测结果的概化。当然，单靠上述某一实验或模拟技术，可能无法取得关键性的发现。要想取得实质性的进展，需要采用多种方法，对流体迁移与地球化学间的相互作用进行协同研究。

上述研究的关键之处在于：不仅要理解沉淀反应自身是如何发生的，而且要明白在给定的溶液组分条件下，物质净通量和多孔介质结构是如何影响宏观水文参数的，例如孔隙度和渗透率是如何随地球化学反应的变化而变化的。在实验室系统或计算机模拟系统中，能对反应器或模拟单元中的每个孔隙进行识别或采样。要将这些系统外推用于含水层尺度的模拟和场地研究，首先需对上述宏观水文参数进行估算。在含水层和场地这些大空间尺度的研究中，考虑单个孔隙已经不再现实，必须转而考虑孔隙的总体分布。当前使用的方法是应用线性关系，即利用经验拟合函数来估算孔隙度和渗透率（Gibson-Poole et al.，2008）。当前需要发展的是新的尺度提升理论和模型，使其既能保留在原子-孔隙尺度上观察到的反应性质，又能在含水层尺度上保持适用性（Reeves and Rothman，2012）。为了检验和验证这类尺度提升模型，需要开展从纳米或微米到场地尺度的多尺度系统研究。

具有预测能力的沉淀反应和尺度提升模型对研究其他地球化学问题也有重要意义。众所周知，野外和实验室测得的矿物的风化反应速率相差两个以上数量级（Drever and Clow，1995；White 2008；Stack，2015）。对于该差异产生的原因，目前有多种理论解释，其中重要的两个是：风化反应速率存在孔径依赖效应（Emmanuel and Ague，2009；Stack et al.，2014）；次生矿物的形成减少了反应表面积，如果沉淀反应的规模足够大，以致土壤或岩石的渗透率显著降低，流体的流动受阻，则次生矿物的沉淀对风化作用的影响将变得更为显著（Maher，2010）。

除了自然沉淀过程外，人控沉淀作为污染物封存和修复的一种措施，目前也已有研究涉及。例如，可以利用某些矿物的低溶解度，有目的地原位固定重金属污染物。与之相反，渗透性反应墙（PRB）作为一种广泛使用的污染修复技术，在实际应用时面临的主要难题则是对沉淀的控制（Naftz et al.，2000）。因此，为了制订一个有效的场地修复方案，需要精准控制沉淀发生的地点和速率，和深入了解沉淀对孔隙结构和孔隙连通性的改变（Naftz et al.，2000）。就我们所知，对于地下水系统中的沉淀反应，这种级别的调控目前还未实现，在未来几年需作为一个前沿课题来研究。

在反应迁移模拟中，沉淀反应被处理为均匀发生在多孔介质颗粒表面的化学反应。随着沉淀的持续进行，孔喉被沉淀物填充，只留下大孔径孔隙仍保持联通［图 4-10（b）］。发生此种情况时，由于流体已不能在不同大小孔隙间交换和运动，岩层的渗透率会降低。这种行为可用"串联导管"理论（Verma and Pruess，1988）进行概化，即将岩石中的孔隙通道近似处理为一束毛细管；每个毛细管都是非等径的，在某些部位直径较小，从而限制着流体的流动。

矿物或其他晶体从溶液中析出与生长的研究已经开展了很长时间（Stack，2014），但研究多孔介质内的晶体生长却一直是一个难题，其根本原

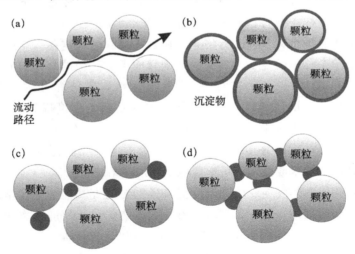

图 4-10　孔径随沉淀反应变化的示意图

（a）流体在岩石内矿物颗粒间的流动路径；（b）沉淀反应均匀发生在所有颗粒的表面，沉淀发生后，孔喉首先关闭，渗透率降低，但较大的孔隙仍保持联通；（c）大孔隙中的优先沉淀；（d）小孔隙中的优先沉淀，此种情况下孔喉将首先关闭，渗透率急剧降低，但对孔隙度的影响极小

资料来源：Stack，2015

因在于难以原位观察多孔介质内部的过程。所以直到目前，对于孔隙内部的沉淀反应，大多数研究仍采用非原位的实验和分析方法（Putnis and Mauthe，2001；Steefel et al.，2013）。

难以研究孔隙内部沉淀反应的另一个原因是许多观测方法（如在薄切片或手工样品上的观测）都有一定的分辨率，仅能观察大于分辨率孔径中的现象。天然多孔介质的孔径变化范围极大，可跨越多个数量级。其中，最小的孔隙是黏土（或相似物质）中纳米级的层间空隙。例如，蒙脱石黏土的层间距就只有 $1 \sim 2$ nm，其具体大小取决于层间的含水量（Bleam，2011）。这些最小的孔隙称为纳米孔，可能对岩石的总孔隙度起着主要的贡献作用（Anovitz et al.，2013a）。幸运的是，部分这些细小孔隙可以利用分析孔径分布的标准工具-气体吸附法和压汞法-来加以分析（Giesche，2006；Chen et al.，2015）。观察孔隙内沉淀反应的其他方法还包括光学显微镜、SEM 和微探针分析。这些方法的分辨率随仪器和样品不同而变化，但最高也只有亚微米级左右。最近的研究表明，小角与超小角中子/X 射线散射可与传统的 SEM-BSE 分析相结合，用于测定变化范围为 7 个量级的孔径（Wang et al.，2013a）。与孔径表征技术相比，该系列技术不存在因样品未磨成粉末而导致的问题。到目前为止，该系列技术主要用于岩石样品的非原位表征。该系列技术中的每组技术，即小角 X 射线/中子散射（SAXS，SANS）、超小角 X 射线/中子散射（Ultra SAXS/SANS）和 SEM-BSE，都只能探测两个数量级的孔径，但因其探测范围存在重叠，所以每组技术得到的孔径分布能够联结起来，构成一个总体的孔隙分布，不过这也使其很难用于岩石样品的原位表征。

关于沉淀反应的经典观点是：它要么受表面化学过程控制，要么受迁移过程控制，具体情况取决于溶液的混合速率（Plummer et al.，1978；Molins et al.，2012）。对于沉淀反应，若溶液成分和沉淀物表面反应位点的浓度随时间而变化，则仅靠单一的速率常数，无法对系统中的反应速率进行精确描述。对于这种情况，在求取沉淀反应的速率常数时，所用速率表达式应能反映晶体成长的离子附着和解离机制，即应用能反映矿物表面化学过程的动力学模型（Stack，2014）。速率常数和离子附着机制随离子和矿物的不同而改变（Bracco et al.，2013；Bracco et al.，2014）。

迁移过程对沉淀反应的影响则源于溶液的混合。因为传统反应迁移模型使用的网格单元通常大于沉淀反应的观测尺度，故易于过高估计流体的混合程度和沉淀反应的速率。例如，Tartakovsky 等（2008）和 Yoon 等（2012）曾对碳酸钙相的沉淀进行观察，并利用填砂的反应器，通过沿平行的流动路

径注入 $CaCl_2$ 和 Na_2CO_3 溶液，对沉淀过程进行了模拟。他们在两股水流汇合处观察到了沉淀现象，但其发生的尺度远小于传统网格单元法的最小模拟单元。这些研究凸显了目前正在探究的一个问题：如何构建一个变尺度模型，使其既可以精确模拟微观反应，又能在大尺度上具有实用性？显然，分子动力学模型是无法应用于整个含水层或流域的。因此，我们需要研发既能很好地表征原子尺度的反应，又能在时间和空间上进行尺度转换的模型。

总的来说，多孔介质中的地球化学反应是一个非常复杂的过程。由于多种效应可能产生相同的结果，所以即使在理想系统中，地球化学反应的观测和精确模拟都极具挑战性。要想解决该难题，必须考虑以下因素：反应动力学（其本身就非常复杂）、基质的反应性、表面电荷和离子吸附势（多孔介质中的离子吸附势可能不同于溶液中的离子吸附势）、抑制或促进成核现象的几何因素、表面能效应、溶剂的迁移等。在自然系统中，多种矿物质和其他相（如有机炭）的存在、孔径分布的梯度、其他组分等可能会产生其他的复杂影响因素，不利于识别系统中发生的过程。纳米孔中的反应性可能与溶液中的反应性差别最大，但岩石中的孔隙又往往主要由纳米孔构成。由于难以对纳米孔进行定量测定，所以纳米孔对岩石的反应性以及对岩石总反应性的相对贡献的研究才刚刚起步。

由于沉淀发生在三维固体网络的内部，其本身极难观测，我们在研究时只能基于薄切片数据，或者利用 X 射线和中子散射等新方法获取孔隙分布的统计平均信息。在科研、环保和工业等多个领域的相关工作中，如金属污染物的处理、碳封存、水垢形成与去除、矿物或岩石风化等，都需要了解多孔介质对矿物沉淀的影响。随着 X 射线和中子散射等新型实验探测技术的发展和改进，以及反应迁移模型功能的增强，孔隙内部化学反应的研究前景非常乐观。综合运用这些方法，可能会发展出有关孔隙尺度反应和结构的地球化学反应预测理论。

（二）非均质地下介质中孔隙尺度过程的耦合和有效表面反应速率

孔隙结构和反应属性的非均质性是地下物质中的普遍特征。这些反应属性包括：固体颗粒的大小和矿物成分、孔隙的大小和连通性、沉积物的表面积和反应性等。非均质性影响着反应物的迁移、混合及其相互作用，进而影响局部和总体的地球化学和生物地球化学反应。在非均质介质中，由于物理、化学和生物性质在孔隙尺度上的变异性，以及孔隙尺度的表面反应与质量转移过程的耦合作用，其有效反应速率相对于充分混合的均质系统低几个数量级。

为了揭示控制多孔介质中宏观反应动力学的物理化学因素，已围绕孔隙尺度的表面反应开展了大量研究。其中，矿物溶解和沉淀反应被反复研究，以评估本征反应速率和质量转移如何控制宏观反应速率（Liu et al.，2015）。孔隙尺度的吸附和解吸附作用的研究，有助于揭示孔隙结构的非均质性对反应速率及其尺度转换（从孔隙向宏观尺度）的影响（Liu et al.，2013）。孔隙尺度的微生物介导的反应研究也取得不少进展，涉及的反应类型包括反硝化、硫酸盐还原、有机质和养分的转化、生物量增长等。这些研究表明，孔隙尺度的非均质性以及反应与运移的耦合对反应和反应速率的宏观表现有着重要影响。

对于多孔介质中的表面反应，目前已经研发了相关的实验和数值方法，对其从孔隙尺度进行研究。实验和数值模拟研究结果都表明：从分子到宏观尺度，有效反应速率降低了几个数量级，其降幅取决于具体的反应类型和多孔介质的结构。造成地球化学反应速率随尺度变化的因素可分为两类：①矿物表面属性随尺度的变化，如控制反应性表面积的表面粗糙度和改变表面反应性的次级矿化（White，1995；White and Brantley，2003）；②地下环境中流动、迁移和化学属性的非均质分布（Shang et al.，2011；Liu et al.，2013；Zhang et al.，2013；Liu et al.，2014）。

矿物表面的地球化学反应速率一般可用质量作用定律来描述：

$$r_i = k_{ins} A_i \prod_j (\gamma_j c_j)^{v_{ij}} \tag{4-1}$$

其中：r_i是反应速率；k_{ins}是本征速率常数；A_i是反应表面积；c_j和γ_j是化学物质j的浓度和活度系数；v_{ij}是化学物质j的反应级数。

严格地说，质量作用定律（方程4-1）仅适用于孔隙尺度，且方程（4-1）中的浓度和反应速率特指反应性表面处的局部浓度和反应速率。反应性表面的位置和化学物质的浓度在地下介质中通常是非均匀分布的。在地下介质中观察和模拟的化学反应速率是有效反应速率。在一个包含很多孔隙和矿物表面的数值网格单元体中，有效反应速率有时是明确定义的，有时则是隐式定义的（图4-11）。

对于图4-11所示的不同尺度的网格，其共同特征是网格内部的非均质性。这表明方程（4-1）不能直接用于描述非均质地下介质的有效反应速率。

为了得到有效反应速率，在一个多孔介质单元体（ΔV）中对方程（4-1）取平均，得到：

$$\bar{r}_i = k_{ins} \overline{A_i \prod_j (\gamma_j c_j)^{v_{ij}}} \tag{4-2}$$

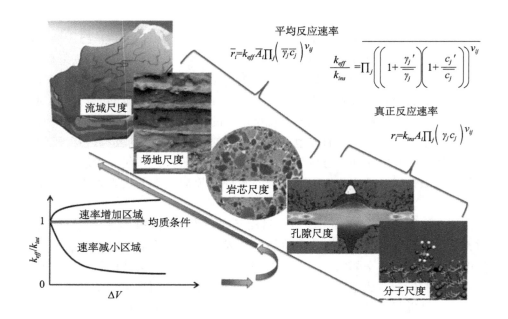

图 4-11　观测、实验和建模时的数值网格大小的示意图

网格的选择取决于具体的应用，包括：①在地球系统模型中，一个完整流域可能代表一个数值网格单元；②在场地尺度的数值模拟中，数值网格的大小从数米到数百米不等；③在岩芯尺度的数值模拟中，数值网格的大小从厘米到数分米不等；④在孔隙尺度的研究中，空间尺度是微米到毫米。有效速率常数是非均质多孔介质中数值网格体积的函数。在充分混合条件下，$k_{eff}=k_{ins}$；在质量转移限制条件下，k_{eff}可以小于或大于k_{ins}

资料来源：Liu et al.，2015

其中：带有上横线的变量是 ΔV 内孔隙空间上的平均变量。

使用平均变量，方程（4-1）中孔隙尺度上的变量可最终由下式给出：

$$\overline{r_i} = k_{ins}\,\overline{A_i}\prod_j (\overline{\gamma_j}\,\overline{c_j})^{v_{ij}}\overline{\left(1+\frac{A_i'}{A_i}\right)\prod_j\left[\left(1+\frac{\gamma_i'}{\gamma_i}\right)\left(1+\frac{c_i'}{c_i}\right)\right]^{v_{ij}}} \tag{4-3}$$

方程（4-3）表明：ΔV 的有效反应速率不仅是平均表面积和平均化学物质浓度的函数，而且还受控于 ΔV 内这些变量在孔径尺度上的空间变化。为了计算方程（4-3）中的孔隙尺度上的空间变化，需要详细了解孔隙结构、孔隙尺度上化学物质的浓度以及反应性表面位点的空间分布。在天然地下环境中，这些信息很难获取。因此，方程（4-3）中孔隙尺度上的空间变化整体上可用有效速率常数表征：

$$k_{eff} = k_{ins}\overline{\left(1+\frac{A_i'}{A_i}\right)\prod_j\left[\left(1+\frac{\gamma_i'}{\gamma_i}\right)\left(1+\frac{c_i'}{c_i}\right)\right]^{v_{ij}}} \tag{4-4}$$

ΔV 内的有效反应速率可用平均变量表示：

$$\overline{r_i} = k_{eff} \, \overline{A_i} \prod_j (\overline{\gamma_j} \, \overline{c_j})^{v_{ij}} \tag{4-5}$$

方程（4-5）与方程（4-1）的形式相同，但变量和速率参数不同。若 ΔV 内所有变量的空间变异性很小（如在一个充分混合的系统中），则方程（4-5）等于方程（4-1）。由于充分混合的系统非常少见，所以方程（4-5）通常不等于方程（4-1）。然而，在大多数地下反应迁移研究和模拟中，公式（4-5）与公式（4-1）是互换使用的。在这些研究中，必须用有效速率常数代替本征速率常数。

有效速率常数受孔隙尺度上的浓度与 ΔV 内平均浓度间的相对偏差的影响［方程（4-4）］。反应表面积的相对偏差取决于反应性矿物的分布和可及性，以及地球化学/生物地球化学反应本身及其对反应表面的影响。溶解组分的浓度不仅取决于表面反应，也取决于迁移过程。后者能在孔隙尺度上为表面反应提供反应物，同时移走反应产物。因此，有效速率常数（k_{eff}）将受反应与迁移耦合作用的强烈影响，且通常随空间和时间而发生变化。然而，这些耦合的孔隙尺度过程通常低于大多数岩芯和场地观测的空间分辨率。因此，宏观尺度上观察到的溶质和固相的浓度及反应速率，反映的是孔隙尺度上反应与迁移的耦合作用。在大多数情况下，这种耦合作用是无法明确区分的。从理论上讲，孔隙尺度的反应迁移模型可用于模拟孔隙尺度上的过程及其耦合作用。但这些模型需要用到孔隙尺度的属性，而对于宏观尺度的应用研究，这些属性难以获得。因此，在解决实际问题时，多基于质量守恒定律，采用介质平均的反应迁移模型。在该类模型中，以数值网格单元体为单位定义多孔介质的反应和迁移属性。上述理论分析及其结果表明，在非均质介质中，以数值网格单元体为单位定义的反应速率和速率常数通常不同于本征反应速率和速率常数。网格单元体的有效速率常数取决于反应物的统计分布及其空间相关性，而这种统计分布及其空间相关性会随时间和空间尺度而变化，导致有效反应速率和速率常数具有时间和空间尺度的依赖性。重要的是，若宏观模型考虑网格内部子网格的反应迁移性质和过程，则有效速率常数相对于其本征值的偏差就可以减小。子网格的性质可由非反应性示踪剂的迁移行为得到，而后者可独立测量。但要指出的是，子网格模型也不能完全消除有效速率常数与其本征值间的偏差，所以模型预测总是含有不确定性。

除孔隙过程的耦合外，其他因素也会影响非均质介质中的反应速率从分子尺度向宏观尺度的转换。例如：即使在单一矿物相上，分子尺度的反应速率也可能是非均质的（Lüttge et al.，2013）；在纳米孔内发生的反应速率可能会受水的有序化、表面曲率和重叠双电层的影响（Bourg and Steefel，2012）；矿物表面的反应性可能随反应进程而改变（Lüttge et al.，2013）。孔隙的形状和连通性也可能被矿物沉淀和溶解、微生物生长和生物矿化等改变。这些因素可能相互叠加，共同影响反应速率的尺度转换。有效速率方程［方程（4-3）］、有效速率常数［方程（4-4）］以及上述分析结果，为系统研究地球化学和生物地球化学反应的尺度依赖性行为奠定了基础。由于地下介质中的非均质性普遍存在，理解、预测有效反应速率和速率常数，并使其与本征反应速率和速率常数间的偏差最小化，对运用基于机理的动力学参数来校准和预测更大尺度上的反应和反应迁移至关重要。

（三）多组分和多尺度过程

地下环境中的物质和能量迁移通常会涉及多组分的相互作用。这些组分共同影响着它们在不同尺度上的宏观行为。具体来讲，水文学和生物地球化学的耦合、微生物生态学（微生物群落的结构和功能）与生物地球化学的耦合以及水和能量的耦合，都会深刻影响污染物的归宿、迁移及修复效果。

1. 水文学和生物地球化学的耦合

作为地下水和地表水的混合区，潜流带（HZ）内可能有各种生物地球化学过程在同时发生（Boano et al.，2014），为从水文学和生物地球化学耦合的角度来研究多组分和多尺度过程提供了理想场所。潜流带是陆地和水生系统间化学迁移的主要通道，且是流域的关键子系统，在多个尺度上都展现出空间功能的高度多样性。不同来源的限制性营养组分（包括 O_2、C 和 N）的叠加，导致生物活性增强，使得该区域的生物地球化学反应性高于地下水或地表水。在理解水文学和生物地球化学的耦合时，需解决以下三个基础科学问题：

（1）生物地球化学过程的类型和分布如何随潜流带内水文过程特征的变化而变化？水文过程和生物地球化学作用的耦合如何控制和调节污染物、碳及生物气在地下水与地表水间的流通？哪些因素控制着不同尺度上生物地球化学过程的性质和分布？什么样的系统尺度模型是可以接受的？

（2）为了准确预测潜流带的多尺度行为及其时空变化，需要构建相应的反应迁移模型。那么，为了描述模型中的污染物转化和生物地球化学过程，需要哪些关键的生物地球化学反应参数？

（3）对于潜流带而言，在从孔隙到局地再到河段、流域的尺度提升过程中，存在什么样的过程层级结构？如何运用过程层级结构及理化性质分布等的相关信息，构建一个囊括潜流带的多尺度集成模型？

为解答上述问题，关键是构建能对预测尺度上的机制、过程和参数进行双向（升尺度和降尺度）转化的多尺度集成模型。在此背景下，对潜流带开展观测、实验（实验室和场地的）和模拟研究。需开展的具体研究如下：

（1）对地下水位、污染物和溶质的浓度、微生物群落的组成和功能等系统变量进行长期观测。

（2）利用原位沉积物样品和代表性模型，开展关键过程和机制的实验室研究。

（3）确定潜流带的各种水文学和生物地球化学过程对地表水和地下水水质的影响，分析这些影响发生的尺度。通过信息同化，建立基于关键过程和参数的不同尺度模型。

（4）建立多尺度建模框架，连接不同尺度（从微观到流域尺度）的关键过程和模型，充分考虑：主要过程及其相互作用；各尺度上行为的控制因素；尺度转换性质；预测目标区间和时段所需的多尺度方法。

（5）确定子网格内流体流动和地球化学反应属性的非均质性对反应速率的影响，建立包括子网格非均质性的反应迁移集成模型。

2. 微生物生态和生物地球化学的耦合

微生物群落的结构和功能从根本上影响着生物地球化学过程，而生物地球化学过程则为微生物群落及其功能的演化提供必需的营养物质、能量、电子供体和受体。为了识别微生物群落结构和功能与各种生物地球化学反应间的耦合关系，必须同时开展生物地球化学和微生物生态学的观测和研究（图 4-12）。目前，对这种耦合关系的理解通常还停留在概念和定性层次，定量模型的研发是微生物生态学和生物地球化学两个研究领域所面临的共同难题。解决这一难题的关键在于研发基于基因组学的生物地球化学反应模型。

此外，微生物生态和生物地球化学过程与水文过程也密切相关，后者为微生物活动提供了养分和携带能量的物质。从微尺度上微生物生物膜的生长和其催化的生物地球化学反应，到大尺度上受地貌形态与区域地下水流影响的生物地球化学行为，水流运动都有重要影响。深入理解地下系统中水文学、微生物学和地球化学过程间的相互作用，将微生物群落的更多细节与生态过程有机结合，可从根本上改善生物地球化学模型的研究现状（Arndt et al., 2013）。由于群落组成比群落功能更难于预测，生物地球化学预测模型的研究对象通常是功能基团，而非单个类群（van Straalen，2003）。通过功能基团来连接电子供体、电子受体和养分资源，形成生物地球化学反应网络（图 4-12），来描述水文过程、生物地球化学反应与微生物群落功能的耦合。

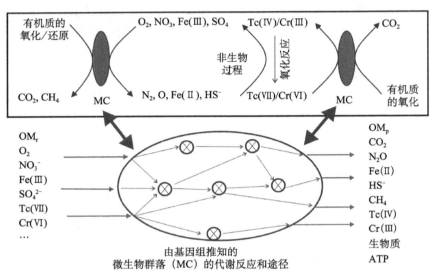

图 4-12　反应网络和代谢路径

资料来源：van Straalen，2003

　　在生物地球化学模型中，通常微生物是作为统计意义上的平稳变量处理。虽然有些模型考虑了微生物的运动（Murphy and Ginn，2000），然而，受基质浓度瞬变和生态过程（迁入、迁出和局部灭绝）的影响，在地下水系统中，微生物功能基团的组成可能随时间而变化，这使得地下水系统中生物地球化学过程变得相当复杂。在微生物群落生态学中，许多案例都表明，基质浓度和生态过程强烈影响着群落的组成（Gilbert et al.，2012）。另外，越来越多的研究表明，随机性可能在群落的形成中起着重要作用（Ofiţeru et al.，2010）。在现实中，这两类过程都会影响微生物群落的组成，但问题的关键是如何确定它们的相对重要性。目前，只有少数研究考察了这些微生物群落生态学过程在不同环境条件下的变化（Kembel et al.，2011）。如何将这些过程整合到不同尺度的生物地球化学反应迁移模型中，成为一个重要的研究课题。

　　为了完成模型的初步开发和参数化，需要获取场地的观测和实验数据。除此之外，模型的校验也需用到这些数据。除了功能基团分布和潜在活性的时空分析外，原位活性的观测也有助于模型的校验。但真正的原位分析十分困难（Goldscheider et al.，2006），在含水层中尤其如此，因为其中微生物的代谢率极低。针对缺氧环境,已经提出了更多的原位测定方法(Adhikari and Kallmeyer, 2010),如使用较灵敏的方法来检测反应产物(如硫化物)或关键活性(如氢化酶)。对于有氧环境,已开发出了更为通用的异养活性测量技术,如3H-亮氨酸掺入法(Konopka et al., 2013)。更具潜力的方法则是稳定同位素方法,既可用于分析地下水中(Druhan et al., 2012)或生物分子(Osburn et al., 2011)中的天然丰度,也可利用一个或多个富集稳定同位素,探测微生物活性(Wegener et al., 2012)。

目前,对于地下生物地球化学和微生物生态学过程的耦合研究,仍存在一系列有待解决的问题,包括:

(1)生态过程(选择、传播和漂移)在决定地下微生物群落的时空变化方面起着什么作用?如何将生态要素对微生物群落的驱动机制用于局部和河段尺度上生物地球化学过程及其影响的预测?

(2)如何观察研究不同尺度的有效生物地球化学反应网络、反应网络功能的季节变化和反应活性的特征等,从而能够更好地揭示和预测土壤及沉积物中污染物的移动性和氧化还原转化规律?

(3)如何通过生物组学测定获取微生物功能基团信息,然后将其用于沉积物的生物地球化学性质分类和对反应迁移模型的参数化?

对于微生物群落的组成及其在不同空间尺度上的生物地球化学功能,生态过程起着重要的控制作用。若能解决上述问题,则可对这些生态过程形成定量理解。

3. 水和能量的耦合

水和能量具有密切的关联性。这一方面是水的独特性质使其对于能量的生成极为有用,另一方面则是水的处理和调配需要消耗能量。地下介质(如非饱和带)中水和能量(如热)的耦合迁移对总体水、能均衡起着关键作用,对污染物的迁移和归宿有着重要影响。

水和能量在地下的迁移受多种因素影响,这些因素包括孔隙度、渗透率、连通性、液态水流、气态水流、地球化学条件以及它们的耦合(Milly, 1984)。虽然全球气候模型和地球系统模型(ESMs)、区域气候模型及各种其他陆面模型都考虑到水文过程,但大部分模型无法对影响水和能量通量的小尺度过程进行模拟或预测。地下水文模型主要关注给定源汇项下的地下水动力学过程。目前需要解决的一个关键科学问题是:如何将更多的机制细节,如水和能量之间的耦合关系,整合到已有的水文模型中。若能解决该问题,就可在更小的时空尺度上，更好地预测污染物在土壤和地下水系统中的迁移和归宿。开发这种新型反应迁移模型，是未来的一个重要研究方向。

第三节 地下水系统的地质微生物学研究

一、研究现状

（一）地质微生物的定义

地球生物学（geobiology）是一门地球科学与生物学交叉的学科，既包括古代过程，又包括现代过程；既研究宏观生物，又研究微生物。与地球化学、地球物理学相比，地球生物学作为一门完整的学科起步较晚，在最近20～30年才发展起来。作为地球生物学的重要分支学科，地质微生物学（geomicrobiology）是一门研究地质环境与微生物相互作用的学科。地球早期微生物的起源得益于地球环境的演化，而微生物活动反过来又改造地球环境，催化矿物岩石的风化、元素的迁移、油气与金属矿产的形成、温室气体的排放与消耗等。

地质微生物学一开始就与地下水科学紧密结合，早在20世纪初期，人们就认识到微生物作用对地下水水质的影响（Chapelle，2000）。地质微生物学的发展，在某种程度上是因为要进一步认识与调控这一影响，并且利用微生物来治理污染的地下水环境。

近年来，地质微生物学与地下水科学的交叉日趋强烈，地下水环境中的元素地球化学循环、新型污染物与病原菌的出现都对地质微生物学提出了挑战，也带来了机遇；地质微生物学研究手段的日新月异，也为地下水科学研究提供了新的数据、模型和理论。

下面重点围绕地质微生物学在地下水科学领域的研究现状做一个简单的综述。

（二）地下水环境中微生物介导的元素地球化学循环

地下水环境中的微生物活动能催化许多元素的地球化学循环，包括碳、氮、硫、铁、锰等。在厌氧条件下，还原菌可以把氧化态的元素还原成低价态；在有氧或者厌氧条件下，氧化菌又把低价态的元素氧化成高价态，从而完成元素的地球化学循环（图4-13）。在厌氧条件下，如果由有机质发酵产生的氢气是唯一电子供体，由于不同微生物对氢气的竞争，承压含水层根据溶解氧的浓度可以划分成几个不同的带，从微氧到厌氧依次分成：硝酸盐还原带、锰还原带、铁还原带、硫酸盐还原带、产甲烷带（表 4-1）。每一个带由硝酸盐还原菌、锰还原菌、铁还原菌、硫酸盐还原菌、产甲烷菌分别对地球化学反应进行催化，释放出不同的自由能。从而在每一个带稳定态的氢气浓度不一样。因此可以根据反应物、产物与氢气的浓度判断反应类型。

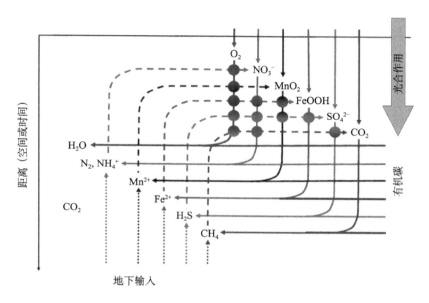

图 4-13　微生物调控的元素地球化学循环

资料来源：改编自：Thamdrup and Canfield，2000

表 4-1　不同氧化还原反应的特征

氧化还原反应	标准条件下的反应自由能 / （KJ/mol H$_2$）	特征氢气浓度/nM
$2NO_3^- + 5H_2 + 2H^+ \rightarrow N_2 + 6H_2O$	224	0.01~0.05
$MnO_2 + H_2 \rightarrow Mn(OH)_2$	163	0.1~0.3
$2Fe(OH)_3 + H_2 \rightarrow 2Fe(OH)_2 + 2H_2O$	50	0.2~0.8
$SO_4^{2-} + 4H_2 + H^+ \rightarrow HS^- + 4H_2O$	38	1.0~4.0
$HCO_3^- + 4H_2 + H^+ \rightarrow CH_4 + 3H_2O$	34	5.0~15.0

　　地下水环境中微生物介导的元素地球化学循环，是关键带的重点研究内容。关键带指的是植物的冠部到地下基岩的空间部分，其研究宗旨是整合地球化学、水文学、生态学、地质微生物学等多学科，综合研究地表与地下过程、元素之间的各种耦合过程（Brantley et al.，2007），譬如甲烷的厌氧氧化

与硫酸盐的还原（Timmers et al.，2016）、硝酸盐的还原与二价铁的氧化（Weber et al.，2006）、甲烷的厌氧氧化与铁、锰的还原（Beal et al.，2009）、甲烷的氧化与硝酸盐、亚硝酸盐的还原（Costa et al.，2000）等。这一系列生物地球化学过程不仅影响到元素在地下水中的活动性与迁移规律，以及地下水的化学成分与水质，也影响到地下水的生态服务功能以及相关的地质过程，譬如矿物岩石的风化、元素的生物可利用性等。

碳循环是地下水元素循环的一个重点研究内容，关键带的碳循环是连接地表与深部碳循环的纽带，关键带内的微生物过程直接关系到温室气体的产生与排放，从而影响到全球气候变化，也与农业、生态、环境等密切相关。

（三）地下水环境的微生物资源普查

微生物对维持地下水生态系统健康、水质以及污染物的迁移转化起着重要的作用，微生物也可以用来指示地下水的污染程度。特别是在农业灌溉区，农药或者化肥的使用会带来地下水化学成分的变化，其中的微生物群落也会有相关的响应。由微生物代谢产物（气体、固体矿物等）引起的孔隙度与渗透率的变化会改变地下水的流动路径与流速，同时微生物本身又是一种重要的菌种与基因资源，因此一些国家对地下水微生物的丰度、多样性、功能进行了初步调查。譬如 Sirisena 等（2013）对新西兰的地下水微生物进行了普查，结果发现：微生物的多样性与地下水的化学成分，特别是与氧化还原条件相关，人类活动与地下水的平均年龄也影响微生物的群落结构。Gregory 等（2014）对英国地下水微生物的前期研究进行了系统总结，也得出了类似的结论，即地下水的化学成分与沉积物的矿物成分对微生物群落结构影响较大，各种污染物也影响微生物的群落组成。

美国早在 1991 年就开展了全国性的水质调查评估，在 1993～2004 年对全国 16 个主要含水层进行了粪便大肠杆菌的调查（Embrey and Runkle，2006），发现 30％左右的含水层有大肠杆菌，但含有病毒的含水层不到 10％，大肠杆菌或者病毒的污染程度与含水层的土壤性质、深度、基岩类型等都有关系。在裂隙发育的碳酸盐地区，大肠杆菌的污染程度较高。美国除了全国性的普查之外，每一个州也有更详细的微生物普查。

基于前期对人体、海洋微生物多样性的调查基础，在美国能源部支持的下，于 2007 年在劳伦斯伯克利国家实验室启动了一项地球微生物研究计划，旨在对当时所有分离得到的纯菌进行全基因组测序，紧接着又在 2010 年启动了地球微生物组计划，旨在对所有环境样品（不光是分离得到的纯菌）进行测序。在 2015 年年底，德国、美国和中国科学家在《自然》期刊发表文章，呼吁在全球范围启动微生物组计划（Dubilier, et al., 2015），一天以后美国 50 个研究机构的 48 名科学家联名在《科学》期刊发表文章，建议启动联合微生物组计划（Alivisatos et al., 2015）。显而易见，地质微生物研究已经进入到了一个崭新的时代。微生物组是指生活在人体、植被、土壤、地下水、海洋、大气等各种生态环境中的微生物群落，微生物对维持这些生态系统的功能起着关键的调控作用，影响人体健康、气候变化、食品安全等，与人类生存息息相关。考虑到地球上微生物无处不在、种类繁多、功能丰富，这两大研究计划的宗旨是研究地球上各种环境的微生物多样性与生态服务功能，造福人类。与之呼应，美国于 2016 年 5 月 13 日正式宣布启动国家"微生物组计划"，这是与"脑计划"等同等量级的大科学计划。政府计划在两年内投入 1.21 亿美元的启动经费，大学及研究机构投入 4 亿美元。这个计划旨在促进不同生态系统微生物组的整合研究，地下水作为一个重要的生境引起了重视。

在经过多年的研讨与论证以后，国家自然科学基金委员会在 2017 年年初启动了一个重大研究计划——水圈微生物组计划[①]，并且在此基础上向前走一步，提出要解决水圈微生物驱动的元素循环问题。这里面的水圈主要指的是地表水，但也包括地下水。鉴于人们目前对于不同水圈生境中微生物的群落形成、代谢方式、生态功能及其与环境的互相作用机制等问题知之甚少，该重大研究计划拟选择典型水圈自然生境（包括地下水环境），通过生命科学、地球科学、化学科学、信息科学等多学科的深入研究及深度交叉，结合新技术手段及平台的开发与利用，系统揭示水圈微生物驱动碳、氮、硫等元素生物地球化学循环的机制，完善生命与地球环境相互作用及协同演化的理论。同时，也为保护水圈生态服务功能、应对全球气候变化、保障地球生态环境安全等提供科学依据和解决方案，并为推动社会经济的可持续发展作出贡献。与水圈微生物组计划相呼应，中国科学院地学部常委会在 2016 年批准了"深部地下生物圈"战略研究项目的申请，计划在 2 年时间内，综合集成目前国际上有关地下生物圈（包括地下水）的研究成果，提出将来 5～10 年的重点研究方向，为国家自然科学基金委员会、科学技术部等制定项目指南提供参考。

（四）污染地下水的微生物治理

生物修复可定义为利用微生物活动降低污染物的毒性或者去除污染物，

---

① 参见 http://www.nsfc.gov.cn/publish/portal0/tab38/info53786.htm

这一过程依赖于微生物的酶促反应使污染物转化或降解。与化学方法、物理方法相比，该方法有如下优势：①使污染物在原位降解，并且往往没有有害的副产物；②同时适用于有机和无机污染物；③管理机构和公众一般都能接受；④对多数地质环境和含水层都适用。

由于有机污染物在地下水普遍存在，并且生物治理具有前述的优越性，有机污染物的生物降解研究成果较多。过去 30 年里，已经有许多实际应用的例子（Atlas and Philp，2005；Suthersan and Payne，2005；Stroo et al.，2013）。多数有机污染物在好氧和厌氧条件下都能降解，只是降解速度不同。一些有机物如石油碳氢化合物、非氯化苯酚化合物和氯代物，可用好氧生物降解。一些氯代脂肪化合物（CAHs）可以通过共代谢作用被微生物转化。例如，甲烷氧化菌可以产出一种酶——甲烷单加氧酶（methane monooxygenase，MMO），这种酶能够降解三氯乙烯（TCE）。很多微生物都可以好氧降解甲基叔丁基醚（MTBE）。如果一个被污染地下含水层的氧气不充足，则可以采用厌氧生物降解。MTBE 和其他一些化合物（如三氯乙烯）的厌氧氧化作用机制在近十几年才得到证实，主要的电子受体为 NO_3^-、Mn^{4+}、Fe^{3+} 和 SO_4^{2-}。还原脱氯是含卤有机污染物降解的主要途径（Suthersan and Payne，2005；Stroo et al.，2013），这类化合物包括广泛使用的溶剂，如 CT、二氯甲烷（MC）、三氯乙烷（TCA）、三氯乙烯（TCE）、四氯乙烯（PCE）、多氯联苯（PCBs）、含氯杀虫剂、氯氟烃、氯化苯酚和氯化苯等。脱氯的关键在于将可溶性电子受体溶液注入污染含水层，强化生物对这些污染物的氧化能力。

近几年来，研究者的注意力集中到了地下水新出现的一些新型有机污染物，譬如 1，4-二氧六环（1，4-dioxane）（Mohr et al.，2010）与全氟和多氟烷基物质（PFAS）。1，4-二氧六环是一种致癌物质，在几十年以前就已经在地下水环境中检测到，但是一直到 20 世纪末才引起注意（Mohr et al.，2010；Adamson et al.，2014）。1，4-二氧六环是三氯乙烯（TCE）和三氯乙烷（TCA）等氯代烃的稳定剂，由于其较低的亨利常数，传统的治理方法如吸附或者吹脱法效率低且价格昂贵。自然环境中众多的微生物可以降解 1，4-二氧六环，但是二氯乙烯（DCE）和三氯乙烷的存在会抑制 1，4-二氧六环的降解（Mahendra et al.，2013；Hand et al.，2015）。最新的研究发现，自然界常见的含铁黏土矿物对降解 1，4-二氧六环有非常好的效果（图 4-14）。当还原态的黏土矿物暴露在空气中后，其结构二价铁与氧气发生反应产生活性氧（Tong et al.，2015），其中的羟基自由基氧化性能强，能非常好地降解 1，4-二氧六环。

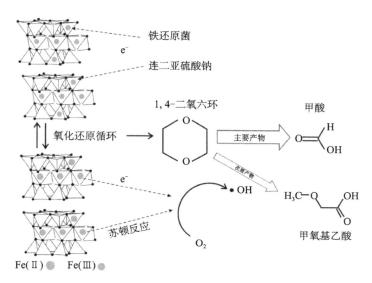

图 4-14　含铁黏土对 1，4-二氧六环具有较好的降解作用

由微生物或者化学法还原得到还原态黏土矿物，再将其暴露在空气中发生芬顿反应，产生的羟基

自由基可以将 1，4-二氧六环降解成甲酸、甲氧基乙酸等产物

资料来源：Zeng et al.，2017

　　全氟和多氟烷基物质（Perfluoroalkyl and polyfluoroalkyl substances，PFASs）是一类最新出现的有机污染物，在工业、军事、日常生活用品中广泛使用，在地表水与地下水都有广泛分布，通过物理、化学、生物过程进行长距离的搬运从而扩散。该类物质会影响人体的生育能力、青春期发育，造成内分泌失调甚至引发癌症（Ding and Peijnenburg，2013；Gorrochategui et al.，2014）。美国 EPA 将最常见的两种全氟烷基物质——全氟辛酸（perfluorooctanoic，PFOA）与全氟辛基磺酸（perfluorooctanesulfonic acid，PFOS）在饮用水中的总浓度限定为 70 ng/L（US EPA，2016）。这类物质的治理方法包括吸附、高级氧化与还原、热降解与微生物降解（Merino et al.，2016）。但是微生物降解只能适用于含有 C—H 键的全氟烷基物质（Buck et al.，2011；Butt et al.，2014），目前还没有见到全氟辛酸与全氟辛基磺酸进行生物降解的报道。

　　在地下水无机污染物当中，重金属与放射性核素的污染与生物治理研究历史最长，研究程度也最高（Stolz and Oremland，2011；Narayani and Shetty，2013）。在还原条件下用耐放射性的厌氧微生物将高价态、溶解度高、迁移能力强、毒性大的重金属与放射性核素如 Cr(Ⅵ) 与 U(Ⅵ)，还原成低价态、溶解度低、迁移能力弱的矿物如晶质铀矿（UO_2）与 Cr_2O_3 或者 $Cr(OH)_3$，从而将之从地下水环境中去除。但是由于还原以后的低价态 U(Ⅳ) 与 Cr(Ⅲ) 还会接触环境介质，当环境重新处于氧化状态时，这些重金属又会被重新氧化，再次进入地下水环境，造成二次污染（Singh et al.，2014）。另外，野外的复杂条件也会降低重金属的还原效果，因此直接用微生物还原法来去除重金属虽然有其优点，但也有缺点，不一定是永久性的方法，且国际上已经有二次污染的报道。

目前国际上一个难点是如何将重金属二次污染的可能性降到最低限度。近来对重金属放射性元素锝（Tc）的研究发现（Jaisi et al.，2009；Bishop et al.，2011；Bishop et al.，2014）：地下沉积物或土壤普遍存在的黏土矿物结构都含有铁，把这些黏土矿物结构中的铁用微生物方法还原成 Fe(Ⅱ)，再用 Fe(Ⅱ) 还原高价态的重金属，可以将溶解度高、迁移能力强的 Tc(Ⅶ) 降价成溶解度低、迁移能力弱的 Tc(Ⅳ)，而后者以固体矿物（TcO_2）形式沉淀下来，从而将 Tc 从地下水中去除。降价以后的 Tc 会被包裹在低渗透性的黏土矿物结构或集合体颗粒之间，大大降低二次污染的可能性。由于黏土矿物结构铁可以经过多个氧化还原循环而不溶解，因此反应以后的氧化态黏土矿物可以被微生物重新还原而再次利用。此外，黏土矿物还能把一些其他伴生重金属，如镉、铅、铜等包裹在里面，降低其活动性。

最近几年的研究结果表明，由微生物还原得到的 U(Ⅳ) 并不一定以晶质铀矿的形式存在，而是以络合物的形式存在于细胞表面（Bernier-latmani et al.，2010），由铁的硫化物还原 U(Ⅵ) 得到的 U(Ⅳ) 可能与自然界有机物络合形成稳定的 U(Ⅳ) 有机络合物（Bargar et al.，2013）。U(Ⅳ) 也可以与有机质、含铁矿物形成细小的胶体颗粒在地下水环境进行长距离迁移（Wang et al.，2013b）。在有些铀污染含水层，U(Ⅳ)-有机质或者 U(Ⅳ)-铁-有机质胶体颗粒是 U(Ⅳ) 的主要存在方式（Bone et al.，2017），但是这一类型的 U(Ⅳ) 的形成机理、与有机质和矿物表面的络合过程以及在地下水的稳定性尚不清楚，也正是将来的研究热点。

与铀和铬相反，低价砷的毒性比高价砷要大，因此砷的氧化有利于毒性的降低。砷与硒具有相似的地球化学特性，因此往往一起研究（Stolz et al.，2006；Stolz and Oremland，2011）。但是在地下水环境中，砷的污染比硒广泛，在孟加拉国、印度、美国、中国等地都有报道，引发成各种疾病（Carlin et al.，2016）。这两个元素都可以被地下微生物吸收、甲基化、解毒以及厌氧呼吸。微生物在厌氧条件下可通过氧化还原反应改变砷的价态、存在形式与活动性，也可以通过甲基化把无机砷转化成有机砷。与砷相似，硒也可以通过生物还原、甲基化途径在不同价态之间进行转化。与砷不同，微量的硒是生物所必需的，所以硒常常被称为"必需的毒素"。砷与硒的氧化还原过程、途径以及催化所需要的氧化还原基因与酶都已经研究得比较清楚（Stolz and Oremland，2011），目前比较关注的是砷、硒与其他元素的耦合，譬如与硫、铁的耦合机制（Kirk et al.，2010；Hug et al.，2014）。

最近几年，地下水与湿地环境领域普遍关注的一种新型污染物是汞（Wagner-Döbler，2013）。汞可以被生物体吸收，慢慢在食物链中富集，有些微生物可以把零价汞氧化成二价汞吸收到体内，再通过细胞产生的巯基进一步形成剧毒的甲基汞（Liu et al.，2016）。汞的氧化还原过程及其在细胞体内的吸收受细胞膜上的蛋白调控，汞在细胞表面的吸附有利于汞的甲基化，但是二价汞离子的还原有利于脱甲基。

地下水的氟污染问题最近也受到大家的重视。以前认为氟的污染是一个局部性的问题，但最近发现它是一个全球性的问题。饮用高氟的地下水会引起牙齿与骨骼氟中毒。高氟的地下水主要分布在亚洲与北非的干旱与半干旱地区，地质成因的氟主要来自于含氟的岩石与矿物风化，由人类活动造成的氟污染主要来自于杀虫剂与工业废物。地质成因的氟的释放与活动性主要受水体碱度与温度的影响，高碱度与温度有利于氟的释放。水体中的氟往往与钠、砷、碳酸氢根共生（Ali et al.，2016）。目前还没有发现微生物能治理氟的污染，唯一报道的是用细菌产生的纤维素吸附氟离子的研究成果（Mugesh et al.，2016）。

（五）地下水环境中地质微生物过程的热力学与动力学计算模拟

微生物种群比较复杂，多样性很高，时空差异变化明显。在当前实验条件下，很多微生物物种（超过99%）不可获得纯培养物，它们的生理生态功能未知，因此用热力学与动力学模型来定量描述地下水中的地质微生物过程比较困难。然而，在地下水模型中加入微生物数据至关重要，因为在自然地下水环境中，元素循环的通量与功能微生物种群密切相关。同时许多研究表明，全球气候变化对环境微生物种群的构成有重要影响，微生物种群的构成与生态系统的功能密切相关。因此，在地下水模型特别是水文地球化学模型中添加微生物的贡献，将有助于提高模型的预测能力。鉴于上述原因，将相关的微生物数据（如基因表达、基因丰度、种群构成等）参数化并加入到水文地球化学预测模型显得尤为重要。

目前国际上大概有几类不同的水文地球化学模型。第一类是以 Everett Shock 为代表的热力学计算模型，通过检测地下水的各种无机与有机地球化学参数，列出可能的化学反应，然后根据实测的地球化学参数计算反应自由能（Shock et al.，2005；Shock，2009；Shock et al.，2013），从而预测反应的可能性。这一方法是基于热力学平衡的，所以无法预测水文地球化学反应的速度。许多反应是由微生物酶催化的，因此最好与微生物的数据匹配，譬如微生物的种类、丰度、群落结构与生物酶的表达情况。美国伍兹霍尔海洋研究所的 Joseph Vallino 提出了另外一套基于非平衡热力学的模型（Vallino and Algar，2015）。他们认为，每升地下水含有上亿个微生物，因此很难描述每一种微生物的生长特点以及它们之间的相互作用。他们提出一种"熵最大化原则"（the maximum entropy production principle）的理论：假定一个复杂的生物体系会自己调整群落结构，其最终目的是最大限度地提取与利用体系的能量。这一理论不需要知道微生物的组成及它们之间的相互作用，但是该模型是否可靠，需要实测的水文地球化学数据加以检验。该理论已经有一些成功的应用，譬如能预测甲烷氧化体系的微生物过程及其环境效应，还能预测不同环境条件下硝酸盐的还原途径等。

第二类是动力学模型，将化学物质的反应与地下水的迁移结合起来，叫反应迁移模型。该模型将地下水的对流、弥散、扩散与溶质的生物地球化学反应结合起来，既考虑溶质在不同界面的搬运与转换等物流过程，也考虑微生物催化的生物地球化学过程，并且考虑空间尺度效应与介质的非均质性（地下水优先运移通道等）。该模型可以在一定范围内，将微观尺度提升到流域尺度，是目前认可度比较高的一种实用模型，得到了较广泛的应用（Li et al.，2016）。这一类模型主要考虑微生物的宏观贡献，微生物的群落结构、代谢途径与相互之间的作用不作为重点描述。

第三类动力学模型考虑功能微生物群的代谢途径。结合热力学与动力学原理，在模型里面考虑微生物对底物的消耗、产物与生物量的积累；在实验室用纯菌对这些数据测试，对数据进行拟合，求得一些关键性常数；然后回到场地尺度，预测地下水环境中某一个功能微生物群（或者代谢途径）在特定条件下的反应速率。有些实验室测得的数据可以直接用到野外，有些不适合，要看具体情况而定（Jin，2012；Jin et al.，2013）。最近发展起来的一类模型是将地下水微生物群落按照功能进行分类，考虑某一类特定功能微生物的基因丰度与表达程度，并且将这些微生物参数整合进模型，从而更加准确地描述由微生物介导的地球化学过程（Yan et al.，2016）。

（六）地质微生物新技术、新方法

最近 10 年来，地质微生物新技术、新方法层出不穷，日新月异。分子克隆、高通量测序、微生物种族芯片（phylochip）（DeSantis et al.，2007）都可以用来研究微生物在地下水的种类多样性，而功能基因芯片（He et al.，2012）可以快速检测特定环境条件下功能基因的丰度，全基因组测序、单细胞基因组学（Stepanauskas，2012）、宏基因组（Nelson，2015）等现代生物学方法可以发现新的功能基因与代谢途径，宏转录组学可以检测功能基因与代谢途径的表达水平，蛋白组学可以检测介导元素循环的各种蛋白与酶的表达与活性。

同位素技术与分子微生物相结合发展起来的示踪技术，可以在特定环境条件下，检测某一类微生物的活性与代谢途径。例如，SIP-DNA、SIP-RNA、SIP-lipid 技术通过标定碳源或者氮源，可以用来确定在一个复杂的群落结构中，某些特定功能微生物的代谢活性与途径（Hungate et al.，2015）。同位素标定技术与原位成像技术相结合，则可以在原位条件下，确定某一类微生物的特定功能及其与环境的相互作用，其中最著名的技术是纳米-二次离子质谱仪成像技术（nano-SIMS）（Mueller et al.，2013）。如果把这项技术与微生物荧光杂交技术结合起来，那么可以在原位条件下，确定在一个微生物群落里面，哪一类微生物吸收了同位素标定的底物以及吸收的速度有多快，这对鉴定地下水环境中微生物的活性与功能至关重要。

以上描述的这些方法都是微观尺度的，要在场地或者流域尺度分析微生物活动对地下水水质和含水层理化性质的影响，就要借助于大尺度的地球物理方法。生物地球物理学就是在此背景下诞生的一门新兴学科（Atekwana and Slater，2009；潘永信和朱日祥，2011；Binley et al.，2015；张弛和董毅，2015）。生物地球物理学是地质微生物学与地球物理学的交叉学科，是基于传统地球物理学的延伸。它除了检测地下水和含水介质物理化学性质以外，还探测其中微生物的生长、微生物与矿物岩石的相互作用，因为这些过程会有地球物理信号的记录。譬如，地下水污染物的降解及生物产生的气体会影响水溶液的电导率和介电常数，因此可以通过电阻率法和探地雷达加以检测；生物膜的形成与生物矿化特别是磁性矿物的沉淀会产生界面极化效应，引起磁化率的变化，因此可以通过激发极化法（简称激电法）/频谱激电法/介电法加以检测；生物矿化与生物气的产生会影响弹性波速，因此可以通过地震波加以检测。

基于地球物理信号的反演来推测微生物过程需要强有力的实验室验证（Williams et al.，2005；Chen et al.，2009；Regberg et al.，2011；Revil et al.，2012），只有这样，反演得到的信号才会有实际意义。例如，Williams 等（2005）通过室内硫酸盐还原实验发现：由硫酸盐还原菌产生的硫化物沉淀与电阻率、声波的传导速度变化在时间上同步，铁、锌硫化物的沉淀直接影响了含水层沉积物内孔隙水的导电能力和沉积物对声波能量的驱散速度，因此由微生物介导的矿物结晶、生长和聚合都能在地球物理信号上表现出来。Davis 等（2006）在室内模拟了微生物在砂柱中的生长过程，结果发现：复电导率虚部的变化和矿物表面生物量的累积在时间上同步，表明细胞在矿物表面的吸附会影响到水溶液电导率的变化（图 4-15）。微生物表面带电（双电层），在外加电场作用下，微生物的双电层会发生极化，因此用频谱激电法可以检测到（Zhang et al.，2014）。

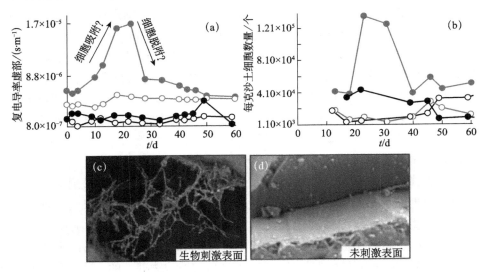

图 4-15　微生物在砂柱中的生长过程（文后附彩图）

复电导率虚部（a）和矿物颗粒表面细胞浓度（b）随时间的变化。红色为实验组，其余线段为对照组。环境电子扫描镜得到的实验组砂柱（c）与对照组（d）的图可明显看出实验组的微生物的生长和在矿物表面的富集

资料来源：张弛和董毅，2015

Williams 等（2009）也观测到，激发极化效应的相位移因硫化物矿物的沉淀而升高，Wu 等（2009）通过室内砂柱模拟实验发现，碳酸钙的沉淀会降低柱子的电导率与极化效应。这是因为碳酸钙是一种绝缘体，其在磁铁矿与零价

铁颗粒表面的沉淀会限制孔隙水和矿物表面的电荷传递，从而影响电导率。

二、科学问题与学科发展趋势

（一）科学问题

尽管地质微生物学从诞生的那一天起就与地下水科学密不可分，并且许多生物地球化学过程都是在地下水环境中发现的，但是这一门新型学科发展到今天，还有许多问题，尤其是下面列出的重要问题亟待解决。

1. 生物与非生物过程的辨别

复杂的生物地球化学过程往往是生物与非生物过程的叠加。尽管科学工作者采用了稳定同位素、非传统同位素（Johnson et al., 2004；Teng et al., 2017）以及矿物组合（Banfield et al., 2001；Dong et al., 2009）等各种方法来进行各种表征，但要定量区分生物与非生物对某一个地球化学过程的贡献是非常困难的。这是因为生物遗留下来的特征往往与非生物特征无法区分，生物过程与非生物过程在同位素分馏、矿物组合等记录方面往往会有许多相似之处。

2. 多时空尺度的多元素生物地球化学过程的耦合

由微生物介导的水文过程是微观的，发生在各种介质之间的界面上，但是其影响往往体现在宏观尺度上。因此，在区域尺度的模型中体现微观尺度的微生物代谢过程是地质微生物学的一个难点，而实验室测定的反应速率有时候也并不能解释野外的现象。人们一直在尝试开发新的模型，以将不同空间尺度的过程耦合起来。另外，微生物介导的地球化学过程比较缓慢，需要很长时间才能达到稳定，但是人们观测的时间尺度比较短，无法直接观察到整个过程。此外，早期留下的痕迹也会被后来的微生物活动所叠加，要层层剥离不同地质历史时期留下的微生物记录绝非易事。

一直到最近几年，人们普遍关心的主要还是单个元素的循环，但是将来会越来越多地关注多种微生物调控下的多元素耦合过程与机理。其实在地下水环境中，特别是极端环境（寡营养或者污染地下水环境）中，各种功能微生物之间的互营养（或者叫共生）是比较普遍的现象。为了发现、解释与模拟复杂条件下多元素的生物地球化学循环，需要水文地球科学家与微生物学家紧密合作。

3. 地下水中微生物资源的调查与开发

从实用角度来看，地下水环境中隐藏着巨大的生物资源，从菌种到基因再到生物制品，都是天然资源，但是目前对这些资源的开发程度非常低。应抓紧开展对我国地下水中的微生物资源进行系统、有规律、可持续的调查与开发，服务于人类。

4. 新型污染物的微生物治理

各种新型污染物在地下水中的出现严重制约了地下水资源的可持续利用与开发。与物理、化学过程相比，利用微生物治理这些污染物具有成本低、环境友好、见效快的特点，并且许多自然地下水环境已经具备了特定功能的微生物菌种，可以通过添加微生物缺少的营养成分或者引进少量优势菌种，加快微生物治理环境的速度。但是由于学科本身的高度交叉，对专业人才的要求非常高，这一个领域还急需加强。

（二）学科发展趋势

1. 实验与模型的有机结合

综上所述，单个微生物在地下水与沉积物的微观界面尺度起作用，但是人们往往关注的是宏观整体效果。因此，把不同的空间尺度耦合起来，不仅是现在的挑战，更会是将来的发展趋势。实验室的空间尺度是有限的，但是尺度的提升可以通过计算模型来完成，所以可以将实验室与场地尺度有机结合起来。实验室提供过程、机理与速率，可以验证模型的准确性，模型又反过来可以指导实验方案的设计，实验与模型的有机结合可以使研究步步深入。

2. 数据的积累与整合

数据的长期积累与各种数据的整合也是存在比较突出的有待加强的问题。如上所述，地质微生物过程往往比较缓慢，并且在不同空间尺度上表现形式不同，因此需要长时期、多空间尺度的数据积累，并且将之与水文、地球化学等背景相结合才能解释其特有的规律。因为国内地质微生物学起步晚，系统性的水文地球化学数据收集较少，并且数据共享程度不够，因此这在一定程度上制约了学科的发展。

3. 学科交叉与人才培养

地质微生物学是一门综合性的学科，需要培养综合性的人才，但是大学的教育体系是按照传统学科进行分类设置的，因此学科的交叉机会较少，不利于地质微生物学的发展，这一瓶颈在国内的大学中表现得尤其明显。前面谈到的地球关键带、水圈微生物这些计划都是旨在克服这一瓶颈所做的尝试，希望能将水文学家、生物学家、化学家集中到一起，将室内机理研究与野外应用相结合，考虑不同的时空尺度，最终能开发出基于实验数据并且具有预测能力的模型。

我国现有的教育体系中基本上没有培养地质微生物学的这种跨学科人才的体制，既懂地球科学又懂微生物学的人才屈指可数，这严重制约了学科的发展。急需在地质院校设置与生物相关的院系，挂靠水文地质、环境地质、工程地质专业所在的学院，从本科开始，设置系统的课程与实习基地，高效培养综合性人才。

第四节　地下水非线性系统动态耦合模拟

地下水系统中的多相、多尺度流及物质的反应迁移是一个复杂的非线性体系。为描述该复杂体系，目前已经开发出了多种模型。但因地下水系统的非均质性难以精确刻画，这些模型在实际应用中成效不彰。目前，水文地质学家主要采用两种方法来应对上述挑战：一种是自下而上的方法，另一种是复杂系统方法。本节旨在介绍这两种方法和相关的参数要求，以及为提高上述模型的实用性而需解决的科学问题。

一、自下而上的方法

在自下而上方法中，各种细微的过程和多孔介质的性质都被充分地考虑、使用或模拟。如本章第二节所述，由于基本的水文、地球化学和生物地球化学过程都是在孔隙尺度上发生的，所以水文模型、地球化学模型或生物地球化学模型必须对孔隙尺度上的特征和过程加以考虑，然后借助某些尺度提升方法，实现对宏观的大尺度过程的描述（图4-16）。在用自下而上方法刻画复杂地下水系统的行为时，尺度提升是最具挑战性的部分，也是水文地质学界当前的研究热点。

许多地下工程都涉及流体的流动和反应迁移，如 CO_2 的封存、石油开采中的混溶或不混溶驱替、井孔酸化、污染物迁移以及核废料处置库的泄漏与修复。上述情况会涉及单相或多相流体在几何结构复杂的孔隙中的流动及其对一种或多种化学物质的平流输送。同时，因布朗运动而产生的分子扩散使化学物质可以从一条流线随机跳跃到另一条流线。在流体-流体或流体-矿物质的反应中，化学物质可能发生转化，导致固体矿物的沉淀和（或）溶解，从而改变孔隙的几何/拓扑结构。孔隙结构的改变反过来会影响流场，进而影响化学物质的对流/扩散迁移。上述这些孔隙尺度过程之间的复杂反馈可能引发大尺度上的"涌现"（emergent）现象，其根源是孔隙尺度上不同过程的非线性耦合作用。这些现象被称为"涌现"，是因为无法根据孔隙尺度上各个相关机制的行为对其进行预测。为了对各尺度上的流体的流动和物质的迁移做出可靠的预测，需要开发高精度的模型。下面对不同尺度上复杂地下水系统的模拟方法及尺度提升方法进行分述。

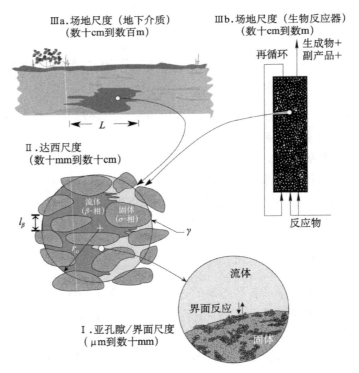

图 4-16　多孔介质中（微生物介导的）界面反应所涉及的一系列空间尺度（文后附彩图）

L：宏观尺度的特征长度；r_o：一个平均体的特征长度；l_β：水力直径；γ：某特征长度为 r_o 的平均体的体积

资料来源：Wood et al.，2007

（一）微观连续介质方法

在地下环境中，影响流体迁移和地球化学反应的沉积物普遍具有非均质性。这种非均质性影响着反应物的迁移、混合和相互作用，进而影响局部和总体的反应速率（Malmström et al.，2004；Meile and Tuncay，2006；Li et al.，2011；Zhang et al.，2013）。因局部反应与反应迁移路径上物质迁移的耦合，非均质多孔介质中的表观反应速率较充分混合的均质系统要低几个数量级（Liu et al.，2013；Zhang et al.，2013）。非均质性引起的这种速率变化使得反应速率或速率常数具有高度的尺度依赖性，这为地球化学反应参数从实验室向场地的拓展带来了巨大挑战（White and Brantley，2003；Navarre-Sitchler and Brantley，2007）。

近年来，多孔介质的微观表征方法被大量开发（Anovitz and Cole，2015；Noiriel，2015），表明我们已具备在孔隙尺度上对地球化学过程进行刻画的能力。这为地下水模拟领域内思考方式的变革提供了契机，使我们有可能对室内-场地间反应速率的显著差异（White and Brantley，2003）、地球化学反应对物质迁移性质的影响（Xie et al.，2015）等难题作出解答，并最终提出量化方案。此类研究的关键问题是：需要能在孔隙尺度上刻画与模拟物质迁移的方法和模型。例如，实验室-野外反应速率的差异就很好地阐明了孔隙尺度的探索可提供宏观描述和模型无法给出的新认识。若无法解释实验室和场地的反应速率为何存在显著差异，就不太可能针对碳封存、核废物储存、污染物迁移与修复等诸多重要地下过程，开发出科学合理的定量模型。

在开发微观连续介质的孔隙尺度的地球化学模型时，首先要收集和解译有关微尺度（<1 mm）上矿物学、地球化学和迁移性质的数据（Anovitz and Cole，2015；Navarre-Sitchler et al.，2015）。微观连续介质模型所涉及的孔隙尺度参数包括孔隙度、矿物体积分数和矿物反应性表面积，以及渗透率、扩散系数等与迁移相关的更具挑战性的参数。孔隙度通常被认为是一个标量，故易于用各种映射/表征技术来量化；对于反应迁移模型而言，更重要的参量是连通孔隙率（Navarre-Sitchler et al.，2009；Peters，2009；Landrot et al.，2012）。

反应迁移模型的参数可通过 2D 和 3D 图像的分析来提取。这些参数包括孔隙度、矿物体积分数和表面积、扩散系数和均匀渗透率等样品特定参数，它们可以通过各种成像方法获得，包括 2D 扫描电子显微镜（SEM）、3D 聚焦离子束扫描电子显微镜（FIB-SEM）、X 射线计算机微层析成像（X-ray microCT）、光学岩石学和纳米级孔隙度的小角中子散射（SANS）（Anovitz and Cole，2015；Noiriel，2015）。基于图像的参数评估，还可以获取更多的离散参数，包括多尺度上的参数制图或相关模型网格单元尺寸的制图。

1. 孔隙度

样品孔隙度很容易从成像技术得到。因为孔隙度是一个强度量，可以从 2D 或 3D 图像计算得出。最简单的方法可能是由抛光截面的 2D SEM 图像确定孔隙度。台式或同步加速器 CT 图像可以提供一个连续地质样品的三维图像（Cnudde and Boone，2013）。SEM 和 microCT 成像可以达到微米级分辨率，但这种分辨率还不足以捕获碳酸盐岩和页岩中丰富的亚微米级孔隙。FIB-SEM 成像则可用于表征纳米级孔隙度（Landrot et al.，2012）。SEM、X-ray micro CT 和 FIB-SEM 图像中的孔隙率可以通过计算 2D 或 3D 图像中孔隙像素或体素与总像素或体素的比率来确定。这首先需要分割孔隙和颗粒的像素/体素（Peters，2009）。产生了分割图像后，借助商业化图像处理软件或个人开发的计算机程序，可以很容易地对孔隙和颗粒的像素进行求和。

在用 2D 或 3D 图像确定孔隙度时，为确保扫描的部分能代表整个样品，从而获得可靠的孔隙度、矿物体积分数和矿物表面积，需要有足够数量的图像参与计算。为了确定扫描面或扫描体是否具有代表性，可以计算采自原始图像的更小样本上的孔隙度。随着二次采样样本的增加，将会达到一个表征单元体积（REV），计算出的孔隙度应当会接近一个统一值。

2. 矿物体积

尽管近年来有研究尝试基于 3D 成像来获取矿物体积分数（Mutina and Koroteev，2012），但只有 2D SEM 成像才是确定矿物学复杂体系中的矿物体积分数的可靠方法。3D X 射线同步加速器映射也能够提供矿物体积的定量测定。在配备能量色散 X 射线光谱（EDS 或 EDX）的 SEM 上，有可能实现微观尺度上矿物体积的测定。上述 2D SEM 成像方法的分辨率为每个像素长几百纳米，可以区分石英、黏土和其他反应性矿物（Peters，2009）。EDX 成像可通过确定微观尺度上存在的元素，进而对矿物进行鉴定，也可以通过获取并处理 2D 元素图，确定每个像素内的矿物体积百分比（Landrot et al.，2012）。EDX 信号可以用诸如 QEMSCAN 的商业软件来进行处理，或者通过定制的阈值转化和处理程序进行处理（Landrot et al.，2012）。这些方法通过耦合 SEM 背散射电子（BSE）强度与元素强度信息来识别单个矿物。由于许多矿物包含相似的元素组成和 BSE 强度，在对矿物进行表征时，上述的任一种方法均需要辅以宏观矿物学信息。这些辅助信息可从宏量样品的 X 射线衍射（XRD）或 X 射线荧光（XRF）分析获得。即使用像 QEMSCAN 这样的商业软件，对高度非均质样品的矿物鉴定也是一项极具挑战性的任务。此外，颗粒-环氧树脂边界处的颗粒边缘伪影可以改变 BSE 强度（Dilks and Graham，1985），可能会导致矿物颗粒边界处的错误识别。

3. 矿物表面积

在多孔介质的反应迁移模拟中，究竟用哪种参数来表征矿物的表面积比较合适？目前仍不够确定。已有的研究曾使用过多种参数，但未对其效果和适用性进行评估。这些参数包括自由交换几何表面积（GSA）、比表面积（SSA）和反应表面积（RSA）。矿物的 GSA 指根据平均晶粒大小计算出的表面积，通常假定其几何晶粒形状为完全光滑的球体（White et al.，2005；Alemu et al.，2011）。矿物的 SSA 是指每克矿物的总的或粗糙面的表面积，常通过 BET 分析测得。RSA 考虑（或试图考虑）矿物表面上的反应部点的分布，常通过对 SSA 或 GSA 运用一至三个数量级的缩放因子来估算（Zerai et al.，2006），但应用这个缩放因子的依据并不明确。

矿物的几何表面积、比表面积和反应表面积可用多种方法从 2D 和 3D 图像上估算得出。几何表面积可根据从 2D 或 3D 图像中观察到的晶粒大小来估算，它假定矿物晶粒具有典型的几何形状，有一个平均晶粒尺寸或晶粒尺寸范围，并且具有一致的表面积。另一种方法是假设矿物具有特定的几何形状，基于每个矿物的理想几何形状，利用从图像上观察到的颗粒尺寸来计算表面积。由于真正的矿物通常偏离理想的几何形状或不具有完全光滑的表面，因而这种方法有一定的局限性。由于矿物的比表面积反映了其表面粗糙度，所以也可以基于 GSA 测定结果，利用粗糙度因子进行估算，该方法的不足之处是难以判断粗糙度因子的选择是否合理，且其结果充其量也只是一个平均值（Zerai et al.，2006）。此外，矿物的 BET 比表面积也可以在实验室中测得，再将其分配到由 2D 图像识别出的矿物中。在 3D 图像中，可以通过移动立方体算法（Lorensen and Cline，1987；Landrot et al.，2012）等创建一个由三角形或多边形组成的表面网格，然后通过对多边形的面积求和，计算得到比表面积。

4. 扩散系数

对于近似均质的多孔材料，因为只需对单个参数值进行拟合，所以可通过实验和（或）扩散剖面图来确定其扩散系数。对于非均质样品，尽管非唯一拟合的可能性随样品中不同属性的增多而增大，但若知道样品的属性（如粒径）分布，在某些情况下也可估计其扩散系数。若样品的属性分布是未知的，可以基于孔隙结构的 2D 或 3D 描述，使用数值模型来估计其扩散系数，该方法即使对高度非均质样品也适用（Navarre-Sitchler et al.，2009）。此外，当样品太小，不方便用室内示踪实验调查其扩散系数时，基于孔隙尺度成像的数值模拟方法便可发挥其应用优势（Landrot et al.，2012）。

5. 渗透率

渗透率可基于已经获取的孔隙度，用 Kozeny-Carmen 方程之类的经验公式计算得出，也可用从 2D 和 3D 图像提取出的孔隙网络估算得出（Kozeny et al.，1927；Carman，2009）。为了重建一个有代表性的孔隙网络，需要获取孔隙和孔喉的孔径分布及连通性方面的信息。已有多种方法用于从 2D 和 3D 图像中提取孔隙和孔喉的孔径分布数据，如多点统计法（Okabe and Blunt，2004）、图像腐蚀膨胀法（Crandell et al.，2012）、最大内切球法（Baldwin et al.，1996）及区域分割法（Silin and Patzek，2003）等。基于这些统计分布，可以创建简单的孔隙网络模型，并计算连续体尺度的渗透率。在这些模型中，一连串的孔隙被限定在规则的立方晶格上，并通过孔喉相互连接。这些孔径的统计分布可以为模型提供孔隙连通性的信息。随后，在入口和出口处施加固定的流体压力（Beckingham et al.，2013）。假定流体不可压缩，利用泊肃叶（Poiseuille）定律来描述孔喉的传导性，就可确定每个节点的压力（Beckingham et al.，2013）。

孔隙的网络结构也可直接从 3D 图像中提取和模拟。已有多种技术用于从 3D 图像中直接提取 3D 孔隙网络，例如 Lindquist 等（1996）开创的基于中轴变换的骨架化方法。在估计流体和网络属性时，常基于从图像中获取的孔隙结构，用晶格玻尔兹曼方法直接进行模拟（Blunt et al.，2013）。3D 图像可通过 X 射线同步加速器微观层析获得，也可用分辨率更高的 FIB-SEM 技术实现。

孔隙尺度的新表征技术的发展将可能从以下三个方面推动上述复杂系统的模型研发：一是将微观表征或绘图作为初始或最终条件导入到真正的孔隙

尺度模型中（Steefel et al.，2013；Molins，2015；Yoon et al.，2015）；二是将表征数据用到孔隙网络模型中，使我们可以对更大的空间域进行模拟（Mehmani and Balhoff，2015）；三是基于高分辨率的地球化学、矿物学和物理数据来构建"微观连续介质"模型，对孔隙尺度的地球化学过程进行描述。

微观连续介质的地球化学模型通常较真正孔隙尺度或孔隙网络模型粗略，因此不能解析矿物、液体和气体在孔隙尺度上的界面。微观连续介质模型方法的优点是：易于使用，能用经过良好测试的软件实现（Steefel et al.，2015），计算效率高。这种方法的另一个优点是：可将微米甚至纳米级的矿物学、化学和物理学非均质性整合到模拟中。与大尺度连续介质模型所具有的不足一样，微观连续介质模型的缺点也是无法解析孔隙尺度的固-液-气界面以及需要对许多参数和性质（如渗透率或反应性表面积）以某种方式平均化或进行尺度提升。然而，通过为模拟区赋予不同的矿物学/地球化学和物理学属性（孔隙度、渗透率和扩散系数）值，可以计算更大尺度的反应速率和迁移性质，因而要胜过粗分辨率（米级）的模型。

如果具有足够高的分辨率，比如能够分辨单独的颗粒、孔隙以及最为重要的界面，那么 2D 和 3D 图像可直接用于高分辨率的孔隙尺度建模（Molins，2015）。但这种模型需用到孔隙尺度的反应性迁移模拟软件和高性能计算机。因此，虽然全孔隙尺度方法是最为严格的方法，但它可能不太切合实际。如果模拟区太大和（或）空间分辨率太低，或者真正孔隙尺度模型不可用，则可以选择微观连续介质模型。在使用数据时，既可以保持其原有空间分辨率，也可取其体积平均值，得到一个更粗分辨率的离散值，以便能处理更大的模拟区域，使模拟工作在计算上切实可行。孔隙度、矿物体积分数等标量可以直接进行体积平均，而渗透率、扩散系数等矢量则可能是随尺度变化的。

当孔隙度和矿物体积分数的初始分布图已知时，用体积平均法计算较粗分辨率下的等效量是一个相对简单的过程。然而，这些标量会受到连通性以及介质迁移性质的影响。如果反应表面积的连通性和可及性是依赖于尺度的，则体积平均法进行尺度提升处理时可能会将误差引入到模拟中。如何保证不同尺度上体积平均量的精度，值得探索。另外，过去的研究主要集中在物理性质的尺度提升上，对高分辨率化学和矿物学分析和尺度提升的研究刚刚开始，尚嫌不足。

（二）多重连续介质方法

对于土壤、沉积物和岩石等介质，许多情况下要用多个长度尺度对其进行刻画，而每个尺度都有自身的一套物理和（或）化学特征。裂隙岩体大概是最广为人知的一个例子。对于同一块岩体，裂隙中的流体由米或更大的长度尺度描述，而在颗粒更为细小的基质中，流体的迁移则由受扩散级别的长度尺度（mm～cm）控制。再比如层级多孔介质，其孔隙或更小尺度的参数和过程影响着宏观尺度上的行为。用于描述上述系统的模型通常被称为多重连续介质模型。

在某些情况下，这些空隙在空间上是相互分开的，在流体或反应迁移模型中可表征为离散的空间区域，如位于低渗透性基质中的高渗透性离散裂隙。但在其他情况下，它们的模拟区可能会在同一表征单元体内（REV）重叠。此时，模拟区通常表征为两个或多个具有各自的质量平衡方程和物理化学性质的不同连续介质（Pruess and Narasimhan，1985）。模型中也可能包含描述各连续介质间物质交换的函数。多重连续介质模型主要源于裂隙岩体系统。对于该系统，难以或不可能用单个表征单元体代表所有的离散裂隙。其通用方法由 Barenblatt 等于 1960 年首先提出（Barenblatt et al.，1960），此后已通过多种形式实现，包括：①等效连续介质模型（ECM）（Wu，2000）；②双重渗透率模型（DPM），双重或多重孔隙度模型（Warren and Root，1963）；③多重相互作用连续介质方法（MINC）（Pruess and Narasimhan，1985；Aradóttir et al.，2013）。在这 3 种常用的方法中，双重连续介质法已被广泛应用于不同的地下环境中（Arora et al.，2011），这可能是因它较其他方法简单，且能描述许多天然地下介质。双重连续介质法考虑两个相互影响的空间区域：渗透性较差的土壤或岩石基质；大孔隙或离散裂缝。

（三）松散耦合方法

在多孔介质中，通常可识别出两个空间尺度："微观或孔隙尺度"（1～100 μm）和"宏观或连续介质尺度"（>1 m）。前者是物理过程（流动、迁移和地球化学）发生的基本尺度。在此尺度上，多孔介质被视为是离散的（空隙与颗粒交错）。后者是应用性更强的尺度，我们希望最终能在该尺度上对水流和反应迁移进行可靠的刻画。在此尺度上，多孔介质被认为是一个连续体。连续介质模型中出现的宏观参数，如渗透率或弥散系数等，通常可由实验得到，或通过单独的孔隙尺度的模拟获得。这种"层级式"的升尺度方法在通常情况下是没有问题的，但也有许多实际问题并不适合使用该方法。在这些问题中，孔隙尺度上的状态变量（如浓度）与其连续介质尺度上对应的平均变量耦合紧密，前者的波动对后者有显著影响。这种情形常见于流体-

矿物间存在强烈反应时的溶质迁移（Kechagia et al.，2002；Battiato and Tartakovsky，2011）。要想对刻画这些过程的连续介质模型作出改进，需对微观尺度上的相关物理过程有着基本的理解。在进行这方面的努力时，孔隙尺度的模型必不可少。

1. 孔隙尺度直接建模

模型可以直接建立在复杂的空隙几何结构上，也可建立在其简化结构上。前者通常被称为直接建模，后者则与孔隙网络建模密切相关。直接建模包括计算流体动力学（CFD）方法、晶格玻尔兹曼（LB）方法和光滑粒子流体动力学（SPH）方法（Monaghan，1992；Chen and Doolen，2003；Tartakovsky et al.，2008；Yoon et al.，2015）。

CFD方法已经得到公认。在某种程度上，正是CFD方法在计算方面的优势，使得地下介质中孔隙尺度过程的直接数值模拟得到越来越广泛的应用（Blunt et al.，2013）。OpenFOAM或Chombo等高级开源类库的开放（Adams et al.，2014；Colella et al.，2014）也使得模型的模拟能力得以拓展。直接数值模拟可以计算反应系统中流体-固体界面处的异构反应速率，故对于大尺度模型无法刻画的过程，非常适合用该方法进行机理模拟，尤其是在充分混合的假设下进行模拟。

孔隙尺度可定义为能够区分构成地下介质的流体和固体相的最大空间尺度。由于孔隙尺度直接取决于孔隙的构架，而矿物学反应、微生物相互作用和多组分迁移都发生在这种构架内，所以孔隙尺度有助于解释在更小或更大尺度上无法理解或预测的生物地球化学行为。具体来说，相关联的物理和地球化学过程之间的非线性相互作用可能导致涌现行为，包括渗透性、扩散性和反应性的变化。

多孔介质中的反应过程，如微生物介导的还原-氧化或矿物的溶解-沉淀等，都发生在固液两相的界面处。由于不同的相态在孔隙尺度上是可以区分的，所以在实验和建模研究中，为准确地确定反应速率，需要考虑这些界面。界面是物理状态或化学组分不同的两相之间的表面。界面的外观随观察尺度的变化而改变。突变界面是指理化性质突然发生变化的界面；扩散界面是指理化特性在一定厚度的层内发生平滑变化的界面。反应过程本身也能改变界面的外观。例如，矿物的非均质性可导致降解区的产生。在降解区内，速溶矿物（如方解石）从难溶矿物（如白云石和硅酸盐）构成的基质中溶出，形成多孔连续介质（Deng et al.，2013）。

随着反应界面的演化，如何对其进行清晰表征仍然是直接数值模拟方法的一个重要挑战。水平集方法（level-set method）和相场方法（phase-field method）已经成功用于极简模拟区内的溶解-沉淀反应的模拟（Xu and Meakin 2008；Li et al.，2010）。这些模拟都假定只有一种矿物相。但对于天然反应系统，在各种不同尺度上都具有物理和矿物学非均质性。因此，其反应界面通常是不连续的和扩散性的（Noiriel et al.，2009；Deng et al.，2013）。在多尺度问题中，直接数值模拟通常用连续介质方法来实现，而非严格的孔隙尺度方法。但在这些方法中，并没有在界面处对表面反应（以及迁移过程）进行明确计算，也没有从孔隙尺度上进行升尺度处理。对强耦合非线性过程，不能直接进行升尺度，且宏观和微观问题的解决方案是相关联的。

2. 孔隙网络模型

孔隙网络模型最早由 Fatt 提出。他在由随机分配的孔喉半径构成的 2D 晶格网络上研究了两相排水。此后，孔隙网络模型被用于许多其他研究，包括：非牛顿流（Balhoff，2005）、非达西流（Balhoff and Wheeler，2009）、溶质弥散（Bijeljic and Blunt，2007）、反应迁移（Kim et al.，2011）、多相流（Ellis et al.，2011）、生物膜生长（Suchomel et al.，1998a；Suchomel et al.，1998b）和双尺度介质（包含微米和亚微米尺度的孔隙度）的建模（Prodanović et al.，2015）。

孔隙网络模型是"中间尺度"或"介观尺度"上的模型。该模型填补了孔隙尺度（1~100 μm）和岩芯尺度（10 cm~1 m）之间的空缺。因为该尺度含有数千个孔隙，而大多数宏观行为都从这里开始出现，所以它十分重要。此外，孔隙网络模型非常简洁，这正是它的模拟区间远大于其他孔隙尺度模型的原因所在，但也可能是其不够准确和明确的根源所在。

孔隙网络是复杂的孔隙几何结构的简化表征，由孔隙（或节点）和孔喉（或联结）互相连接而成。正是这种几何简化，使得孔隙网络模型较直接孔隙尺度模型的计算效率更高，且能用于模拟更大的区间。为孔隙网络的各构成要素分配的形状，如分配给孔隙的球体和分配给孔喉的圆柱体，通常较为简单，且适于分析处理。若将孔隙网络模型用于预测研究，首要的工作是对多孔样品的拓扑和几何结构都进行合理概化。

孔隙网络模型通常被认为是中尺度模型，是连接以下两方面的关键桥梁：对孔隙尺度上（1~100 μm）流体流动-迁移的基本认识；在连续介质尺度上（>1 m）建模的实际需求。但对于这种中间尺度的模型，其可靠性取决于它所依托的简化假设的合理性。在所有的孔隙网络模型中，都存在两个层次的概化：第一个是几何学的概化，它发生在用"等价"的孔隙网络代替复杂的空隙几何形状时；另一个是物理学的概化，发生当我们在几何学概化的基础上，用简化假设对孔隙尺度的物理特征进行描述时。构建预测性孔隙网络模型时，关键在于识别和获取与已知现象有关的最为重要的几何学和物理学特征。

3. 混合建模

地下介质中流体的流动和反应迁移现象所跨越的空间尺度通常很大（纳米到千米），这极不利于精确连接各尺度的预测性模型的开发。宏观参数（如渗透率）或闭包关系（如毛细管压力和饱和度的关系）通常从孔隙尺度的模型中提取，或通过代表性介质样品的实验获取，然后直接将其输入到连续介质尺度的模拟软件中。该方法适用于尺度间存在明显差异的情况，但它可能会导致较大的误差（Kechagia et al.，2002；Battiato and Tartakovsky，2011）。在这些情况下，似乎需要考虑孔隙和连续介质尺度之间的动态联系。

混合多尺度建模指在相同模拟区间内同时开展微观和宏观尺度的模拟（Scheibe et al.，2007）。该方法本质上是孔隙尺度和连续介质之间的"双向交流"。与分子动力学（MD）、孔隙尺度建模、油藏模拟等单尺度建模策略相比，混合建模是一种新近发展出来的方法。当然，它的研发是以大量单一尺度方法及其各种组合为基础的。正因如此，该方法处理问题的方式非常多样化。这显然也可能带来一点困惑：对于特定问题，往往无法确定哪种混合方法最为合适。

随着孔隙尺度模型和混合模型的发展，对未来的期望是：通过各种努力，能对尺度转换问题有更深入的理解，从而实现对相关过程的预测（建模和/或理论）。

（四）紧密耦合方法

使用热动力学约束平均理论（TCAT）法来开发完整、严格、封闭的模型，用以描述非均质性和多尺度多孔介质系统中的流动和传输现象，是当前地下水科学研究的前沿问题。近年来，已有大量研究利用斯托克斯（Stokes）方程或纳维-斯托克斯（Navier Stokes）方程，对微观尺度上多孔介质中的水流进行描述，并将其扩展到宏观尺度，在此基础上提出了推导达西定律的各种方法（Whitaker，1969；Whitaker，1986；Barrere et al.，1992；Quintard and Whitaker，1994；Whitaker，1998；Panfilov，2000）。这些研究为达西定律的获取提供了一种数学途径，但它并不是一个完全的热动力学约束理论，无法推导出适用于更复杂情况（如流速和水势梯度间的达西线性比例关系不适用的情况，或者可变形、非等温多孔介质中的单相流情况）的水流方程。为了获得一个能描述多孔介质系统中宏观迁移现象的闭合可解模型，需要在建模时做一些适当的假设。

在过去的 30 年间，已经开发出了正规平均法，并已用于单流体相和多流体相系统的模型开发。正规平均法既可用于判断在何种条件下达西定律只是一个更具普适性理论的近似解，也可用来研究传统单相模型无法提供精确描述时的各种问题。

Gray 和 Miller（2006）详述了构建多相多孔介质系统模型的 TCAT 法的基本原理，并基于明确界定的宏观变量以及与微观尺度的清晰联系，针对单相流开发了通用的热动力学相容理论。图 4-17 为该研究方法所考虑的宏观系统的示意图。其主要组成部分为：宏观尺度的模拟区 Ω；固相所占体积 Ω_s；液相所占体积 Ω_w；固相和液相之间的界面区域 Ω_{ws}。在传统模型的开发中，只为各相态编写质量守恒方程。而 TCAT 方法则为界面编写特定的守恒方程，这是它与传统模型开发方式的一个重要区别。界面上的分子相互作用，使得表面附近的大多数理化特征在很短的距离内发生明显改变，而建立界面方程的目的，就是描述相态间过渡区内的系统特征及其时空变化。此外，将界面守恒方程纳入到模型中，还能正确模拟过渡区对总体平均行为的偏离。

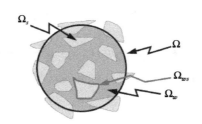

图 4-17　单相流系统

资料来源：Gray and Miller，2006

宏观尺度的系统是指长度尺度大到足以将所有实体元素（即相和界面）包括在内的系统。在构建模型时，需对具有该长度尺度的表征单元体（REV）的微观性质取均值，但并不需要详细了解微观尺度的孔隙结构。然而，Gray 和 Miller（2006）构建了一个公式，基于微观描述中出现的明确变量，对宏观变量进行了明确定义。这种方法清晰明了，为微观描述和宏观描述间的连接提供了手段。

Gray 和 Miller（2005）基于 TCAT 法，针对单相系统开发了严格的宏观尺度模型，其开发步骤如下：

（1）对于所研究的系统，生成其熵不等式（EI）的表达式。

（2）基于微观量平均值的清晰界定，在目标尺度上，为所有的实体要素（相和界面）构建一组质量、动量和能量守恒方程。

（3）将相应的微观尺度的热力学理论提升到目标尺度上，并生成反映内能与空间和时间导数关系的微分方程。

（4）使用拉格朗日乘子与守恒方程及同尺度热力学微分方程的乘积来增广 EI。

（5）确定拉格朗日乘子集，以选择用于描述相关物理过程的守恒方程组，并从增广 EI（AEI）中消除时间导数，生成约束 EI（CEI）。

（6）将几何等式及近似值应用于 CEI，根据需要消除多余的时间导数，以生成简化 EI（SEI）。

（7）用 SEI 推导与热力学第二定律相一致的闭合近似值的通用方程式。

（8）基于微观和宏观建模与实验，改进闭合关系的表达式。

该通用方法中提到的相关概念和基础术语的定义，以及各种不同时空尺度的通用 TCAT 方法，详见 Miller 和 Gray（2005）。其工作的创新性包括：对热力学的严格处理，在推导简化版熵不等式时对平衡条件的开发和使用，以及使用简明的拉格朗日乘子方法将守恒方程与熵不等式联系起来。

TCAT 概念及其在单相流向多相流扩展中的成功应用，标示着有可能应用 TCAT 描述跨尺度反应迁移方程。然而，将 TCAT 应用于反应迁移系统，仍存在巨大挑战。这是因为它要处理的是由反应网络构成的复杂系统，而反应网络不仅是非线性的，而且经常处于反馈环路系统中。因此，目前的共识是：在开发紧密耦合的多尺度反应迁移模型时，应从简化系统开始逐渐过渡到更复杂的反应迁移系统。

二、复杂系统理论及其在地下系统中的应用

地下环境是一个复杂系统。反应迁移模型是模拟该系统的一种方式，它属于还原论方法。复杂系统理论是学术界目前大力发展的另一种方法。该方法仅考虑对系统至关重要的那些过程，对那些不重要的过程则加以忽略。在复杂系统理论中，那些在小尺度上重要但在目标尺度上不重要的过程也被忽略。复杂系统理论的表征和模型开发截然有别于多尺度建模方法。

由包气带和饱和区构成的地下环境是一个非均质的复杂地质体。水文、微生物和地球化学过程在其中相互耦合，塑造出了天然的区域和局部化学场，影响着化学物质的流通，进而控制营养物和污染物的迁移及归宿。在对各种情景下地下水的地球化学特征和微生物生态特征进行预测时，以及对碳封存、废物隔离或环境修复方案的有效性进行评估与优化时，预测性模型都是主要的工具。建模和实验都能使我们对地下系统的行为形成更为深刻的认识。将科学认知"编码"到模型中可为下述工作提供依据：假说的检验，实验方案的设计，多源信息和大数据的整合，原始信息向决策和政策的转化。

尽管地下系统的理论和技术研究取得了重大进步，但越来越多的证据表明，许多环境系统无法单独用前述的还原论方法或自下而上法进行预测。基于对小尺度过程及其相互作用的认识而构建的数值模型，当其不足以描述较大系统的行为方式时，就会出现上述情况。虽然还原论提供了对系统构成机制和过程的基本理解，能对所研究尺度上的行为进行可靠的描述，但是这些关系本身可能无法抓住预测尺度上系统功能和响应的本质。"系统"可以是单个微生物、一块土壤或沉积物柱、相互作用的地下水-地表水域或一个核废料处置库。每个系统都包含大量相互作用的部分或现象。在上述示例中，无论是非典型异质性的影响，还是关联过程或组分的协同响应，都能产生新的不可预测的特征或行为。正是这种特征和行为，将高等级系统与其组分（子系统）区分开来。在协同响应作用下表现出新行为的系统被视为复杂系统。在过去的 25 年，一个被称为"复杂系统科学"的自上而下的研究方法不断发展，并被用于复杂系统的调查、概化、表征和建模（Bar-Yam，1997）。该方法类似于系统生物学（Kitano，2002；Bork，2005），强调实验和建模之间的紧密结合。

对由大量相互作用、相互联系的组分构成的自然和生物系统的整体行为进行描述和预测，驱动着复杂系统科学的发展。这些系统几乎在任何尺度上都存在，因其在较高尺度上的特征或行为并不总是等于各个构成部分的加和，故难以分析和理解。对复杂系统来说，"涌现"这个概念至关重要（Baas and Emmeche，1997；Manson，2001）。它是由系统的不同组分和不同过程的相互作用、相互制约而在较高尺度上激发出来的、通常不可预测的行为或特征。在同一系统中，可能涌现出的各种行为各不相同，也可能多个系统具有相同的涌现行为。从本质上讲，复杂系统科学是一门横断学科，也是一种试图理解控制涌现和总体系统行为的主要相互作用的综合方法。该方法没有通常的学科边界，它有两个目标：①识别适用于不同系统的普适性宏观规律；②基于现象学模型而非机理模型来预测系统尺度的行为。

地下系统通常用非均质物理框架内的多个过程来刻画（图 4-9）。这些过程运行在亚纳米到千米等不同尺度上，并存在相互作用。受非均质性的影响，这些过程的作用结果存在明显的空间变化。即使是其中的某一单独过程，其行为也非常复杂。例如，油驱替过程就因其可在均质多孔介质中产生分形图案而众所周知。这些复杂的油驱替图案及其三维对应物可用受限扩散聚集生长模型和入侵渗流模型等简单模型（Witten and Sander，1981；Wilkinson and Willemsen，1983）来模拟。虽然这些模型早于现代复杂性方法，但它们描述高等级行为时所用的策略与复杂系统科学当前所用的策略是类似的（Boccara，2004；Shalizi，2006）。地下微生物群落尤其具有复杂系统的特征，包括：①某些特性（如表型）无法完全由其组成部分（基因型）来解释；②具有动态生物化学过程，即在遭遇演化动力作用胁迫时能产生适应；③当主要组分失效时，借助冗余组分的补偿，在适应变化的过程中产生鲁棒性（robustness）。在地下系统中，微生物、水文和地球化学过程间广泛的耦合可能产生让人感到无从着手的复杂性，如反馈机制、记忆效应和多尺度上的非线性行为等。因此，随着涌现特征在不同尺度上的演化，可以推断整体行为和自组织在地下环境中应十分常见。

在将复杂系统科学中的概念和方法应用于地下环境时，异质性和整体（涌现）行为间的相互作用无疑十分重要且具挑战性。新研究方法和传感技术对于全面理解地下复杂系统十分必要，而为了检测、量化和解释地下环境中自组织形成的时空格局，需要研发新的实验、分析和建模方法。此外，为了能够聚焦于重要系统，在无需完全依靠自下而上策略的情况下就能对其进行预测，还需要用于识别和量化涌现行为的新方法。若能解决这些需求，就可对系统性模式或行为进行识别。这些模式或行为可以反复观察到，而无论系统的特征环境变化或属性有着多大的差异。这些共性行为模式是关键性的发现，因为它们代表了模型必须重现的事实。虽然地下组分的确切位置或大小可能是不可预测的，但那些重要的特征或行为通常会存在着可预测的模式。我们的长期研究目标是理解这些模式的控制因素，构建能描述和预测这些模式的模型。

为了能够抓住控制系统行为的关键性相互作用，需要将基于系统的方法和自下而上的方法相结合，让两者形成有效互补。此外，还要基于分子机制的相关知识，获得子系统级的概念和理解，但不必为系统级的预测而对其进行升尺度。同时，必须对地下环境这个多过程等级系统的功能形成新的认识，还需要掌握在非均质性背景下对该系统进行有效刻画和描述的相关方法。上述需求的解决会产生巨大的科学影响，能够使我们明晰对于不同类型的复杂地下系统，是什么样的深层机制、原理和自然规律控制着其行为（Murray，2003，2007）。除此之外，新的建模技术的发展也将大大提高系统尺度的预测能力和预测精度，为地下系统的有效管理和可持续性开发提供依据，更好地满足人类的资源开发需求，保护人类的健康。

利用复杂系统科学方法研究污染物在地下系统中的迁移和归宿时，为了发挥其优势，克服其局限性，需要抓住以下几个关键点。

（1）要充分考虑地下水文、微生物和地球化学过程的耦合如何控制着复杂系统的响应和动态，识别那些一旦解决就会对地下科学的进展产生重要影响的挑战。

（2）评估是否需要开发新的研究方法，以用于识别和刻画小尺度过程对大尺度系统行为的影响及其作用机制。

（3）为了描述和预测不同尺度上的复杂系统行为，需要哪些概念模型和相关知识。

（4）识别与复杂地下系统相关的、重要的、长期的、跨学科的研究机遇。

在已往研究中，常用还原论或自下而上的方法对地下系统的行为进行调查。这与复杂系统理论方法在哲学和方法论的层面上存在显著差异，进而影响着数据的采集以及概念模型和数值模型的开发（表4-2）。还原论方法的主要目标是量化低等级的基本机制、过程及其相互作用，并自下而上，将系统行为概化为低等级组分及其相互作用的结果。与之相反，复杂系统方法则致力于识别决定着高等级系统行为的特征变量，并自上而下，对控制系统行为的关键性内部相互作用和环境变量进行概化和模拟，以识别那些具有普适性的宏观规律和关系。两种方法都有其价值和不足，都能为复杂系统行为的不同侧面提供独特的科学见解。考虑到地下系统的复杂性，比较谨慎的做法是探索将两种方法整合在一起的方式，从更为综合的角度对系统行为进行解释和预测。

可能因对象难以直接观察，在地下环境的已有研究中，大多采用还原论的方法。该方法也一度促进了我们对微生物、地球化学和水文学基本过程的了解。但在研究地下系统的整体行为时，因地下系统具有水文、地球化学和微生物等多种过程在不同尺度上同时发生、高度非均质、观测受限等特征，还原论方法的缺陷暴露无遗。复杂性科学可使我们从系统整体的层次理解地下环境，但需要先搞清以下问题：如何研发识别复杂行为所需的观测网络？如何构建适用于各种复杂情况的通用模型？

表 4-2 还原论方法和复杂系统方法的对比

	还原论	复杂系统论
哲学观	在自然状态下，大多数系统太复杂而难以研究。为了便于理解，将其分解成更为基础的单元，或更小尺度的成分。因此，了解问题的细节特征非常关键。由于基本过程在不同系统间是相同的，所以对基本过程的理解是一个主要目标。高等级上的行为是小尺度过程相互作用的结果，可根据精细模型进行预测	复杂自然系统应该作为整体来研究，系统行为不等于小尺度组分的叠加。由于过程间相互作用的不可预测性，或不同尺度上其他属性的影响，高尺度上的行为具有涌现性。复杂系统具有普适性的深层宏观规律。了解系统间的共性及其与简单系统的关系是研究复杂系统的关键
研究策略	主要目标是详细量化低等级上的基本机制、过程及其相互作用。自下而上开展研究，将系统行为理解和模拟为低等级组分及其相互作用的某种形式的加和。将其缺陷归因于非均质性	识别特征变量和决定高等级系统行为的涌现现象的普适格局。自上而下开展研究，识别、理解和模拟控制特征变量动态和系统行为规律的关键性内部相互作用和环境张量。主要目标是识别普适性的宏观规律
研究方法	通常利用模型或者抽象系统，结合假设检验，调查低于预测尺度的多尺度上的深层机制。开发低尺度的通用模型，模拟各种过程的相互作用和详细响应。确定非均质性如何控制预测尺度上的过程表现	收集目标系统随时间或扰动而变化的重要数据库，定义特征行为。通过数据分析，识别约束模型的特征性涌现系统变量、控制属性和宏观定律。开发可解释系统运行和模拟涌现变量响应的透明模型
建模	在升尺度过程中，低尺度过程的机理细节被保留和简化。探索基本过程模型及其参数与预测尺度的关联。由于表征的不确定性和非均质性效应，在预测尺度上对低尺度模型进行校准	低尺度过程的机理细节被忽略。利用现象学模型解释和描述关键过程的贡献、相互作用和控制预测尺度上特征系统行为的属性。根据改进解释和预测的需要，添加更完整的理论

资料来源：DOE，2010

当前，地下水科学研究正面临着两方面的挑战：如何从系统级别认识地下环境？如何获取更为专业化的学科知识（如微生物学、地球化学及溶质运移）？这就需要过程耦合、层级理论、主控特征等多方面的广博知识。因此，要想查清地下环境中普遍存在的高层级复杂性，需要具备多学科的专业知识，能综合应用多种研究手段。要想在地下水系统的刻画和预测方面取得重要进展，迫切需要一种能将复杂系统方法和还原论方法有机整合的混合方法。由于结合了两种方法的优势，混合方法有望揭示关键性的深层机制及其相互作用，为尺度转换提供有益的新思路，使我们洞悉在较大尺度上控制系统行为的宏观规律。混合方法的构建需要基于以下工作：

（1）通过地下水系统的多学科综合调查，识别出那些与系统细节特征无关、在不同尺度上都能观察到的共性行为模式，以及控制这些模式的变量。具体来讲，需要开展的工作包括：识别那些能表征复杂性的特征变量和控制系统行为的组分，确定导致涌现或其他复杂行为的关键过程和关键组分的相互作用，开发自上而下的系统模型，评估模型的预测能力。

（2）针对地下水系统的关键组分或控制变量，通过实验研究、理论探索和野外调查等互补性手段，在低等级上量化和模拟关键过程的相互作用及其控制机制，形成全面理解。开展升尺度研究，了解等级系统中的尺度转换，探索在没有涌现的情况下如何处理尺度转换问题。对关键过程及其相互作用进行概化，以约束或充实自上而下的模型。

在此，提炼出了下文所述三个跨学科的研究方向（图4-18）。通过这些研究，有望提升我们对复杂地下水系统及其关键组分相互作用的认识水平。

（一）深入理解地下水系统中基本过程的耦合作用

无论是在构成地下水系统的各类沉积物中，还是在小裂隙和孔隙内，抑或是在矿物表面，微生物过程、地球化学过程和溶质迁移过程都存在着紧密的耦合关系。受不同空间尺度上的非均质性、反应时间尺度的高度变异性、非线性生物催化反应及其相关反馈的影响，对上述复杂生物地球化学系统的认识还存在许多不足。亟须研究的内容包括：

1. 刻画和测量矿物-微生物界面处的生物化学动态

仅靠对单个细胞组分和矿物性质的了解，难以准确预测矿物-微生物间的相互作用。另外，受系统性质演化的影响，关键过程的相互作用通常也会发生巨大的变化。用自下而上的方法对微生物和活性固体的交界区进行刻画，是目前生物地球化学领域的一个研究热点。因涉及多个存在相互作用的微生物类型及其形成的生物有机结构，界面过程极其复杂，且具有动态变化的特点，为了扩展当前的研究范围，将这种动态和复杂界面过程囊括进来，需要引进新的复杂性概念。这些新概念应包含生理学适应、演化、生物膜的形成和功能、生物风化、生物矿化等。另一个重大挑战是：微尺度上的生物学、化学和物理学相互作用如何控制矿物的形成与溶解这类宏观过程？

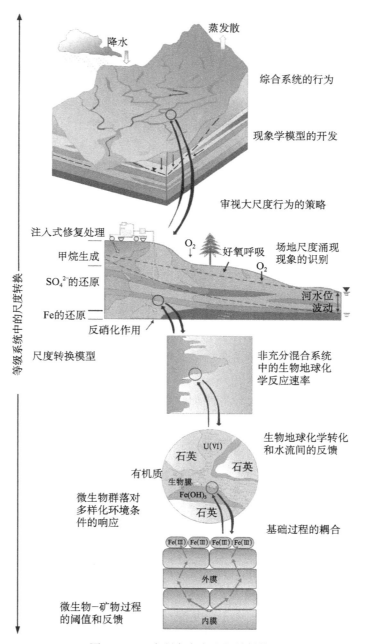

图 4-18　三个研究方向和相关挑战

地下系统的特征是：多个过程在不同的空间尺度上同时发生；具有高度非均质性。利用混合方法对

三个方向和相关挑战进行研究，有望提高对复杂地下系统的科学理解

资料来源：DOE，2010

2. 识别微生物群落对环境条件变化的响应

无论是从系统发育史的角度来看，或是从新陈代谢的角度来看，地下微生物群都具有丰富的多样性。在这些微生物群与其微观和宏观小生境的协同作用下，地下微生物群落呈现出的行为非常复杂。目前亟须解答的一个重要科学问题是：对于浅层地下水环境中的物理学和地球化学动态变化，微生物群落是如何响应的？在未来的研究中，应将系统级的室内和场地实验与自上而下的新型模拟方法紧密结合，对下述问题做出解答：

（1）哪些环境变量控制着微生物群落的结构和功能？

（2）微生物群落的结构异质性与功能异质性间是何关系？这种关系与物理环境和地球化学环境的多变性有无关联？

（3）单个种群或整个群落对环境条件变化的适应受哪些因素的驱动或限制？

若能解决这些问题，就可对不同地下环境中特定微生物的活性进行预测和操控，进而获得预期的结果。

涉及微生物群落动态的一些其他研究也极具潜力。为了便于在预设的控制性环境条件下进行实验操作及假设检验，需要培养标准化的微生物群落。还需要开发能提高微生物活性原位测试能力的方法；探索将全球测量获得的不同生物组分有效联系起来的方法。为了识别影响大尺度行为的亚种群，需要优先研究能够分离微生物种群并刻画其活性的技术。另一个需要优先研发的是预测模型，以便能够精确预测整个微生物群落内的相互作用及其在系统水平上对环境扰动的响应。

3. 确定非均匀介质中的生物地球化学反应速率

地下环境的非均质性对化学组分和微生物催化剂的全系统分布、反应的时间尺度以及生物地球化学反应速率等有着显著影响。非均质性会导致浓度梯度和速率差异的形成，还会导致反应物在孔隙尺度（由于扩散限制）和场地尺度（由于存在优先通道）的不完全混合。非均质性地下系统中的复杂动力学过程依赖于耦合反应和迁移的原位速率，以及反应点上的物质转移（转入和转出）速率。物质转移速率具有动力学、尺度依赖和随时间变化等特点。在这些混合不充分的非均质介质中观察到的总反应速率常小于其实验室观测值，这将导致场地尺度的数值模拟具有较大的不确定性。

非均质地下环境具有各不相同的物理与地球化学特征和微生物群落。为了测定和模拟其中的生物地球化学反应速率，需要开展专门的研究。为了量化非均质环境中特定尺度上的以及平均的迁移与反应速率，需要开展控制性实验。这些实验可以在天然系统中开展，也可用室内设计的非均质系统开展。与之相关的一个方向是原位反应速率的测量方法的研发，以及对测量体积平均或与非直接测量法相关的代用指标的深入研究。

4. 量化和模拟生物地球化学与水流间的反馈

生物地球化学过程可导致矿物相变化（如沉淀或溶解）和生物转化（如生物膜的形成、气体或胞外聚合物的生成等），进而影响孔隙空间和流体流动。这些转化虽然发生在孔隙尺度上，但其影响可在中间和场地尺度上显现。生物地球化学转化和对流间的相互作用表现出间歇性和阈值控制的反馈等复杂性特性。

非线性生物地球化学反应和迁移间的过程耦合是引发复杂系统行为的重要原因，但目前对它的量化和模拟研究仍存在很大不足。为此，需要设计专门的实验，在实验中对生物地球化学体系施加干扰，使其形成跨尺度的矿物沉淀或溶解和微生物生长。此外，还需深入探索与对流有关的反馈机制，开发能解译和刻画其标志性行为的新模型。若能解决这些问题，将为从孔隙到场地尺度的一系列系统属性的理解提供新见解，如生物相与生物矿物的结构和分布间的动态关系、生物地球化学反应动力学、非均质性结构、孔隙度、渗透率、迂曲度、反应性表面积等。

（二）识别和量化层级地下系统中的尺度变化

为了深入理解复杂层级系统，需阐明发生在各层级上的过程间的相互联系及其对高层级行为的控制作用。其中，特别具有挑战性的是，如何量化在分子到孔隙、孔隙到多孔介质、多孔介质到场地这三类尺度转化过程中，小尺度过程对高层级行为的影响。围绕该方向，需要进一步开展的研究包括以下三个方面。

1. 对表征系统复杂度的诊断变量进行测量

为了对表征预测尺度上综合或宏观系统行为的特征值和变量进行测量，需要研发相应的方法。其重点是试验法、解析法和基于模型的方法，目标是识别和量化那些能衡量复杂性的指标，如涌现行为的诊断信号。该方面的一个实例研究是：通过调查代表性生物膜的能量和物质平衡，揭示其作为地下化学物质和营养盐的动态源、汇的功能。此外，为探索微生物群落对地球化学条件跨尺度转换的响应，还需研发新型成像和解译方法，如定量化的地球物理方法。

2. 识别那些导致系统复杂性的相互作用

若能准确测定复杂层级系统的整体或宏观行为，自然会激励或指引我们对控制系统响应的过程和变量做出更详尽的推测。这些过程和变量可能直接发生在预测尺度上，也可能源于更小的尺度，但其影响却通过多尺度转换而向上传播。很多生物地球化学反应就遵循这种模式。例如，吸附或解吸、氧化或还原等是分子水平的过程，但通过测定溶液中诊断变量（如溶解铀）的浓度，可在场地尺度上清晰观察到它们对化学迁移的影响。这方面的研究以上述方面研究为基础，试图识别对宏观上的总体系统行为起主控作用的微观组分和过程，以及导致涌现现象的过程、参数或层次结构的相互作用。

3. 研发尺度转换模型

之所以要研发新模型，是为了描述层级系统内不同尺度上的过程和现象如何相互影响和耦合的。模型的性质不拘，可以是机理模型、数学模型、统计模型或现象学模型。为了解决孔隙到多孔介质的尺度转换问题，体积平均法、复合混合物理论、统计和连续介质理论以及分解法等需要有所发展或改进。这些方法或理论的发展对于其他工作也是必需的，如将分子生物地球化学过程的信息整合到孔隙尺度的反应描述中。由于地下系统的尺度分离可能是渐变而非离散的，在新方法或转换模型中需要考虑非均匀性在尺度内或尺度间变化的连续性。

（三）理解整体系统行为

受非均质性条件下的生物地球化学过程、复杂的水流格局及水流的瞬变等因素间的耦合与相互作用的影响，地下水系统的行为极为复杂。生态系统和气候也会对其行为造成间接影响。为实现地下水资源的科学管理，有效解决相关问题，首先需要理解溶质在含水层、扩散羽和流域等不同尺度上运动和反应的复杂性，并识别众多系统共有且能用模型预测的模式和涌现行为。该方面亟须解决的关键科学问题包括：

1. 识别和模拟涌现及其他复杂行为

在模拟复杂层级系统的整体行为时，有自下而上和自上而下两种思路（Murray，2007）。使用自下而上的数值方法时，模型开发人员力争在尽可能小的尺度上对相关过程从机理上进行刻画。目前，在许多地下水流和溶质迁移研究中，一项重要内容就是构建集成地球化学反应、生物地球化学反应以及对流、弥散、扩散等过程的反应迁移模型（Regnier and Slomp，2003；Steefel et al.，2005；Bethke，2008）。尽管复杂程度可能存在差异，但这些模型有一个共同点：都以所模拟系统的一个表征单元体为基本单元，对平衡或动力学反应以及微生物增长与衰减所产生的固态和液态化学组分的浓度进行计算（Yabusaki et al.，2007；Fang et al.，2009）。大多数反应迁移模拟都在某单一尺度上进行，再根据尺度间的关系推演其他尺度上非均质性的影响和过程的不确定性。使用自上而下的方法时，模型开发人员常忽略低尺度过程的详细机理，而致力于描述小尺度过程对大尺度系统行为的影响。近期的理论和数值研究表明，流域也呈现复杂的行为（Kirchner et al.，2001；Bloomfield et al.，2008；Kollet and Maxwell，2008）。然而，在目前的反应迁移模型中，还未曾对这种复杂性进行明确的考虑。

为了对场地尺度上涌现系统的行为进行数值刻画，需要开发新的模型方法。为此，首先要对低级别的机理子模型进行跨尺度的显式耦合，可能包括：微生物群落动态和孔隙尺度流体模型与地下反应迁移模型的松散耦合；地下反应迁移模型与陆表和气候模型的衔接。为确定机理模型的预测结果与实际情况有何偏差，需以系统级别的观测（如场地尺度的干扰所造成的微生物群落组成和功能的变化，或受纳水体化学性质的时间序列数据）为参照，对嵌套和耦合模型的预测结果进行评估。在用机理模型进行模拟时，惯常的做法是：通过模型的改进或校准，逐渐提高模拟值和观察值之间的拟合度。与之不同，新模型方法将强调利用偏差点来识别和量化涌现或系统的其他复杂行为。为识别出哪些变量和耦合关系对地下系统的整体性复杂行为影响最大，还需进行数值敏感性分析。一经完成识别工作，就可对这些关键变量和耦合关系进行更为全面的调查，并尝试研发相关模型，对其控制的行为模式进行识别、探索和预测。

2. 提出考察大尺度系统行为的创新性思路

提出新的研究思路，是为了能考察大尺度上系统的性质，并对系统功能与响应的诊断方法进行量化。与传统做法不同的是，新方法不再以收集分辨率和精度越来越高的地下数据为目的，而是旨在对系统行为或大尺度系统调控的关键点进行刻画。为此，需开发新型传感器，并布设监测网络，以获取不同形式和类型的数据。例如，在新研究思路中，需要致力于评估水流的连通程度，或测定反应性组分对自然营力（如水文和暴雨事件）的响应，而不是对可能影响渗透率的变量进行详细描述。此外，还需对单个系统中反复出现的响应模式进行识别，对不同系统的共性模式进行概化。当对自然复杂系统的研究积累到一定程度时，应能对上述模式作出预测。

对地下系统进行大尺度的野外操控也是新研究思路的必需内容之一。借此可对系统的关键要素（如微生物群落的结构或氧化还原电位）进行扰动，通过观察系统对这种预设扰动的响应，可为理解系统内部过程的联系和功用及其在系统整体调控中的作用奠定基础。为了探寻和量化系统的时-空格局，揭示某特定系统内或类似系统间的整体、涌现或自组织行为，需要借助一些新技术，如各类新型观测方法。要想推进地下复杂系统科学的研究，关键在于系统性学习和模型研发，且两者必须与对系统的考察同步开展。该研究构成了第三个关键科学问题的基础。

3. 研发现象学模型，以促进对系统的理解和预测

为深入理解大尺度系统的动态过程，并最终通过系统学习对其进行描述，需要研发现象学模型。整合收集的数据、运用复杂性方法对数据进行分析、构建并测试能解释大尺度行为的可证伪模型（Harte，2002）等，都能促进上述的系统学习过程。现象学模型的形式通常难以想象，既可能使用复杂系统的常见形式体系，如元胞自动机、网络模型或体模型等，也可能促进混合方法的研发。这些混合方法既遵循在大尺度上观察到的一般性原则，同时又充分体现小尺度上刻画的机理过程。大量的描述模型为混合方法的研发奠定了良好的基础（Boccara，2004），需进一步开展的研究包括：开发能预测所需关键参数（而不仅仅是那些便于预测的参数）的模型；测试模型在野外现场的预测能力（如精度和不确定性）；针对那些具有共同特征的复杂地下系统，识别导致其复杂性和非均质性的组织原则。

若开展上述研究，可使我们深入了解复杂地下水系统的行为，识别这些系统的特征及其控制机制，对其主要行为做出预测，从而为大尺度（千米及以上）复杂地下水系统的管理和调控提供所需的新科学理念。

第五节　地下水与粮食、能源安全

无论是过去、现在还是未来，地下水、粮食和能源都是与社会生活密切相关的基本要素（图 4-19）。为了养活不断增长的人口，需要越来越多的地下

水来支持农业和粮食生产。农业用水仍是水的最大用途。抽取和输送地下水到农田，以及生产电力和运输粮食到全球各地都需要能源。粮食生产和运输可能占全球总能耗的30％左右。虽然可再生能源的广泛使用在持续发展，但在可预见的将来，我们在很大程度上仍然需要依赖于化石燃料能源，包括非传统的页岩气。通过水力压裂等水资源密集型开采方法，勘探和开采非常规油气，给地下水带来了前所未有的新需求。在不断变化的气候条件下，地下水文系统在促进水资源管理方面具有巨大潜力。认识地下水如何通过降水获得补给，以及如何可持续地开采地下水，是未来能源和粮食安全的关键。

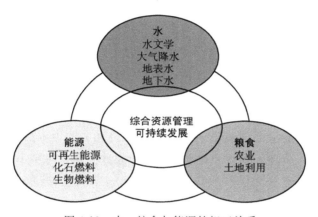

图 4-19　水、粮食与能源的相互关系

　　农业对地下水使用量的增加，将不可避免地影响天然水循环，减少地下水对河流的补给和河流径流量。生物能源作物（如玉米乙醇）的生产不仅消耗大量的水资源，还威胁粮食安全。先进的灌溉技术可能使用更少的水，却要消耗更多的能源。理解未来水-能源-食品系统的可持续发展，必须了解这些协同作用和平衡关系。

　　发展非常规油气资源需要大量的水资源。此外，这种能源开发产生的废水正在成为一个重大问题。杂散气体和水力压裂流体可能会持续污染浅层地下水。污染物的各种来源和途径可能包括：损坏的井，运输过程中的意外泄漏，存储泄漏，废水处理，以及沿断层的迁移。Gassiat等（2013）用数值模拟表明，压裂流体污染浅层含水层需要特定的条件，包括高渗透性的断层、较高的页岩地层压力、连接页岩地层和浅层含水层的断层附近存在压裂流体。在这些条件下，页岩地层的污染物在不到1000年的时间内就可以到达浅层含水层，对地下水的水质造成显著影响。另一项关于德国北部盆地的研究表明，水力压裂液从深部页岩气生产地层仅迁移几十米的距离，就可以到达上部未受扰动的覆盖岩层。因此，压裂流体影响浅层地下水的可能性很小（Pfunt et al.，2016）。美国环境保护署进行了一项评价研究，发现在美国只有小部分饮用水污染的案例，没有发现饮用水资源被压裂流体广泛污染的证据（USEPA，2015）。

对于非常规油气开采产生的废水，常做深井处置，处置过程中的主要风险是地震活动增加。在美国和其他国家，过去5～10年由于废水注入而诱发的地震活动急剧增加，并日益广泛（Ellsworth，2013；Mcgarr et al.，2015；Rubinstein and Mahani，2015）。在指定的网站，有废水注入诱发地震的案例链接，如美国的俄克拉荷马州（Keranen et al.，2014）、科罗拉多州和新墨西哥州（Rubinstein et al.，2014）。已有的研究也报道过瑞士巴塞尔（Mignan et al.，2015）增强型地热系统和加拿大西部水力压裂（Atkinson et al.，2016）诱发的地震。Weingarten等（2015）对美国中东部做了系统的数据收集和分析，结果显示了在1973～2014年注入井相关的地震活动以及与废水注入相关的周期。非注入诱发的背景性地震数大致稳定在每年10～25次，而注入诱发地震数量已从20世纪70年代的每年1～7次上升到2011～2013年的每年75～190次，到2014年时每年＞650次（图4-20）。

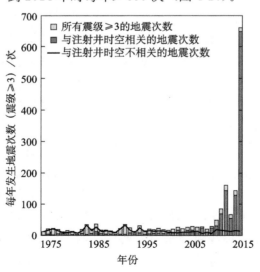

图4-20 1973～2014年美国中东部每年发生的地震情况

资料来源：Weingarten et al.，2015

　　非常规油气开发有望在未来继续发展。与水有关的研究预计将在多个前沿领域取得进展，如减少在勘探、生产和废水处理过程中的用水量。

　　水、粮食、能源问题不能孤立地解决，跨学科研究是必不可少的。为了研究粮食-能源-水之间的关系，需要气候科学、农业科学和土壤科学以及水文、能源（包括化石燃料和可再生能源）利用、社会经济学科之间的通力合作。在未来，需要深入了解地下水利用与能源和食品的生产及消费之间的协同和权衡机制。

　　本章作者：

　　美国科罗拉多大学葛社民（Shemin Ge，University of Colorado），第一节、第五节（原稿为英文）；中国地质大学（武汉）/南方科技大学刘崇炫，第二节、第四节（原稿为英文）；中国地质大学（北京）董海良，第三节；中国地质大学（武汉）孙自永，第二节和第三节翻译并协助完成本章统稿；苏春利，第一节和第五节翻译。中国地质大学（武汉）王焰新负责本章内容设计和统稿。

本章参考文献

潘永信，朱日祥．2011．生物地球物理学的产生与研究进展．科学通报，56（17）：1335-1344.

张弛，董毅．2015．生物地球物理：地球物理方法在研究生物地球化学过程中的应用和发展．地球物理学报，58（8）：2718-2729.

Abdulrazzak M J，Morel-Seytoux H J．1983．recharge from an ephemeral stream following wetting front arrival to water table．Water Resources Research，19（1）：194-200.

Adams M，Colella P，Graves D T，et al．2014．Chombo software package for AMR applications design document，Lawrence Berkeley National Laboratory.

Adamson D T，Mahendra S，Jr Kenneth L W，et al．2014．A multisite survey to identify the scale of the 1，4-Dioxane problem at contaminated groundwater sites．Environ. sci. technol. lett，1（5）254-258.

Adhikari R R，Kallmeyer J．2010．Detection and quantification of microbial activity in the subsurface．Chemie der Erde-Geochemistry，70（2）：135-143.

Alemu B L，Aagaard P，Munz I A，et al．2011．Caprock interaction with CO_2：a laboratory study of reactivity of shale with supercritical CO_2 and brine．Applied Geochemistry，

26 (12): 1975-1989.

Ali S, Thakur S K, Sarkar A, et al. 2016. Worldwide contamination of water by fluoride. Environmental Chemistry Letters, 14 (3): 291-315.

Alivisatos A P, Blaser M J, Brodie E L, et al. 2015. Microbiome. A unified initiative to harness Earth's microbiomes. Science, 350 (6260): 507-508.

Allen D M, Cannon A J, Toews M W, et al. 2010. Variability in simulated recharge using different GCMs. Water Resources Research, 46 (10): 5613-5618.

Amundson R. 2004. Soil Formation. //Drever J I. Surface and Ground Water, Weathering, and Soils: Treatise on Geochemistry. Amsterdam: Elsevier: 1-35.

Anderson S P, Anderson R S, Hinckley E L S, et al. 2011. Exploring weathering and regolith transport controls on Critical Zone development with models and natural experiments. Applied Geochemistry, 26 (88): S3-S5.

Anderson S P, Dietrich W E, Jr G H B. 2002. Weathering profiles, mass-balance analysis, and rates of solute loss: Linkages between weathering and erosion in a small, steep catchment. Geological Society of America Bulletin, 114 (9): 1143-1158.

Anovitz L M, Cole D R. 2015. Characterization and analysis of porosity and pore structures. Reviews in Mineralogy & Geochemistry, 80 (1): 61-164.

Anovitz L M, Cole D R, Jackson A J, et al. 2015a. Effect of quartz overgrowth precipitation on the multiscale porosity of sandstone: A (U) SANS and imaging analysis. Geochimica Et Cosmochimica Acta, 158: 199-222.

Anovitz L M, Cole D R, Sheets J M, et al. 2015b. Effects of maturation on multiscale (nanometer to millimeter) porosity in the Eagle Ford Shale, Unconventional Resources Technology Conference. Society of Economic Geologists Denver, Colorado, 3, pp. SU59-SU70.

Anovitz L M, Cole D R, Rother G, et al. 2013a. Diagenetic changes in macro-to nano-scale porosity in the St. Peter Sandstone: an (ultra) small angle neutron scattering and back-scattered electron imaging analysis. Geochimica Et Cosmochimica Acta, 102 (2): 280-305.

Anovitz L M, Cole D R, Swift A M, et al. 2014. Multiscale (nano to mm) Porosity in the Eagle Ford Shale: Changes as a Function of Maturity, Unconventional Resources Technology Conference. American Association of Petroleum Geologists Denver, Colorado, 1923519.

Anovitz L M, Lynn G W, Cole D R, et al. 2009. A new approach to quantification of metamorphism using ultra-small and small angle neutron scattering. Geochimica Et Cosmochimica Acta, 73 (24): 7303-7324.

Anovitz L M, Mamontov E, Ben I P, et al. 2013b. Anisotropic dynamics of water ultraconfined in macroscopically oriented channels of single-crystal beryl: a multifrequency analysis .Physical Review E Statistical Nonlinear & Soft Matter Physics, 88

(5): 052306.

Aradóttir E S P, Sigfússon B, et al. 2013. Dynamics of basaltic glass dissolution-capturing microscopic effects in continuum scale models. Geochimica Et Cosmochimica Acta, 121 (6): 311-327.

Arndt S, Jiφgensen B B, Larowc D E, et al. 2013. Quantifying the degradation of organic matter in marine sediments: a review and synthesis. Earth-Science Reviews, 123 (4): 53-86.

Arora B, Mohanty B P, Mcguire J T. 2011. Inverse estimation of parameters for multidomain flow models in soil columns with different macropore densities. Water Resources Research, 47 (4): W04512.

Atekwana E A, Slater L D. 2009. Biogeophysics: a new frontier in earth science research. Reviews of Geophysics, 47 (4): 465-484.

Athy L F. 1930. Density, porosity, and compaction of sedimentary rocks. Aapg Bulletin, 14 (1): 1-24.

Atkinson G M, Eaton D W, Ghofrani H, et al. 2016. Hydraulic fracturing and seismicity in the Western Canada Sedimentary Basin. Seismological Research Letters, 87 (3): 631-647.

Atlas R M, Philp J (eds). 2005. Bioremediation: Applied Microbial Solutions for Real-World Environment Cleanup. Washington D C: ASM Press.

Baas N A, Emmeche C. 1997. On Emergence and Explanation. Working Papers.

Baldwin C A, Sedeman A J, Mantle M D, et al. 1996. Determination and characterization of the structure of a pore space from 3D volume images. Journal of Colloid & Interface Science, 181 (1): 79-92.

Balhoff M. 2005. Modeling the flow of non-Newtonian fluids in packed beds at the pore scale. Louisiana State University, Louisiana State.

Balhoff M T, Wheeler M F. 2009. A predictive pore-scale model for non-Darcy flow in porous media. Spe Journal, 14 (4): 579-587.

Ball L B, Caine J S, Ge S. 2014. Controls on groundwater flow in a semiarid folded and faulted intermountain basin. Water Resources Research, 50 (8): 6788-6809.

Bandstra J Z, Buss H L, Campen R K, et al. 2008. Appendix: compilation of mineral dissolution rates // Brantley S. Kubicki J, White A (eds). Kinetics of Water-Rock Interaction. New York: Springer: 737-823.

Banfield J F, et al. 2001. Mineralogical biosignatures and the search for life on Mars. Astrobiology, 1 (4): 447-465.

Bar-Yam Y. 1997. Dynamics of complex systems. Westview Press, Boulder, Colorado.

Barenblatt G I, Zheltov I P, Kochina I N. 1960. Basic concepts in the theory of seepage of homogeneous liquids in fissured rocks [strata]. Journal of Applied Mathematics & Mechanics，24（5）：1286-1303.

Bargar J R，Williams K H，Campbell K M，et al. 2013. Uranium redox transition pathways in acetate-amended sediments. Proceedings of the National Academy of Sciences，110（12）：4506-4511.

Barrere J，Gipouloux O，Whitaker S. 1992. On the closure problem for Darcy's law. Transport in Porous Media，7（3）：209-222.

Battiato I，Tartakovsky D M. 2011. Applicability regimes for macroscopic models of reactive transport in porous media. Journal of Contaminant Hydrology，120：18-26.

Beal E J，House C H，Orphan V J. 2009. Manganese-and iron-dependent marine methane oxidation. Science，325（5937）：184-187.

Beckingham L E，Peters C A，Um W，et al. 2013. 2D and 3D imaging resolution trade-offs in quantifying pore throats for prediction of permeability. Advances in Water Resources，62：1-12.

Berner R A. 1978. Rate control of mineral dissolution under earth surface conditions. American Journal of Science，278（9）：1235-1252.

Bernier-latmani R，Veeramani H，Vecchia E D，et al. 2010. Non-uraninite products of microbial U（VI）reduction. Environmental Science & Technology，44（24）：9456-9462.

Bethke C M. 2008. Geochemical and biogeochemical reaction modeling. Cambridge. Cambridge University Press.

Bijeljic B，Blunt M J. 2007. Pore-scale modeling of transverse dispersion in porous media. Water Resources Research，43（12）.

Bijeljic B，Raeini A，Mostaghimi P，et al. 2013. Predictions of non-Fickian solute transport in different classes of porous media using direct simulation on pore-scale images. Physical Review E，87（1）：013011.

Binley A，Hubbard S S，Huisman J A，et al. 2015. The emergence of hydrogeophysics for improved understanding of subsurface processes over multiple scales. Water Resources Research，51（6）：3837-3866.

Bishop M E，Dong H，Kukkadapu R K，et al. 2011. Bioreduction of Fe-bearing clay minerals and their reactivity toward pertechnetate（Tc-99）. Geochimica Et Cosmochimica Acta，75（18）：5229-5246.

Bishop M E，Glasser P，Dong H，et al. 2014. Reduction and immobilization of hexavalent chromium by microbially reduced Fe-bearing clay minerals. Geochimica Et Cosmochimica Acta，133（10）：186-203.

Bleam W F. 2011. Soil and Environmental Chemistry. Academic Press，Waltham，MA，pp. 449-462.

Bloomfield J P，McKenzie A A，Williams A T. 2008. An overview of complex behaviour in the groundwater compartment of catchment systems and some implications for modelling and monitoring, The 10th BHS National Hydrology Symposium. Sustainable Hydrology for the 21st Century, Exeter, United Kingdom, pp. 208-214.

Blunt M J, Bijeljic B, Dong H, et al. 2013. Pore-scale imaging and modelling. Advances in Water Resources, 51 (1): 197-216.

Boano F, Harvey J W, Marion A, et al. 2014. Hyporheic flow and transport processes: mechanisms, models, and biogeochemical implications. Reviews of Geophysics, 52 (4): 603-679.

Boccara N. 2004. Modeling complex systems. New York: Springer Science & Business Media.

Bone S E, Dynes J J, Cliff J, et al. 2017. Uranium(Ⅳ)adsorption by natural organic matter in anoxic sediments. Proc Natl Acad Sci USA, 114 (4): 711-716.

Bork P. 2005. Is there biological research beyond Systems Biology? A comparative analysis of terms. Molecular Systems Biology, 1 (1): 0012.

Bourbie T, Zinszner B. 1985. Hydraulic and acoustic properties as a function of porosity in Fontainebleau Sandstone. Journal of Geophysical Research Atmospheres, 901 (B13): 11524-11532.

Bourg I C, Steefel C I. 2012. Molecular dynamics simulations of water structure and diffusion in Silica Nanopores. Journal of Physical Chemistry C, 116 (21): 11556.

Bracco J N, Stack A G, Higgins S R. 2014. Magnesite step growth rates as a function of the aqueous magnesium: carbonate ratio. Crystal Growth & Design, 14 (11): 6033-6040.

Bracco J N, Stack A G, Steefel C I. 2013. Upscaling calcite growth rates from the mesoscale to the macroscale. Environmental Science & Technology, 47 (13): 7555.

Brantley S L, Bandstra J, Moore J, et al. 2008. Modelling chemical depletion profiles in regolith. Geoderma, 145 (3-4): 494-504.

Brantley S L, Goldhaber M B, Ragnarsdottir K V. 2007. Crossing disciplines and scales to understand the Critical Zone. Elements, 3 (5): 307-314.

Buck R C, James F, Urs B, et al. 2011. Perfluoroalkyl and polyfluoroalkyl substances in the environment: terminology, classification, and origins. Integrated Environmental Assessment & Management, 7 (4): 513-541.

Burke B C, A M H, A F W. 2007. Coupling chemical weathering with soil production across soil-mantled landscapes. Earth Surface Processes & Landforms, 32 (6): 853-873.

Butt C M, Muir D C, Mabury S A. 2014. Biotransformation pathways of fluorotelomer-based polyfluoroalkyl substances: a review. Environ Toxicol Chem, 33 (2): 243-267.

Carlin D J, et al. 2016. Arsenic and environmental health: state of the science and future research opportunities. Environmental Health Perspect, 124 (7): 890.

Carman P C. 2009. Permeability of saturated sands, soils and clays. Journal of Agricultural Science, 29 (2): 262-273.

Castro M C, Goblet P, Ledoux E, et al. 1998a. Noble gases as natural tracers of water circulation in the Paris Basin: 2. Calibration of a groundwater flow model using noble gas isotope data. Water Resources Research, 34 (34): 2467-2483.

Castro M C, Jambon A, Marsily G D, et al. 1998b. Noble gases as natural tracers of water circulation in the Paris Basin: 1. Measurements and discussion of their origin and mechanisms of vertical transport in the basin. Water Resources Research, 34 (10): 2443-2466.

Certini G, Campbell C D, Edwards A C. 2004. Rock fragments in soil support a different microbial community from the fine earth. Soil Biology & Biochemistry, 36 (7): 1119-1128.

Chalmers G R, Bustin R M, Power I M. 2012. Characterization of gas shale pore systems by porosimetry, pycnometry, surface area, and field emission scanning electron microscopy/transmission electron microscopy image analyses: Examples from the Barnett, Woodford, Haynesville, Marcellus, and Doig unit. Aapg Bulletin, 96 (6): 1099-1119.

Chapelle F H. 2000. Ground-water microbiology and geochemistry. New York: John Wiley & Sons.

Chen C, et al. 2010. A multi-scale investigation of interfacial transport, pore fluid flow, and fine particle deposition in a sediment bed. Water Resources Research, 46 (11).

Chen J S, et al. 2009. A state-space Bayesian framework for estimating biogeochemical transformations using time-lapse geophysical data. Water Resources Research, 45 (8): 2263-2289.

Chen S, Doolen G D. 2003. Lattice Boltzmann method for fluid flows. Annual Review of Fluid Mechanics, 30 (1): 329-364.

Chen Y, et al. 2015. The effect of analytical particle size on gas adsorption porosimetry of shale. International Journal of Coal Geology, 138: 103-112.

Cilona A, et al. 2014. The effects of rock heterogeneity on compaction localization in porous carbonates. Journal of Structural Geology, 67 (4): 75-93.

Clow D W, Drever J I. 1996. Weathering rates as a function of flow through an alpine soil. Chemical Geology, 132 (1-4): 131-141.

Cnudde V, Boone M N. 2013. High-resolution X-ray computed tomography in geosciences: A review of the current technology and applications. Earth-Science Reviews, 123 (4): 1-17.

Colella P, et al. 2014. EBChombo Software Package for Cartesian Grid, Embedded Boundary Applications. Lawrence Berkeley National Laboratory.

Costa C, et al. 2000. Denitrification with methane as electron donor in oxygen-limited bioreactors. Applied Microbiology and Biotechnology, 53 (6): 754-762.

Cousin I, Nicoullaud B, Coutadeur C. 2003. Influence of rock fragments on the water retention and water percolation in a calcareous soil. Catena, 53 (2): 97-114.

Crandell L E, et al. 2012. Changes in the pore network structure of Hanford sediment after reaction with caustic tank wastes. Journal of Contaminant Hydrology, 131 (1-4): 89-99.

Davis C A, Atekwana E, Atekwana E, et al. 2006. Microbial growth and biofilm formation in geologic media is detected with complex conductivity measurements. Geophysical Research Letters, 33 (18): 122-140.

Deng H, Ellis B R, Peters C A, et al. 2013. Modifications of carbonate fracture hydrodynamic properties by CO_2-acidified brine flow. Energy & Fuels, 27 (8): 4221-4231.

DeSantis T Z, Brodie E L, Moberg J P, et al. 2007. High-density universal 16S rRNA microarray analysis reveals broader diversity than typical clone library when sampling the environment. Microbial Ecology, 53 (3): 371-383.

Dewhurst D N, Yang Y, Aplin A C. 1999. Permeability and fluid flow in natural mudstones. Geological Society of London, 755 (1): 23-43.

Dilks A, Graham S. 1985. Quantitative mineralogical characterization of sandstones by backscattered electron image analysis. Journal of Sedimentary Research, 55 (3).

Ding G, Peijnenburg W J G M. 2013. Physicochemical properties and aquatic toxicity of poly- and perfluorinated compounds. Critical Reviews in Environmental Science and Technology, 43 (6): 598-678.

DOE. 2010. Complex Systems Science for Subsurface Fate and Transport, U. S. Department of Energy Office of Science, U. S.

Dong, Jaisi H, Kim D P, et al. 2009. Review Paper. Microbe-clay mineral interactions. American Mineralogist, 94 (11-12): 1505-1519.

Drever J I, Clow D W. 1995. Weathering rates in catchments. Reviews in Mineralogy and Geochemistry, 31 (1): 463-483.

Druhan J L, Steefel C I, Molins S, et al. 2012. Timing the onset of sulfate reduction over multiple subsurface acetate amendments by measurement and modeling of sulfur isotope fractionation. Environmental Science & Technology, 46 (16): 8895-8902.

Dubilier N, McFall-Ngai M, Zhao L. 2015. Microbiology: create a global microbiome effort. Nature, 526 (7575): 631-634.

Edmunds W, Tyler S. 2002. Unsaturated zones as archives of past climates: toward a new proxy for continental regions. Hydrogeology Journal, 10 (1): 216-228.

Ellis J S, Ebrahimi A, Bazylak A. 2011. Characterization of a Two-Phase Pore-Scale Network Model of Supercritical Carbon Dioxide Transport Within Brine-Filled Porous Media, ASME 2011 5th International Conference on Energy Sustainability. Washington DC: American Society of Mechanical Engineers.

Embrey S S, Runkle D L. 2006. Microbial quality of the Nation's ground-water resources. Scientific Investigations Report, 1993-2004.

Emmanuel S, Ague J J. 2009. Modeling the impact of nano-pores on mineralization in sedimentary rocks. Water Resources Research, 45 (4): 546-550.

Emmanuel S, Anovitz L M, Day-Stirrat R J. 2015. Effects of coupled chemo-mechanical processes on the evolution of pore-size distributions in geological media. Reviews in Mineralogy & Geochemistry, 80 (1): 45-60.

Emmanuel S, Levenson Y. 2014. Limestone weathering rates accelerated by micron-scale grain detachment. Geology, 42 (9): 751-754.

Evans S G, Ge S. 2017. Contrasting hydrogeologic responses to warming in permafrost and seasonally frozen ground hillslopes. Geophysical Research Letters, 44 (4): 1803-1813.

Evans S G, Ge S, Liang S. 2015. Analysis of groundwater flow in mountainous, headwater catchments with permafrost. Water Resources Research, 51 (12): 9564-9576.

Fang Y, Yabusaki S B, Morrison S J, et al. 2009. Multicomponent reactive transport modeling of uranium bioremediation field experiments. Geochimica Et Cosmochimica Acta, 73 (20): 6029-6051.

Fletcher R C, Buss H L, Brantley S L. 2006. A spheroidal weathering model coupling pore-water chemistry to soil thicknesses during steady-state denudation. Earth & Planetary Science Letters, 244 (1~2): 444-457.

Foster S, Tyson G, Voss C, et al. 2016. Global Change and Groundwater.

Frampton A, Painter S L, Destouni G. 2013. Permafrost degradation and subsurface-flow changes caused by surface warming trends. Hydrogeology Journal, 21 (1): 271-280.

Freyberg D L. 1983. Modeling the effects of a time-dependent wetted perimeter on infiltration from ephemeral channels. Water Resources Research, 19 (2): 559-566.

Gaillardet J, Millot R, Dupre B. 2003. Chemical denudation rates of the Western Canadian Orogenic Belt: the stikine terrane. Chemical Geology, 2001 (3): 257-279.

Gassiat C, Gleeson T, lefebvre R, et al. 2013. Hydraulic fracturing in faulted sedimentary basins: numerical simulation of potential contamination of shallow aquifers over long time scales. Water Resources Research, 49 (12): 8310-8327.

Ge S, Gorelick S. 2015. Groundwater and surface water. //North G R, Pyle J A, Zhang F. Encyclopedia of Atmospheric Sciences (2nd) Amsterdam: Academic Press.

Ge S, Mckenzie J, Voss C, et al. 2011. Exchange of groundwater and surface-water mediated by permafrost response to seasonal and long term air temperature variation. Geophysical Research Letters, 38 (14): 3138-3142.

Gibson-Poole C M, Svendsen L, Underschultz J, et al. 2008. Site characterisation of a basin-scale CO_2 geological storage system: Gippsland Basin, southeast Australia. Environmental Geology, 54 (8): 1583-1606.

Giesche H. 2006. Mercury porosimetry: a general (practical) overview. Particle & Particle Systems Characterization, 23 (1): 9-19.

Gilbert J A, Steele J A, Caporaso J G, et al. 2012. Defining seasonal marine microbial community dynamics. Isme Journal，6（2）：298-308.

Gleeson T，Befus K M，Jasechko S，et al. 2015. The global volume and distribution of modern groundwater. Nature Geoscience，9（2）：161-167.

Gleeson T，Manning A H. 2008. Regional groundwater flow in mountainous terrain: Three-dimensional simulations of topographic and hydrogeologic controls. Water Resources Research，44（10）：297.

Gleeson T，Marklund L，Smith L，et al. 2011. Classifying the water table at regional to continental scales. Geophysical Research Letters，38（5）：L05401.

Goldscheider N，Hunkeler D，Rossi P. 2006. Review: microbial biocenoses in pristine aquifers and an assessment of investigative methods. Hydrogeology Journal，14（6）：926-941.

Goldstein J，Newbury D，Joy D，et al. 2003. Scanning Electron Microscopy and X-ray Microanalysis. New York: Springer Press.

Gooseff M N，Wondzell S M，Haggerty R，et al. 2003. Comparing transient storage modeling and residence time distribution（RTD）analysis in geomorphically varied reaches in the Lookout Creek basin，Oregon，USA. Advances in Water Resources，26（9）：925-937.

Gorrochategui E，Perez-Albaladejo E，Casas J，et al. 2014. Perfluorinated chemicals: differential toxicity，inhibition of aromatase activity and alteration of cellular lipids in human placental cells. Toxicol Appl Pharmacol，277（2）：124-130.

Graham R C，Tice K R，Guertal W R. 1994. The pedologic nature of weathered rock. In: Cremeens，D L，Brown，R B，Huddleston，J H（Eds.），Whole Regolith Pedology. Madison: Soil Science Society of America: Luquot L，Rodriguez O，Gouze P. 21-40.

Gray W G，Miller C T. 2005. Thermodynamically constrained averaging theory approach for modeling flow and transport phenomena in porous medium systems: 1. Motivation and overview. Advances in Water Resources，28（2）：161-180.

Gray W G，Miller C T. 2006. Thermodynamically constrained averaging theory approach for modeling flow and transport phenomena in porous medium systems: 3. Single-fluid-phase transport. Advances in Water Resources，29（11）：1745-1765.

Gregory S P，Maurice L D，West J M，et al. 2014. Microbial communities in UK aquifers: current understanding and future research needs. Quarterly Journal of Engineering Geology &. Hydrogeology，47（47）：145-157.

Haggerty R，Wondzell S M，Johnson M A. 2002. Power-law residence time distribution in the hyporheic zone of a 2nd-order mountain stream. Geophysical Research Letters，29（13）.

Hammouda B. 2008. Probing nanoscale structures-the sans toolbox. National Institute of Standards and Technology Center for Neutron Research，Gaithersburg，12（2）：10-14.

Hand S，Wang B，Chu K-H. 2015. Biodegradation of 1，4-dioxane: effects of enzyme

inducers and trichloroethylene. Science of The Total Environment, 520: 154-159.

Hansson K, Šimůnek J, Mizoguchi M, et al. 2004. Water flow and heat transport in frozen soil: numerical solution and freeze-thaw applications applied. Vadose Zone Journal, 3 (2): 693-704.

Harte J. 2002. Toward a synthesis of the Newtonian and Darwinian worldviews. Physics Today, 55 (10): 29-35.

Hausrath E M, Navarre-Sitchler A K, Sak P B, et al. 2011. Soil profiles as indicators of mineral weathering rates and organic interactions for a Pennsylvania diabase. Chemical Geology, 290 (3): 89-100.

He Z, Deng Y, Zhou J. 2012. Development of functional gene microarrays for microbial community analysis. Current Opinion in Biotechnology, 23 (1): 49-55.

Heath J E, Dewers T A, Mephorson B J O L, et al. 2011. Pore networks in continental and marine mudstones: Characteristics and controls on sealing behavior. Geosphere, 7 (2): 429-454.

Hedges L O, Whitelam S. 2013. Selective nucleation in porous media. Soft Matter, 9 (41): 9763-9766.

Hövelmann J, Austrheim H, Jamtveit B. 2012. Microstructure and porosity evolution during experimental carbonation of a natural peridotite. Chemical Geology, 334 (1): 254-265.

Huang J, Cavanaugh T, Nur B. 2013. An introduction to SEM operational principles and geologic applications for shale hydrocarbon reservoirs. Electron Microscopy of Shale Hydrocarbon Reservoirs: AAPG Memoir, 102: 1-6.

Huber C, Shafei B, Parmigiani A. 2014. A new pore-scale model for linear and non-linear heterogeneous dissolution and precipitation. Geochimica Et Cosmochimica Acta, 124 (1): 109-130.

Hug K, Maher W A, Stott M B, et al. 2014. Microbial contributions to coupled arsenic and sulfur cycling in the acid-sulfide hot spring Champagne Pool, New Zealand. Frontiers in Microbiology, 5 (5): 569.

Hungate B A, Mau R L, Schwartz E, et al. 2015. Quantitative microbial ecology through stable isotope probing. Applied & Environmental Microbiology, 81 (21): 7570-7581.

Jaisi D P, et al. 2009. Reduction and long-term immobilization of technetium by Fe(II)associated with clay mineral nontronite. Chemical Geology, 264 (1): 127-138.

Jamtveit B, Austrheim H. 2010. Metamorphism: the role of fluids. Elements, 6 (3): 153-158.

Jamtveit B, Austrheim H, Malthe-Sørenssen A. 2000. Accelerated hydration of the Earth's deep crust induced by stress perturbations. Nature, 408 (6808): 75-78.

Jamtveit B, Hammer ø. 2012. Sculpting of rocks by reactive fluids. Geochemical Perspectives, 1 (3): 341-481.

Jamtveit B, Kobchenko M, Austrhoim H, et al. 2011. Porosity evolution and crystallization-driven fragmentation during weathering of andesite. Journal of Geophysical Research: Solid Earth, 116 (B12): B12204.

Javadpour F. 2009. Nanopores and apparent permeability of gas flow in Mudrocks (Shales and Siltstone) . Journal of Canadian Petroleum Technology, 48 (8): 16-21.

Javadpour F, Farshi M M, Amrein M. 2012. Atomic-force microscopy: a new tool for gas-shale characterization. Journal of canadian petroleum technology, 51 (4): 236-243.

Jin Q. 2012. Energy conservation of anaerobic respiration. American Journal of Science, 312 (6): 573-628.

Jin Q, Roden E E, Giska J R. 2013. Geomicrobial kinetics: extrapolating laboratory studies to natural environments. Geomicrobiology Journal, 30 (2): 173-185.

Johnson C M, Beard B L, Albarede F. 2004. Geochemistry of non-traditional stable isotopes. Reviews in Mineralogy and Geochemistry, 55: 454.

Kang P K, Anna P, Nunes J P, et al. 2014. Pore-scale intermittent velocity structure underpinning anomalous transport through 3-D porous media. Geophysical Research Letters, 41 (17): 6184-6190.

Kang Q, Lichtner P C, Zhang D. 2007. An improved lattice Boltzmann model for multicomponent reactive transport in porous media at the pore scale. Water Resources Research, 43 (12): 2578-2584.

Kang Q, Tsimpanogiammis I N, Zhang D, et al. 2005. Numerical modeling of pore-scale phenomena during CO_2 sequestration in oceanic sediments. Fuel Processing Technology, 86 (14-15): 1647-1665.

Kang Q, Zhang D, Chen S, et al. 2002. Lattice Boltzmann simulation of chemical dissolution in porous media. Physical Review E, 65 (3 Pt 2B): 036318.

Kechagia P E, Tsimpanogiannis I N, Yortsos Y C, et al. 2002. On the upscaling of reaction-transport processes in porous media with fast or finite kinetics. Chemical Engineering Science, 57 (13): 2565-2577.

Kelemen P B, Matter I, Streit E E, et al. 2011. Rates and mechanisms of mineral carbonation in peridotite: natural processes and recipes for enhanced, in situ CO_2 capture and storage. Annual Review of Earth & Planetary Sciences, 39 (1): 545-576.

Kembel S W, Eisen J A, Pollard K S, et al. 2011. The phylogenetic diversity of metagenomes. Plos One, 6 (8): e23214.

Kendy E. 2002. Hydrologic impacts of water-management policies on the North China Plain: case of Luancheng County, Hebei Province, 1949-2000. Ithaca, New York: Cornell University.

Keranen K M, Weingarten M, Abers G A, et al. 2014. Induced earthquakes. Sharp increase in central Oklahoma seismicity since 2008 induced by massive wastewater injection. Science, 345 (6195): 448-451.

Kiel B A, Cardenas M B. 2014. Lateral hyporheic exchange throughout the Mississippi River network. Nature Geoscience, 7 (6): 413-417.

Kim D, Peters C A, Lindquist W B. 2011. Upscaling geochemical reaction rates accompanying acidic CO_2-saturated brine flow in sandstone aquifers. Water Resources Research, 47 (1): 128-139.

Kipfer R, Aeschbach Hertig W, Peeters E, et al. 2001. Noble gases in lakes and ground waters. //Porcelli D, Ballentine C J, Wieler R (eds). Noble Gases in Geochemistry and Cosmochemistry. Washington DC: Mineralogical Society of America: 615-700.

Kirchner J W, Feng X, Neal C. 2001. Catchment-scale advection and dispersion as a mechanism for fractal scaling in stream tracer concentrations. Journal of Hydrology, 254 (1): 82-101.

Kirk M F, Roden E E, Grossey L J, et al. 2010. Experimental analysis of arsenic precipitation during microbial sulfate and iron reduction in model aquifer sediment reactors. Geochimica Et Cosmochimica Acta, 74 (9): 2538-2555.

Kitano H. 2002. Systems biology: a brief overview. Science, 295 (5560): 1662-1664.

Kolesnikov A I, Anovitz L M, Mamentoy E, et al. 2014. Strong anisotropic dynamics of ultra-confined water. Journal of Physical Chemistry B, 118 (47): 13414-13419.

Kollet S J, Maxwell R M. 2008. Capturing the influence of groundwater dynamics on land surface processes using an integrated, distributed watershed model. Water Resources Research, 44 (2): 252-261.

Konikow L F. 2011. Contribution of global groundwater depletion since 1900 to sea-level rise. Geophysical Research Letters, 38 (17): 245-255.

Konikow L F. 2015. Long-term groundwater depletion in the United States. Ground Water, 53 (1): 2-9.

Konikow L F, Kendy E. 2005. Groundwater depletion: a global problem. Hydrogeology Journal, 13 (1): 317-320.

Konopka A, Plymale A E, Garvajal D A, et al. 2013. Environmental controls on the activity of aquifer microbial communities in the 300 area of the Hanford Site. Microbial Ecology, 66 (4): 889.

Koopmans R W R, Miller R D. 1966. Soil freezing and soil water characteristic curves. Soil Science Society of America Journal, 30 (6): 680-685.

Kozeny J, Striedieck W F, Wyllie M R J. 1927. Concerning Capillary Conduction of Water in the Soil: (Rise, Seepage and Use in Irrigation) Dallas, Texas: Petroleum Branch of the American Institute of Mining and Metallurgical Engineers.

Kurylyk B L, Macquarrie K T B, Voss C I. 2014. Climate change impacts on the temperature and magnitude of groundwater discharge from shallow, unconfined aquifers. Water

Resources Research，50（4）：3253-3274.

Landrot G，Ajo-Franklin J B，Yang I，et al. 2012. Measurement of accessible reactive surface area in a sandstone，with application to CO$_2$ mineralization. Chemical Geology，s318-s319（4）：113-125.

Landry C J，Karpyn Z T，Ayala O. 2014. Pore-scale lattice boltzmann modeling and 4D X-ray computed microtomography imaging of fracture-matrix fluid transfer. Transport in Porous Media，103（3）：449-468.

Li L，Gawande N，Kowalsky M B，et al. 2011. Physicochemical heterogeneity controls on uranium bioreduction rates at the field scale. Environmental Science & Technology，45（23）：9959-9966.

Li L，Maher K，Navarre-Sitchler A，et al. 2016. Expanding the role of reactive transport models in critical zone processes. Earth-Science Reviews，165：280-301.

Li L，Peters C A，Celia M A. 2006. Upscaling geochemical reaction rates using pore-scale network modeling. Advances in Water Resources，29（9）：1351-1370.

Li L，Steefel C I，Yang L. 2008. Scale dependence of mineral dissolution rates within single pores and fractures. Geochimica Et Cosmochimica Acta，72（2）：360-377 .

Li X，Huang H，Meakin P. 2010. A three-dimensional level set simulation of coupled reactive transport and precipitation/dissolution. International Journal of Heat & Mass Transfer，53（13）：2908-2923.

Lindquist W B，Lee S M，Goker D A，et al. 1996. Medial axis analysis of void structure in three-dimensional tomographic images of porous media. Journal of Geophysical Research-Solid Earth，101（B4）：8297-8310 .

Liu C，Liu Y，Kerisit S，et al. 2015. Pore-scale process coupling and effective surface reaction rates in heterogeneous subsurface materials. Reviews in Mineralogy & Geochemistry，80（1）：191-216.

Liu C，Shang J，Kerisit S，et al. 2013. Scale-dependent rates of uranyl surface complexation reaction in sediments. Geochimica Et Cosmochimica Acta，105（2）：326-341.

Liu C，Shang J，Shan H，et al. 2014. Effect of subgrid heterogeneity on scaling geochemical and biogeochemical reactions：a case of U（Ⅵ）desorption. Environmental Science & Technology，48（3）：1745-1752.

Liu Y，Lu X，Zhao L，et al. 2016. Effects of cellular sorption on mercury bioavailability and methylmercury production by desulfovibrio desulfuricans ND132. Environmental Science & Technology，50（24）：13335-13341.

Lorensen W E，Cline H E. 1987. Marching cubes：a high resolution 3D surface construction algorithm. Acm Siggraph Computer Graphics，21（4）：163-169.

Luquot L，Rodriguez O，Gouze P. 2014. Experimental characterization of porosity structure and transport property changes in limestone undergoing different dissolution regimes.

Transport in Porous Media，101（3）：507-532.

Lüttge A，Arvidson R S，Fischer C. 2013. A Stochastic treatment of crystal dissolution kinetics. Elements，9（9）：183-188.

Mahendra S，Grostern A，Alvarez-Cohen L. 2013. The impact of chlorinated solvent co-contaminants on the biodegradation kinetics of 1，4-dioxane. Chemosphere，91（1）：88-92.

Maher K. 2010. The dependence of chemical weathering rates on fluid residence time. Earth & Planetary Science Letters，294（1）：101-110.

Malmström M E，Destouni G，Martinet P. 2004. Modeling expected solute concentration in randomly heterogeneous flow systems with multicomponent reactions. Environmental Science & Technology，38（9）：2673-2679.

Manning A H. 2011. Mountain-block recharge，present and past，in the eastern Española Basin，New Mexico，USA. Hydrogeology Journal，19（2）：379-397.

Manning A H，Solomon D K. 2005. An integrated environmental tracer approach to characterizing groundwater circulation in a mountain block. Water Resources Research，41（12）：2179-2187.

Manning C E，Bird D K. 1995. Porosity，permeability，and basalt metamorphism. Geological Society of America Special Papers，296：123-140.

Manning C E，Ingebritsen S E. 1999. Permeability of the continental crust：implications of geothermal data and metamorphic systems. Reviews of Geophysics，37（1）：127-150.

Manson S M. 2001. Simplifying complexity：a review of complexity theory. Geoforum，32（3）：405-414.

Mason H E，Walsh S D，Dufrane W L，et al. 2014. Determination of diffusion profiles in altered wellbore cement using X-ray computed tomography methods. Environmental Science & Technology，48（12）：7094-7100.

Mcgarr A，Bekins B，Burkarat N，et al. 2015. Coping with earthquakes induced by fluid injection. Science，347（6224）：830-831.

Meakin P，Tartakovsky A M. 2009. Modeling and simulation of pore-scale multiphase fluid flow and reactive transport in fractured and porous media. Reviews of Geophysics，47（3）：4288-4309.

Mehmani Y，Balhoff M T. 2015. Mesoscale and hybrid models of fluid flow and solute transport. Reviews in Mineralogy & Geochemistry，80（1）：433-459.

Meile C，Tuncay K. 2006. Scale dependence of reaction rates in porous media. Advances in Water Resources，29（1）：62-71.

Meixner T，Manning A H，Stonestrom D A，et al. 2016. Implications of projected climate change for groundwater recharge in the western United States. Journal of Hydrology，534：124-138.

Merino N，Qu Y，Deeb R A，et al. 2016. Degradation and removal methods for perfluoroalkyl and polyfluoroalkyl substances in water. Environmental Engineering Science，33（9）：615-649.

Merrill G P. 1906. A Treatise on Rocks，Rock-weathering and Soils. New York：Macmillan.

Mignan A，Landtwing D，Kästli P，et al. 2015. Induced seismicity risk analysis of the 2006 Basel，Switzerland，enhanced geothermal system project：influence of uncertainties on risk mitigation. Geothermics，53（53）：133-146.

Miller C T，Gray W G. 2005. Thermodynamically constrained averaging theory approach for modeling flow and transport phenomena in porous medium systems：2. foundation. Advances in Water Resources，28（2）：181-202.

Milly P C D. 1984. A simulation analysis of thermal effects on evaporation from soil. Water resources research，20（8）：1075-1085.

Mohr T，Stickney J，Diguiseppi W，et al. 2010. Environmental Investigation and Remediation：1，4-Dioxane and Other Solvent Stabilizers. London：CRC Press.

Molins S. 2015. Reactive interfaces in direct numerical simulation of pore-scale processes. Reviews in Mineralogy & Geochemistry，80（1）：461-481.

Molins S，Trebotich D，Steefel C I，et al. 2012. An investigation of the effect of pore scale flow on average geochemical reaction rates using direct numerical simulation. Office of Scientific & Technical Information Technical Reports，48（3）：W03527.

Molnar P，Anderson R S，Anderson S P. 2007. Tectonics，fracturing of rock，and erosion. Journal of Geophysical Research，112（112）：87-101.

Monaghan J J. 1992. Smoothed particle hydrodynamics. Annual Review of Astronomy and Astrophysics，30（1）：543-574.

Mueller C W，Weber P K，Kilburn M P，et al. 2013. Chapter one-advances in the analysis of biogeochemical interfaces：NanoSIMS to investigate soil microenvironments. Advances in Agronomy，121：1-46.

Mugesh S，Kumar T P，Murugan M. 2016. An unprecedented bacterial cellulosic material for defluoridation of water. Rsc Advances，6（106）：104839-104846.

Murphy E M，Ginn T R. 2000. Modeling microbial processes in porous media. Hydrogeology Journal，8（1）：142-158.

Murray A B. 2003. Contrasting the goals，strategies，and predictions associated with simplified numerical models and detailed simulations//Wilcock P R，Iverson R M. Prediction in Geomorphology. Geophysical Monograph SeriesWashington DC：American Geophysical Union：pp. 151-165.

Murray A B. 2007. Reducing model complexity for explanation and prediction. Geomorphology，90（3）：178-191.

Mutina A，Koroteev D. 2012. Using X-ray microtomography for the three dimensional mapping of minerals. Microscopy and Analysis，26（2）：7-12.

Naftz D, Feltcom E, Fuller C, et al. 2000. Field demonstration of permeable reactive barriers to remove dissolved uranium from groundwater, Fry Canyon, Utah, United State Environmental Protection Agency.

Narayani M, Shetty K V. 2013. Chromium-resistant bacteria and their environmental condition for hexavalent chromium removal: a review. Critical Reviews in Environmental Science and Technology, 43 (9): 955-1009.

Navarre-Sitchler A, Brantley S. 2007. Basalt weathering across scales. Earth & Planetary Science Letters, 261 (1): 321-334.

Navarre-Sitchler A, Brantley S L, Rother G. 2015. How porosity increases during incipient weathering of crystalline silicate rocks. Reviews in Mineralogy & Geochemistry, 80 (1): 331-354.

Navarre-Sitchler A, Steefel C I, Yang I, et al. 2009. Evolution of porosity and diffusivity associated with chemical weathering of a basalt clast. Journal of Geophysical Research Earth Surface, 114 (F2): 195-211.

Nelson K E. 2015. Encyclopedia of metagenomics. New York: Springer.

Neuhoff P S, Eridriksson T, Arnorsson S, et al. 1999. Porosity evolution and mineral paragenesis during low-grade metamorphism of basaltic lavas at Teigarhorn, eastern Iceland. American Journal Ofence, 299 (6): 467-501.

Nijland T G, Harlov D E, Andersen T. 2014. The bamble sector, south Norway: a review. Geoscience Frontiers, 5 (5): 635-658.

Noiriel C. 2015. Resolving Time-dependent Evolution of Pore-Scale Structure, Permeability and Reactivity using X-ray Microtomography. Reviews in Mineralogy & Geochemistry, 8: 247-285.

Noiriel C, Luquot L, Madé B, et al. 2009. Changes in reactive surface area during limestone dissolution: an experimental and modelling study. Chemical Geology, 265 (1): 160-170.

Ofiteru I D, Lunn M, Curtis T P, et al. 2010. Combined niche and neutral effects in a microbial wastewater treatment community. Proceedings of the National Academy of Sciences of the United States of America, 107 (35): 15345-15350.

Okabe H, Blunt M J. 2004. Prediction of permeability for porous media reconstructed using multiple-point statistics. Physical Review E Statistical Nonlinear & Soft Matter Physics, 70 (6): 066135.

Osburn M R, Sessions A L, Pepe-Ranney C, et al. 2011. Hydrogen-isotopic variability in fatty acids from Yellowstone National Park hot spring microbial communities. Geochimica Et Cosmochimica Acta, 75 (17): 4830-4845.

Panfilov M. 2000. Macroscale Models of Flow Through Highly Heterogeneous Porous Media. Dordrecht, Netherlands: Kluwer Academic Publishers.

Perdikouri C, Kasioptas A, Geisler T, et al. 2011. Experimental study of the aragonite to calcite transition in aqueous solution. Geochimica Et Cosmochimica Acta, 75 (20): 6211-6224.

Peters C A. 2009. Accessibilities of reactive minerals in consolidated sedimentary rock: an imaging study of three sandstones. Chemical Geology, 265 (1): 198-208.

Pfunt H, Houben G, Himmelsbach T. 2016. Numerical modeling of fracking fluid migration through fault zones and fractures in the North German Basin. Hydrogeology Journal, 24 (6):1343-1358.

Plummer L N, Wigley T M L, Parkhurst D L. 1978. The kinetics of calcite dissolution in CO_2, -water systems at $5°$ to $60°C$ and 0.0 to 1.0 atm CO_2. American Journal of Science, 278 (2): 179-216.

Plümper O, Røyne A, Magrasó A, et al. 2012. The interface-scale mechanism of reaction-induced fracturing during serpentinization. Geology, 40 (12): 1103-1106.

Prodanović M, Mehmani A, Sheppard A P. 2015. Imaged-based multiscale network modelling of microporosity in carbonates. Geological Society London Special Publications, 406 (1): 95-113.

Pruess K, Narasimhan T N. 1985. A practical method for modeling fluid and heat flow in fractured porous media. Society of Petroleum Engineers Journal, 25 (1): 14-26.

Putnis A. 2015. Transient porosity resulting from fluid-mineral interaction and its consequences. Reviews in Mineralogy & Geochemistry, 80 (1): 1-23.

Putnis A, Mauthe G. 2001. The effect of pore size on cementation in porous rocks. Geofluids, 1 (1): 37-41.

Quintard M, Whitaker S. 1994. Transport in ordered and disordered porous media Ⅲ: closure and comparison between theory and experiment. Transport in Porous Media, 15 (1): 31-49.

Reeves D, Rothman D H. 2012. Impact of structured heterogeneities on reactive two-phase porous flow. Physical Review E Statistical Nonlinear & Soft Matter Physics, 86 (3):031120.

Regberg A, Singha K, Ming T, et al. 2011. Electrical conductivity as an indicator of iron reduction rates in abiotic and biotic systems. Water Resources Research, 47 (4): 289-306.

Regnier P, Slomp P J C P. 2003. Reactive-transport modeling as a technique for understanding coupled biogeochemical processes in surface and subsurface environments. Netherlands Journal of Geosciences, 82 (1): 5-18.

Revil A, Atekwana E, Zhang C, et al. 2012. A new model for the spectral induced polarization signature of bacterial growth in porous media. Water Resources Research, 48 (9): 332-352.

Rother G, Molnichenko Y B, Cole D R, et al. 2007. Microstructural characterization of adsorption and depletion regimes of supercritical fluids in Nanopores. Journal of Physical

Chemistry C，111（43）：15736-15742.

Røyne A，Jamtveit B. 2015. Pore-scale controls on reaction-driven fracturing. Reviews in Mineralogy & Geochemistry，80（1）：25-44.

Rubinstein J L，Ellsworth W L，et al. 2014. The 2001-present induced earthquake sequence in the Raton Basin of Northern New Mexico and Southern Colorado. Bulletin of the Seismological Society of America，104（5）：2162-2181.

Rubinstein J L，Mahani A B. 2015. Myths and facts on wastewater injection，hydraulic fracturing，enhanced oil recovery，and induced seismicity. Seismological Research Letters，86（4）：1060-1067.

Scheibe T D，Tartakovsky A M，Tartakovsky D M，et al. 2007. Hybrid numerical methods for multiscale simulations of subsurface biogeochemical processes. Office of Scientific & Technical Information Technical Reports.

Shalizi C R. 2006. Methods and Techniques of Complex Systems Science：An Overview. In：Deisboeck T S，Kresh J Y（Eds.），Complex Systems Science in Biomedicine. Boston，Massachusetts：Springer：33-114.

Shang J，Liu C，Wang Z，et al. 2011. Effect of grain size on uranium（Ⅵ）surface complexation kinetics and adsorption additivity. Environmental Science & Technology，45（14）：6025-6031.

Shock E L. 2009. Minerals as energy sources for microorganisms. Economic Geology，104（8）：1235-1248.

Shock E L，Canovars P，Yang Z，Boyer G，et al. 2013. Thermodynamics of organic transformations in hydrothermal fluids. Reviews in Mineralogy & Geochemistry，76（1）：311-350.

Shock E L，Holland M，Meyer-Dombard D A R，et al. 2005. Geochemical sources of energy for microbial metabolism in hydrothermal ecosystems：obsidian pool. Geothermal biology and geochemistry in Yellowstone National Park，1：95-112.

Silin D，Patzek T. 2003. Object-oriented cluster search for an arbitrary pore network. Berkeley，California：Lawrence BerkeleyNational Laboratory.

Singh G，Sengör S S，Bhalla A，et al. 2014. Reoxidation of biogenic reduced uranium：a challenge toward bioremediation. Critical Reviews in Environmental Science and Technology，44（4）：391-415.

Sirisena K A，Daughney C J，Moreau-Fournier M，et al. 2013. National survey of molecular bacterial diversity of New Zealand groundwater：relationships between biodiversity，groundwater chemistry and aquifer characteristics. Fems Microbiology Ecology，86（3）：490-504.

Stack A G. 2014. Next generation models of carbonate mineral growth and dissolution. Greenhouse Gases Science & Technology，4（3）：278-288.

Stack A G. 2015. Precipitation in pores: a geochemical frontier. Reviews in Mineralogy & Geochemistry, 80 (1): 165-190.

Stack A G, Fernandezmartinez A, Allard L F, et al. 2014. Pore-size-dependent calcium carbonate precipitation controlled by surface chemistry. Environmental Science & Technology, 48 (11): 6177-6183.

Steefel C I, Beckingham L E, Landrot G. 2015. Micro-continuum approaches for modeling pore-scale geochemical processes. Reviews in Mineralogy & Geochemistry, 80 (1): 217-246.

Steefel C I, Depaolo D J, Lichtner P C. 2005. Reactive transport modeling: An essential tool and a new research approach for the Earth sciences. Earth & Planetary Science Letters, 240 (3): 539-558.

Steefel C I, Molins S, Trebotich D. 2013. Pore scale processes associated with subsurface CO_2 injection and sequestration. Reviews in Mineralogy & Geochemistry, 77 (1): 259-303.

Stepanauskas R. 2012. Single cell genomics: an individual look at microbes. Current Opinion in Microbiology, 15 (5): 613-620.

Stolz J F, Besu P, Santini I M, et al. 2006. Arsenic and selenium in microbial metabolism. Annual Review of Microbiology, 60 (1): 107-130.

Stolz J F, Oremland R S. 2011. Microbial Metal and Metalloid Metabolism : Advances and Applications. American Society Mic Series. American Society for Microbiology Press.

Stroo H F, Leeson A, Ward C H (eds). 2013. Bioaugmentation for Groundwater Remediation. New York: Springer.

Stute M, Schlosser P. 1993. Principles and application of the noble gas paleothermometer. // Swart P K, Climate Change in Continental Isotopic Records. Washington D C: AGU: 89-100.

Suchomel B J, Chen B M, Allen M B. 1998a. Macroscale properties of porous media from a network model of biofilm processes. Transport in Porous Media, 31 (1): 39-66.

Suchomel B J, Chen B M, Iii M B A. 1998b. Network model of flow, transport and biofilm effects in porous media. Transport in Porous Media, 30 (1): 1-23.

Sun T, Hall C M, Castro M C. 2010. Statistical properties of groundwater noble gas paleoclimate models: are they robust and unbiased estimators? Geochemistry Geophysics Geosystems, 11: 1-18.

Suthersan S S, Payne F C (eds). 2005. In situ Remediation Engineering. Boca Raton: CRC Press.

Tartakovsky A M, Redden G, Lichtner P C, et al. 2008. Mixing-induced precipitation: experimental study and multiscale numerical analysis. Water Resources Research, 44 (6): 2389-2393.

Taylor G, Eggleton R A. 2001. Regolith Geology and Geomorphology. Chichester, England: John Wiley & Sons.

Taylor R G, Scanlon B, Döll P, et al. 2013. Ground water and climate change. Nature Climate Change, 3 (4): 322-329.

Teng F Z, Watkins J, Dauphas N. 2017. Non-traditional stable isotopes. Reviews in Mineralogy and Geochemistry, 82 (1): 1-26.

Thamdruop B, Canfield D E. 2000. Benthic respiration in aquatic sediments // sala O E, et al. Methods in Ecosystem Science New York: Springer: 86-103.

Timmers P H, Suarezzuluaga D A, Rossem M V, et al. 2016. Anaerobic oxidation of methane associated with sulfate reduction in a natural freshwater gas source. Isme Journal, 10 (6): 1400-1412.

Tong M, Yuan S, Ma S, et al. 2015. Production of abundant hydroxyl radicals from oxygenation of subsurface sediments. Environmental Science & Technology, 50 (1): 214-221.

Toohey R C, Herman Mereer N M, et al. 2016. Multi-decadal increases in the Yukon River Basin of chemical fluxes as indicators of changing flowpaths, groundwater, and permafrost. Geophysical Research Letters, 43 (23): 12120-12130.

Tournassat C, Steefel C I. 2015. Ionic transport in Nano-Porous Clays with consideration of electrostatic effects. Reviews in Mineralogy & Geochemistry, 80 (1): 287-329.

Turul A. 2004. The effect of weathering on pore geometry and compressive strength of selected rock types from Turkey. Engineering Geology, 75 (3): 215-227.

Ulven O, Jamtveit B, Malthe-Sørenssen A. 2014a. Reaction-driven fracturing of porous rock. Journal of Geophysical Research: Solid Earth, 119 (10): 7473-7486.

Ulven O I, Storheim H, Ausutrheim H, et al. 2014b. Fracture initiation during volume increasing reactions in rocks and applications for CO_2 sequestration. Earth & Planetary Science Letters, 389 (1): 132-142.

USEPA. 2015. Assessment of the Potential Impacts of Hydraulic Fracturing for Oil and Gas on Drinking Water Resources (External Review Draft). Washington, D C: U S Environmental Protection Agency.

USEPA. 2016. Fact Sheet: PFOA & PFOS Drinking Water Health Advisories https://www.epa.gov/sites/production/files/2016-06/documents/drinkingwaterhealthadvisories_pfoa_pfos_updated_5.31.16.pdf.

Vallino J J, Algar C K. 2016. The thermodynamics of marine biogeochemical cycles: lotka revisited. Annual Review of Marine Science, 8: 333-356.

van Straalen N M. 2003. Ecotoxicology becomes stress ecology. Environmental Science & Technology, 37 (17): 324A.

Vázquez-Suñé E, Gapino B, Abarca F, et al. 2007. Estimation of recharge from floods in disconnected stream-aquifer systems. Ground Water, 45 (5): 579-589.

Verma A, Pruess K. 1988. Thermohydrological conditions and silica redistribution near high-level nuclear wastes emplaced in saturated geological formations. Journal of Geophysical Research Atmospheres, 93 (B2): 1159-1173.

Wada Y, Lo M H, Yeh P J F, et al. 2016. Fate of water pumped from underground and contributions to sea-level rise. Nature Climate Change, 6 (8): 777-780.

Wagner-Döbler I. 2013. Bioremediation of Mercury: Current Research and Industrial Applications. Norfolk, UK: Horizon Scientific Press.

Walvoord M A, Kurylyk B L. 2016. Hydrologic Impacts of Thawing Permafrost-A Review. Vadose Zone Journal, 15 (6): 1-20.

Walvoord M A, Phillips F M, Tyler S W, et al. 2002a. Deep arid system hydrodynamics 2. Application to paleohydrologic reconstruction using vadose zone profiles from the northern Mojave Desert. Water Resources Research, 38 (12): 27-1-27-12.

Walvoord M A, Plummer M A, Phillips F M, et al. 2002b. Deep arid system hydrodynamics 1. Equilibrium states and response times in thick desert vadose zones. Water Resources Research, 38 (12): 44-1-44-15.

Wang H W, Anovitz L M, Burg A, et al. 2013a. Multi-scale characterization of pore evolution in a combustion metamorphic complex, Hatrurim basin, Israel: Combining (ultra) small-angle neutron scattering and image analysis. Geochimica Et Cosmochimica Acta, 121 (6): 339-362.

Wang Y, Frustchi M, Suvorova E, et al. 2013b. Mobile uranium (IV) -bearing colloids in a mining-impacted wetland. Nature Communications, 4 (1): 2942.

Ward A S, Payn R A, Gooseff M N, et al. 2013. Variations in surface water-ground water interactions along a headwater mountain stream: comparisons between transient storage and water balance analyses. Water Resources Research, 49 (6): 3359-3374.

Warren J E, Root P J. 1963. The behavior of naturally fractured reservoirs. Society of Petroleum Engineers Journal, 3 (03): 245-255.

Warrier R B, Gastro M C, Hall C M, et al. 2013. Noble gas composition in rainwater and associated weather patterns. Geophysical Research Letters, 40 (12): 3248-3252.

Webb P A, Orr C. 1997. Analytical Methods in Fine Particle Technology. Norcross: Micromeritics Instrument Corp.

Weber K A, Achenbach L A, Coates J D. 2006. Microorganisms pumping iron: anaerobic microbial iron oxidation and reduction. Nature Reviews Microbiology, 4 (10): 752-764.

Wegener G, Bausch M, Holler T, et al. 2012. Assessing sub-seafloor microbial activity by combined stable isotope probing with deuterated water and 13C-bicarbonate. Environmental Microbiology, 14 (6): 1517-1527.

Weingarten M, Ge S, Godt J W, et al. 2015. Induced Seismicity. High-rate injection is associated with the increase in U S mid-continent seismicity. Science, 348 (6241): 1336.

Wellman T P, Voss C I, Walvoord M A. 2013. Impacts of climate, lake size, and supra-and sub-permafrost groundwater flow on lake-talik evolution, Yukon Flats, Alaska (USA). Hydrogeology Journal, 21 (1): 281-298.

Whitaker S. 1969. Advances in theory of fluid motion in porous media. Industrial & Engineering Chemistry, 61 (12): 14-28.

Whitaker S. 1986. Flow in porous media I: a theoretical derivation of Darcy's law. Transport in Porous Media, 1 (1): 3-25.

Whitaker S. 1998. The method of volume averaging // Bear, J. Theory and Application of Transport in Porous Media. Dordrecht, Netherlands: Kluwer Academic Publishers: pp. 65.

White A F. 1995. Chemical weathering rates of silicate minerals in soils. Reviews in Mineralogy and Geochemistry, 31 (1): 407-461.

White A F. 2008. Quantitative Approaches to Characterizing Natural Chemical Weathering Rates. New York: Springer.

White A F, Brantley S L. 2003. The effect of time on the weathering of silicate minerals: why do weathering rates differ in the laboratory and field? Chemical Geology, 202 (3): 479-506.

White A F, Schulz M S, Vivit D V, et al. 2005. Chemical weathering rates of a soil chronosequence on granitic alluvium: III. Hydrochemical evolution and contemporary solute fluxes and rates. Geochimica Et Cosmochimica Acta, 69 (8): 1975-1996.

White D, Hinzman L, Alessa L, et al. 2007. The arctic freshwater system: changes and impacts. Journal of Geophysical Research Biogeosciences, 112 (G4): 310-317.

Wildenschild D, Sheppard A P. 2013. X-ray imaging and analysis techniques for quantifying pore-scale structure and processes in subsurface porous medium systems. Advances in Water Resources, 51 (1): 217-246.

Wilkinson D, Willemsen J F. 1983. Invasion percolation: a new form of percolation theory. Journal of Physics A: Mathematical General, 16 (14): 3365-3376.

Williams K H, Kemna A, Wilkins M J, et al. 2009. Geophysical monitoring of coupled microbial and geochemical processes during stimulated subsurface bioremediation. Environmental Science & Technology, 43 (17): 6717-6723.

Williams K H, Ntarlagiannis D, Slater L D, et al. 2005. Geophysical imaging of stimulated microbial biomineralization. Environmental Science Technology, 39 (19): 7592-7600.

Wilson J L, Guan H. 2004. Mountain-block hydrology and mountain-front recharge, in groundwater recharge in a desert environment: the Southwestern United States // Phillips F M, Hogan J, Scanlon B (eds). American Geophysical Union. American Geophysical Union, Washington, DC, 9: 113-137.

Winter T. 1998. Groundwater and Surface Water, a single resource. U. S. Geological Survey

Circular，1139.

Witten T A，Sander L M. 1981. Diffusion-limited aggregation，a kinetic critical phenomenon. Physical Review Letters，47（19）：1400-1403.

Wood B D，Radakovich K，Golfier F. 2007. Effective reaction at a fluid-solid interface：applications to biotransformation in porous media. Advances in Water Resources，30（6）：1630-1647.

Wu Y，Versteeg R，Slater L，et al. 2009. Calcite precipitation dominates the electrical signatures of zero valent iron columns under simulated field conditions. Journal of Contaminant Hydrology，106（3）：131.

Wu Y S. 2000. On the effective continuum method for modeling multiphase flow，multicomponent transport and heat transfer in fractured rock. Office of Scientific & Technical Information Technical Reports，122：299-312.

Xie M，Mayer K U，Claret F，et al. 2015. Implementation and evaluation of permeability-porosity and tortuosity-porosity relationships linked to mineral dissolution-precipitation. Computational Geosciences，19（3）：655-671.

Xu Z，Meakin P. 2008. Phase-field modeling of solute precipitation and dissolution. Journal of Chemical Physics，129（1）：014705.

Yabusaki S B，Fang Y，Long P E，et al. 2007. Uranium removal from groundwater via in situ biostimulation：field-scale modeling of transport and biological processes. Journal of Contaminant Hydrology，93（1）：216-235.

Yan S，Liu Y Y，Liu C X，et al. 2016. Nitrate bioreduction in redox-variable low permeability sediments. Science of the Total Environment，539：185-195.

Yoon H，Kang Q J，Valocchi A J. 2015. Lattice boltzmann-based approaches for pore-scale reactive transport. Pore-Scale Geochemical Processes，80（1）：393-431.

Yoon H，Valocchi A J，Werth C J，et al. 2012. Pore-scale simulation of mixing-induced calcium carbonate precipitation and dissolution in a microfluidic pore network. Water Resources Research，48（2）：2478-2478.

Zanner C W，Graham R C. 2005. Deep regolith：exploring the lower reaches of soil. Geoderma，126（1）：1-3.

Zeng Q，Dong H，Wang X，et al. 2017. Degradation of 1，4-dioxane by hydroxyl radicals produced from clay minerals. Journal of Hazardous Materials：88-98.

Zerai B，Saylor B Z，Matisoff G. 2006. Computer simulation of CO_2 trapped through mineral precipitation in the Rose Run Sandstone，Ohio. Applied Geochemistry，21（2）：223-240.

Zhang C，Liu C，Shi Z. 2013. Micromodel investigation of transport effect on the kinetics of reductive dissolution of hematite. Environmental Science & Technology，47（9）：4131-4139.

Zhang C，Revil A，Fujita Y，et al. 2014. Quadrature conductivity：a quantitative indicator of bacterial abundance in porous media. Geophysics，79（6）：D363-D375.

Zhang S，Klimentidis R. 2011. Porosity and permeability analysis on nanoscale FIB-SEM 3D imaging of shale rock，International Symposium of the Society of Core Analysts. Science Clubs of America Austin，Texas，USA，pp. 18-21.

Zhang T，Barry R G，Knowles K，et al. 2003. Distribution of seasonally and perenially frozen ground in the Northern Hemisphere，The 8th International Conference on Permafrost. AA Balkema Publishers，Zurich，Switzerland，2，pp. 1289-1294.

Zheng C，Liu J，Cao G，et al. 2010. Can China cope with its water crisis? perspectives from the North China Plain. Ground Water，48（3）：350-354.

第五章
新技术与新方法

第一节　地下水监测

　　地下水监测主要包括地下水位、水温、水质（水化学）的监测。地下水监测数据是研究地下水系统的补径排过程、评价水资源量、分析地下水质变化控制机理的基础；同时也是进行地下水管理和保护、实施水资源优化配置和合理调度的重要基础。随着科技发展，地下水中不同指标监测的新技术和新方法不断涌现，使得实时在线的地下水监测得以实现。地下水的监测方式可分为定点监测和水位统测两种方式。定点监测是在一个目标点进行连续长时期的测量，只能布置在一些重要的或具有代表性的目标点，点位比较稀疏。水位统测是专门在同一天或几天内对一定范围内的地下水点进行全面统一的测量，点位密集，以获取某个代表性时期（旱季或雨季）的地下水位分布特征。两者在时空分辨率上具有互补作用。

一、监测技术方法与设备

（一）水位

　　地下水位是进行地下水流场刻画、水资源量评价等研究的基础数据。地下水位的精确监测对分析影响地下水动力学的潜在因素具有重要作用，并能帮助水资源管理者、工程师和其他相关人员制订更好的策略来减少甚至避免一些负面的影响；水位数据在进行水资源管理，平衡城市、农业、工业地下水需求也有非常重要的作用，有助于分析水资源保护的效益与成本。

　　传统的地下水位监测方法主要是人工利用水位测绳（water level meter）进行测量。该方法不但测量精度无法保障，而且现场操作人员的劳动强度也很大。为了提高测量精度和减轻劳动强度，可在测绳底部装上一个带不锈钢外壳的可感应水分条件的金属探头，并在转动轮盘装上一个对应由高到低分等级的 LED 灯、蜂鸣器和敏感性控制器。目前常用的比较先进的水位测绳主要有原位水位计 200、101（P7）水位计和 RST 水位计等，它们的共同优点是测量精度较高并且测量深度较大。

　　尽管做了上述改进，水位测绳仍无法实现自动化管理，实时性差，尤其是在一些地理位置偏远的监测点更是如此。现代野外工作要求监测仪器具备数据分析处理能力强、智能化程度高、运算速度快、仪器小型化、集成化程度高、结构设计先进等特点。为此，设计研发了工作稳定可靠的新型地下水水位自动监测仪器——水位探头（water level logger），为地下水水位监测提供先进的技术手段。目前主要通过监测井以及配套的自动水位记录装置来实现地下水水位的实时测量。自动水位记录装置通常都与气压数据记录器（barometric datalogger）联用，大气压强数据通常被用于计算水位数据（Obuobie et al.，2012）。据此，将气压数据记录器内置在密封的压力管中制作成常见的水位探头。目前常用的比较先进的水位探头主要有 HOBO U20-001-04 淡水水位计、Solinst 3001 LTC 水位计和 Level TROLL 700 水位数据记录仪等。随着科学技术的不断发展，先进技术被不断引入到地下水位测量中。最新的水位探头技术研究已经发展到使光纤测量水位成为可能（Mesquita et al.，2016）。

　　地下水位实时测量已越来越完善，目前更多学者主要集中于研究利用基于实时数据的模型来预测地下水位。在基于数据的预测中，习惯上使用统计模型。多元线性回归和自回归移动平均（ARIMA）是水文预测最常见的方法。人工神经网络（ANN）也被用于地下水水位预测、含水层参数确定和地下水水质监测。ANN 模型属于"黑箱模型"，适用于动态非线性系统模拟。

　　然而，ANN、ARIMA 和其他线性或非线性方法对于非平稳数据都存在限制性。ANN 和 ARIMA 方法在没有对输入数据进行预处理时是无法处理非平稳数据的（Tiwari and Chatterjee，2010）。处理非平稳数据的方法不如处理平稳数据的那些方法发展快。目前在水文和水资源领域应用较多的是小波分析方法。如 Adamowski 和 Chan（2011）耦合离散小波变换（WA）和人工神经网络（ANN）两种方法，并基于 2002～2009 年的数据（月降雨量、平均温度和平均地下水位），来预测加拿大 Chateauguay 流域的地下水位。

（二）水温

地下水和地层温度是含水层物理性质中的主要参数之一，其变化规律反映了地下水与周围环境之间能量的交换过程。温度制约着地下介质中水的蒸发、渗流以及水-岩相互作用，并最终影响土体的变形、渗透性、持水能力等工程性质。而温度数据在地下水和地表水转化研究（地下水-河水水力联系、冷水鱼栖息地、湿地水文、地下水和海水相互作用）中也发挥着非常重要的作用（Alexander and Macquarrie，2005）。

在小直径压强计和井点中放置温度探头，便可精准地测出地下水温度。价格便宜的数字温度探头技术已逐渐被用于水土温度监测中，且许多规范和标准（包括仪器校准的指导规范、现场布设、后期恢复数据处理和解译）已建立起来，用来确保水温度数据的准确性。此外，数据的"清除"（当温度探头不在水里时拒绝接收此时的数据）是非常严格的，要确保所得的水温数据对于决策的目的而言是精确可靠的。但是，依赖于人工解读的数据的"清除"方法实质上仍是主观的。所以，廉价的水温探头虽然已经使连续水土温度监测变得很简单，但单独使用温度数据来指示河流径流时间及间歇性则需要主观的数据解读。STIC（stream temperature，intermittency，and conductivity logger）的技术方法应运而生，它不仅功能强劲、价格低廉，而且很容易满足对温度和相对电导率的长持续时间和高分辨度观测，最重要的是可以提供清晰的温度数据和河流间歇性的信息（Chapin et al.，2014）。

目前生产温度探头的公司较多。其中，HOBO Onset 公司制造的温度探头价格低廉、性能强劲。HOBO Onset 温度探头有很多种类，按照读取数据的方式可分为两大类：一类是无线型，另一类是有线型。无线型的温度探头小巧轻便，易于放置在野外，但读取数据时需要从水土中取出，用专用的通讯装置来读取数据。有线型探头一般放置在观测井中，读取温度数据时无需将探头取出，通过直接在线的另一端连接的基站（station）来下载数据。

通常，主要通过在地下埋设各类温度传感器来监测地下水土温度场变化。常用的地下水温度传感器主要有热电偶、热敏电阻等类型，均为点式且具有易受电磁和雷电等干扰、防水性差等不足，不能满足长时间、长距离、大面积和大体积的地下水温度场测量要求（茅靳丰等，2014）。分布式光纤传感测温技术是近年来发展起来的新技术，该技术可实现分布式、长距离、全方位监测和实时地连续监测被测量物的温度，能准确定位光纤所在位置的温度分布，不会出现因传感器布设不周而漏测的现象，也不会因局部异常而影响到整体测温结果，特别适用于长距离、大面积和大体积的地下水温度场测量；同时由于制备光纤的主要材料是非金属的石英玻璃，可以避免电磁、雷电等干扰，与金属传感器相比具有更强的耐久性、耐腐蚀性和防水性。因此，光纤传感监测技术具有巨大的应用潜力（Chaudhari and Shaligram，2013）。

目前，国内外一些学者采用拉曼光时域反射（ROTDR）、布拉格光纤光栅（FBG）等光纤技术对被测物的温度进行测量，取得了一些成果。但是，ROTDR 技术仅能对地下水温度场进行测量，而不能对地下水周围的土体变形场进行测量（Wei et al.，2013）；FBG 技术虽然能够同时测量地下水温度场和土体变形场，但 FBG 传感器制作工艺复杂，价格昂贵，并且没有逃脱传统点式传感器的局限（Zhao et al.，2014）。采用布里渊光频域分析技术（BOFDA）测量地下水的温度场可以避免上述方法的不足，该新技术应用光纤几何上的一维特性进行测量，可以连续监测大范围空间内温度或应变沿光纤经过位置的连续分布情况，将传感光纤按照一定拓扑结构布置成二维或三维网络，可以实现全方位监测地下水温度场变化（李明坤等，2014）。

（三）水质

近年来，随着对水质监测实时性和监测频率要求的提高，传统实验室手动分析已很难满足监测需求。水质在线监测由于消耗时间较少和可避免样品在运输和存储过程中发生的变化，得到了广泛关注和快速发展（Blaen et al.，2016）。相对于不连续采样和后续实验室分析的监测方法，实时监测技术极大提高了监测频次，最重要的是保证了以相同的频次同时监测水中污染物和流量。原位高频次监测方法可以为扰动生态系统中物质运移驱动、控制和组织机制提供新思路，也可以为未来生态系统对环境压力的响应和生态系统的临界点做出判断（Wade et al.，2012）。

传统水质在线监测方法主要有化学法、色谱法、生物法等。化学法发展较为成熟，它模拟了实验室人工分析过程，借助顺序式注射平台，完成采样、预处理、注射试剂、反应、分析检验等流程，实现水质在线监测。化学法适用范围广，测量准确，分析高效快速。然而，化学法依赖于化学反应，很难彻底摆脱结构复杂、消耗试剂、易造成二次污染等固有不足。色谱法根据不同组分在两相中的分离顺序来分辨水样中的污染物。它选择性好，灵敏度高，适合微量甚至痕量有机污染物的检测。但色谱法检测成本高，分析效率和自动化程度有待进一步提高，在组分复杂、变化较快的水样中难以发挥作用。

生物法通过观测水中发光菌或人体组织细胞的活性来监测综合毒性。综合毒性监测实用性好，覆盖面广，监测范围包括杀虫剂、除草剂等有毒有害污染物。但生物活性的测量与表达存在一定困难，失去活性的生物需要定期更换（Storey et al.，2011）。

1. 常规物理化学指标监测方法

水质监测常用的物理化学指标包括温度、pH、氧化还原电位、电导率、溶解氧、游离氯、总氯、总有机碳、硝酸盐、亚硝酸盐、氨盐、浊度和颗粒度。目前已有很多仪器设备能够稳定、准确提供这些指标的原位实时监测结果（Storey et al.，2011）。例如，J-Mar BisentryTM 采用激光技术对水体中颗粒度做到实时监测；浸入式 UV-VIS scan spectrolyserTM 可以同时提供包括浊度、TOC 当量、生化需氧量（BOD）、硝酸盐、亚硝酸盐和芳香族化合物浓度的实时测试结果。其他多参数实时监测设备包括 Hach Event MonitorTM、YSI SondeTM、CensarTM 和 Scan Water Quality Monitoring StationTM，在美国、欧洲等地区已被广泛应用在水质和污染物实时监测工作中。目前常用实时在线监测技术有电化学检测法（Electrochemical detection）、比色法（Colorimetry）、紫外可见光光谱法（Optical UV-VIS spectroscopy）、荧光光谱法（Optical fluorescence spectroscopy）。

1）电化学检测法

基于离子选择电极的电化学检测技术发展已相对完善，可以原位监测 NO_3^-、NH_3 和 pH 的浓度。离子选择电极方法是通过使用参考电极和感应电极间的电势差得到测试指标的浓度，测试范围至少涵盖三个数量级（HACH 和 YSL）。和光学方法相比，电化学检测法不受水体色度和浊度的影响，但有明显的测试漂移和离子干扰现象。当校正缓冲溶液的离子强度和样品的离子强度差别较大时，测试也会存在系统偏差，但新探头技术的发展已能解决电化学技术存在的主要问题。

2）比色法

比色法主要采用能浸入水中的微流技术或岸边放置检测器定量测试 NO_3^-、NO_2^-、NH_4^+、PO_4^{3-} 和总磷（TP）含量，将样品和试剂混合显色，采用光度计进行色度测试。相对电化学检测法，比色法精度和准确性更高，但测试范围更小，只涵盖两个数量级。此外，大部分比色反应都受环境温度影响，测试过程中如果温度变化加大，后期需要对结果进行校正。比色反应的反应时间能否使反应充分进行，会影响样品分辨率；样品的浊度会改变样品的背景颜色从而影响测试精度。

3）紫外可见光光谱法

光学传感器不需要试剂反应过程，通过测量样品对紫外光谱在特定波长的吸光度确定 DOC 和 NO_3^- 浓度。由于在测试前需要建立光学信号和测试浓度间的相关关系，所以此方法是一种间接测试方法。尽管不同测试指标稍有差异，但整体来看该测试方法的测试结果具有较高的分辨率、精度和准确性。但其与比色法存在同样的问题，即样品中沉淀、杂质和变色物质太高，会对测试结果产生影响。目前有些广泛生产的仪器已可以采用二级补偿波长校正干扰，例如全波段紫外-可见光光谱。

4）荧光光谱法

由于测试技术提升及测试成本降低，荧光光谱目前已被广泛应用于芳香族化合物、农药和富敏酸等物质的检测。该技术主要通过单个激发-发射传感器测试样品被特定波长光激发后发射的光谱强度。相对实验室光谱测试仪器，虽然原位测试传感器的波长范围较窄，但原位测试仍能根据特定种类化合物的荧光特征对其进行鉴定。通常原位荧光检测传感器被用以检测小分子量有机物，如蛋白质类物质和烃类化合物，但也可被用于鉴别具有显色效应的溶解性有机物组成的复杂大分子材料。该测试技术测试速度较快，最短测试时间可达到 5 min，但也存在测试结果受浊度、气泡和温度等环境因素影响的问题。

2. 微量污染物监测技术

微量污染物实时监测技术也有显著提高。例如，进行挥发性微量有机物测试的气相色谱质谱联用技术（GC-MS）、液相色谱质谱联用技术（LC-MS）和高相液谱仪都已能实现在线监测，提供关于微量有机物的可靠信息，时效也基本接近实时监测（Storey et al.，2011）。

3. 生物污染物监测技术

目前检测水体中致病病株的主要方法仍然是微生物培养。分子技术越来越多地被用于灵敏、快速的微生物污染检测，分子技术主要通过检测被放大的特定基因组，得到关于生物污染物的信息。在将分子技术应用到场地研究中时，面临的主要问题是缺乏小型化聚合酶链反应（PCR）设备。最近一项研究采用新型实时便携式逆转录聚合酶链反应（RT-PCR）器（RAPID，Idaho Technologies，美国犹他州盐湖城）检测野生鸟群中的禽流感病毒，并将结果和实验室测试结果进行对比。结果显示便携式 RT-PCR 在病毒分离方面和实验室结果展现了相当的特异性，但当病毒滴度较低时监测灵敏度下降（Takekawa et al.，2010）。

由拉曼光谱技术发展得到的表面增强拉曼光谱（SERS）和激光光镊拉曼光谱（LTRS）技术已被用于微生物检测。SERS 技术是通过检测和抗体反应产生的有机体发出的光谱确定微生物种类；LTRS 技术是通过光镊捕获微生物，通过激光在微生物表面产生的拉曼光谱确定不同细菌和细菌孢子的种类。在拉曼光谱的技术支持下，微生物的生物分子变化都可以被监测，包括蛋白质、核酸、脂类和碳酸盐类化合物的动态变化（Marshall et al.，2007）。

原位高频次水质监测技术实施过程中，为了保证监测数据的准确性和有效性，有几个问题需要考虑。第一，测试过程中需保证对不同设备的电量供应。测试探头、记录仪和信息传输设备的电力供应需求不同，需要定期检查供电设备运行状况。第二，浸入水中的传感器会受到表面形成的污渍的影响。长期浸在水中的传感器表面会累积沉淀物和生物膜，这对测试效果产生影响，需要定期进行手动清理。第三，大部分传感器的测试结果都受到环境因素（pH、温度、电导率和浊度等）的影响。在水质监测过程中需同时对环境参数进行监测，以便后期对测试结果进行校正。第四，尽管后期校正能大大提高原位监测技术的准确性，但仍需定期抽查样品在实验室条件下进行独立测试，以确保原位检测结果的准确性。

二、监测网络设计

地下水监测网是地质环境监测工作的重要组成部分，其建设目的是提取地下水在含水介质中的有效信息，用以分析地下水的运动特征和规律，为地下水的合理开发利用和科学管理提供准确依据。地下水污染监测网设计包括地下水监测井布设位置、井下深度和取样位置及频率等的确定，其目的是在准确刻画含水层中污染羽分布随时间变化状况的基础上，使监测井布设和样品分析的费用最低。对于地下水监测网的优化设计，国内外学者提出了许多优化方法，常见的有水文地质分析法、克里格插值法、卡尔曼滤波、信息熵法和模拟优化法等，也有学者在蚁群算法、空间抽样理论、Monte Carlo 分析法的基础上开展地下水监测网的优化研究（熊锋，2015）。

在 20 世纪 60 年代末，美国已建立了国家地下水位监测网，欧盟对地下水位系统性监测起步于 20 世纪 50 年代初。Huges 和 Lettenmaier（1981）首次对地下水动态监测网进行了优化设计。随后，地下水动态监测网的优化设计日益受到学者们的重视。如 Marios 和 Olea（2010）采用克里格方法对美国堪萨斯州地下水监测网进行了优化设计。模拟优化模型既能解释复杂地下水系统的运动规律，又能求解地下水系统在满足给定约束条件下的最优管理措施，被广泛应用于地下水监测网的优化设计（Gorelick et al.，1983）。再如，Prakash 和 Datta（2013）运用模拟优化耦合模型求解监测网设计问题，通过已布设监测井位置处污染质浓度梯度下降最快的动态信息，对新增的监测井位进行优化。Leach 等（2016）在现有监测井的基础上，探索应用双重熵多目标优化模型对地下水监测网络进行优化设计。

相比于国外，国内地下水位监测网的建立比较晚，监测网的优化研究也相对较少。仵彦卿（1994）提出地下水流系统确定-随机数值模型，对地下水动态监测网密度、位置及频率同时进行优化，并开发了适用于微型计算机的FEMKAL 软件包。Zhou 等（2013）将地质统计学方法应用于北京市地下水位监测网优化中，结合数值模拟完成了监测网优化。骆乾坤等（2013）建立了地下水污染监测网设计多目标模拟-优化模型，运用改进小生境遗传算法（INPGA）解决了确定情况下监测井的优化设计问题。Luo 等（2016）将概率 Pareto 遗传算法和 MODFLOW、MT3DMS 进行耦合，以求解考虑含水层参数不确定性条件下的地下水监测网多目标优化设计问题。

我国地下水监测工作始于 20 世纪 50 年代，主要由水利、国土和环保部门负责。经过 60 年的快速发展，目前已初步形成了较完整的地下水监测网体系。水利部门共有地下水监测站 24 515 处，其中基本监测站 12 859 处、统测站 11 558 处、试验站 98 处，主要分布在松辽平原、黄淮海平原、山东半岛、银川平原、山西六大盆地、河西走廊、关中盆地、长江三角洲和 217 个主要地下水开发城市以及大中型地下水水源地。国土部门已初步建立了国家级、省级、市级三级区域性地下水动态监测网，共有地下水监测点 23 784 个（其中泉水监测点 364 个），监测面积约 100 万 km²，其中国家级地下水专门监测井 2000 个，全部安装了自动监测仪和监测数据的自动传输装置。环保部门的地下水监测工作起步较晚，且主要针对地下水水源地环境监测，尚未形成较完整的地下水环境监测体系。《国家环境监测"十二五"规划》和《2012 年全国环境监测工作要点》，对地下水环境监测网建设提出了具体要求，力争在完善地表水环境监测和土壤环境监测工作的同时，推动建立地下水环境例行监测制度（井柳新等，2013）。

三、监测井新技术

对于有定深监测或采样要求的钻孔，传统的巢式井和丛井应用较多，但钻探过程比较费时且成本较高，对地下环境扰动相对较大。随着钻井技术的进步，地下水监测工作者越来越趋向使用一孔多层监测井。封孔器（packer）得到了广泛应用，Geoprobe 系统也受到了关注。

（一）一孔多层监测系统

相对于传统的监测井，一孔多层监测井可以在一眼监测井内实现对多个含水层或一个含水层不同深度处的水位、温度同时观测或水样采集。自 20 世纪 80 年代至今，已有 4 种一孔多层监测系统逐步投入商用：

（1）最早投入商业化使用的是 Westbay 多通道采样系统（Westbay Multiport SystemTM），其被设计用于水力传导系数的测定、流体压力的长期监测以及在单井中不同深度的离散区域采集水样，几乎可以在监测区域添加任何附加组件（如压力传感器）。该系统的井结构由套管（modular casing）、封孔器和带阀门的接口联轴器（valved port couplings）组成，接口又包含测量接口和泵送接口。测量接口联轴器在外部流体压力作用下是关闭的，通过下放探针打开阀门即可对特定深度区域进行采样和数据监测；泵送接口可用于水力传导系数的测定、吹扫、采样和示踪剂注射等过程。该系统具有较大的钻孔允许深度、监测通道数量不受限制及监测区域之间的间距可调等特点，目前最大安装深度已达到 2173 m，远远高于其他方法（Meyer et al.，2014）。

（2）加拿大 Solinst 公司于 1987 年将 Waterloo 多水平系统（Waterloo Multilevel Systems）商业化，该系统被设计用于地下水采样、水位以及含水介质渗透性能的测量。该系统最初设计 1 个井孔中最多可以包含 7 个通道，每个监测通道内均可以使用专用泵或者压力传感器，这使得获取数据的速度最大化、避免交叉污染且可以重复测量。后来的学者对其进行修正从而使其通道数量扩展至 15 个，且使其应用范围拓展至非固结和固结岩层。目前最大安装深度可达到 305 m。

（3）Water FLUTeTM 系统运用的是灵活衬管地下技术（Flexible Liner Underground Technologies）。该技术利用转动轮在井孔中安装衬管以对整个井孔进行封堵，通过向衬管中加入水以提供封堵压力，用外部渗透环设置每个通道的采样间隔，外部渗透环圈闭的区域被称为"采样空间器"（spacer），在衬管内部设置有采样和水头测量两个管道，管道与采样空间器相连，岩土体孔隙中的液体可直接进入采样空间器中以供采样和水位测量，各通道的水位监测通过地表压力传感器完成。该系统通常应用在无套管的井孔中，一个钻孔中允许设置 1~30 个通道，目前的最大安装深度为 260 m。

（4）近年来 Solinst 公司投入生产的连续多水平井管（Solinst Continuous Multi-level Tube，CMT）采样系统也逐渐受到青睐。CTM 井包含 7 个离散通道，相邻通道之间用膨润土封堵以消除各采样通道外围填砂滤料之间的垂向污染。该系统也可以设计为浅层 3 通道系统，目前最大安装深度为 100 m。

Einarson（2006）对上述 4 种一孔多层监测井的结构原理以及优缺点进行了系统的总结。

以往一孔多层监测井的应用主要集中在需要精细刻画污染物的空间分布及其迁移转化过程的污染场地中，且均只利用一种监测系统。近期的研究趋于联合使用多种多级监测系统（Allègre et al.，2016），且一孔多层监测井系统的应用逐步被拓展至盐渍化、CO_2 封存等其他研究领域。

（二）封孔器

Packer 方法通常采用的是跨间距封孔器（staddle packer），主要有三方面的应用：①刻画开放钻孔中垂向水头分布；②特定深度的水化学特征分析；③估计含水层特定深度的导水性。除此之外，Packer 也逐渐被应用到污染物修复场地中。

近年来 Packer 方法不断得到改进。Svenson 等（2005）在跨间距封孔器的基础上发展了一种简单、经济且轻便的气塞低压封孔器（air-slug low-pressure straddle packer）；Quinn 等（2012）描述了一种通用的跨间距封孔器系统（versatile straddle packer system），其可重复开展多种水力试验，弥补了传统方法只能开展一种水力试验的不足，提高了获取含水层导水系数的精度和可靠性；Furukawa 等（2017）应用了一种聚合型吸水材料代替封孔器密封斜井，其密封深度不受限制、操作方便且有更好的长期密封性能，促进了斜井技术在场地地下水污染修复研究中的应用。

（三）Geoprobe 系统

Geoprobe 系统是世界领先的地下钻井技术，其采用的是直接推进技术（direct push，DP），通过水力冲压并辅以设备自身重量和高频率的敲击，从而将内附采样器的中空不锈钢钻杆迅速贯入地层，以快速采集代表性的土壤、气体或地下水样品，或直接通过装备先进的小直径探测装置以监测获取相应的参数指标信息。该技术具有快速精确、经济高效、环境干扰小、可实时传输数据等优点，因此越来越多地替代基于井的传统地质方法被应用于野外场地的采样、监测及刻画研究中。但该技术目前多适用于松散或固结程度低的地层，在基岩、卵砾石或较厚钙质岩层中的应用还有待发展。

在过去的 20 年，一系列 DP 方法和探测装置被开发应用于刻画非固结含水层中 K 值的垂向分布。这些方法大致分为两类。①间接方法，通过探测装置获取电导率或其他地层属性，再依赖于 K 值与这些地层属性之间的经验关系间接获取水力传导系数值。其中，应用最广泛的是静力触探试验（cone penetration test，CPT）方法和电导率（electrical conductivity，EC）分析方法。CPT 方法利用直推技术向地下安装锥形静力贯入器，通过测量锥尖的电阻和沿锥形套筒的摩擦力以间接获取 K 值；而 EC 方法依赖 K 值与电导率之间的经验关系。以上方法的缺点是通过与地层属性之间经验关系间接得到的 K 值精度较低，且 EC 方法只能提供极少的 K 值垂向变化信息。②水力学方法，也就是基于水的注入或抽取试验及其引起的压力响应分析来获取 K 值分布，主要包括直推式瞬间注（抽）水试验（direct-push slug test，DPST）方法以及探测装置直推式注入测井器（direct-push injection logger，DPIL）和直推式渗透仪（direct-push permeameter，DPP）的应用。DPST 是通过监测井中瞬时抽/注已知体积水之后的水头变化数据以获取水平水力传导系数的方法；DPIL 将一个有短滤网的小直径工具附加在钻杆前端并安装至相应深度，通过该滤网以不同速率注水使地表可利用压力传感器和流量控制器监测不同条件下的水压，进而获取 K 值的信息；DPP 与 DPIL 相似，但其是通过沿井管安装的两个传感器监测不同速率注水测试过程中的水压数据，再通过解析或数值方法确定 K 值。DPST 对 K 值的识别精度为 0.3 m，但测试时间长达 45 min，后期发展的 DPP 的测试时间可以缩短至 15 min。DPIL 对 K 值的探测精度已达到 0.025 m，探测频率可以达到 1 次/min。然而 DPIL 只能探测相对水力传导系数（Kr），利用 DPST 或 DPP 探测数据辅助分析可将 Kr 转化为 K 值。

除被用于上述刻画 K 值垂向分布之外，DP 技术还被用于探测有机污染物浓度。应用最广泛的为膜界面探测技术（membrane interface probe，MIP），MIP 是一种基于直推技术的土壤和地下水中有机污染物的探测系统，可以半定量探测地层中的挥发性有机化合物含量。此外，DP 技术正逐步被应用于浅层地热勘查研究中。

第二节　水文地球物理

在过去的 50 年中，采矿和石油工业领域极大地依赖地球物理方法，并取得了长足的应用和发展。地球物理方法在这些领域的应用所关注的对象往往都是高温高压条件下的地下环境，地球物理数据的反演和解译都基于固结的岩石-地球物理关系。这些环境与水文地质研究中相对较浅、低温低压且松散的地质环境完全不同。由于浅部和深部介质的差异，地球物理属性的范围以及地球物理属性和地下介质之间的关系，都可能相差甚大。因此，水文地球物理无论是在定义，还是方法上都应与传统地球物理有所区别。基于此，综合考虑 Rubin 和 Hubbard（2005）、Hubbard 等（2001）的观点，可将水文地球物理"hydrogeophysics"定义为：应用地球物理方法测量描述浅部地下特征，估计含水层属性，并监测水文地质研究的一些重要过程。虽然水文地球物理和地球物理在方法上非常相似，但水文地球物理仅关注水文地质研究对象，而不将地球物理数据用于其他近地表的调查，如交通运输、灾害评估、工程和考古等。水文地球物理的监测和调查，其目的是通过观测地下介质中地球物理参数的"异常"，提供某些可用的信息，用于地下水流和运移模型的输入。

水文地质领域应用较为广泛的地球物理方法包括电阻率法（ERT）、激发极化率法（IP）、自然电位法（SP）、地质雷达法（GPR）、电磁感应法（EMI）、核磁共振法（NMR）、地震法等。表 5-1 列举了一些地球物理方法所提供的地球物理参数及由这些参数可获取的水文地质参数。

表 5-1　水文地质学中广泛应用的地球物理方法及其探测的地球物理性质

地球物理方法	地球物理参数	可获取的性质和状态的示例
直流电阻率法	电导率	含水量、黏土含量、孔隙水电导率
激发极化法	电导率、极化率	含水量、黏土含量、孔隙水电导率、表面积、渗透率
频谱激发极化法	同上，但与频率相关	含水量、黏土含量、孔隙水电导率、表面积、渗透率、地球化学变化
自然电位法	电源、电导率	流量、渗透率
电磁感应法	电导率	含水量、黏土含量、盐度
地质雷达法	介电常数、电导率	含水量、孔隙度、地层
地震学法	弹性模量、体积密度	岩性、含冰量、胶结状态、孔隙流体的替代

地球物理方法	地球物理参数	可获取的性质和状态的示例
震电法	电流密度	含水量、渗透率
核磁共振法	质子密度	含水量、渗透率
重力法	体积密度	含水量、孔隙度

一、水文地球物理方法及其观测尺度

可从两个角度考虑观测尺度问题。首先，通过开展沿地表或钻孔之间的地球物理勘探，可以评价调查尺度内的地球物理属性的变异性。其次，每一种独立的地球物理观测表征的都是一定体积/尺度范围内的均值，也即空间分辨率不同，故不同地球物理方法的观测尺度有明显的不同，每一种地球物理方法都有一定的适用范围。例如地质雷达测量仪器可相对自由地移动，方便探测大尺度区域，但其在高电导介质（黏土等）中的衰减较快，导致其只适用于粗颗粒介质。电阻率法中的固定的电极阵列限制了装置可移动性，且其单次测量耗时较长，因而相对不适于大尺度探测，但其有效探测深度相对较大，且分辨率较高，对于小尺度探测具有较好的适用性。综合应用不同地球物理方法有利于刻画不同尺度内的水文地质过程和特征。

一般通过比较水平方向的调查范围来衡量不同的地球物理方法观测尺度，当然也有必要考虑实际监测到的垂直深度范围内的敏感性。为了说明这一点，图 5-1 展示了电阻率成像法（ERT）、频域电磁法（FDEM）和时域电磁法（TDEM）一天内所能监测到的电阻率空间变异性在水平和垂直方向上的范围。在对比这 3 种方法时，假设如下：①两位工作人员；②地面调查；③地形平坦；④单个剖面调查。图 5-1 中水平和垂直方向范围的对比结果表明不同地球物理方法的观测范围不同，因此，选择恰当的调查方法对于解决特定的问题十分重要。

（一）自然电位法

自然电位法是一种被动方法，是在不使用电源的条件下，测量介质由于电化学性质变化而产生的自然电场的地球物理方法。自然电位监测得到的电势遵循点电源场的泊松方程（Minsley et al.，2007），点电源的形成与地下水流运动，氧化还原及电子扩散有关。过去几十年，有研究者已注意到多孔介质中地下水流在电动力学中扮演重要角色，主要应用于定性解译坝底渗流或地下水流运动的自然电位信号。直至近年来，研究者开始通过耦合流体通量

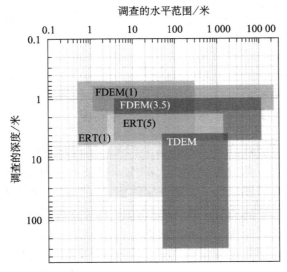

图 5-1　电阻率成像法（ERT）、频域电磁法（FDEM）
和时域电磁法（TDEM）的水平和垂直勘察范围（文后附彩图）

其中 ERT（1）、ERT（5）分别代表电极间距为 1 m 和 5 m；FDEM（1）和 FDEM（3.5）分别表示
1 m 和 3.5 m 的线圈设备；在 TDEM 中，假设沿着横剖面分布多个站点，进行 50 m 的环形探测
资料来源：Binley et al.，2015

和电流密度公式，利用自然电位数据来定量分析水文地质参数（Revil et al.，2003）。目前对于氧化还原和电子扩散作用的内在原理已有进一步理解，因而当前的研究着重于利用自然电位法定量刻画水文地球化学过程。

　　自然电位法测量使用的电极为非极化电极，两电极间的电位差由电压计测量得到。为获取精确的自然电位数据，电压计的阻抗须至少为两监测电极间大地阻抗的 10 倍，以避免电压计内部电流的流失。电压计需要定期根据已知电阻进行校正，检查电压测量的精度。进行自然电位法监测时，一个电极固定于一点，另一个电极沿线测量电势。固定电极（又称参考电极）插在充满泥浆的小坑中，以改善电极和地下介质之间的接触，该处的电势是任意的，因而不能与其他数据一起构建自然电位分布图。在自然电位监测中，不能通过加盐水来改进电极和地下介质之间的接触，因为水分的蒸发会改变孔隙水的盐度，进而造成电极表面附近电势随时间变化。活动电极用于监测一系列固定间距的电极的电势，通常 X 和 Y 方向 2 m 的精度对于大部分应用已足够。在监测前后，需要检查参考电极和活动电极间的电压差，电极间的电压漂移应保证尽可能小（例如，<2 mV/d），因此，电位的分布与基站电位有

关。实际上，正如物理学中所有标量电位一样，自然电位被定义为积分常数，只有电场具有明确的定义。由于空气可以认为是绝缘体，在地面与空气界面，电场相切于地面。

自然电位方法是唯一与水文地质变量直接相关的一种地球物理方法。电解质相对于带电荷的矿物颗粒表面的位移能够产生流动电流，这些电流与达西流速 U 及水流路径上的有效过量电荷 Q_v^{eff} 密切相关，对应的方程为（Revil and Linde，2006）：

$$J_s = Q_v U \tag{5-1}$$

该方程仅在双电层的大小与空隙大小相当及内部渗透率在体积范围内的变化较小的情况下成立。若用 Q_v^{eff} 替换 Q_v，则可将方程（5-1）应用于非均质介质或者粗粒沉积物条件（Linde，2009）。

通过自然电位法连续监测，可以理解地下介质中的氧化还原与离子扩散过程，从而描述地下介质的水文地球化学特征。自然电位法经常应用于水文地质调查过程中，通过合理布置电极，可刻画野外条件下的地下水流特征（Rizzo et al.，2004）、探测岸堤和大坝的优势流（Bolève et al.，2009）、监测污染羽（Mao et al.，2015）等。

（二）电阻率法

直流电阻率法是电法勘探的一种，测量介质的直流电导率（电阻率倒数），并基于目标介质电导率和周围岩石电导率之间的巨大差异（可达几个数量级）来探测目标的位置、移动以及转化等。电导率可随矿物含量、成分、结构、孔隙溶液浓度、孔隙度等因素的变化而变化。

在地下水领域，电阻率法几乎是使用最广的物探方法。在电阻率法中，利用供电电极将低频电流（<1 Hz）注入地下，由单个或多个测量电极监测其电位差异。多数电阻率测量采用四极装置。为获取地下介质的电阻率分布，常将两个测量电极布置在供电电极之外一定距离，测量电位差异。基于测量得到的电位、注入的电流强度和测量装置系数（与电极排列方式、电极间距有关），可由欧姆定律计算均质条件下的电阻率（视电阻率）：

$$r_a = k\frac{DV}{I} \tag{5-2}$$

式中，k 是装置系数，主要取决于电极的排列方式。方程（5-2）是反演问题的最简单形式，而且假设地下介质为均质条件。对于非均质介质，计算所得的电阻率称为视电阻率，不能直接反映真实电阻率分布，需要进行数据反演。常见的电极排列方式有温纳方式、施温贝格方式和偶极-偶极方式。不同电极排列方式的优缺点已被广泛讨论，也有研究者针对特定的野外问题对电极排列方式进行优化，而装置的适用性取决于其对于研究目标的敏感性、信噪比、探测深度、两侧的覆盖范围及能否应用于多通道系统。

电阻率法根据探测方式不同，主要分为电剖面法和垂直电测深法。其中电剖面法采用固定间距的电极排列，沿着测线逐点供电和测量，以获取一定探测深度内沿测线水平方向上岩石的视电阻率分布。电剖面法只能对沿测线水平方向上的电阻率变化情况作定性描述。垂直电测深法则用于探测单个测点地下介质电阻率的垂向变化。一般认为，电阻率法的探测深度取决于电极间距和地下介质的电阻率大小，随着电极间距增大，探测深度越大。

随着电阻率自动采集装置和反演工具的不断改进发展，电阻率法在利用地表或者钻孔电极监测地下动态过程方面体现出一定优势。通过在不同时刻利用相同的二维测线或者三维测线重复测量，从而监测电阻率在空间和时间的变化。已应用于监测大坝渗漏及内部腐蚀过程（Sjödahl et al.，2008）、海水与地下水的交换（Swarzenski et al.，2006）、垃圾渗滤液的迁移（Clément et al.，2010）、含水层示踪试验（Oldenborger et al.，2007）及有机污染的修复过程（Power et al.，2014）等。目前针对时间推移数据的反演已取得显著进展，包括从最初的独立反演（Cassiani et al.，2006），使用初始和监测数据的比值进行反演，到差分反演（LaBrecque and Yang，2001；朱建友等，2017），进而又发展至四维时空反演（Karaoulis et al.，2011）。

（三）激发极化法

激发极化法是测量介质激发极化效应的一类电法勘探方法。该方法是在电流作用下以岩、矿石激发效应的差异为基础，通过观测和研究大地激电效应来探查地下地质情况或解决某些水文地质问题的。激发极化法的测量参数包括极化率或充电率、时间常数和频率相关因数等。激发极化方法又分为直流激发极化法（时间域法）和交流激发极化法（频率域法）。时间域法测量电流脉冲断电后电压随时间的变化，而所测得的电压的衰减与液体-固体界面处电荷的极化及孔隙水和沿颗粒边界的导电性能有关（Binley and Kemna，2005）。在时间域法中，极化效应一般用视充电率来表征。Seigel（1959）将视充电率（m_a）定义为：

$$m_a = \frac{V_s}{V_p} \tag{5-3}$$

式中，V_s是次要电压；V_p是主要电压。在野外条件下，次要电压一般很难监测准确，故一般采用以下积分形式的视充电率计算公式：

$$m_a = \frac{1}{(t_2 - t_1)} \frac{1}{V} \int_{t_1}^{t_2} V(t)\,\mathrm{d}t \tag{5-4}$$

频率域法则通过逐次改变低频段（一般小于 10 kHz）交流供电的频率，观测随频率（ω）变化的复合电导率 σ^*（ω）的变化，表达式为：

$$\sigma^*(\omega) = |\sigma(\omega)|\, \mathrm{e}^{\mathrm{i}\varphi(\omega)} = \sigma'(\omega) + \mathrm{i}\sigma''(\omega) \tag{5-5}$$

其中，$*$ 表示复数，$|\sigma(\omega)|$ 是复合电导率的振幅，φ 是供电电流与测量电压间的相位角；$\sigma'(\omega)$ 复合电导率的实部，反映了欧姆传导电流消耗的能量；$\sigma''(\omega)$ 是复合电导率的虚部，反映了介质极化储存的能量；$\omega = 2nf$ 是频率 f 的角频率，$i = \sqrt{-1}$。

测得的相位角 φ，与实部和虚部相关：

$$\varphi = \tan^{-1}\left(\frac{\sigma''}{\sigma}\right) \approx \left(\frac{\sigma''}{\sigma}\right) \tag{5-6}$$

当相位角较小时（<200 mrad）时，该表达式方成立。值得注意的是，当以电导率形式表达时，相位角始终为正；当采用电阻率表达时，相位角始终为负。

虽然实验室尺度的频率域的复电阻率监测已经相当普遍（Revil et al.，2013），但野外应用并不多见。传统的时间域法设备主要用于监测衰减曲线上的一系列点，但现代设备能够以相当高的采样速率对信号数字化，并能通过对时间域信号进行傅立叶分析转换成频率域。通过这样的方式，时间域仪器也能开展复合电阻率的监测，但频率的范围受到仪器采样频率的限制（Binley and Kemna，2005）。

与电阻率法相同，激发极化法一般也采用四极方法展开测量，但其使用的是非极化电极。为避免电磁感应，用于电流注入的电缆应该尽可能短而且需要与连接测量电极的电缆隔离开。野外实际工作中，由于其较小的耦合效应及安全的操作条件，地表监测倾向于选择偶极-偶极装置。对于极化率调查，注入电流通常需要比电法要高以确保好的信噪比，这点对于偶极装置尤其重要。基于激发极化特性、地下介质粒度特征和界面现象之间的联系，可深入理解和探究水文地质属性（Slater and Lesmes，2002），矿山探测（Seigel et al.，2007）以及与污染物修复相关的生物地球化学过程（Williams et al.，2009）。

（四）地质雷达法

地质雷达方法（GPR）是一种用于确定地下介质分布的广谱电磁技术（1 MHz～1 GHz），一般探测深度 30 m。GPR 利用发射天线向地下发射高频电磁波，通过接收天线接收反射回地面的电磁波，电磁波在地下介质中传播时遇到存在电性差异的界面时发生反射，根据接收到电磁波的波形、振幅强度和雷达波双程走时的变化特征推断地下介质的空间位置、结构、形态和埋藏深度等。总体而言，GPR 对于非饱和粗砂和中砂具有较好的探测效果，而在高电导介质（如黏土）中，雷达波衰减较快使得探测深度受到限制。GPR 探测深度与分辨率通常由地下介质电特性与雷达信号频率决定。随着雷达信号频率增大，其分辨率提高，但探测深度将下降。

雷达数据可分为时域和频域两种，时域数据一般用于近地面测量。在选择雷达中心频率时，应同时考虑探测深度与分辨率，因此在场地调查中一般选用中心频率为 50~250 MHz 的天线。随着宽带频域与非地表形式配置被引入 GPR 探测中，雷达探测的精度得以提高，为准确刻画地下介质非均质性提供了更多信息（Lambot et al.，2006）。

GPR 探测中常用偏移距法来获取雷达剖面数据。利用此种测量模式，以步行速度在地面或在地面以上拖动 GPR 天线从而获取雷达探测剖面。当雷达波传播至介电常数发生变化的界面时，部分雷达信号沿界面发生反射，其余折射进入地下深层。反射信号由雷达的接收天线接收，以 2D 剖面的形式显示反射信号的传播时间和振幅信息。

当地下反射面深度已知时，由雷达波在地下介质中的双程走时可推算出雷达波在介质中的传播速度（反射波法）。雷达波速与信号的衰减由介质的介电常数和电导率控制。在 GPR 的频率范围内（1 MHz~1 GHz），电导率相对较低的介质中，雷达波与介电常数间有如下关系（Davis and Annan，1989）：

$$\kappa = \left(\frac{c}{V}\right)^2 \tag{5-7}$$

式中，κ 为介电常数；V 为雷达波在介质中的传播速度；c 为电磁波在真空中的传播速度。介电常数与介质的孔隙度、含水量等参数之间可由经验公式来描述（Topp，et al.，1980）。

GPR 最早应用于浅层掩埋物调查。第二次世界大战时，就有使用无线电波探测地雷与地下设施的文献报道；1956 年，El-Said 应用无线电波的干涉信号侦测沙漠中的地下水源，取得了较好的探测效果（El-Said，1956）。发展至今，GPR 已从最早的车载方式发展为手持和推车形式，天线设计上也增强了抗噪声能力。同时在信号处理方面，目前的 GPR 已具备一定程度的自动化分析能力，可在现场调查中取得一定精度的测量反演成果。未来，GPR 将朝多波道与阵列式天线形式发展。GPR 在非侵入性、操作快速简单、即时的成果展示等方面的优势，使其成为当下应用最广的地球物理探勘方法之一。

水文地质研究领域中，GPR 常用于土壤含水量监测（Mount and Comas，2014）、污染羽范围探测（Orlando and Renzi，2015）、堤坝水库等水利工程监测（Yuan et al.，2015）、含水层特性刻画（de Menezes Travassos and Menezes，2004）、采矿坑道调查（Cook，1977）、潜水面探测（Bano，2006）等领域。

（五）地震法

地震法是指包括利用弹性波（压缩波、剪切波和表面波）在地质介质中的传递速率及振动幅值的变化对介质属性及成分进行表征的一种方法。压缩波与介质及孔隙溶液的力学性质相关，剪切波则直接反映了岩体或土颗粒的骨架特征。

在水文地质应用中，地震法一般使用频率为 100～5000 Hz 的人造高频脉冲探测地下结构。根据弹性力学理论，地震波波速由介质密度及其弹性系数决定。在通常使用的几种弹性波中，P 波（P-wave）通过介质中的粒子在波传播方向上的往复运动来实现能量的传播。相比于 P 波，剪切波的波速较小。一般而言，P 波相对容易监测，故在实际中较常采用。

地震法按震源类型划分，主要有主动震源法和被动震源法两类。主动震源法主要包括地震反射法、折射法、面波法和陆地声呐法等。被动震源法主要是微动勘查法（地脉动或背景噪声），观测源于自然现象（如风、海浪等）和人类生活及生产活动产生的低频信号。

当地下界面两侧的地震波速与地震阻抗存在明显差异时，常使用表面反射法来描述地下介质属性。根据地震波反射数据可绘制类似地质横剖面的波形曲线。浅表层地面存在大量非饱和的松散介质，这往往对地震波传播产生干扰，使得表面反射法在描述近地面地质结构时遇到困难。

对于目标物质位于浅层（<50 m）的情况，折射方法较为适用。地震折射法的分辨率低于地震反射法和跨孔方法，然而由于地震折射法的探测成本较低，且对于非饱和松散介质具有较好的适用性，实际中常用地震折射法探测潜水面深度。

地震勘探始于 19 世纪中叶，当时人们利用人工激发的地震波来测量弹性波在地壳中的传播速度，可以说这是地震勘探方法的萌芽。随着电子技术、计算机技术的发展，它逐渐被用于石油、煤田勘探和水文地质、工程地质勘查。地震勘探数据采集系统、地震资料数据处理系统已日益完善。常规的地震折射波法、地震反射波法，其抗干扰能力、分辨率、探测精度等已大为提高。同时，地震法亦成为水文地质、工程地质勘查中的一种重要勘探手段，可解决的主要地质问题有：探测隐伏断层、断层破碎带、褶曲及岩层的构造形态；测定潜水位埋深、覆盖层埋深、基岩起伏变化等情况；进行覆盖层下的地质填图；探测含水层或隔水层厚度等。

地震勘查由于所研究地质体的埋藏深度不同可分为浅层地震勘查、中深层地震勘查和深部地震勘查。浅层地震勘查主要解决水文地质、工程、环境及灾害地质问题，勘查深度一般在十几米至几百米。由于浅层地震波的波谱主要是高频成分，因此浅层地震勘查又称为高频地震勘查。

在水文地质应用方面，Rubin 和 Hubbard（2005）出版了《水文地球物理学》（*Hydrogeophysics*）一书，其中详细介绍了地震法的概念和方法，并分析了地震法参数与水文地质参数的关系。而 Vereecken 等（2006）出版了《应用水文地球物理学》（*Applied Hydrogeophysics*）一书，针对不同水文地质问题给出了地震方法的应用实例。

（六）电磁法

电磁法测量的理论源于麦克斯韦方程（Maxwell's equations）。由于交变电场与磁场的大小和分布情况与介质的物理性质（导电特性）之间有较好的相关关系，电磁法逐渐成为地球物理探勘技术中常用的方法。

基于地磁场与太阳风之间的复杂作用形成天然的电磁场而展开的调查方法，称为大地电磁法（magnetotelluric，MT），常用于探测大尺度的地球内部构造。可控源音频大地电磁法（controlled source audio-magnetotelluric，CSAMT）是 20 世纪 70～80 年代在声频大地电磁法的基础上新发展起来的一种电法勘探方法。由于该方法的探测深度较大（通常可达 2 km）且兼有测深和剖面双重性质，其在物探领域应用较广。据文献报道，CSAMT 法在石油天然气勘探、寻找隐伏金属矿石、地热勘探和水文工程地质勘查、推覆体或火山岩下进行煤炭地质勘探等方面，取得了良好的探测效果。

浅层环境调查研究中强调小尺度与高分辨率，因此主动观测形式的感应电磁法（electromagnetic induction）更具优势（Everett，2013）。

感应电磁法按照测量方式可分为时间域电磁法（time domain EM）与频率域电磁法（frequency domain EM）。时间域电磁法在野外测量方便，但信噪比较低；频率域电磁法则兼具操作简单和信噪比高等优点。频率域电磁法中，先由发射线圈产生 9.8 kHz 的电磁场，此原生电磁场在地下介质中诱发电流并产生次生电磁场，利用接收线圈记录次生电磁场的强度，根据主磁场与次生磁场的相位差，计算出地表材料特定深度以上视电导率的综合效应。

响应的深度由发射器与接收器的间距与线圈方向决定。次生磁场的信号可分为与原生磁场有相同相位角的实部及与原生磁场相位差90°的虚部。当材料导电性增强时，接收信号的延迟效应增强，实部逐渐增大而虚部不断下降，可将主磁场与次生磁场间的相位差转换为视电阻率。当介质电导率过高时，可能由于相位延迟过大，计算中出现负电导率。故在实际测量中，应注意核实负值信号是否由金属材料或地表的电场干扰导致。

已有研究者基于频域电磁法刻画地下介质导电率分布情况，进而开展地层、地下水分布、海水入侵或地质构造的研究（De Louw et al.，2011）；在环境污染问题中也经常应用于探测掩埋场废弃物分布（Belmonte-Jiménez et al.，2014）。在土壤非饱和带研究中，Calamita 等（2015）基于频域电磁感应传感器监测南意大利一坡地的土壤含水量变化情况，较好地刻画了该地土壤含水量变化。Rudolph 等（2015）利用频域电磁感应探针测量数据来描述农田土壤结构，从而指导作物种植。Misra 和 Padhi（2014）针对农田研究了频域电磁感应方法获取的视电导率数据与土壤含水量间的相关关系，发现两者密切相关，但其相关关系受土壤结构与作物种类影响，因此实际应用中应根据当地土壤与作物情况校正视电导率-含水量关系。

（七）地表核磁共振法

地表核磁共振法利用水分子中氢原子的核磁共振现象，来估计介质中的含水量。在平衡状态下，水分子中的氢原子自旋磁矩同当地的地磁场保持平衡。在外界磁场作用下，氢原子自旋磁矩的轴发生偏移。消除外界磁场后，共振效应发生衰减，衰减体现在电磁波信号随时间的减弱。基于共振强度、初始振幅和衰减时间等信息，研究者提出了估计氢原子分布密度、孔隙度和含水量的方法。

尽管地表核磁共振方法具有直接反映地下介质水文特性的能力，目前它仍处于发展初期，其探测能力较为有限，需要进一步研究反演高维非均质参数带来的误差。另一个需要注意的问题是，当外界无关电磁波干扰较强时，核磁共振法获取的测量信号通常很弱，从而给信号收集带来困难。

（八）重力法

重力法通过测量地下介质中重力加速度的空间变化情况，可推知地下介质密度分布，从而推算岩性与含水量变化情况。地下的空洞、溶洞、裂缝以及地壳浅层隐蔽性构造活动造成地壳内部物质密度的不均匀分布，引起地表重力场的变化（重力异常），通过探测重力异常场可加强对地下结构的理解。

重力法适用于区域与局部尺度，其水平探测范围一般是垂直探测深度的一半。将重力法理论应用于实际时，需要将测地的纬度、地形和区域坡度等作为先验信息，才能有效探测其重力加速度的异常。

重力法具有仪器体积小、携带方便、野外测量简单、环境探测整体费用低等优势。但在使用中，需校准时间、纬度等参数，因此重力法测量精度常受校正准确性的制约。重力法常用于圈定地下空洞，探测地下沟槽、被覆盖的矿井、废弃石油管线、油井套管、地下油库和填土单元以及考古勘查等领域。

相比于核磁共振方法，重力法的理论基础与实际应用更为成熟。其对于时移变化的敏感性使得重力法在水文地球物理研究中具有较大应用前景。在非水文地质领域研究中，地下水位变化引起的局部重力变化是一种噪声信号，而对于水文地质研究则是有价值的信息，这种"噪声"可一定程度上反映含水层贮水系数与渗透系数分布情况。

近年来发展起来的卫星重力测量技术，如美国与德国合作的"重力恢复与气候实验计划"（Gravity Recovery And Climate Experiment，GRACE）卫星，采用星载 GPS 和非保守力加速度计等高精度定轨技术，使重力场精度与时间分辨率大大提高，这使地下水运动导致的地下水质量重分布有可能在时变重力信号中反映出来。这为监测地下水变化提供了一个崭新的手段。目前GRACE 卫星资料处理的初步结果表明：卫星重力测量已有能力对全球水循环提供大尺度的观测约束，其时间分辨率为 30 天，而空间分辨率可达 400 km 左右。在 500 km 空间尺度测量的地下水的精度达到 1 cm 等效水高。

GRACE 卫星重力法的优势在于能不受陆地条件的限制进行连续、快速和重复观测。研究者基于 GRACE 获取的时变重力场信号，开展了区域地下水储量变化及河流、冰川的质量迁移等方面的研究。在研究陆地水质量迁移方面，相较于传统的以大气和水文观测资料为基础，将地基观测、遥感卫星观测结果结合相应物理规律的研究，GRACE 重力法能有效弥补测量范围不深、空间分布不均匀、资料获取不充分以及水文模型分布不均匀等问题造成的数据不均匀，能得到全球分布均匀、且观测尺度统一的数据（Houborg et al.，2012）。GRACE 重力变化数据处理中，需要将影响重力变化的固体潮、海潮、地球自转产生的极潮等潮汐成分以及大气和海洋的非潮汐成分等已知因素扣除。经过模型校正 GRACE 卫星重力数据后，得到在一定区域尺度分辨率下的非大气、非海洋的质量变化。一般认为，在季节性或更短的时间尺度上，这种剩余的重力场变化在陆地区域主要与水储量变化相关。

近年来，研究者主要应用 GRACE 数据估算了全球、区域以及流域尺度的水储量变化情况，监测了冰盖质量平衡、海平面上升等。基于 GRACE 对不同深度水储量的敏感性，研究者们将其与水文模型结合来估算蒸散发量、土壤水含量和地下水储量变化情况，通过研究中国大陆地区的陆地水储量变化，发现中国陆地水储量变化呈现明显的地区不平衡性和季节性变化特征（叶叔华等，2011）。对中国的几大典型流域的研究结果表明，长江流域水储量变化幅度可高达 3.4 cm（许民等，2013）。

二、水文地球物理反演

一般通过反演过程将原始地球物理监测数据转化为地球物理参数在空间上的分布（图 5-2）。由于反演问题的不适定性和多解性，一般需要一些稳定机制对其进行约束。目前主要采用源于探索和深部地球研究而引入的正则化方法，通过减小图片粗糙度来解决反演的不适定性和多解性（Constable et al.，1987）。这类方法常常会导致反演所得到的地球物理参数分布图趋于平滑，这是由于我们预期在所研究尺度范围内地下某些参数之间可能存在自相关性，故而引入了关于地下介质的一些先验信息。然而，反演方法虽然承认空间变异性的存在，但这些正则化方法的平滑程度并不能再现已知的地质统计信息。越来越多更复杂的反演方法已开始定量考虑地下介质的非均质性先验信息（Hermans et al.，2012）。引入先验信息对于反演图像有很大影响，可以很大程度地改善空间结构的反演结果，但该方法目前仍局限于理想案例研究或者相对成熟的研究场地。

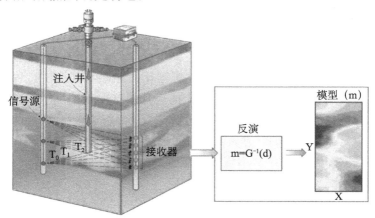

图 5-2　地球物理数据反演过程示意图

资料来源：改绘自 Binley et al.，2015

若干接收传感器会记录对信号源的响应，重点关注区可以通过观测这些响应来进行调查。通过将反演函数（G^{-1}）离散为一系列与数据（d）具有一致性的地球物理模型参数（m）。不同时刻（T_0，T_1，T_2）地下状态（左）的变化可能代表修复过程或污染羽（右）的演变。地球物理反演结果可以展示在特定时刻某一种地球物理属性参数的分布情况。

大量应用于水文地球物理领域的反演往往仅考虑单种地球物理数据类型（如电阻率法）。事实上，多种地球物理数据类型的联合反演能获取更多的地下介质信息。简单来说，联合反演就是将多种对某一共同参数（如电导率）敏感的地球物理数据同时进行反演。这种方法通过所提供的关于某些控制地球物理数据的参数间的相关关系的先验信息来解决问题。其缺陷是最终得到的模型是先验关系的函数，但这个先验关系可能已知信息有限，而且在所研究区域可能是变化的。

研究地球物理数据随时间的动态变化可以加深我们对所研究系统行为的理解。随着数据反演技术的发展，相关方法的研究也取得了一定进展。早期的方法相对简单，主要依赖于差分演化算法（两组数据的对比）。近些年来发展了同时对多组时间序列的数据进行反演的时移演化方法（Karaoulis et al.，2011）。

如果将地球物理成像作为所研究参数（如渗透率）空间分布的近似，传统的地球物理数据确实也是这么用的，例如从地球物理学到水文学，将地球物理数据作为水流的输入信息。然而，只有地球物理和水文参数之间的相关关系足够精确，然后以耦合的方式进行地球物理反演，才能评估水文模型所得到的模拟预测值（如土壤水含量的分布）与地球物理观测值的一致性（通常也会结合一些其他类型数据）。因此，水文模型约束了反演过程，而反演的最终结果也需保证能与水文概念模型保持一致。由于明确定义了地球物理与水文模型之间的反馈机制，因而这种反演方法可以认为是完全耦合的水文地球物理反演。此外，传统（非物理的）正则化的地球物理反演过程中产生的反演误差也被消除了。该方法的另一个优点是能在反演过程中融合其他数据资源，因为地球物理数据仅代表了众多数据资源的一种。这种完全耦合反演方法的缺点是：①更大的计算负担；②依赖于不确定的地球物理和水文之间的岩体物理关系。此外，采用这种方法需要事先建立水文概念模型，因而，很大程度上依赖于水文概念模型的准确度。

（一）基于静态地球物理数据刻画水文地质结构的非均质性

一些大尺度示踪试验，如 Cape Cod 场地和 Borden 场地（Woodbury and

Sudicky，1991），在深入研究地下水溶质运移过程中，开始利用地球物理的方法来辅助刻画野外场地的非均质性。其中具有代表性的是 20 世纪 80 年代晚期在美国密西西比州 Columbus 的 Macrodispersion 试验场地开展的地球物理勘探工作。在场地开展了电阻率法、电磁感应法和自然电位法调查，通过假定的水文地球物理关系建立与渗透系数变异性相关的地质统计模型。Rehfeldt 等（1992）展示了由电阻率和自然电位数据计算得到的相关长度，并将这些计算值与由直接的渗透系数监测数据计算得到的相关长度进行比较。在 20 世纪 90 年代早期，随机水文学方法取得一定进展，通过给定的渗透率观测数据和压力水头数据刻画含水层渗透率的空间结构，然而，其中大部分方法在实际应用中受到取样密度的限制。为此，Rubin 等（1992）提出基于贝叶斯方法，利用地震波数据，并结合传统水文地质数据，进一步完善渗透率的空间模型。Hubbard 等（1999）建立了利用地球物理数据来计算空间相关性结构的具体框架，开拓了新的成像技术（联合钻孔）。基于 Rubin 等（1992）的研究，Hubbard 等（2001）探讨了地质雷达和地震数据对于 South Oyster 细菌迁移场地预测渗透系数分布的价值，并利用示踪试验数据对模型进行验证。

地球物理方法在刻画水文地质的非均质性方面取得了巨大进展。水文地球物理领域已经从单独利用某一地球物理数据转向多种数据类型的融合。在实际问题中，极有可能存在不同数据资源，因而，能融合不同质量的数据的方法具有比较高的实际利用价值。一些方法着重于详细刻画渗透系数的分布，这些方法不仅对于场地尺度上的问题有较高价值（如地下水修复），而且扩展到更大尺度研究的潜力同样令人振奋。例如，He 等（2014）通过开展航空 EM 调查结合地质钻孔数据，利用三维电导率图像刻画了几千平方千米的结构特征（图 5-3）。这种方法考虑了水文地质模型的不确定性，并且是基于地质成因的，开辟了利用地球物理数据刻画大尺度范围内水文地质结构特征的新时代。

（二）基于时移地球物理数据监测水文地质过程

早期地球物理方法在地下水科学中的应用，主要是利用静态地球物理数据来刻画其结构特征。由于地球物理-水文地质参数间的关系具有多解性，很多调查将地球物理监测数据作为软数据，辅助含水系统的识别。然而，研究学者很快意识到部分地球物理参数对于地下水和土壤的状态（水分含量、盐度等）非常敏感，因此，利用地球物理的方法监测地下水和土壤的状态随时

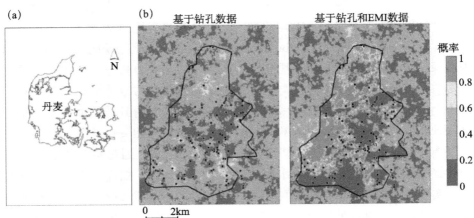

图 5-3　以不同的数据为条件基于转移概率模拟所得特定深度砂
含量的概率（文后附彩图）

（a）基于钻孔数据的模拟概率（钻孔位置在图中用点表示）。（b）基于钻孔和用航空电磁感应
得到的电导率数据的模拟概率。黑线为地球物理调查的边界。每个方形图像代表了 108 km² 的
区域。He et al.（2014）证实了针对该结构描述问题，增加地球物理数据后的价值

资料来源：He et al.，2014

间的变化发展成为新的研究领域。基于电导率或电容的方法逐渐发展成熟，
而且对电导率/电容与孔隙水组成和含量之间关系的理解也进一步加深。
Daily等（1992）在水文地球物理调查方面取得重大突破，其引进了一种新的
方法——电阻率法，采用联合跨孔（cross-borehole）的装置形式监测包气带
中的示踪运移实验。他们开展了两个野外实验（一个为期 1 天，一个历时 72
天），并评估了 ERT 追踪示踪剂运移的可行性（图 5-4）。Deng 等（2017）通
过监测重非水相流体（DNAPLs）在砂箱中的入渗和迁移过程，直接对比电
阻率法和光透法的监测数据，从而定量分析评估了电阻率法监测重非水相流
体（DNAPLs）迁移的有效性。

电阻率法和地质雷达技术处理的更多是地下介质的 2D 剖面，或者有限
大小的 3D 体。相较之下，电磁感应方法能提供更大空间区域范围内的时间
推移的图像。尽管也能提供半定量的含水量分布图（Robinson et al.，
2012），尤其是结合一些点的监测数据时，但电磁感应方法真正的优势在于能
采集刻画土壤的干湿特征的定量数据（Robinson et al.，2009）。

大部分的早期研究主要探讨技术方法的可行性以及提供一些对时间推移
的地球物理信号的定性解译。目前已发展了很多利用地球物理数据作为水文
地质参数估计的主要或次要数据源的方法。时间推移的地球物理成像法可以

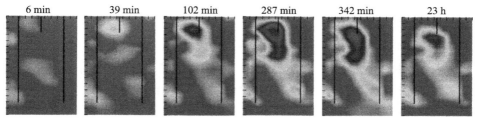

图 5-4 使用跨孔电阻率成像法追踪注入包气带的水示踪剂的运移

（文后附彩图）

图像显示了示踪剂注入后不同时刻的电阻率变化。两条长垂直线指示 17.3 m 深的钻孔（跨孔间距 7.4 m）。示踪剂从中心 4 m 深的钻孔注入。更冷色调的颜色说明电阻率降低（含水量的增加导致）。示踪剂在 150 min 停止注入

资料来源：Daily et al.，1992

有效地研究地下水流和溶质运移机制。

为了更好地理解地下水和地表水之间的相互作用，以及考虑发生在地下水和地表水界面处（比如，毛细带内的）的生物地球化学过程的影响，急需引入新的方法来调查这一区域的相互作用。目前已有研究者应用地球物理方法来研究这一界面处地下结构的复杂性（Chambers et al.，2014），然而相关研究表明时间推移的地球物理成像法可以更有效地刻画自然条件（Meyerhoff et al.，2014）和人为诱发的特殊事件下（Wallin et al.，2013），水流在垂向和侧向的动态交换过程。

但是，时间推移方法也存在一些问题，例如不同数据类型所代表典型的体积可能不同，以及如何有效地挖掘数据内在的信号。

时间序列分析方法提供了一种处理大量数据的方法；另外一种是水文地质和地球物理数据的联合反演。近些年来，技术方法不断改进。马尔可夫链蒙特卡洛方法也逐渐应用于水文地质和地球物理数据的联合反演中（Laloy et al.，2012）。这种方法在稀疏大型而且复杂的水文地球物理数据方面展现出巨大的潜力。

三、未来发展趋势

在过去的 25 年中，由于技术的改进（仪器和模型方面）以及对水文地球物理关系的深入研究，水文地球物理监测新方法（以及现有方法的定制化）发展迅猛，并在地下环境调查中得到广泛应用。为了更好地理解地下水系统的水文地质过程及其与生态系统之间的相互作用，仍需进一步发展水文地球物理的理论和方法。

（一）区域大尺度流域系统的刻画

如何刻画大范围内的地下过程，对水文地球物理提出重大挑战。迄今，大多数研究集中在小区域尺度（如几十米）。环境管理者已建立了处理点源地下水污染的措施，然而，对于分散的污染源仍然难以管理。我们可以看到：地球物理方法对于局部范围特征的刻画已经取得显著发展，但是更大尺度的研究则成果有限。利用地球物理方法来刻画和监测流域尺度、地形尺度或系统管理范围内的环境修复、水资源、农业和碳循环交换问题，将呈现出不断增长的趋势。未来研究方向将更多集中在策略性的开展小区域尺度实验来揭示更大尺度的控制机制及定量分析热点区域和关键时段。此外，利用地球物理技术辅助理解地下水与地表水界面处的生物地球化学过程，有益于解决和管理分散污染源问题，这对于大区域尺度研究尤为重要。

基于刻画大尺度区域特征和监测具有足够时间分辨率的动态过程的需要，发展了新的传感方法和平台。例如，自动电阻率方法正广泛用于监测水分的时空动态变化。在更大尺度上，航空方法受到越来越多的关注。这类方法对于浅层结构（< 10 m）的分辨率很低，但该方法仍在不断改进中，在浅层调查方面取得了一定进展。已经证实，天然伽马测量可以有效刻画矿物质土（Cook et al.，1996）甚至土壤有机碳的特征。借助于无人机的快速发展，传统航空遥感在范围和成本上面临的挑战正逐渐缓解。无人飞行器技术创新将极大地提高自动化监测自然环境的能力，尤其值得期待。

（二）数据融合和同化

目前水文地球物理领域的应用主要集中在单一数据上（如一种地球物理监测方法）。组合多种单一调查相对简单，因而"缝合"不同数据形成覆盖一大片区域的复合数据是可以实现的。然而，大多数情况下，我们拥有的数据具有多种形式，为监测不同性质，装置形式和监测深度、体积均不同。我们应尽力去构建一个单一的地下模型，而不是分别处理不同的数据。耦合的水文地球物理反演方法比较接近这个目标，但目前还需要进一步发展普遍适用的方法，而不是简单依赖大量的地下的先验信息。

（三）不确定性

水文模型的不确定性目前已经得到比较好的解决，但大部分水文地球物理研究都难以识别地球物理模型本身的不确定性以及由此传递给水文模型的不确定性。地球物理的监测和模型的不确定性一直都存在，但通常都会忽略。然而，这种不确定性会得到不正确的模型精度和分辨率，从而导致错误的模型解译。反演过程中对于不同形式不确定性的估计所造成的计算负担可能导致对不确定性的错误估计。很多小尺度二维研究的计算需求并不大，应该对模型的不确定性进行评估。模型解译的不确定性也会通过地球物理和水文地质参数之间的关系来传递，尽管这些关系式通常假定是准确的而且无错的。未来研究中需要更多地关注不确定性来源。可能在某些情况下，地球物理数据对一些水文地质或者生物地球化学参数的定量分析的改进并不显著。当然，尽管存在这一局限性，水文地球物理的作用并未由此而削弱。

与不确定性分析相关的因素还在于：大部分水文地球物理研究都缺乏对信息内容（或数据价值）的分析。为此，在地下调查方面投入了更多资源的同时，应该重视调查数据的价值分析。

第三节　水文地质试验

水文地质试验的主要目标是获取含水层参数或其他有关特性，为地下水资源评价和水源地开采设计提供计算依据。根据试验作业的基础条件、目标和施工场所，水文地质试验可分为三大类型：井孔水文地质试验、原位观测试验和室内模拟试验。井孔水文地质试验是在水文地质钻孔内抽水、注水或投放示踪物质，观测井孔水位和物质浓度的变化，属于含水层的扰动响应试验。原位观测试验是在野外现场安装监测仪器，形成不扰动或低扰动的状态，对水分或物质通量进行观测，以此推测含水层状态。室内模拟试验则采用室内填充相似材料的装置模拟某些水文地质条件，观测渗流场和溶质运移过程，进行机理研究。

一、井孔水文地质试验

井孔水文地质试验通常包括抽水试验、压水试验和示踪剂弥散试验。抽水试验用于获得单井涌水量和含水层渗透系数、给水度、贮水系数等参数。压水试验用于分段评估裂隙岩体含水层的渗透性。示踪剂弥散试验是在井中投放示踪剂，然后在投放井或附近观测井中观测示踪剂浓度的变化，以此获取地下水溶质运移参数的试验方法。

抽水试验已经有100多年的发展历程。早期的抽水试验只是一种试验性的地下水开采，评价井孔的出水能力。我国 1∶25 万～1∶5 万比例尺的全国水文地质调查工作，就是以抽水试验获取的单井涌水量来作为水文地质图的基本要素之一。随着地下水动力学理论的发展，以获取含水层参数为目标的抽水试验逐渐成为专门的技术方法。1935 年，Theis 第一个提出非稳定状态下的井孔降深变化公式，并首次将抽水试验过程中观测孔降深随时间变化的数据用于参数分析（Theis，1935）。此后，Jacob 在 1940 年代发展了利用 Theis 公式分析抽水试验获得导水系数和贮水系数的直线图解法（Jacob，1940）。Theis 公式的成功运用极大促进了非稳定流抽水试验方法的推广应用，并发展出定流量抽水试验、水位恢复式抽水试验、阶梯流量抽水试验、多观测孔抽水试验、群井抽水试验、分层止水抽水试验、非完整井抽水试验等多种方法。抽水试验所需要的泵和观测装置也越来越先进，潜水泵得到广泛使用，井孔水位和流量的观测也越来越自动化。在西方国家，普遍采用瞬时抽水（或注水）并观测试验井水位恢复过程的瞬间定容注水（抽水）试验（Slug test），对自动化观测的要求较高。这是一种单井试验方法，适宜获取含水层特别是对低渗透性介质这种不宜长时间抽水的弱透水层的渗透性参数。近 10 年来，抽水试验技术向单井分段止水的集成试验技术发展，充分挖掘单孔不同深度的水力学和水化学信息。单井集成试验技术以 Packer 试验系统为代表，由瑞士 Solexperts 公司研制生产的双 Packer 系统通过 2 个气囊（充入高压氮气）对某个深度段进行封隔，完成分层抽水试验和分层取样工作。这套系统对管路的密闭性和观测装置的自动化水平要求较高，适合于在垂直度很高的基岩裸孔作业。国内的水文地质技术部门已经通过引进消化的方式逐步掌握 Packer 试验系统的装备制造和自动化集成技术。

在大型水利水电工程的勘察项目中，单孔分段压水是评价基岩渗透性的常规试验方法。每个试验段的标准长度为 5 m。一般采取每钻进 5 m 进行一次压水试验的方法，试验段从孔底算起，顶部用栓塞封闭止水，使用水柱自重或加压泵的方式向试验段内注水，观测水压力和流量随时间的变化。根据特定压力条件下的稳定注水量，可以计算出单位压力、单位长度对应的试验段侧向流量，即为单位吸水率（Lu 值），作为岩体渗透性的指标。在钻孔完全成形的情况下，也可以采用双栓塞自下而上分段压水。封闭止水模式与双 Packer 水文地质试验系统相同。栓塞材料一般为橡胶，可与滤管、钻杆组装在一起。压水试验同样可以在包气带岩体的钻孔中进行。对于水文地质调查的目标而言，单位吸水率并不能单纯地等价于渗透系数，两者之间的定量关系还需要根据含水层的具体条件和试验过程进行动力学分析。

井孔的分段抽水和分段压水试验方法在一定程度上具有等价性，都是通过压力差驱动井孔-含水层的水量交换，采用动力学分析手段获得含水层的渗透系数等参数。两种试验方法都需要使用栓塞材料止水，采用配套仪表观测压力和流量的变化。不过，目前两种试验方法的装备、操作流程和成果解译都存在很大的差别。未来的发展方向，应该是一套试验系统能够同时完成分段抽水、压水、采样和监测的功能，提高配套程度和稳定性，并达到更高的自动化水平。随着油气田钻探试井装备技术向水文地质领域深部含水层探测的应用和融合，在未来 10～20 年内可能会有新一代单井分段试验系统或多井分段响应观测系统被研发出来。

随着地下水污染研究和治理的需求不断增加，井孔示踪剂弥散试验越来越受到重视。在进行弥散试验之前，需要根据至少 3 个不在一条直线上的井孔观测水位推测地下水的流向和流速。选择偏上游的井孔投放示踪剂，然后在偏下游的井孔（与投放孔距离 2～20 m）观测示踪剂浓度随时间的变化，根据溶质运移理论模型反演出弥散度等参数。常用的示踪剂有 NaCl、碳氟化合物、染色剂以及 ^{131}I、^{82}Br 等放射性同位素。对于孔隙介质含水层，酵母菌等微生物也可以用作示踪剂。低渗透含水层中地下水流速小，弥散试验往往需要很长的观测周期。如果地下水流速极慢，也可以通过注水或抽水的方式形成人工扰动流场，采用非单向流溶质运移模型反演参数。

20 世纪 80 年代以来，美国、加拿大等发达国家开展了以大量井孔为特征的场地尺度弥散试验，以研究地下水污染物运移规律。加拿大安大略省的 Borden 军事基地、美国马萨诸塞州的 Cape Cod 军事基地和密西西比州的 Columbus 空军基地等，都布置了这种大型场地弥散试验。其中，位于 Columbus 空军基地的 MADE 试验场修建于厚度约为 10 m 的第四系沉积物中，设置了 86 个井孔，到 2000 年已经进行了近 4000 次水力学试验和数次长达 1 年以上的示踪剂弥散试验，积累了大量的试验数据（Zheng et al.，2011）。围绕 MADE 试验场的研究大大促进了三维非均质含水层渗透空间和地下水污染运移机理方面的基础研究，也对水文地质试验技术起到了很大的推动作用。我国的井孔密集型弥散试验场建设还处于起步阶段。2015 年，北京市水文地质工程地质大队在张家湾"平原区地下水-北京野外基地"建设完成国内首个大型地下水三维弥散试验场，包括 3 眼抽-注水井和 53 眼 CMT 型观测井。这个试验场的建成将推动我国在地下水弥散领域方面的科学研究和试验技术研发。

二、原位观测试验

（一）概述

水文地质原位观测试验主要是对近地表的地下水入渗和排泄条件进行调查研究，或借助于人工扰动随地下水"顺其自然"运动产生的传递效应来调查研究含水层系统的特征。在传统的水文地质试验领域，前者包括渗水试验、蒸渗仪试验等，后者包括连通示踪试验、温度示踪试验等。这些试验方法也需要借助一定的仪器设备进行水量、化学物质浓度、温度的观测。原位观测试验总体趋势是向多样化方向发展。

渗水试验通过设置一个圆形坑注水到某个高度，然后观测坑内水位下降过程，最终采用变水头渗流模型反算试坑底部的岩土垂向饱和渗透系数。早期的试验方法是在地表浅层开挖一个圆坑，很难避免侧向渗流的影响。后发展出单环入渗法，用铁管插入浅表岩土形成一个圆孔，用马里奥特瓶实现定水头注水，根据稳定的注水流速计算渗透系数。这种方法增加了试验结果的准确性和便捷性。但是，单环入渗仍然难以避免在孔底形成发散流，不符合垂向一维流的模型假设。为此，又发展出双环入渗试验方法，外环和内环同时注水，保证内环水流的垂直渗透特征。近 10 年来，在单环和双环入渗的基础上，又产生了 Guelph 入渗法和 Philip-Dunne 入渗法。这些新式的入渗试验方法考虑多阶段水头下的三维渗流特性，且入渗仪器已经做到了标准化集成，显著提高了稳定性和准确性。

蒸渗仪（lysimeter）是一种特殊的试验装置，既可以观测大气降水入渗补给地下水的过程，又可以确定土壤层的蒸散耗水量。蒸渗仪的主体装置为一个圆桶，桶内填入一定初始湿度的原状土，在自然环境经历入渗和蒸发作用。通过称量圆桶的重量变化推测一定时期的入渗和蒸散量，未密封的圆桶底部可以安装下渗水量的观测仪器，由此确定地下水补给量。不同的蒸渗仪尺寸差异很大，大型蒸渗仪直径超过 1 m、深度能达 5 m 以上，而小型环刀式蒸渗仪直径和深度均可小于 10 cm。大型蒸渗仪一般为自称重式，对于地下水资源的研究具有更加重要的意义，这种装置能够在不同深度观测土壤水分的下渗量。20 世纪 80 年代，山东省禹城综合试验站就修建了一个直径 2 m、深度 5 m 的大型蒸渗仪作为水资源科学研究装置，土壤分层安装负压计、中子仪、温度计和盐度计等传感器，还可以对不同深度土壤水进行取样。20 世纪 90 年代后期，中国科学院对该蒸渗仪的称量系统、供排水系统和数据采集系统进行了更新换代（刘士平等，2000），使通量观测的分辨率达到0.016 mm，地下水位的控制也更加合理。同类大型蒸渗仪近 10 年来在不少地区得到推广应用。武汉大学水资源与水电科学国家重点实验室修建了 20 多个平面为边长 2 m 的正方形、深度为 3 m 的槽式非称重蒸渗仪（葛帆和王钏，2004），可实现地下水位和地下水补给量的自动观测。控制恒定地下水位的蒸渗仪可以对潜水蒸发进行观测，获取潜水蒸发强度与地下水埋深的关系，这在干旱半干旱区水文地质研究中有重要的作用。大型蒸渗仪建设成本高，使用频率有限。相对而言小型蒸渗仪适用面更广，但是小型蒸渗仪主要用于观测浅表土壤水分过程，对地下水补给的观测意义较弱。蒸渗仪正在朝着模块化集成和自动化监测的方向发展。

与渗水试验和蒸渗仪试验技术同步发展的，还有一系列包气带水分、盐分和其他溶质运移的原位试验观测技术。例如，新型的 TDR 水分仪广泛代替中子仪观测土壤含水率，微型负压计（如 pF-meter）的使用，使得土壤水势的观测更加便捷，非扰动式的土壤水分取样技术也日益成熟。通过多种新型传感器和测量装置的组合使用，原位观测试验越来越多样化。

在岩溶水分布地区，特别是存在溶洞、地下河的地区，经常采用连通示踪试验确定岩溶含水层的水流通道。常用示踪剂包括 Cl⁻ 离子、多种染色剂（食用色素或荧光素）、植物孢子和放射性同位素等。示踪剂通常投放在落水洞等岩溶水的补给区，人员分散到不同的潜在岩溶水出口确定示踪剂是否出现并观测其浓度的变化。2008 年，中国地质科学院岩溶地质研究所在桂林市的灵川县进行了寨底地下河系统的大型连通试验（易连兴等，2010），研究人员在一个溶洞入口快速投入 8 kg 钼氨酸 $[(NH_4)_6Mo_7O_{24}\cdot4H_2O]$，并在 4 个 600~1200 m 远的下游地下水出口用 JP-2 型极谱仪测量了长达 23 天的钼离子浓度变化，发现 2 个出口存在钼离子浓度的上升和下降变化，另外 2 个出口未检测到变化，证实该调查区的湘江和漓江水系之间存在地下分水岭。以往的连通示踪试验只能判断入口与出口之间是否存在连通性，而对两者之间的通道路径和形态特征并不能加以识别。在新型示踪试验中，通过投放自记式探测器可以追踪回收探测器在地下河移动过程中经历的压力、流速等变化，推测潜在连通路径。未来的探测器或许能够主动发射信号，调查人员通过追踪这些信号即可确定连通路径。

地下水流的运动过程中伴随着热的迁移，对天然的地热梯度产生干扰。尤其是在地下水流活动比较强烈的含水层中，这种热干扰通常强烈和迅速，并显示为清晰的温度变化信号，使温度随深度的变化曲线发生异常（Anderson，2005），对温度随时间及深度的变化产生显著影响（Stonestrom and Constantz，2003）。此外，地下水流运动的强弱不同，所产生的热干扰不同，也会在浅层沉积物的温度曲线上得到清晰的显示（Constantz，2008）。基于上述原因，热可成为指示水流运动的很好的示踪剂（Anderson，2005）。20世纪中期，水文地质学家就开始探索用温度指示地表水与地下水相互作用的可行性。Rorabaugh 在 1954 年首次描述了河流温度和河流失水之间的关系（Rorabaugh，1954）。后来的研究者开始用温度示踪河流渗漏、冷却池渗漏引起的热污染以及地下水对湖水的补给。但受技术条件的限制，当时的温度测量在操作上存在着困难，同时缺乏相应的计算条件和计算程序，因而限制了热作为地下水示踪剂的应用，使得当时的工作更多地侧重于理论研究。近十余年来，随着相关技术的发展，温度测量仪器不断改进，其成本也逐步降低，并有多个热运移模拟程序相继开发与发布，从而大大促进了热示踪剂在水文地质学和水文学研究中的应用（Anderson，2005）。热示踪剂在地下水研究中的应用主要包括两大方面：一是利用温度变化正向示踪地下水的补给、径流和排泄过程以及示踪地下水与地表水的相互作用；二是利用温度变化的数据来反演含水介质的异质性。

（二）地下水流过程的正向热示踪

1. 地下水补给和排泄过程的温度示踪

Parsons（1970）的研究表明地下存在两个热特征区，浅成带（surficial zone）和地热区（geothermal zone）。当地下不存在水流运动时，位于地表约 10 m 下地热区的温度通常沿地热梯度变化，表现为深度每增加 20～40 m 温度增加 1℃。在地热区，温度剖面不随季节变化。虽然不同地层的热传导性能差异会使温度剖面发生弯曲，但在没有地下水流干扰的情况下，相同热传导性能地层内的温度随深度呈线性变化。地下水流在补给区相对较冷水的入渗运动和排泄区相对较热水的上升运动干扰了地热梯度，引起补给区的温度剖面线下凹和排泄区的温度剖面线上凸。陆地表面季节性的热冷交替影响着近地表区的温度，地下温度波动的幅度随着深度增加而降低。在地表 1.5 m 以下，地表温度波动对地下温度的影响显著减弱。因此，近地表区温度剖面为由地下水与地表水相互交换而引起的季节性的补给/排泄提供了潜在信息。

当在井中监测的温度剖面与裂隙相交时，温度会显示出裂隙内外相对冷/热水的运动异常。相对于较大的连续裂隙面而言，当温度剖面被与钻孔相交的孤立的裂隙影响时，温度转变是很剧烈的。通过分析温度剖面的变化特征，Trainer（1968）研究了几百米深的碳酸盐含水层中平面裂隙的水平分布连续情况。Drury（1989）用温度数据识别了花岗岩中的裂隙区。

热迁移也与盆地尺度过程的很多研究有关。详细的场地研究通常会遇到由水的对流运动引起的热异常。某种程度上，在地下水流比较活跃的地区，这样的热异常较为常见。水文地质学家关心的是能否通过分析由地下水流引起的热异常，来鉴别地下水的补给区和排泄区，而不依赖于水位数据来评估相应的补给/排泄量（Anderson，2005），并用温度数据来约束水力传导系数的求取。

2. 地表水与地下水相互作用的温度示踪

与温度相对恒定的地下水相比，河水的温度变化幅度较大。当河水补给地下水时，由于河水向下的热运移过程，加上缺乏地下水的温度缓冲效应，河水与地下水相互作用带中变温层深度增大，温度随深度的变化曲线变陡；在特定深度，温度的日或年内变幅增大。河水向地下水的补给速率越大，温度变化的穿透深度也越大。相反，当地下水补给河水时，向上流动的地下水缓冲了温度波动，使相互作用带中变温层深度减小，温度曲线变缓，温度的日或年内变幅减小。地下水的补给量越大，缓冲作用越明显。年内不同深度的最大和最小温度形成年温度包络面，所有的实测温度曲线都将位于该包络面内（图5-5）。当地下水补给河流时，年温度包络面向河床表面收缩。当河流失水补给地下水时，包络面向下扩展。在日周期内，相同的规律在较小的尺度上发生，凌晨和中午的温度曲线接近日温度包络面（图5-5）（马瑞等，2013；Anderson，2005）。

温度剖面包络面可以反映地表水与地下水在不同时间周期上的相互作用模式、水流方向的变化及评估河道在不同地点失水或得水的强度。若综合不同点上的温度剖面，则可反映河流与地下水相互作用的空间差异。温度剖面提供了有力的地表水与地下水相互作用模式的连续记录。作为将来的应用，基于温度估算的河流时间和渗透速度可以延伸至整个河流失水的评估。近期的研究中，河床温度已用于揭示湿润区、干旱区等不同气候区内河流与地下水的相互作用（Constantz et al.，2003）。除了用于计算地表水与地下水的交换量及其动态变化外，河床温度也被用于刻画地表水与地下水相互作用带中的水流途径（Salem et al.，2004）。

目前，国内有关这方面的研究主要是利用库水或河水与地下水之间的温

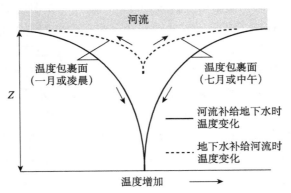

图 5-5　河床下水温随深度（Z）变化的概化剖面图
对比地下水补给河流（虚线）与河流补给地下水（实线）两种情形下的日或年的温度变化
资料来源：据 Anderson，2005 修改

度差异来探测坝堤渗漏或基坑渗漏，也有关于利用温度变化示踪河水与地下水相互转换关系的少量研究。如黄丽等（2012）利用分布式光纤测温技术对黑河中游平川乡附近 500 m 长的河段范围内分析了黑河与地下水转换关系。

3. 利用水热耦合模型定量示踪地下水水流速及与地表水的交换量

将热作为示踪剂来定量研究地下水流运动，需要水热耦合模型去刻画水和热量在空隙中的同时迁移过程。如忽略气体的运移，含水层系统中的热运移通常由随着液相的热运移、含水层介质本身的热传导及含水层介质与液相间的热交换 3 项组成。假设含水层介质与液体处于热平衡状态，并忽略含水层中的气相，描述含水层系统中热运移的数学控制方程为（Anderson，2005）：

$$\nabla \cdot ((\kappa_o + \theta \rho_w c_w \alpha v) \cdot \nabla T) - \rho_w c_w \cdot \nabla(\theta v T) + q_s T_\rho = (\alpha c) \frac{\partial T}{\partial t} \tag{5-8}$$

式 5-8 中，T 为温度；θ 为孔隙度；v 为地下水实际流速；c 和 ρ 分别为岩土-流体系统中的比热容和体积密度；c_w 和 ρ_w 分别为流体的比热容和密度；α 为热弥散系数；κ_o 为岩土-流体系统的热传导系数，T_ρ 为源汇项温度。

上述公式中的 κ_o 和 ρc 分别由下式求取：

$$\kappa_o = \theta \kappa_w + (1-\theta)\kappa_s \tag{5-9}$$

$$\rho c = \theta \rho_w c_w + (1-\theta)\rho_s c_s \tag{5-10}$$

式中，c_s 和 ρ_s 分别为固体颗粒的比热容和密度。

水热耦合模型是用热作为示踪剂来计算地表水与地下水流交换量的常用

工具。早期的理论研究工作表明，温度数据可以被用于热运移方程一维形式的解析解中，以计算地下水的流速。Hatch 等（2006）和 Keery 等（2007）对 Stallman（1965）的解析解公式进行修改，对河床温度进行时间序列分析，据此来分析实际河水温度变化边界条件下地表水与地下水的相互作用。近年来，该解析解得到了大量的应用，很多学者利用其进行了地表水与地下水交换量的时空分布特征研究（Lautz and Ribaudo，2012）。

相对于解析解而言，数值解在定义边界条件、水力学和热力学参数方面更具灵活性，所以在研究地表水与地下水相互作用时运用得也更为广泛。可用来模拟热运移的程序主要包括 HST3D、VS2DH、SUTRA、TOUGHT2、FEFLOW、SEAWAT 和 MT3DMS。如 Briggs 等（2012）运用分布式探温方法测得高分辨率温度数据，将其耦合至数值模型中，定量表征了美国中部 Wyoming 省 Cherry 河垂向水流的空间与时间变异特征。

（三）含水介质异质性的温度示踪反演

在水-热耦合模型需要的参数中，水力传导系数和热传导系数对不同的沉积物结构具有不同的敏感性：热传导系数对沉积物结构的依赖性极低，几乎不随沉积物结构的变化而变化；水力传导系数则强烈依赖于沉积物的结构。虽然两个参数的大小均因沉积物的饱和度和物质结构的差异而不同，但对于特定结构的饱和沉积物，水力传导系数在不同的河床下可能有几个数量级的变化，而热传导系数仅有非常小的变化范围（Anderson，2005）。例如，对于砂质河道，饱和热传导系数的变化通常在 1.0 W/m℃ 和 2.0 W/m℃ 之间；相比而言，砂的饱和水力传导系数可以从 10^{-2} m/s 减少至 10^{-6} m/s；当饱和度减少时，水力传导系数值可从 10^{-5} m/s 减少至 10^{-10} m/s（Constantz，1982）。

因此，在水流与热运移耦合数值模型校正过程中，水力传导系数是需要校正的主要参数，而热传导系数可根据测量结果或沉积物结构信息给定，通常不需要校正（Ma，et al.，2012）。因此，在水-热耦合模型中，温度数据可作为除水力学数据外的限制性因子对模型进行校正，同时还不需要额外的敏感参数反演。因此，温度数据可帮助进一步约束和校正水流及热运移模型，降低模型的不确定性，从而更好地利用反演模型刻画含水层的水力学性质。该类研究近几年在国际上开始兴起。如基于野外场地的溴示踪与热示踪试验结果，Ma 等（2012）利用数值模型对含水层非均质性进行了反演研究，并将热示踪与传统溶质（溴）示踪方法的结果进行对比，发现温度数据可替代溶质示踪剂来反演含水层的水力学性质，提高计算精度。该项研究还指出了温度示踪试验过程中应注意的事项，以及提高数据解译精度的方法。

在模型解释或反演温度示踪数据时，温度变化会引起水流密度和黏度变化，从而导致对流运动或影响流速，这会增加模型解译难度。密度变化主要改变浮力，从而增加额外的水流运动。而黏度效应则仅改变地下水流的阻力。Ma 和 Zheng（2010）分析了不同流速及边界温度差等条件下，温度变化引起的地下水密度和黏度差异，以及它们对水流和热运移过程的影响，由此给出了可忽略密度和黏度效应的边界温度变化范围。温度的改变也有可能进一步改变水力传导系数（Anderson，2005）。如有研究表明，在冬季水的黏度变大而水力传导系数变小后，傍河采水形成的降落漏斗更大。下午河床温度升高引起河床水力传导系数的增大，从而导致河水补给地下水的流量增大（Constantz，1998）。因此，采用温度变化来示踪水流或反演含水层参数要注意以上两个问题。

三、室内模拟试验

室内模拟试验是地下水科学研究和教学的常用方法。试验装置多为砂箱、砂柱、土柱和岩芯柱等，与一定的供排水系统相连，通过测压计或传感器测量水压变化，或者配套其他仪器进行流量监测和溶质运移方面的监测。室内模拟试验总体趋势是向精细化方向发展。

砂箱又称为渗流槽。渗流槽模拟是在几何相似、时间相似、参数相似、初始和边界条件相似的定解条件下，利用渗流槽模型的相似解模拟地下水的运动规律（薛禹群和吴吉春，2010）。模拟地下水动力学行为的渗流槽通常用钢板和有机玻璃组装而成，测压计管路与网格状的侧面孔洞相连，用于观测不同空间位置的水压力。渗流槽在平面上一般呈长方形或扇形。长方形渗流槽模拟单向一维的潜水或承压水运动，扇形渗流槽模拟径向流。有些砂箱组装复杂一些，可以模拟坝下渗流特征。从工程模拟的角度，渗流槽制作应该满足几何、动力学、运动学要素和边界条件上的相似比例，使得模拟结果能够直接转化为工程建筑物实际条件下的渗流场结果。不过，目前大多数渗流槽试验仅仅具有机理研究和教学演示的作用，实际工程尺度的渗流场研究基本上采用计算机模拟的手段。用于机理研究的渗流槽在设计、制作和观测上越来越复杂化和精细化。例如，不同粒径组成的砂料组合填充可以模拟各种非均质的含水层条件，用高盐度水箱与砂箱组合可以模拟海水入侵和咸淡水锋面运动，添加示踪剂可以使流场直观化并研究复杂环境下的溶质运移过程。

　　渗流槽模拟已被广泛用于地下水流相关问题的分析与研究。Liang 等（2013b）用粒径为 0.25～0.45 mm 的石英砂进行控制性的渗流槽试验，精心设计示踪系统，在砂槽试验中巧妙观察到多级次的地下水流系统结构特征，从实验室角度验证了 Tóth 提出的区域地下水流系统理论。Cao 等（2011）基于渗流槽模型分析了饱和-非饱和带水分运移特征，并通过土壤水分特征曲线研究了地下水位与自由面径流量的关系。Rivière 等（2014）利用渗流槽模型模拟了某半干旱区傍河含水层在地下水过量开采情境下的河流-含水层响应关系，并分析了在近河地块开采地下水产生的最大可能入渗补给量。Zhou 等（2016）利用渗流槽模型实验证明了振荡层析成像法（OHT）在抽水试验和观察点位置较少的情况下，能够较好的估计含水层渗透系数。

　　对于地下水溶质运移问题，渗流槽模拟通常被用于分析含水层的水动力弥散性质以及污染物在含水层中的迁移转化规律（Zhao et al.，2016），包括海水入侵问题的研究（徐挺等，2014）。对含水层水动力弥散性质的研究，一般指通过大量水动力弥散实验，来研究水动力弥散系数与各个因素之间的关系。对于污染物在含水层中的迁移转化规律研究，如砂箱实验结合时域激电单极-偶极补极（TDIP）方式可以准确判断出地下水中存在的重金属物质、半导体物质等（Mao et al.，2016）。Zhao 等（2016）通过三维砂箱实验装置，研究分析了 Cr^{5+} 在地下水中的分布、迁移、转化规律。此外，渗流槽模拟还被广泛用于含水介质中非水相流体（NAPL）污染物运移规律方面的研究，如气体和重非水相液体（DNAPL）在非均质孔隙介质中的迁移规律研究（乔文静等，2015）、四氯乙烯（PCE）在透镜体及表面活性剂作用下的运移研究（Cheng et al.，2016）、流速与介质空间非均质对 PCE 在多孔介质中的运移影响研究（Zheng et al.，2015）、非均质多孔介质地下水中 PCE 在表面活性剂和氧化剂作用下的去除效果研究（Zheng et al.，2016）等。利用胭脂红色素等显色剂，可以在模拟海水入侵的渗流槽中可视化地展现咸淡水交界面的迁移过程（徐挺等，2014）。

　　渗流槽模拟能够直接针对问题进行模型设计与研究分析，研究结果直观、准确、可靠，可控制性强。然而物理模拟均具有通用性差的缺陷，且模型设计成本较高，特别是对于条件复杂的研究对象，难以获得与原型一致的模拟条件。此外，由于野外含水层的非均质性及尺度效应，通过渗流槽模拟获得的含水层水动力弥散性质及污染物迁移转化规律，均需进一步的验证与分析。尽管如此，对于新型污染物在地下水中运移的研究，渗流槽模拟能为该污染物在含水层中发生的复杂吸附、降解、转化等物理、化学及生物过程提供很好的研究手段，为研究污染物在含水层中的迁移转化机理提供基础。

砂柱和土柱试验大致可分为三类。第一类包括渗透仪、给水度仪等，用于模拟观测水文地质参数，渗透仪根据达西定律观测获取砂柱或土柱的渗透系数，给水度仪通过对具有一定初始饱和高度的砂柱释水获取含水层的给水度值。第二类为包气带土柱试验装置，用于观测入渗或蒸发过程中包气带水分或盐分的运移特征。第三类为土柱穿透试验，用于研究饱和或非饱和一维流驱动下的溶质运移过程，根据化学物质浓度变化的穿透曲线反演弥散度等参数。这些柱试验可以批量分组进行，以进行各种试验条件的对比。柱试验正在朝着多功能精细化方向发展，例如模拟多相流、模拟季节性冻土、模拟渗流场中的生物化学过程等，需要借助先进的渗流力学控制装置和高精度、多功能传感器提高自动化水平。

岩芯柱和岩块试验，主要用于对低渗透的岩石或具有复杂渗流特征的岩块裂隙进行室内试验观测。测量岩石渗透率的试验一般需要采用压力容器，制造出岩芯柱两端的液压差，测量压力变化和渗流通量，利用基于 Darcy 定律的渗流原理计算渗透率或渗透系数。国内外岩石力学领域已经开发出定容压力脉冲法、变容压力脉冲法等试验装置技术（王颖等，2010），与自动伺服系统配合使用，压力可以达到 20 MPa，渗透率的可测范围达到 1 μD～1 D。岩块人工切割裂隙和高应力破坏产生的裂隙也可以在岩体三轴力学测试系统中进行渗流特征的观测。目前，进行不同应力应变状态下渗流特征观测的岩体高温高压三轴力学试验技术逐步趋于成熟，其最高温度可达到 600 ℃。

第四节　水文地质遥感信息技术

20 世纪 70 年代后期至 90 年代的水文地质学，称为现代水文地质学。新技术、新方法（如 3S 技术、自动监测技术等）的普遍应用极大地推动了水文地质学的发展。20 世纪 90 年代以来，水文地质信息技术发展迅速。

3S 技术是遥感技术（remote sensing，RS）、地理信息系统（geographic information system，GIS）和全球定位系统（global positioning systems，GPS）的合称，是空间技术、传感器技术、卫星定位与导航技术和计算机技术、通讯技术的高度集成，是对空间信息进行采集、处理、管理、分析、表达、传播和应用的现代信息技术。

　　相比于传统的水文地质监测手段，遥感技术不受天气的影响（如微波遥感技术）和地域可达性的限制，能够以宏观、形象、快速和短周期的方式，获取区域多时相信息。遥感技术成本低、精度高，是辅助水文地质研究的重要方法。遥感图像上的色调、形态、纹理、结构等特征能够直观地反映地表地形、地貌、岩性、地质构造、水系、植被覆盖等要素的空间展布特性及相互联系。结合其他基础水文地质资料进行综合分析，能够对区域的水文地质条件和地下水的分布特征得出系统、客观的结论。

　　地理信息系统技术具有强大的数据管理、空间分析及制图功能。利用计算机技术来管理空间数据，采用计算机程序对地学信息进行分析，准确、快速地获得有用信息。20 世纪 90 年代初，荷兰国家应用科学院构建了以 GIS 为载体的综合性区域水文地质信息系统（REGIS）。为保证提供建立模型所需的大量水文地质信息，我国也建立了相应的信息检索系统和信息数据库。目前，GIS 技术已经广泛应用于水文地质领域的各方面，主要是对各类勘查成果和监测资料进行有效的管理、处理和分析，揭示地下水的赋存、运移规律；为地下水资源的勘查、规划、评价以及保护提供多功能、多目标的技术服务，实现地下水的合理开发和可持续利用。

　　全球定位系统是获取信息的重要手段之一，其主要功能包括授时、定位、导航及测量等。GPS 技术具有全天候、高精度和自动测量的优势，已经广泛应用于目标定位、导航及大地测绘等多个领域。"北斗"卫星导航系统（Bei-Dou navigation satellite system，BDS）是中国自主研制、自行管理的全球卫星导航系统，已经广泛应用于水文地质调查、测绘、减灾救灾等领域。全球定位系统与地理信息系统和遥感技术相结合，极大地提高了水文地质调查、勘探等工作的效率和精度。

一、遥感技术在水文地质领域的应用

　　随着遥感技术的不断进步，传感器种类变得更加丰富。除了传统的光学、热红外遥感，近些年迅速发展的微波遥感与卫星重力测量极大地丰富了水文地质信息的来源和类型。特别是 GRACE（gravity recovery and climate experiment）重力卫星和 InSAR（interferometry synthetic aperture radar，干涉测量雷达技术），实现了对地下水储量变化、含水层系统压缩形变的直接观测，在区域地下水、地面沉降的研究中获得良好应用。

　　1. 可见光遥感

　　可见光遥感指传感器（搭载在卫星、航空器或无人机平台上）工作波段限于可见光波段范围（0.38～0.76μm）的遥感技术。其中，无人机航测遥感系统以遥感技术和卫星导航定位技术为核心，以全自动化处理平台为基础，实现了计算机控制、通讯以及3S技术的高度集成（邵金强，2014），在近年来得到了快速发展。目前，可见光遥感技术在水文地质勘察、地下水资源勘查方面已得到广泛应用。利用ETM+影像进行水文地质调查，确定地貌特征及河流、湖泊、泉群、地下水溢出带（张兵，2016）等水文地质特征；利用国产资源卫星（如"资源一号"02C卫星）建立适用于北方岩溶区的含水岩组和泉点的遥感解译标志（程洋等，2015）；利用Landsat-5 TM监测的植被NDVI确定影响植被健康生长的地下水位埋深（Zhu et al.，2015）；利用无人机遥感技术快速获取地质灾害影像数据信息，为灾情研判、救援提供决策支持等。

2. 雷达干涉测量

合成孔径雷达（synthetic aperture radar，SAR）是能够全天时、全天候提供高分辨率雷达影像的成像雷达，与光学数据优势互补，在多云雾地区地质灾害防治与应急中发挥着不可或缺的作用。雷达影像可以用于识别地质构造和岩体，尤其是在探测隐伏构造、岩体特征（李华等，2011）以及土壤湿度（王安琪等，2012）等方面存在很多优势。

InSAR已经被大量应用于地面沉降的监测，弥补了传统监测手段的不足，具有经济、快速、准确、直观等特点。基于时间序列的雷达图像，通过干涉技术和差分干涉技术，可以观察到整个监测区域的时间序列变形信息，对大面积工作区的地表变形测量十分有效，是监测和评价地质灾害的一种有效手段。在国内，差分干涉测量（D-InSAR）技术、永久散射体干涉测量（PS-InSAR）技术、短基线集干涉测量（SBAS-InSAR）技术已经被用于京津冀（Chen et al.，2016）、西安（张勤等，2009）、江苏（于军等，2009）、上海（罗小军等，2009）等地区的地面沉降演化过程以及产生机理的研究。Chen等（2016）根据2003～2010年获取的41景Envisat ASAR影像和2010～2011年获取的14景TerraSAR-X条带式影像所得到了2003～2010年北京市平均地面沉降速率信息。

3. 卫星重力测量

地下水的埋藏特性导致传统光学遥感技术无法进行直接观测，只能通过裸露岩石、地形、植被等地表特征间接推测地下水赋存条件、埋深等信息。

通过重力卫星反演的时变重力场，在剔除地球内部岩浆、潮汐等因素后，可以直接反映由于降水、开采等自然与人为因素引起的水储量变化。该方法不需要校准，也不需要岩性信息，为量化地下水资源变化提供了一种独立的观测方法。

自 2002 年发射以来，GRACE 卫星在世界范围内陆续成功揭示了中国、美国、印度等许多国家和地区的地下水消耗问题（表 5-2），并且在开采量估算、负荷形变监测、地下水流模型校正等方面也取得良好应用（Castellazzi et al.，2016）。

表 5-2　GRACE 监测的全球部分地区地下水储量消耗

区域	时间段	消耗速率 / （km³/a）	参考文献
我国华北平原	2003～2013 年	4.0±0.6	Huang et al.，2015
美国高地平原	2003～2013 年	12.5±0.61	Breña-Naranjo et al.，2014
美国科罗拉多河流域	2004～2013 年	5.6±0.4	Castle et al.，2014
撒哈拉西北部	2003～2013 年	2.7	Richey，2014
阿拉伯地区	2003～2013 年	15.5	Richey，2014
西澳坎宁盆地	2003～2013 年	3.6	Richey，2014
伊朗地区	2003～2012 年	25±3	Joodaki et al.，2014
美国加州中央山谷	2006～2010 年	31±3	Scanlon et al.，2012
印度孟加拉流域	2003～2007 年	0.44～2.04	Shamsudduha et al.，2012
印度西北部地区	2002～2008 年	17.7±4.5	Rodell et al.，2009

Huang 等（2015）利用 2003 年 1 月至 2013 年 7 月的 GRACE Level-2 Release 05 数据，得到了华北平原地下水储量变化的初步研究成果（图 5-6）。

二、GIS 技术在水文地质领域的应用

在数据管理方面，运用 GIS 技术建立空间数据库系统，实现与水文地质相关的时空信息一体化存储、实时查询；在此基础上，利用海量数据发布技术，实现了地下水资源信息的科学化、规范化管理。

空间分析是 GIS 的核心和灵魂，是为了解决地理空间问题而进行的数据分析与数据挖掘，是从 GIS 目标之间的空间关系中获取派生的信息和新的知识，是从一个或多个空间数据图层中获取信息的过程。常见的空间分析方法有：地图的空间分析技术，如 GIS 中的缓冲区、叠加分析；陈述彭等（2000）提出的地学图谱方法；结合专业领域的时空数据分析模型，实现对数据场的时空演化特征以及不同数据场之间关系的深入挖掘。

目前国内针对地下水研究的空间分析技术如表 5-3 所示。

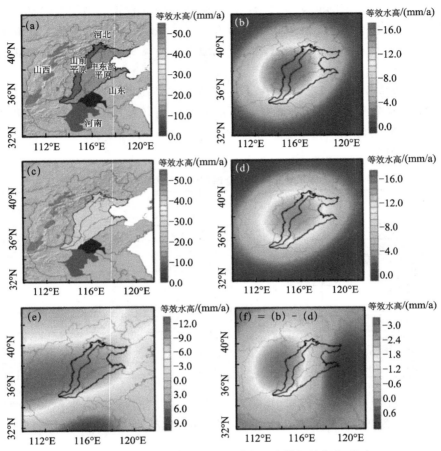

图 5-6　实测、GRACE 数据反演与正演模拟的华北平原
地下水储量消耗速率空间分布图（文后附彩图）

（a）根据地下水位实测数据和公报数据得到的山前平原和中东部平原地下水储量消耗速
率空间分布，分别为 50.8 mm/a、13.8 mm/a；（b）是对（a）做正演模拟得到的结果；
（c）对（a）显示的子区地下水储量消耗速率计算面积加权平均得到华北平原全区速率，
无子区差异；（d）是对（c）做正演模拟得到的结果；（e）由 GRACE 数据得到的地下水
储量消耗速率空间分布；（f）是比较（a）和（c）正演模拟的结果差异

资料来源：Huang et al.，2015

表 5-3　国内空间分析方法分类

空间分析功能	具体方法	代表性论文	应用领域
几何分析	缓冲区分析	刘小勇等，2003 王明新等，2006	地下水资源预测预报 地下水硝态氮含量分布特征分析
地形分析	叠加分析	张礼中等，2008 叶超等，2005	水功能评价 地下水补给探讨

空间分析功能	具体方法	代表性论文	应用领域
空间统计分析	空间数据模型分析	向速林和冉全，2006 陈浩等，2007	地下水流量预测模型 地下水评价
数据场分析	多元统一场互馈研究	宫辉力等，2009 陈蓓蓓等，2013	地面沉降形变场研究 多元场互馈研究

制图技术方面，Super Map、MapGIS、MapInfo、ArcGIS 等软件均能够对多源数据进行几何纠正、坐标转换等，借助 GIS 的地图制作与显示功能，将多个数据层按照一定顺序叠加，增加图例、指北针、图框与报表等信息，生成专题地图。

三维可视化方面，利用 ArcGIS、GMS、MapGIS、Super Map、Visual MODFLOW 等软件能够生成三维水文地质体、空间数据场；也可以利用图形程序接口或者虚拟现实建模语言，对水文地质相关信息进行三维可视化表达。

（一）基于 GIS 的地下水资源评价

GIS 强大的空间分析功能使之成为地下水资源评价的一个必备工具，GIS 技术在地下水资源评价方面的应用使地下水资源评价朝着集成化、系统化、信息化发展。

基于 GIS 的地下水资源评价方式有两种：集成 GIS 技术与其他空间分析技术，基于 GIS 系统工具进行二次开发。例如，集成 GIS 软件（ArcGIS、ArcView）、层次分析法以及统计方法（相关分析、方差分析、回归分析、Voronoi 图、聚类分析、时间序列分析等），研究影响地下水位的主要因素、地下水化学类型的空间划分、浅层地下水的防污性能评价（王存政等，2012）、地下水的质量评价（Machiwal et al.，2011）；集成 GIS 技术和遥感技术对地下水资源潜力进行等级划分（Awawdeh et al.，2014）。此外，一些学者建立基于 GIS 二次开发的地下水均衡研究系统，依据地下水均衡方程，求取地下水的总补给量和总排泄量，实现地下水均衡分析过程的自动化和可视化（Portoghese et al.，2005；王亚鑫，2013）。

（二）基于 GIS 的地下水资源管理

在地下水资源管理方面，主要应用 GIS 技术进行地下水资源开采与规划、地下水与地表水的联合调度研究、地下水资源管理与决策。信息系统或管理模型的建立，提高了地下水资源管理的工作效率和信息化水平。通常将

GIS 与专业模型有机结合，例如，耦合地表水 SWAT 与地下水 MODFLOW 模型，实现地下水与地表水的联合调度（王中根等，2011）；基于组件技术实现地下水空间数据共享系统的构建[①]，该系统既包括地理信息功能（属性管理、专题图制作、空间分析等），又能够计算地下水年储变量、评价开采潜力、评价地下水水质污染状况、辅助决策等功能。此外，其他一些学者对于不同区域也利用 GIS 技术研发了功能丰富的地下水资源管理系统（叶剑锋，2011），实现地下水资源的科学、高效管理。

（三）基于 GIS 的地下水保护

采用 GIS 技术结合评价方法或模型进行地下水脆弱性评价、水源地保护区划分、地面沉降敏感性分区等方面的地下水保护研究。在地下水脆弱性评价方面，主要是基于 GIS 平台，结合 DRASTIC 模型或其改进模型（李立军，2007）进行评价。在水源地保护区划方面，结合遥感数据识别的土地利用和农作物类型，利用 Mapinfo 软件确定水源地保护区的边界，防止氮磷的污染，并对划分方案的经济性进行研究（Siarkos et al.，2014）。在地面沉降敏感性分区方面，将 GIS 技术与模糊层次分析法、多元统计分析模型 EBF 等方式相结合，对地面沉降的危险性、敏感性进行评价（Pradhan et al.，2014），为地下水可持续性开采提供科学方案。此外，一些学者对开采煤层的顶板安全性和涌水条件进行了评价（李坤等，2016）。

陈蓓蓓等（2012）选取北京典型的地下水漏斗区域作为研究区，基于 2003 年 6 月至 2009 年 10 月的 ASAR 数据监测的地面沉降形变场信息以及地下水位等值线，运用对应分析法，挖掘地下水位和沉降速率间的关系。结果显示，在研究区内地面沉降速率与地下水位呈正比关系。

三、GNNS 技术在水文地质领域的应用

以 GPS、BDS（北斗卫星导航系统）为代表的全球导航定位系统（GNNS），是一种全方位、全天候、全时段、高精度的卫星导航系统，能为全球用户提供低成本、高精度的三维位置、速度和精确定时等信息。GNNS 和 GIS、RS 等技术的联合运用，有助于改善水文地质调查工作的精度，提高整个调查工作的质量。

GNNS 具有高精度定位能力（精度优于 1 m），可以很好地满足水文地质

---

① 宫辉力，褚云强．首都地下水资源与环境调查评价，2005．

调查的实际需求。此外，在艰险地区进行野外作业的人员，由于地理环境复杂、人烟稀少、手机信号覆盖差等情况，其野外作业安全问题一直较为突出。而 GNNS 可以实时获取外业人员的位置信息并与管理中心保持通讯，回传外业人员的实时定位信息，为野外工作者提供安全保障。

四、未来发展趋势

随着计算机可视化技术的引入，以及多学科交叉渗透和大数据思维的延伸，水文地质信息技术的发展趋势主要体现在以下 4 个方面。

（一）跨学科交叉渗透

地下水科学正与其他自然科学以及社会科学交叉渗透，以多学科方式研究与处理问题。水文地质信息技术与遥感、GIS、GPS、生态环境、地球物理等学科有着紧密联系。遥感技术在水文地质勘察、水文地质测绘、地下水和含水构造边界获取等方面具有极大的发展潜力（刘涛等，2015）；GIS 系统为水文地质空间数据提供处理、分析及可视化平台。将现有的各类计算模型（地下水数值模型、水文模型）逐步转化为以栅格为计算单元，实现与 GIS、RS 及 GPS 的深度结合，充分利用 RS、GPS 动态监测和 GIS 空间数据处理与管理功能，仍将是今后水文地质领域的研究重点之一。

（二）数据同化与多元、统一场理论

数据同化技术已广泛应用于地球系统科学研究的多个领域。水文地质领域对数据同化的内涵与外延也有自己的表述。新时期下水文地质领域的主要任务将是综合不同来源（水文地质、卫星影像、气象观测等）、不同误差信息、不同时空分辨率的资料进行同化处理，将这些信息融合到数值动力模式，有机耦合到复杂的水文地质统一体中。在数据同化的基础上，通过建立多元数据场模型，描述水文地质系统发展演化的过程，实现对未来某个时段水文地质体状态的模拟和预测，是未来水文地质信息领域发展的重要方向。

（三）空间大数据与数据挖掘

大数据是当下信息技术领域研究的热门，其核心思想是："万物皆可数据化""样本即总体"（Victor and Kenneth，2013）。数据化是将对象量化成可分析的数据，可以是结构化的，也可以是非结构化的。随着 NASA 的 GRACE 重力卫星计划、欧洲空间局的"哨兵"系列卫星计划、我国的"高

分"系列卫星计划和"北斗"系列导航卫星等一大批全球对地观测计划的实施，水文地质信息领域积累了海量水文地质勘测资料，以及超越 PB（1 PB＝1024 TB）级的卫星图形和测绘数据，大部分资料都已经"数据化"。目前，备受关注的数据挖掘（Data mining）技术是从海量的数据中发现隐含的知识和规律。数据挖掘领域已经形成了自己的组织、定期发布的期刊和会议，并且已有一些成功的案例和成熟的算法和工具。如何从大数据的角度组织和管理海量数据，从中高效地提取最有价值的信息是水文地质信息化研究当前的核心问题。

(四) 水文地质可视化研究

综合运用 3S（GIS、RS 和 GPS）、虚拟现实（VR）、专家系统（ES）、决策支持（DSS）等技术，利用已有的大量区域水文、水文地质调查资料、卫星数据、水文地质剖面等资料，构建真实再现区域水文地质体的三维可视化模型，在此基础上，实现各种信息（地表水和地下水的演化特征、地下水的补给和消耗的动态过程）的多维可视化、查询和输出，实现流域水资源的统一管理，将是国内水文地质可视化研究的重点。

第五节　地下水模拟

一、概述

地下水模拟（groundwater simulation）是指使用人工设计制作的模型（包括物理模型和数学模型）研究实际地下水运动（原型）的技术。地下水模拟是定量研究地下水系统及其行为的重要手段，已成为地下水资源开发利用及地下水环境保护的基础。根据模拟技术的特点，地下水模拟可分为地下水物理模拟和地下水数学模拟。

地下水物理模拟利用地下水渗流与其他物理现象的相似性，根据这些物理现象的实体组成相似模型，或将地下水系统原型按照一定比例尺缩小成实际模型，与原型具有相似的物理过程，从而可以模拟含水层中地下水的运动规律。常用的地下水物理模拟方法有电网络模拟和渗流槽模拟。

根据地下水流和电流在网络模型中流动所满足微分方程形式的相似性，利用电网络模型来比拟含水层，用电位、电流强度等电学量来比拟地下水头、流量等物理量，实现对地下水流的模拟。电网络模拟方法由于存在显著缺陷，如缺乏通用性、建模复杂、难以处理潜水流问题、不能用于模拟溶质运移和热量运移等问题，所以自20世纪70年代以来，逐渐被其他模拟方法所取代。

渗流槽模拟的进展在本章第三节已经讨论，不再赘述。

二、地下水数学模拟

地下水数学模拟是指通过一组能够刻画地下水流及溶质运移过程的数量关系和空间形式的数学关系式，来近似描述地下水系统的模拟方法。根据模拟对象的不同，地下水数学模拟可以分为地下水流数学模拟和地下水溶质运移数学模拟。根据对数学方程求解方法的不同，地下水数学模拟可以分为地下水解析模拟和地下水数值模拟。

（一）地下水流数学模拟

地下水流数学模拟是在连续介质、水流运动连续性方程等假设条件下，用一组代数方程或微分方程描述地下水渗流过程，在一定的初始条件和边界条件下对方程进行求解，实现对地下水流的模拟。在含水层结构和边界条件较为简单的情况下，可以用解析法来研究地下水流运动。对于含水层结构和边界条件复杂的地下水系统，则通常使用数值模拟方法（薛禹群和谢春红，2007）。当前，地下水流数学模型已成为地下水流模拟的主流方法，被广泛用于地下水相关领域，包括地区农业用水的开发利用（Rushton and de Silva，2016）、城市地下水源的开发（Zekri et al.，2015）、区域地下水资源的预测分析（Jaunat et al.，2016）等方面。

（二）地下水溶质运移数学模拟

地下水溶质运移数学模拟是在地下水流数学模拟的基础上，通过数学方程来定量描述溶质在地下水中的迁移、转化过程。对流-弥散方程（Advection-Dispersion Equation，ADE）在数学上描述了溶质浓度关于时间和空间的演化规律，是溶质运移理论的核心内容，也是溶质运移模拟计算的基础。传统的溶质运移理论通过与分子扩散的类比，认为弥散迁移满足Fick定律（Fick's Law），即弥散通量与浓度梯度成正比（Bear，1972）。由Fick定律结合质量守恒定律，可以建立传统的对流-弥散方程来描述溶质运移。

尽管传统的对流-弥散方程可以解决很多问题，在实际观测中人们却发现一些该方程不能描述的现象，如弥散系数的尺度效应（scale effect）、穿透曲线的拖尾分布（heavy tail）、溶质的早到达（early arriving）等现象，这些统称为溶质运移中的非 Fick（non-Fickian）现象（Adams and Gelhar，1992；Neuman and Tartakovsky，2009）。普遍认为非 Fick 现象是由多孔介质的非均质性（heterogeneity）引起的，因此如何描述这种非均质性及其导致非Fick 现象的机理，是目前溶质运移研究的热点和难点。

从统计物理的角度来看，非 Fick 现象是一种反常扩散（anomalous diffusion）。反常扩散是相对于正常扩散而言的，正常扩散中粒子的运动为布朗运动，反常扩散本质上是一种非马尔可夫的非局域性运动，必须考虑时空的相关性，粒子的运动不再是布朗运动。近年来，反常扩散现象引起了人们的广泛注意，作为复杂的动力系统被研究，并在半导体、多孔介质、生命科学、经济金融等领域得到广泛应用。

分数阶对流-弥散方程作为研究反常扩散的重要手段，是当前研究较多的分数阶微分方程（Benson et al.，2000）。分数阶微分方程是分数阶微积分学的重要分支，它可以用简洁的形式来描述复杂系统。利用分数阶对流-弥散方程拟合实验室尺度的实验数据和野外场地尺度的实验数据，模拟结果通常较好（Benson et al.，2000；Baeumer et al.，2001），但目前分数阶导数只能通过实验数据拟合给出。Zhang 等（2014）研究了分数阶导数与含水层性质的关系，在多速率质量迁移模型（multi-rate mass transfer model）的基础上，假设流动区-非流动区之间的溶质迁移速率系数以一定的概率形式分布，建立其概率密度函数与分数阶导数的关系。此外，描述反常溶质运移过程的另一种常用模型是连续时间随机行走模型（continuous time random walk，CTRW）（Berkowitz et al.，2006）。从 CTRW 可以推导出分数阶对流弥散方程，二者有一致的理论基础。CTRW 模型的物理图像清晰，容易从物理机制上解释溶质运移的反常性。该模型的特点是溶质分子在多孔介质中运移时，不仅跳跃的距离有随机性，而且溶质分子在两次跳跃之间的时间间隔也具有随机性。CTRW 模型可以精确地拟合溶质运移的穿透曲线（Levy and Berkowitz，2003；Berkowitz and Scher，2009）。

以上的研究方法都是利用反常溶质运移模型，从实验数据（包括实验室尺度和野外场地尺度）出发拟合模型参数，其拟合误差远小于对流-弥散方程的拟合误差。这是一种唯象的方法。同时，对于分数阶导数的参数与多孔介质的几何形态之间的关系、CTRW 中时间的概率密度函数与多孔介质特征参数之间的关系等问题，均需要进一步的深入研究。

深入研究反常溶质运移的物理机制，需要从更小尺度的孔隙尺度的运动来研究溶质运移。将孔隙尺度模拟和 CTRW 模型结合起来，可以有效模拟反常溶质运移的物理机制。常用的孔隙尺度模拟方法有两种：第一种方法是直接模拟或扫描孔隙尺度的多孔介质结构，然后通过求解 Navier-Stokes 方程计算地下水流场（Robert et al.，2000）；第二种方法是把多孔介质结构简化为孔隙网络模型（pore-network model），将多孔介质看作由孔隙体以及连接孔隙体的孔隙管道构成，渗流场由 Kirchhoff 定律算出。第一种方法能够更精确地模拟孔隙尺度的运移，但限于计算能力，模拟的区域较小。而孔隙网络结构模型由简单的 Kirchhoff 定律计算地下水流场，可以模拟更大的区域，并且计算结果与第一种方法得出的结果相近（Clement et al.，2013），具有很好的发展潜力。

（三）地下水数学模型的解析解

解析解是模拟对象的精确解，然而对于复杂条件下的地下水数学模型，由于求解困难，通常难以获得完全的解析解。地下水流的控制方程为抛物线形的偏微分方程，方程的形式与热传导弥散方程一致。根据含水层性质，控制方程可以分为两类，分别是线性的承压水流方程和非线性的潜水流方程（薛禹群和谢春红，2007）。非线性的潜水方程一般是通过线性化的方式近似为线性方程，以便获得解析表达式。溶质运移的控制方程也为抛物线形的偏微分方程，方程的形式与热传导对流-弥散方程一致。

在某些特殊情况（如规则的区域及边界条件、均质含水层）下，地下水流及溶质运移方程可利用解析的方式获得解析解。根据地下水流的数学方程，其解析解可以分为天然水流方程的解析解和抽水条件下的地下水流向抽水井的解析解。天然水流问题和地下水井流问题已经存在大量解析解，这些解析解涵盖了一维、二维和三维稳定和非稳定流的承压水及潜水在不同定解条件下的水流问题。Tolikas 等（1984）推导出一维地下水流 Boussinesq 方程的简单解析解。Li 等（2000）和 Sun（1997）研究推广了河流入海口处地下水对潮汐作用响应的二维解析解。Kacimov（2000）提出了均值、各向同性、稳定流条件下的承压含水层与湖泊水量交换解析解公式。Bakker 和 Hemker（2004）通过转换渗透系数张量求解三维地下水流方程，对三维多层非均质含水系统中地下水的运移规律进行了研究。Liang 和 Zhang（2013a）采用分布式转移函数法（DTFM）得到了非均质含水层非稳定流的解析解，分析了含水层的非均质性对侧向补给的影响。对于毛细作用对潜水含水层水位波动的影响及其定量关系，Kong 等（2013）提出了包含水平和垂直流动的潜水面控制方程，并得到该方程的近似解析解，结果表明毛细作用使得潜水位波动更易传播，且能抑制水位波动的幅度过大。Lu 等（2015）使用 Schwartz-Christoffel 保角映射方法和复变数技术，推导出在多种定水头边界与隔水边界组合条件下，矩形含水层抽水的地下水稳定流解析解。Atangana 和 Ala-baraoye（2016）提出一种基于 Sumudu homotopy 方法和 Laplace homotopy 方法迭代求解考虑含水介质变异性的地下水流模型解析解。

与地下水流方程类似，地下水溶质运移问题也存在大量解析解，这些解析解涵盖了一维、二维和三维稳定和非稳定水流及溶质运移在不同定解条件下的溶质运移问题，并且包含了多相及化学反应的过程。Wexler（1992）总结了多种初始条件与边界条件下，一维、二维、三维溶质运移过程的解析解，并附有相应的代码程序。Toride 等（1995）开发了多用途软件 CXTFIT2，该软件不仅可以求解一般的一维对流弥散模型，还可用于求解双域质量传输模型。此外，CXTFIT2 具有参数估计与结果验证的功能。Tartakovsky（2000）推导出二维稳定流均质条件下，稳定污染物在抽、注地下水条件下的运移过程解析解。Strack（2016）通过解析方法对海岸带含水层中的咸淡水界面运移规律进行了分析，研究成果为海水入侵的监测提供了依据。Lu 等（2016）基于 Dupuit-Forchheimer 近似理论，分别推导出在定流量和定水头内陆边界条件下，承压与非承压、倾斜含水层中稳定态海水入侵突变界面的解析解。

随着解析方法的发展以及计算平台性能的不断提升，地下水数学模型的解析解在不断扩展应用范围，面向更加复杂、多样化的地下水环境。未来地下水数学模型解析解的方向是考虑介质的非均质性、不规则与倾斜含水层、非饱和带过程、地表-地下水耦合过程、溶质-热量-固体应力等多相耦合作用、非线性过程等复杂条件。

（四）地下水数值模拟

基于一组控制方程及相应的边界条件与初始条件方程（即数学模型）来描述地下含水介质中水流及溶质的运移过程，结合合适的数值求解方法，实现地下水流与溶质在时间与空间上运移过程模拟的方法，称为地下水数值模拟（薛禹群和谢春红，2007；Anderson et al.，2015）。随着地下水动力学基础理论的逐渐完善、数值计算方法的不断发展，以及计算机技术的日益更新，地下水数值模拟已成为现代地下水资源与环境管理的重要技术手段之一，在国内外被广泛应用于地下水动态模拟、地下水环境评价、水文地球化学模拟、地下水污染场地修复等问题的研究。

1. 地下水模型的数值求解方法

常用的地下水数值求解方法有：有限差分法（FDM）、有限单元法（FEM）、边界元法（BEM）和有限分析法（FAM）以及由此而发展的特征有限单元法和特征有限差分法等，其中最常用的方法为有限差分法和有限单元法。

有限差分法被广泛应用于孔隙介质、裂隙介质及岩溶介质的地下水流及溶质运移模型的求解，取得了良好效果（Kacimov et al.，2016；Stanko et al.，2016）。然而，有限差分法难以处理复杂的边界条件和含水层系统，且在溶质运移模拟中求解精度不够高。

有限单元法的优点是：对地下水流、溶质运移及热量运移模型的计算过程基本相同，能实现不同模型间的耦合模拟，能处理复杂边界条件和含水层系统，可按不同的精度要求采用不同的单元剖分方式和插值函数。同有限差分法一样，有限单元法不仅可以对孔隙、裂隙及岩溶地下水系统进行模拟，还可对变密度流（如海水入侵）等过程进行模拟（Lee et al.，2016）。但该方法也存在计算量大、占用内存多、计算时间较长等问题（He et al.，2013）。

边界元法的优点是：计算精度较高，对于无限区域的模拟效果较好。但边界元法同时存在一些限制，如计算量较大、计算时间较长等（薛禹群和谢春红，2007）。

有限分析法的基本思想是将控制方程的局部解析解组成整体的数值解。由于有限分析数值解可以较好地保持原有问题的物理特性，通过自动调节有限分析系数来体现对流与扩散效应，因此可得到单调无振荡解，数值稳定性好。该方法自问世以来，便被众多学者应用于地下水研究中，是目前比较热门的数值模拟方法之一（张在勇等，2016；Kovarik and Muzik，2013）。

除上述方法外，有限体积法（FVM）兼具有限差分法和有限单元法的特征，且计算效率比有限差分法高，还能处理复杂的边界条件，已被广泛应用于地下水流及溶质运移模拟中（Dotlic et al.，2016）。近年来，从有限单元法衍生出混合有限元法（HFEM）（Castelletto et al.，2016）、特征有限元法（CFEM）和多尺度有限单元法（MSFEM）（Xie et al.，2016）等，推动了地下水模型求解方法的发展。

2. 地下水数值模拟软件

随着计算机技术的发展，国内外相继开发了一系列地下水数值模拟软件。

这些软件凭借模块化、可视化、交互性、智能化、求解方法多样化等特点，简化了建模过程，且能用于优化、预测及数据分析等，并经过不断发展和完善，得到了广泛应用。当前常见的软件平台包括 Visual MODFLOW、FEFLOW、GMS 等，各类软件平台简介信息见表5-4（王浩等，2010）。尽管各模拟软件都在不断更新升级，扩大应用领域，但面对难以查清的地质条件和复杂变化的地下环境，每款软件均不可能适用于所有的地下水问题，要根据研究区的实际情况、实际需求选择合适的软件。

表5-4　主要地下水数值模拟软件简介

软件名称	开发机构或个人	功能	特点
Visual MODFLOW	加拿大 Waterloo Hydrogeologic Inc.	在 MODFLOW 模型基础上，综合 MODPATH 等模型，应用现代可视化技术开发研制的地下水水流模型	基于有限差的三维地下水水流模拟软件
FEFLOW	德国水资源规划与系统研究所	用于二维和三维稳定、非稳定流和污染物运移模拟；带有非线性吸附作用、衰变、对流、弥散的污染物运移模拟	基于有限元的三维地下水水流及水质模拟软件
GMS	美国 Brigham Young 大学和美军 Engineer Waterways Experiment Station	综合 MODFLOW、FEMWATER、MT3DMS、SEAWAT、PEST 等地下水模型开发的一个用于地下水环境模拟的综合性图形界面软件	强大的前、后处理功能、良好的三维可视效果，是国际上最受欢迎的地下水模拟软件之一
Visual Groundwater	加拿大 Waterloo Hydrogeologic Inc.	地下数据和地下水模拟结果三维可视化与动画软件	三维可视化地下水软件
Processing MODFLOW	W. H. Chiang and W. Kinzalbach	以 MODFLOW 软件为核心，运用可视化技术开发研制的地下水水流模型	界面相对简单、实用，后处理功能不够强大
HydroGeo-Analyst	加拿大 Waterloo Hydrogeologic Inc.	帮助用户管理钻孔数据、土壤环境监测数据、地下水环境监测数据，将地层剖面可视化，以及三维显示地层信息及污染羽分布	对地层数据及环境信息进行管理，可视化地下水流及污染物信息
Groundwater Vistas	Jim Rumbaugh	用于地下水流及污染物运移三维模拟、先进的图示用户界面，并可进行校准和优化处理	综合了多种图形分析工具，强大的模型设计系统
WHIUnSat Suite	加拿大 Waterloo Hydrogeologic Inc.	一维非饱和带地下水流和污染运移模拟模型	一维垂向非饱和带地下水流和污染物迁移模拟
MIKE	丹麦水利研究所	包含地下水分析模块，采用有限元方法对地下水运动、污染运移进行模拟计算，实现地表水和地下水的联合调配，为水环境管理提供可靠依据	水环境综合模拟软件，用于模拟地表水和地下水的交互过程

软件名称	开发机构或个人	功能	特点
SWAT	美国农业部	分布式流域水文模型，模拟流域内土壤-植被-大气系统中的水分与污染物的运移过程	良好的可视化效果，地表水和地下水的耦合模拟

资料来源：王浩等，2010

3. 裂隙岩溶含水介质地下水数值模拟

与等效多孔介质相比，裂隙岩溶介质存在强烈的非均质性和各向异性，地下水的流态也与孔隙介质存在显著差异，这给数值模拟带来了一定的困难，相应的模拟方法还在不断发展之中。

目前多数采用等效连续介质的方法，用具有等效水力特性的连续多孔介质来近似代替相应的裂隙岩溶介质。针对等效连续介质的方法是否适用于裂隙岩溶介质地下水模拟的问题，Xanke 等（2016）利用等效连续介质方法建立了约旦某地区岩溶含水层的二维模拟模型，通过精细分区表征岩溶水快速流动和缓慢损耗的流动模式，并评价了当地地表水库对岩溶含水层的长期补给作用。

除此之外，用于裂隙岩溶介质地下水数值模拟的方法还包括离散裂隙网络方法、双重连续介质方法、离散-连续介质耦合方法等。离散裂隙网络方法忽略了基岩的透水性，假设水只在裂隙面和管道中渗透，整个地下水的流动和溶质运移通过裂隙网络实现，建模时需要各裂隙和管道的精确信息来描述其空间位置、连通性和导水性。Zhang 等（2014a）提出了一种新的三维裂隙网络中裂隙连接关系的识别方法，以渗流途径围岩作为渗流边界，以裂隙和岩石表面的交线组成的封闭圈作为岩块边界。该方法可用于任意形状二维区域上渗流的数值计算，其适用性基于工程实例得到了验证。

双重连续介质方法假定裂隙岩溶含水介质是由空隙性差而导水性强的裂隙系统和空隙性好而导水性弱的孔隙（基质）系统形成的两个重叠的连续体，通过水量和溶质的交换将两者联系起来。Ackerer 等（2014）提出了一种改进的基于迭代反演过程空间参数分布自适应离散化方法，进行双重连续介质的参数识别与估计，并基于案例分析进行了验证。

离散-连续介质耦合方法以等效连续介质方法描述孔隙（基质）系统中的水流和溶质运移，以离散裂隙网络方法描述裂隙和岩溶管道中的水流和溶质运移，将两者通过水量和溶质的交换耦合，是一种综合模拟方法。基于最新版本的管道流过程程序包（CFPv2），Xu 等（2015）对美国佛罗里达州沿海地区的岩溶含水层地下水进行了数值模拟，研究分析了海水和淡水相互作用下两处岩溶泉排泄量的变化过程。

4. 水文地球化学模拟

水文地球化学模拟是在化学热力学和化学动力学的基础上发展起来的水文地球化学定量研究方法（沈照理等，1999），常用的水文地球化学模型主要有离子缔合模型、化学平衡模型和反应性溶质运移模型三类（文冬光等，1998）。其中，反应性溶质运移模型是在溶质运移模拟的基础上，考虑溶质在地下水中迁移时发生的水-岩相互作用，具有可靠的物理机制，因而被广泛用于水文地球化学模拟与研究。

水-岩系统中化学演化模拟需要较复杂的计算，当前最常见的模拟程序是PHREEQE（Parkhurst，1995）。它除具有一般的质量平衡计算功能外，还可以进行质量迁移计算。Parkhurst 和 Appelo（1999）在 PHREEQE 的基础上加入离子缔合模型、质量平衡模型及部分反应动力学模型，开发了PHREEQC 程序，使之成为水文地球化学模拟中应用最广泛的模拟程序。Bozau 等（2015）利用 PHREEQC 和 PHAST 模型评价了德国北部盆地由污染的地表水引起的深层地下水中硫酸钡垢的影响，并尝试加入 EDTA 使钡离子络合，防止其沉淀，模拟结果表明，该方法在研究区地下水矿化度很高的地区效果不明显。Hafeznezami 等（2016）利用 PHREEQC 研究了砷在碱性地下水中的迁移过程，结果表明，磷的浓度在砷衰减过程中具有显著的作用。

随着计算模拟技术的不断提升，水文地球化学模拟将逐渐用于流域尺度的地下水环境演化模拟与分析。考虑多组分、多反应过程及多应力作用条件下水岩作用模拟，将是今后水文地球化学模拟的发展趋势。

5. 地下水数值模拟的应用

地下水数值模拟技术被广泛应用于地下水资源与生态环境相关问题的处理与研究。主要包括以下几个方面。

（1）制定合理可行的区域地下水开发利用方案。针对大区域尺度、复杂条件下的多层含水层系统，祝晓彬等（2005）基于 GMS 软件系统，通过对含水介质的精细剖分和参数识别，建立了长江三角洲地区的三维地下水流模型。Wu 等（2015）利用一种地下水-地表水耦合模拟模型 GSFLOW，对中国西北半干旱地区张掖盆地的地下水补给、径流与排泄进行了分析，并提出了地下水开发利用建议。

（2）分析区域生态环境与地下水系统之间的响应。基于 Modflow-2005 模型及区域地表地形与植被特征数据库，Yao 等（2015）建立了中国西北黑河流域地下水-生态环境耦合模型，分析了干旱半干旱地区河流盆地地表生态环境与地下水系统之间的响应关系。Hu 等（2009）通过一种耦合的地下水-地表水模型（SRBWRMM），研究了石羊河流域下游地区地下水管理与生态环境修复问题，通过对多个情景方案的模拟，识别出适合该地区社会经济发展与生态环境保护的用水模式。

（3）评价区域地下水资源的演化过程及发展趋势。Jaunat 等（2016）利用 FEFLOW 软件建立了法国比利牛斯山区西北部地区的地下水数值模拟模型，考虑不利条件下的气候变化情景，模拟预测了至 2050 年该地区的有效降水量和地下水自然排泄量变化。为预测沿海地区海水入侵的发展演化趋势，Lathashri 和 Mahesha（2016）利用 MODFLOW 和 SEAWAT 模型建立了印度卡纳塔卡沿海地区地下水盐分运移模拟模型。

（4）评价地下水污染物的运移扩散及场地污染修复。Troldborg 等（2010）利用 MODFLOW 和 MT3DMS 模型建立了哥本哈根北部某三氯乙烯（TCE）污染场地的地下水数值模拟模型，通过考虑研究区地质结构不确定性、含水层非均质特征及观测数据的误差，定量评价了该场地 TCE 污染晕的概率分布与演化趋势。为研究地震后土耳其马尔马拉海南部某工业园区丙烯腈（AN）的泄露与修复过程，Sengor 和 Unlu（2013）基于 GMS 软件建立了该地区 AN 泄露的浅层地下水数值模拟模型，通过模型的识别与验证，分析了抽出处理方法对于高、低渗透介质的污染修复效率，并得出污染源位置、浓度观测数据、地下水抽取速率等因素对于污染场地修复的重要影响。

（5）其他方面。包括地热资源的开发与评价（Gooch et al.，2016）、水-岩相互作用过程模拟（Siergieiev et al.，2014）、矿物-水-微生物相互作用模拟（Barry et al.，2002）、地面沉降数值模拟（Ye et al.，2016）等方面。

三、未来发展趋势

根据国内外研究现状，结合当前社会经济与生态环境发展需要，地下水物理模拟与数学模拟将不断用于地下水相关问题的研究。凭借低廉的建模成本、灵活的模型校正与验证方法，地下水数学模拟具有更强的可操作性和应用性，在面对复杂、多样的实际地下水问题时，具有更高的应用价值。此外，由于面向问题的通用性与强大的适应性，地下水数值模拟技术在面对复杂、大尺度条件下的地下水环境问题时，将发挥越来越重要的作用。地下水模拟的主要发展趋势如下。

（1）利用先进的 3S 技术进行资料收集与信息处理。鉴于 3S 技术强大的空间数据获取、分析及处理功能，地下水数值模拟与 3S 技术的结合将是未来发展的趋势。

（2）利用地球物理与地球化学技术进行地下水系统的信息获取。随着近年来地质雷达技术、电阻率层析成像技术、高密度电阻率探测法、环境同位素等先进技术的发展，将逐渐应用于地下水系统的信息获取。

（3）地下水数值模拟不确定性分析与风险评价。由于有限的观测数据及不合理的水文地质概念模型，地下水数值模拟结果受到模型参数、模型结构、观测误差等因素的影响，从而导致模拟结果与观测数据的偏差，因此需要进行地下水数值模拟的不确定性分析，定量刻画不确定性的大小及来源，从而控制和降低模拟及预测结果的不确定性（Liu et al.，2016；Zeng et al.，2016b）。此外，基于地下水数值模拟进行污染物运移扩散的预测分析或场地污染修复时，需要考虑数值模拟模型的不确定性，并进行相应的风险分析与评价（Zeng et al.，2016a）。

（4）地下水污染源的识别。地下水污染具有隐蔽性、复杂性以及治理修复成本高等特性。地下水污染源的识别不仅可以为地下水治理方案的制订提供依据，还可用于追究相关排污对象的责任。地下水污染源的识别是预测污染物分布的逆问题，主要用于确定已知污染源的释放历史、未知污染源的位置、恢复污染物的历史分布。当前针对常规的污染源识别问题，已有一些研究成果（Zeng et al.，2012；曹彤彤等，2016），然而，针对污染源数量未知、原始污染物性质未知等条件下的污染源识别，需要进一步的研究。

（5）复杂条件下的地下水模拟。考虑复杂地质结构、复杂化学过程、复杂生物过程等条件下的地下水流及污染物运移过程的模拟（包括解析解与数值模拟），将逐渐得到地下水科学研究者的重视。

（6）参数尺度效应问题、裂隙水问题、溶岩大孔隙流问题、多重介质问题、多重过程耦合（多场耦合）问题、多相流问题等，均需要发展新的解析解与数值模拟方法，目前已经成为地下水领域的研究热点。

（7）与多学科交叉融合。地下水模拟与地质学、地球化学、地表水文学、地貌学、土壤学、大气科学、生物学、生态学、数学以及社会学的联系将日趋紧密，从而有利于综合解决越来越复杂的流域水环境问题（中国地下水科学战略研究小组，2009）。

第六节 同位素水文地质技术

随着核技术的巨大进步和核物理理论的不断成熟，同位素技术在水文地质研究中不断得到广泛应用。同位素技术使水文地质的研究方法从水的分子结构层次（物理学方法）和原子结构层次（化学方法）深入到原子核结构层次（同位素方法）。这种研究方法的进步使水文地质学的研究能够从大气水-地表水-地下水的统一系统出发，定量研究它们之间的转化关系，从而为解决许多水文地质问题提供一种有效的研究手段。同位素技术的广泛应用成为现代水文地质学的重要标志。

同位素技术在水文地质学中应用的主要依据是根据稳定同位素的分馏原理和放射性同位素的衰变理论，利用同位素对水循环和物质传输的标记作用和计时作用，解决诸如地下水的起源和形成、示踪研究地下水运动和溶质来源、估计地下水年龄、测定某些水文地质参数等水文地质问题。

在 20 世纪 50 年代，同位素技术在水文地质学中的最初应用主要是进行人工同位素示踪和利用中子、γ 射线测定含水层某些物理参数（如含水量、孔隙度等）。20 世纪 60 年代后，由于同位素测试技术的巨大进步，一些能够测定超微量同位素成分的实验室相继建立，同位素技术在水文地质学中开始得到广泛应用。国际原子能委员会（IAEA）在组织同位素水文地质学研究和推广研究成果方面发挥了非常积极的作用。

目前同位素方法正成为水文地质学一门重要的研究手段，研究内容和应用领域正逐渐扩大且发展十分迅速，近 20 年来在同位素测试技术、地下水补给、地下水定年、水岩相互作用、地下水污染源解析和污染物衰减过程与机理、地下水中古气候信息的提取等方面取得了重要进展。

一、同位素测试技术的快速发展

同位素测试技术是同位素水文地质学研究的基础。新的测试技术的创立、新的测试仪器的研制以及原有仪器设备和测试方法的改进，是推动同位素技术在水文地质学应用的强大驱动力。同位素测试技术上的每一项突破往往会为同位素在水文地质学的应用研究开辟新的领域。同位素测试技术的快速发展体现在快速化、精确化、微量化、微区化、多样化和标准化（丁悌平，2002）。

（一）加速器质谱的应用

加速器质谱技术（AMS）诞生于 20 世纪 70 年代末，它的研发可以追溯至 1939 年。Alvarez 和 Cornog（1939）利用回旋加速器测定了自然界中 ^{3}He 的存在。而在 1977 年，美国 Rochester 大学和加拿大 McMaster 大学的科学家应用串列加速器测定了自然界中的 ^{14}C。自此，AMS 技术以其多方面的优势迅速发展起来。AMS 利用加速器的原理对不同离子进行分离。由于加速器的高分辨性能，加速器质谱能达到极高的灵敏度，可至 10^{-16}。这种仪器对于分析含量极低的同位素有特别的优势，因而特别适于 ^{10}B、^{14}C、^{32}Si、^{36}Cl 等宇宙射线成因同位素的分析（丁悌平，2002）。近年来，随着该项技术的发展（加速器能量的加大和灵敏度的提高），这种技术得到广泛应用，成为地下水定年和水岩作用研究的重要手段。目前，AMS 应用范围涉及地质学、海洋学、考古学、环境科学与核天体物理等众多科学领域，它已经发展成为一门十分活跃的核分析技术，在推动这些领域的学术发展中发挥着越来越重要的作用。

（二）多接收激光剥蚀等离子体质谱

多接收电感耦合等离子体质谱是同位素测定的一项新技术。最早由 Wakler 于 1993 年 8 月引入，而多接收激光剥蚀等离子体质谱（MC-LA-ICP-MS）是在等离子体质谱的基础上发展起来的一种新型质谱计。这一技术应用于稳定同位素的研究始于 20 世纪 80 年代，其仪器的最基本的特征是利用等离子技术使样品电离产生离子，从而进行同位素分析。由于等离子技术的电离效应远好于表面电离法，有些用热表面电离质谱难以分析的元素（如 Fe）也可用等离子体质谱进行同位素分析（丁悌平，2002）。

这种技术无需对待测样品进行繁琐的预处理，可以同时测定多种元素的同位素，因而显著地提高了测试工作的效率。最初，等离子体质谱多采用四级杆质谱，这种质谱速度快，但精确度不够高。新一代的仪器采用磁质谱，前面加上激光剥蚀装置，离子接收部分采用多接收器，因而成为"多接收激光剥蚀等离子体质谱"。新的配置显著提高了测量的精确度和空间分辨率，成为新的有力的测试工具（丁悌平，2002）。

近年来，由于 MC-LA-ICP-MS 技术的发展，包括过渡元素在内的一批重元素（如 Ca、Cr、Fe、Cu、Zn、Se、Mo）的同位素开始被纳入研究范畴，这大大扩展了稳定同位素的研究对象，为同位素地球化学研究开辟了广阔的前景。MC-LA-ICP-MS 技术的特点是无需复杂的样品分解处理步骤，而可获得类似热电离质谱（TIMS）的分析精度，因而 MC-LA-ICP-MS 固体微区同位素分析技术将是地球科学领域最具应用潜力的分析技术之一。

（三）连续流质谱

连续流质谱（Continuous Flow MS）是在气体同位素质谱基础上发展起来的一种新型仪器。这种"线上"方法是在 20 世纪 80 年代后期开发的，1983 年 Preston 和 Owens 首次证明了在氦气流的携带下，直接采集目标气体进入质谱离子源的技术是可行的（Preston and Owens，1983），并用这种方法在极短时间里完成了氮同位素的分析。"连续流"质谱分析技术因此得名并发展起来。它的特点是用载气不停地将待测气样带入离子源，与传统的双入口 IRMS 相比，可减少样品的损失，提高分析速度和灵敏度。现在可应用于大气科学、生物学、生态学、地球科学等众多领域，主要用于环境、生物等复杂和微量样品的同位素分析，并且操作条件的优化可以允许碳和氧同位素比率的测量精确度 $\leqslant 0.1‰$（Paul and Skrzypek，2006）。

（四）光谱法的应用

激光吸收光谱法测定同位素的原理是基于长扫描光腔衰荡光谱（CRDS）技术，而且应用激光同位素分析仪可避免分析前处理的化学转化，具有分析成本低、分析速度快、携带方便等优点，目前已逐渐应用于水文、水资源、生态学研究领域。Maselli 等（2013）曾利用 Picaro L2120 激光水同位素分析仪进行了冰芯样品中 $\delta^{18}O$ 和 δ^2H 的测定，并获得了高精度的实验数据。

光电流光谱法用于同位素的测定已广泛应用于激光光谱学、激光分离同位素、计量学和分析化学。它起源于 1976 年，美国 Green 等以一台可调谐染料激光作为光源，利用光电流效应得到了原子的电子吸收光谱，此即光电流光谱。这一方法可以广泛应用于铀同位素位移的测定（Green et al.，1976）。

拉曼光谱法主要用于分析氢同位素气体样品，尤其是含氚的种类，它是在 20 世纪 70 年代末和 80 年代发展起来的。起源于 1978 年 Edwards 和 Long 对氚（T_2）转动拉曼谱线的报道。到 20 世纪 90 年代和 21 世纪初，用拉曼光谱分析氢同位素的技术得到了极大的发展和应用。

（五）有机单体同位素分析（CSIA）技术

环境中的污染源是非常复杂的体系，同一化学组成或分布特征的物质有可能来源于不同物质的降解或不同污染源的相互作用，因此利用化学指纹技术研究地下水中有机污染物的来源具有一定的不确定性。有机单体同位素分析（CSIA）技术是 19 世纪 90 年代发展成熟的现代分析方法，它通过测定有机化合物单体中特定元素的稳定同位素比值，实现对有机污染物随时空迁移转化的监控（Meckenstock et al.，2004）。由于 CSIA 技术测定的是单个化合物的特定元素同位素值，它避免了传统化学指纹分析测定所导致的不确定性，使得同位素指纹成为指示环境中微量有机污染物来源的最有效的被动示踪剂，所以 CSIA 技术被称作"环境法医"（environmental forensics），利用 CSIA 技术可以深入探究有机物降解过程的机理（彭先芝等，2004）。

将气相色谱仪（GC）与同位素比值质谱仪（IRMS）连接起来是有机单体同位素分析（CSIA）的核心技术。1988 年，第一个商业化的 GC-IRMS 仪器首次在波尔多的第十一届国际质谱会议被介绍，最近又将液相色谱仪（LC）与同位素比值质谱仪（IRMS）耦合。2004 年，这一技术在商业上的应用，拓宽了质谱技术的应用领域，但是同位素比值质谱仪的不断改进（例如 GC-IRMS 和 LC-IRMS）还不能解决某些有机化合物同位素的在线测试问题，直接引进-气相色谱-同位素比值质谱计（DI-GC-IRMS）、气相色谱-四极杆质谱计（GC-qMS）、气相色谱-多接收器-电感耦合等离子体质谱计（GC-MC-ICPMS）和气相色谱-光强衰荡光谱仪（GC-CRDS）等分析测试仪器不断被研制并取得了一定成果（方晶晶等，2013）。

然而，由于环境中有机污染物种类繁多、结构复杂、分布越来越广泛、天然样品含量低、降解途径多且降解难度大、有毒而且持续时间长，目前有机单体同位素分析（CSIA）技术仍然存在一些有待解决的问题，主要有：①在线监测虽然更经济、快速，需要较少样品，但相对于离线监测，其测试精度有所下降（Meier-Augenstein，2004）；②测单一同位素时，可能存在其他同位素气体的干扰（Meier-Augenstein et al.，2009）；③目前测试的项目主要是 C 和 Cl 的同位素，应用的范围比较局限；④用于有机化合物稳定同位素测试的国际公认的标准物质太少，例如有机氯和溴同位素的国际标准尚未开发，需加速研制（Elsner et al.，2012）。

目前，CSIA 技术在定性研究环境中的有机污染物方面已有广泛应用，但就定量研究而言，仅在挥发、半挥发性有机污染物研究方面的应用比较成熟。而相对于环境中大量的有机污染物而言，定量 CSIA 技术尚处于初级阶段。为了更好地应用 CSIA 技术，仍然需要很大的努力。但是，可以预见，CSIA 技术必将成为有机污染物研究领域中最为有效的方法之一。

二、地下水补给的示踪技术

(一) 地下水补给来源识别

水文地球化学和环境同位素示踪技术是揭示地下水补给来源和地下水演化规律的重要和常用方法手段。地下水的同位素组成主要取决于地下水的来源，并受到径流过程中多种因素的影响。不同来源水的同位素组成的差异及同位素含量的时空变化是应用环境同位素示踪技术识别地下水补给来源问题的基础（International Atomic Energy Agency，2013）。就应用最广泛的 ^{2}H 和 ^{18}O 同位素来说，不同水体因受高程效应、纬度效应、大陆效应、气候效应、雨量效应等多种因素的影响而存在较大的同位素分布空间差异，人们通过比较地下水体中这两种同位素与大气降水和地表水等水体中的差异以及跟全球大气降水线和区域大气降水线进行比较来判断地下水的补给来源（Clark and Fritz，1997）。目前环境同位素示踪技术在地下水起源、补给源区所处海拔高度和各种补给源的比例等问题研究中的应用已相当普遍。不但如此，一些研究者还在研究中尝试联合使用一些环境同位素（如 ^{37}Cl 和 ^{81}Br 等）（Clark and Fritz，1997）来判断地下水的补给来源，并据此揭示地下水形成过程中所经历的地球化学演化过程（Clark and Fritz，1997；焦杏春，2016）。

(二) 地下水补给速率估算

基于地下水蒸发量和入渗补给量在干旱半干旱地区水资源评价中的重要性，利用同位素技术除了可以有效地确定地下水的补给来源外，由于研究地下水的补给速率和蒸发速率是近年来同位素水文地质学研究中的一个重要内容，在这方面的成果也层出不穷（Su et al.，2016；Huang et al.，2017）。其中估算地下水的补给速率进而计算地下水补给量，应该是同位素示踪技术在水文地质学中最重要和最广泛的一个应用，在干旱半干旱地区尤其如此。早在 1996 年，由联合国教科文组织（UNESCO）和国际原子能机构（IAEA）联合启动的"国际水文计划"（IHP），在叙利亚、英国、塞内加尔、尼日利亚、墨西哥、埃及、澳大利亚、印度、南非、突尼斯、约旦、撒哈拉沙漠、博茨瓦纳和智利等多个国家和地区开展了多项研究和应用工作，开启了系统应用环境同位素技术研究地下水补给速率和补给量，进而评价地下水可更新能力和可持续开采量的时代。随后，我国学者也对同位素示踪技术开展了进一步的研究和应用。如 1999 年立项的国家重点基础研究发展计划

（973 计划）项目"黄河流域水资源环境演化规律与可再生性维持机理"，应用 ^2H、^{18}O、^3H 和 ^{14}C 等环境同位素对黄河典型河段的地下水的循环模式和补给速率进行了研究，并据此评价了地下水资源的可更新能力（林学钰和王金生，2006）。除此之外，中国地质调查局于 1999 年启动的"国土资源大调查"项目和"全国地下水资源及其环境问题调查评价"项目，其调查研究区涉及我国的松嫩平原、三江平原、西辽河平原、华北平原、山西六盆地、鄂尔多斯盆地、银川平原、河西走廊、柴达木盆地、准噶尔盆地和塔里木盆地等多个平原和盆地，环境同位素技术在这些地区都有研究和应用，并取得了很好的研究成果。除了早期研究中利用土壤水氚的垂向剖面估计地下水的垂向入渗速度外，近年来人们也尝试利用核爆初期产生的 ^{36}Cl 和 ^{37}Cl 并结合 Cl 的惰性化学性质来估算地下水的垂向入渗速率。而且该方法可以与氯元素的质量均衡法有机结合和相互验证，从而可以提高研究结果的可靠性（Huang and Pang，2010；Clark and Fritz，1997）。另外，自从 1965 年 Craig 和 Gordon 根据 Fick 扩散定律模拟蒸发过程中汽/液界面附近同位素运移规律以来，应用同位素技术进行蒸发研究的范围逐渐延伸到饱和带和非饱和带的土壤水，并利用稳定同位素来研究稳定或非稳定流态、等温或非等温条件下土壤水的蒸发和入渗过程。

（三）在地下水补给研究中的其他应用

除了用于识别地下水的补给来源和估算地下水的补给速率，并据此评价地下水的可更新能力，环境同位素示踪技术在地下水研究中的应用在近些年还被扩展到了其他一些方面，比如示踪地下水中溶质和有机无机污染物的污染来源（Kim et al.，2015；Wang et al.，2016）和迁移过程（中国地下水科学战略研究小组，2009）、约束地下水数值模型参数（翟远征等，2011）、揭示地下水咸化过程（焦杏春，2016）、示踪陆地地下水的向海排泄（Wang et al.，2015）、地表水与地下水的相互作用（Lamontagne et al.，2015）等。但是，与地下水补给来源和速率研究相比，这些研究目前总体上还处于探索和发展阶段。

三、地下水同位素测年技术

放射性同位素测年是确定地下水年龄最常用的方法之一，也始终是同位素水文地质学的重要发展方向之一。不同的放射性同位素测定的地下水年龄段不同，一般其测定范围是其半衰期的 0.1～10 倍。根据地下水的年龄将地下水分为"现代"地下水、"次现代"地下水、古地下水，相应地将放射性同位素测年方法分为"现代"地下水测年方法、"次现代"地下水测年方法和古地下水测年方法。"现代"地下水指在过去几十年补给的地下水，是强烈水文循环的一部分。"次现代"地下水指年龄为 50～1000 a 之间的地下水。年龄大于 1000 a 通常就算作古地下水。总体而言，"现代"地下水、古地下水都有比较常规的测年方法；"次现代"地下水的测年比较困难，能够使用的放射性同位素很少，并且取样和分析技术都还不太成熟（韩永等，2009）。

（一）现代地下水的测年

1. ^{3}H 测年法

^{3}H 半衰期为 12.43 a，测年上限为 50 a。^{3}H 有 3 个来源：宇宙射线产生的 ^{3}H、地质成因的 ^{3}H 和人工 ^{3}H。大多数地下水中，地质成因的 ^{3}H 可以被忽略。天然降水中 ^{3}H 含量约为 5～10 TU，20 世纪 60 年代核爆试验导致空中 ^{3}H 浓度急剧增加。^{3}H 测年法可分为经验法和数学物理模型法。经验法是根据地下水是否受到了核爆 ^{3}H 的标记，将地下水形成时间划分为核试验前和核试验后两个年龄段，再根据不同年代 ^{3}H 含量的经验值来定性分析地下水的年龄。数学物理模型主要有活塞流模型、指数模型、线性模型和有限态混合单元模型，能较为准确地得出地下水的年龄（王恒纯，1991）。^{3}H 测年法是确定年轻地下水年龄最常用的一种方法，但其应用前景受到很大限制，正逐渐失去有效性，主要因为：20 世纪 90 年代以来，大气降水和地下水中 ^{3}H 含量大幅减少；计算模型中要求初始 ^{3}H 浓度输入，而许多地区缺乏连续观测资料，利用同纬度相近地区的资料可能造成误差（陈宗宇等，2006）；有些区域现代水与含水层中核爆前的水混合，地下水有可能被稀释，给定量推断地下水的年龄带来很多困难。因此，多数情况下只能根据不同地区地下水的 ^{3}H 含量得出一些定性的推论（Clark and Fritz，1997）。

2. ^{3}H/^{3}He 法

该方法依据地下水中 ^{3}He 原子核衰变过程中母体（^{3}H）和子体（^{3}He）原子核的衰减和累积规律，通过衰变方程来确定年龄。自 Tolstikhin 和 Kamensky（1969）首先提出利用 ^{3}H 和它的衰变产物 ^{3}He 确定地下水年龄以来，一些研究发展了 ^{3}H/^{3}He 定年方法并证明了其可应用于地下水系统中（韩永等，2009）。Weise 和 Moser（1987）通过将 ^{3}H/^{3}He 法与其他示踪剂和模型所得结果比较，证实了^{3}H/^{3}He 定年方法的有效性。

^{3}H/^{3}He 定年法受^{3}He 气体随补给水流的约束程度的影响，水流流速影响^{3}He 的流失量（Solomon and Cook，2000）。在低流速入渗补给区，弥散会控制^{3}He 的运移，从而难以获取^{3}He 准确的年龄信息。地下水经历降雨入渗、再充气、灌溉回流等一系列接触空气过程后，也会使^{3}He 产生损失，导致^{3}H/^{3}He 定年不准确。此外，从一些裂隙-岩石系统的结晶岩中抽取的混合地下水，其古水成分会含有大量的^{3}H。即使样品中仅包含一小部分的古水，都会导致^{3}He/^{4}He 的比值不精确，影响地下水中年轻组分^{3}H/^{3}He 的年龄的计算（Burton et al.，2002）。在^{3}H/^{3}He 定年过程中，常假设过量的气体溶解不发生分馏，但一些古水出现了分馏现象，因而补给过程中过量空气的形成机制需要深入研究。

3. ^{85}Kr 法

^{85}Kr 是一种放射性同位素，半衰期为 10.76 a。^{85}Kr 有天然来源和人工来源。^{85}Kr 的天然含量很低，由宇宙中的中子与稳定同位素^{84}Kr 反应产生。环境中的大多数^{85}Kr 来自人工来源，主要在核试验、核反应堆、核燃料后处理工厂中产生。

为了测出地下水的年龄，须将其转化为大气中^{85}Kr 的比活度，再与大气中^{85}Kr 的比活度增长曲线对比，就可以得出地下水^{85}Kr 的视年龄。应用^{85}Kr 来求取地下水年龄时^{85}Kr 法不受溶解度、补给温度和过量气体的影响；同时与^{3}H/^{3}He 法相比，岩土中没有明显的放射性来源，^{85}Kr 法已经成为测定 1960 年以来接受补给的地下水的年龄的较好方法（韩永等，2009）。但由于^{85}Kr 确定地下水年龄的采样和分析步骤十分烦琐，同时在使用^{85}Kr 来确定地下水年龄时，需考虑大气通过非饱和带时间间隔的影响（Cook et al.，1995），单独的^{85}Kr 无法被用来判定新水和古水的混合作用，只有结合其他同位素数据确定新水的混合比例时才能取得很好的应用效果（Loosli et al.，2000）。

（二）次现代地下水的测年

1. ^{39}Ar 法

^{39}Ar 半衰期为 269 a。大气中的^{39}Ar 是宇宙射线作用于^{40}Ar 的产物，它可以测定的地下水年龄范围为 0～1 500 a，填补了^{3}H 和^{14}C 测年间的空白（韩永等，2009）。1979 年，Loosli 和 Oeschger 首先开展了地下水中^{39}Ar 的研

究，他们将^{39}Ar 作为^{14}C 和^{3}H 年龄测定手段的补充（Loosli and Oeschger，1979）。1983 年，Loosli 成功使用^{39}Ar 确定了碳酸盐岩含水层地下水的年龄（Loosli，1983）。^{39}Ar 法的最大优点是其不参与化学过程，参与沉淀和吸附作用的程度也小，不需要进行地球化学过程修正，并且其在大气中的含量比较稳定，变化幅度不超过 7%，且现代大气^{39}Ar 不包含热核实验等人为效应。但^{39}Ar 在地下水中含量非常低，采样时需要采集大量的水样（约 15 m^3）通过真空脱气或沸腾过程来提取，难度和工作量很大，并且测试周期长。此外，对于含高 U 和 Th 成分的结晶岩区，U 和 Th 衰变会产生较多的^{39}Ar，使得此环境下地下水定年存在很大困难。

2. ^{32}Si 法

^{32}Si 目前仍没有一个精确的、被一致公认的半衰期，目前可以接受的半衰期为 140±20 a。^{32}Si 的半衰期介于^{3}H 和^{14}C 之间，适于测定 50～1000 a 地下水的年龄，当地下水年龄大于 1000 a 时误差较大，不宜采用（韩永等，2009）。

同^{39}Ar 法相类似，应用^{32}Si 测定地下水年龄时仍然存在取样量非常大和采样、提纯、分析很烦琐冗长的问题。而且由于溶解的硅酸盐在土壤和地下水环境中会发生反应，可以在流经土壤入渗的过程中被强烈的吸附，从而^{32}Si 定年受到很大限制。Morgenstern 等（1995）用^{32}Si 测定了爱沙尼亚北部的灰岩水年龄，但由于雨水流经土壤时会在灰岩中被大量吸收，未能得到有意义的年龄。

（三）古地下水定年

1. ^{14}C 法

自 Libby 1949 年提出利用^{14}C 法测定含碳物质年龄以来，^{14}C 法在第四纪地质学、考古学和古人类学研究中得到了广泛的应用。1957 年，K. O. Munnich 首次将^{14}C 法应用于测定地下水年龄，后来这一方法不断得到改进和完善，并成为目前测定年龄介于 3～20 ka 古地下水的重要手段。利用地下水^{14}C 年龄测定结果可以用来确定地下水的循环速率、地下水补给量，估算地下水均衡，刻画水流路径，确定地下水补给区，监测城市地下水的开采动态等。同时，可以通过^{14}C 定年来确定区域有效的水动力参数，结合其他气候变化指标恢复地下水形成的古气候、古环境条件，以及作为约束条件提高水流模型模拟的精度（van der Kemp et al.，2000；Zhu，2000）。

由于 ^{14}C 测年主要是应用地下水的溶解无机碳（DIC）作为示踪剂，所以 ^{14}C 测定的是地下水溶解无机碳的年龄，与地下水的真实年龄之间存在差异。早期的地下水 ^{14}C 年龄校正研究（Vogel，1970；Wigley et al.，1978），主要讨论两种碳源（土壤 CO_2 和含水层中碳酸盐岩矿物）和地下水中溶解无机碳演化过程中的典型化学作用与同位素交换作用对地下水 ^{14}C 年龄的影响。相关学者提出了数十种校正模型，这些校正模型均用一个简单的数学公式来表达，如基于化学平衡的 Tarmers 模型、Fontes 与 Garhies 模型，基于 ^{13}C 质量平衡的 Pearson 模型，以及将化学和同位素质量迁移综合考虑的其他一系列模型。

近年来，同位素水文地质学家们不断探索各种因素对 ^{14}C 年龄校正的影响，包括弥散效应和基质扩散作用、有机碳的氧化还原反应、地质成因 CO_2 的加入等因素。基于质量传输模型的水文地球化学模拟技术的不断发展与成熟，为地下水 ^{14}C 年龄校正提供了一种有效的工具。反向地球化学模拟技术是在化学组分质量平衡模型的基础上，把同位素作为质量平衡反应模型的约束变量，通过建立反应路径中的质量传输模型，来实现质量平衡反应模型解的优选，进行地下水 ^{14}C 年龄校正。Plummer 等（2000）成功运用 NET-PATH 对 DIC 中的 ^{14}C 值进行了反向地球化学模拟校正。Clark 等（1996）将反向地球化学模拟校正的 ^{14}C 值应用于古水文研究中，证明了该方法的实用性。相对复杂的水文地质结构和水文地球化学过程，如双孔隙结构含水层中介质的吸附和水动力弥散、海水入侵过程中的对流和混合过程，均会影响到 DIC 中 ^{14}C 年龄的校正。同时，模型的基本假设条件、水流路径起点地下水 ^{14}C 年龄，均是影响模型精度的主要因素，需要进一步改进和深入研究。

2. ^{36}Cl 法

^{36}Cl 半衰期为 $3.01×10^5$ a，测年上限可达 $2.58×10^6$ a，填补了 ^{14}C 测年上限 $5×10^4$ a 以后的这段空白。Lehmann 等（2003）介绍了 ^{36}Cl 测年法的原理和计算过程。Guendouz 和 Michelo（2006）利用 ^{36}Cl 研究得出撒哈拉沙漠地区深部地下水年龄为 $2.5×10^4 \sim 1×10^6$ a。地下水中的 ^{36}Cl 具有大气成因、地表成因和深部成因等多个来源，但由于地表成因和深部成因（如盐岩溶解、矿化水和卤水的混合、离子过滤）的 ^{36}Cl 很难确定（Andrews and Fontes，1992），其影响因素和计算也很复杂，一定程度上限制了 ^{36}Cl 测年法的应用。

3. ^{81}Kr 法

^{81}Kr 半衰期为 $(2.29±0.11)×10^5$ a，可测定 $5×10^4 \sim 100×10^4$ a 地下

水的年龄。^{81}Kr 主要在大气层上部通过宇宙射线与大气中的核子反应产生。由于 ^{81}Kr 在大气中浓度已知且稳定，不随经纬度变化，人为源和地下产物对 ^{81}Kr 浓度的改变极小，因而 ^{81}Kr 法是最有前景的古地下水测年方法。Collon 等（2000）利用 ^{81}Kr 研究得出澳大利亚大自流盆地（GAB）地下水年龄为 25×10^4 a 左右。但天然水中 ^{81}Kr 含量很低，对分析技术的灵敏度要求太高，目前很难达到准确测量。

4. ^{234}U/^{238}U 法

U 同位素对于 100 ka～1 Ma 的地下水定年有很好的潜力。U 浓度主要由氧化还原条件以及地下水和岩石之间的物理化学反应控制，地下水中 ^{234}U/^{238}U 浓度比值变化主要由 ^{234}U 的选择性淋滤引起。相关学者进行了 U 在还原带内作为计时工具所伴随的同位素过程的研究（Fröhlich，1989）。Rogojin 等（1997）利用砂岩和石灰岩充气带中水流路径上过量的 ^{234}U 成功进行了年龄判定，同时发现了 DIC 中的 ^{14}C 和过量 ^{234}U 之间的相关关系。但 U 在地下水中的浓度变化会受到可逆的吸附作用和不可逆的溶解沉淀作用的影响，这些过程很难定量化，因而，只能根据 U 的同位素数据得到地下水的相对年龄。

四、水-岩相互作用示踪的非传统同位素技术

水-岩相互作用过程中会产生不同程度的同位素分馏。反过来，同位素分馏特征能为水-岩相互作用研究提供重要的依据。环境同位素的应用，将加深和拓展我们对地球内部和表层环境所发生的复杂多样的水-岩相互作用的理解和认识。相比于传统同位素如氢、氧、碳、氮和硫，由于非传统同位素（如硼、锂、镁、钙、钛、钒、铁、镍、锌、钼、硒、碘等）在地球化学、生物化学等方面具有一些特殊的性质，并且随着同位素分析测试技术的发展，特别是多接收电感耦合等离子质谱仪（MC-ICP-MS）的出现，实现了非传统同位素的高精度测试，非传统同位素在水-岩作用研究领域开始得到越来越多的应用，开启了非传统同位素的蓬勃发展时期。这里选取几个典型的非传统同位素氯、硼、锂、钙、镁、铁、碘和惰性气体同位素，从基本原理、测试方法、分馏机理、应用领域等几个方面展开论述。

（一）氯同位素

由于氯的地球化学稳定性，它在地下水、热液矿床的成因和元素迁移理

论方面对氯同位素的研究具有特殊意义。早在 1984 年 Kaufmann 就已经指出，由于氯是自然界各种水体及卤水沉积物的主要组分，又是一个十分活跃的水迁移元素及重要的金属沉淀剂（Kaufmann，1984），因此国内外学者对氯同位素的分析方法及地球化学行为非常关注，希望通过分析氯同位素直接探讨卤水的成因、成矿流体及油气运移路径、金属与盐类矿床及油气藏成藏机制。此外，以氯同位素（^{36}Cl 和 ^{37}Cl）作为示踪剂可以成功地判断咸水成因，还可以用来追踪地下水的补给。

（二）硼同位素

硼的化学性质活泼并且易溶于水，加之硼的两个稳定同位素具有较大质量差而存在显著分馏，因此在不同的地质环境下具有不同的同位素组成。1986 年 Spivack 和 Edmond 提出了 $Cs_2BO_2^+$-石墨正热电离质谱测定法，使其测试精度大幅度提高，由此硼同位素才得以广泛应用。目前，硼同位素已成功地应用于判别沉积环境、重建古海洋与古气候条件和研究大陆化学风化等方面。此外，由于硼同位素对不同来源水体的混合过程响应灵敏，硼同位素亦可用来判别地下水中污染物的来源（Vengosh et al.，1999），监控地下水中有机污染物的积累过程、查明盐湖卤水的形成与演化过程（Xiao et al.，1999）以及示踪海水入侵（Oi et al.，1993；Xiao et al.，2001）。

（三）锂同位素

锂同位素是盆地卤水、海水等流体活动的良好示踪剂。实验研究表明，锂在地质系统中具有较高的活动性，在地质作用过程中可反映流体活动的特征。许多学者的研究也证明水-岩反应期间锂的浓度会增大并可用于追踪地热流体的加入及确定地下水的来源及驻留时间。如锂同位素组分在热液蚀变程度不同的岩石中变化较大。作为流体示踪剂，锂浓度和同位素是有机矿物和流体反应良好的指示物。在冰岛和赫拉火山区，锂浓度和同位素可以很好指示地下水对岩石的溶解作用。

（四）锶同位素

锶同位素在鉴别不同水体来源方面也有许多独到之处，这是因为与不同岩层或岩石接触的地下水 $^{87}Sr/^{86}Sr$ 存在组成上的差异。应用放射性示踪剂方法，利用岩石样品的锶离子浓度变化研究各种岩性之间的相互作用。在线性模型和各种矿物组分分配系数确定的基础上，确定矿物组分，利用 Sr^{2+} 吸附量的平衡方程式可以预测岩性之间的相互作用,这种方法的优势在于可以忽略复杂多变的地质结构。Gosselin 等(2004)通过 Sr 与 Cl 的相关分析曲线中的异常点,分析得出海水入侵过程中不仅发生了简单的海水与淡水的混合作用,还存在着其他的复杂过程,其中利用 Sr/Ca 比值和盐度之间的相关分析图分析了不同端元的贡献比率。

(五)钙同位素

1978 年 Russell 等利用 $^{42}Ca-^{48}Ca$ 双稀释剂分析技术有效校正了测定过程中的钙同位素分馏(Russell,1978),使得样品中钙同位素的自然分馏首次被观测。钙是主要的造岩元素也是生物必需的元素,并且参与几乎所有与生物活动相关的过程,因此钙同位素成为反映地质作用环境或地质作用过程的重要的示踪剂(Dasgupta and Hirschinann,2010)。特别指出的是,钙同位素在示踪壳源物质循环方面正逐渐受到重视,其与其他同位素体系的耦合研究能更准确地解释地质过程中的地球化学行为。例如,钙同位素作为研究碳的再循环的示踪剂,可以直接提供深部碳循环的准确信息,进而为解决深部碳循环提供关键证据。

(六)镁同位素

镁是主要的造岩元素,在地表风化过程中会发生显著分馏(Tipper et al.,2006)。研究表明,风化过程中含镁矿物分解释放出来的镁在水岩交换过程会发生从岩石向流体迁移;并伴随着镁同位素分馏,轻质量的同位素倾向于进入流体,而重质量的同位素则留在风化产物中。因此镁同位素可以较好地示踪水岩交换作用、次生矿物形成等大陆风化过程。另外由于不同储库中镁同位素组成不同,其在示踪地下水化学演化、物质循环方面也具有较大的潜力。

(七)铁同位素

铁是地球上丰度最高的变价金属元素,也是生命必需的营养元素,它与生物圈、岩石圈、水圈、大气圈联系紧密。低温环境中,铁的氧化还原作用、生物吸收、有机络合作用、矿物吸附、含铁矿物的沉淀以及化学键断裂等过程会使铁同位素发生分馏(Wu et al.,2011)。与轻稳定同位素相比,Fe 同位素在非生物过程中(包括温度变化)产生分馏的强度较低。微生物代谢 Fe 的过程,包括跨膜转运、酶吸收等,可产生较大程度的 Fe 同位素分馏。最近的室内实验研究表明,厌氧、嗜酸、化能自养微生物的 Fe(Ⅲ)异化还原可导致相当程度的 Fe 同位素分馏。铁的同位素被证明可以用来示踪生物地球化学循环中铁的来源、生物吸收过程以及形态间的变化机理（Tsikos et al.，2010），地下水中 Fe 同位素的组成也有助于生物地球化学的深入研究。

（八）碘同位素

碘是一种具有强的亲生物性的元素，主要富集在富含有机质的海相沉积物及沉积岩中，通常与海相有机质演化和卤水紧密相关。Muramatsu 等（2001）应用碘同位素研究了 Chiba 弧前山区卤水的来源和年龄，并指出碘来源于海相沉积物并且碘的富集是由海相沉积物俯冲导致的流动而引起的。碘有一个稳定同位素 ^{127}I 和一个长寿命的放射性核素 ^{129}I，其他碘同位素半衰期较短。^{129}I 的半衰期可达 15.6 Ma，测定年限为 2～80 Ma。$^{129}I/^{127}I$ 比值在水文地质方面的应用多用于研究卤水来源及演化过程，以及地下水定年（Fehn，et al.，2000）。半衰期较短的 ^{131}I，可以通过人工投放的方式进入环境中来测定水文地质参数，如地下水渗流速度、岩石渗透率、裂隙度等，也可用于地下水污染示踪和坝体渗漏的研究。

（九）惰性气体同位素

惰性气体同位素（主要包括 He、Ne、Ar、Kr 和 Xe）具有较稳定的地球化学性质，对地下水的物理化学过程极其敏感，在示踪流体来源和水岩反应中有独特作用，在诸如地幔的演化及其动力学、大气圈的脱气作用、海洋的演化、含水系统的动力学等科学问题中发挥着特定的作用，特别是 He 和 Ar。He 有 6 种同位素，而 Ar 的同位素则有 12 种，由于其同位素组成的极大差异性，被广泛应用到地质流体源和成矿流体的查找以及水-岩相互作用研究中。Kulongoski 等（2008）在澳大利亚中部 Amadeus 盆地的两个研究点，通过测量 39 个地下水样品中的 He 同位素的浓度特征，并与同一样品的 $^{36}Cl/Cl$ 和 ^{14}C 比较，用这 3 种方法来估算地下水的储存年龄，探索了可能来源于其他源相的"不符合年龄"的地下水。Ballentine 等（2002）在美国胡格顿-潘汉达气田中，从收集的 31 个地下水样品中，通过研究 $^{3}He/^{4}He$、$^{21}Ne/^{22}Ne$、$^{40}Ar/^{36}Ar$、$^{20}Ne/^{36}Ar$、$^{4}He/^{21}Ne$、$^{4}He/^{40}Ar$ 和 $^{36}Ar/N_2$ 的关系来判定气田地下水的不同来源；在密歇根州深部盆地深部含水层中，将惰性气体元素作为识别指示物，对于追踪这种稳定地质结构流体热力学历史很有价值。

五、地下水污染的同位素示踪技术

地下水污染已成为国际社会普遍关注的问题。地下水污染来源复杂，污染途径多样。污染物进入地下或在含水层中，受到各种物理、化学和生物化学作用的影响。地下水管理需要确定实际的污染源，了解影响污染物浓度的作用，特别是需要了解污染物进入供水井的水流路径和污染来源。同位素在地下水污染研究中起到重要作用。同位素分析，可以帮助确定污染的来源和途径，以及地下水土中污染物的迁移转化过程。

（一）利用同位素技术识别地下水污染源

在地下水污染研究中，常用的同位素是原子量较轻的稳定同位素，如 $^2H/^1H$、$^{18}O/^{16}O$、$^{15}N/^{14}N$、$^{34}S/^{32}S$、$^{13}C/^{14}C$、$^{11}B/^{10}B$，有时也结合锶同位素 $^{87}Sr/^{86}Sr$，在有机污染生物降解研究中也用到氯同位素 $^{37}Cl/^{35}Cl$。除了稳定同位素外，还利用放射性同位素 ^3H、^{14}C 和 $^3H/^3He$ 进行测年，评价含水层对污染的敏感性和识别污染物来源等。

1. 地下水中硝酸盐污染源的识别

各种生物化学作用如反硝化作用等，影响着氮元素在地下水中的迁移转化过程，比较大气中氮的标准 $^{15}N/^{14}N$ 比值与地下水中无机氮的 $^{15}N/^{14}N$ 比值可以确定氮的来源。化肥、土壤有机氮和粪便或污水是地下水硝酸盐污染的主要来源，氨挥发作用使来自粪便或污水的 NO_3^- 富集 ^{15}N，而明显区别于来自化肥或土壤有机氮的 NO_3^-。利用氮的稳定同位素很容易将它们区别开来。特别是在沙性土壤中，来自土壤有机氮的 NO_3^- 很有限，化肥或粪便常常是地下水高浓度 NO_3^- 的潜在来源，利用 ^{15}N 同位素很容易将它们区别开来。

由于不同氮来源的硝酸盐 $\delta^{15}N$ 值存在重合，结果存在多解性。同时，不同氮来源的硝酸盐氮、氧同位素组成不同，因此可利用 N、O 同位素结合示踪硝酸盐污染源，识别生物地球化学过程，对于有效控制污染源和评估地下水对硝酸盐污染的恢复自净能力有重要意义（Amberger and Schmidt，1987；Silva et al.，2000）。除此之外，可将氮（N）、硼（B）同位素结合起来作为硝酸盐污染源的示踪剂：由于硼同位素不受反硝化作用的影响，只在黏土矿物的吸附过程中才可能发生分馏现象，因此二者结合可以用以区分地下水、地表水中的硝酸盐污染源（Wilson et al.，1994）。

2. 地下水中硫酸盐污染源的识别

地下水中的硫往往来自大气硫、石膏等硫酸盐矿物的分解、黄铁矿等硫化矿物的氧化等过程，农业化肥的过度使用也是地下水中硫酸盐污染的重要来源。相比于石膏、黄铁矿等自然来源中的硫，化肥的 $\delta^{34}S$ 值一般更为贫化（$-6.5‰$～$11.7‰$，均值为 $3.7‰$，样本数为 66）（Mizota and Sasaki，1996；Vitòria et al.，2004；Szynkiewicz et al.，2011），同时，硫酸盐矿物溶解、硫化矿物氧化等过程中硫的分馏较小（Krouse and Grinenko，1991；Clark and Fritz，1997），使得天然条件和受污染地下水中硫的 $\delta^{34}S$ 值具有显著差异，针对该差异进行分析可以有效识别地下水的硫酸盐的污染及其补给来源（Krouse and Grinenko，1991；Brenot et al.，2007；Szynkiewicz et al.，2008）。

然而，单一采用硫酸盐中硫同位素示踪地下水补给来源具有一定局限性，主要表现在：大气降水硫酸盐中硫同位素（$\delta^{34}S < +10‰$）与硫化物氧化产生硫酸盐中硫同位素（$\delta^{34}S < +5‰$）具有一定重叠；硫酸盐细菌还原过程会导致剩余硫酸盐中 $\delta^{34}S$ 值升高，与石膏溶解产生的硫酸盐高硫同位素（$\delta^{34}S > +15‰$）难以准确区分（Mayer et al.，2010；Tuttlem et al.，2010）。由于上述来源的硫酸盐中硫、氧同位素组成不同，例如大气降水中硫酸盐的 $\delta^{18}O$ 为 $12‰$ 左右，石膏中氧同位素更为富集（$+46‰ > \delta^{18}O > +10‰$），而硫酸盐细菌还原过程中剩余硫酸盐中硫和氧同位素富集过程的分馏比约为 $4:1$，因此将硫同位素与氧同位素结合可以进一步提高地下水中硫酸盐污染源识别的准确性（Liu et al.，2008；Mayer et al.，2010）。

3. 地下水中有机污染源的识别

地下水中有机污染物主要由 C、H、N、O、Cl 和 S 等元素组成，因此，目前地下水有机污染研究中可被测定且应用广泛的稳定同位素是碳（$^{12}C/^{13}C$）和氢（$^2H/^1H$），其次是氮（$^{15}N/^{14}N$）、氧（$^{18}O/^{16}O$）和氯（$^{37}Cl/^{35}Cl$）。然而，单一同位素在准确追踪地下环境中的有机污染来源方面有时很难奏效，利用单体多维稳定同位素技术（Multidimensional Compound-specific Stable Isotope Analysis，MD-CSIA）来判识和量化有机污染物的来源和迁移转化过程，正成为目前科学研究的热点。研究表明，地下水中典型的有机污染物具有明显的"同位素指纹"特征（O'Sullivan et al.，2008）。苯系物（Dempster et al.，1997），如氯代有机溶剂（Jendrzejewski et al.，2001）、多氯联苯（Drenzek et al.，2002）以及甲基叔丁基醚（Smallwood et al.，2001）等，这些污染物的同位素组成特征（如 $^{37}Cl/^{13}C$、$^{15}N/^2H/^{13}C$ 等）随原材料来源或生产途径的不同而具有明显的差异，通过 MD-CSIA 技术可准确地追溯其来源，进而明确污染事件制造者的法律责任。

（二）利用同位素技术识别污染物过程

地下水中污染物的迁移转化过程包括对流、弥散、吸附、生物降解作用等，其中，只有生物降解作用可以彻底去除污染物质。因此，评价地下水中污染物生物降解作用的发生并量化其降解程度是研究污染物迁移转化过程的核心问题。尽管通过监测地下水中污染物、代谢产物和反应电子受体含量的变化可以表征污染物的降解反应，但上述指标可能受到非降解过程的影响而给分析结论带来多解性。在污染物生物降解过程中，轻重同位素相对质量的差异，导致同位素分馏，并且随着降解作用的进行，同位素比值发生规律性的变化，并留下同位素比值变化的印迹，从而提供了追踪污染物降解的线索（李长生，2016）。根据同位素比值的变化和分馏程度，可识别生物降解作用的发生和定量评价生物降解程度。因此，同位素又可作为识别污染物自然衰减机制和量化生物降解程度的有效工具。因此同位素技术成为了识别并定量描述污染物降解过程的有效工具。根据参与反应的物质种类，目前相关的研究主要从降解产物、电子受体和污染物本身的同位素三个角度进行分析。

以有机污染物为例，同位素技术在示踪地下水中有机污染物复杂的迁移和转化过程方面具有明显的作用。研究发现，若有机污染物在地下水中的迁移主要是挥发、吸附和扩散等物理过程，有机污染物的同位素组成往往变化很小（Hunkeler et al.，2004，Kopinke et al.，2005）。而一旦有机污染物在地下水中发生化学或生物转化过程，则会产生明显的同位素分馏效应（Hofstetter et al.，2008a）。不过，微生物作用下的同位素分馏机制往往相对复杂，有机污染物的碳数量、降解类型与程度、微生物降解途径、辅酶作用等，都会影响同位素分馏的方向和程度。因此，有必要详细分析有机污染物迁移转化过程中的同位素分馏机制，解析地下水中有机污染物的生物转化过程，这对于识别有机污染来源具有重要的意义。例如，利用地下水有机污染单体 $^{37}Cl/^{13}C$ 变化，可有效评价地下水污染晕中二氯乙烯和一氯乙烯的还原脱氯降解过程（Hunkeler et al.，2011）。利用硝基苯生物降解过程中 $^{15}N/^{13}C$ 的演变趋势，可准确地判识和量化硝基苯的好氧和厌氧两种竞争转化机制（Hofstetter et al.，2008b）。

六、地下水古气候信息的提取

把地下水作为环境变化的重要信息载体，利用地下水中同位素的分布特点，通过地下水测龄并选择合适的古气候变化指标进行古气候和古环境研究是同位素水文地质学的一个重要而富有挑战意义的研究课题。通过对大型地下水盆地中深层承压水年龄和水中同位素比率的测定，可恢复近 50 ka 以来全球气候冷暖和干湿变化、海平面升降和海岸线进退、第四纪古地理以及深层地下水与现代冰川的相互关系等。

（一）地下水古气候信息的提取方法

在中低纬度地区，赋存在大型沉积盆地内的地下水包含着古气候和水文变化的信息。晚更新世和全新世时期的古水文信息可以从古湖泊沉积物和洞穴堆积物中推理出来，但与其他包含高分辨率信息的冰芯或树的年轮相比，地下水体中所含信息的分辨率较低（通常 ±1000 a）。然而，正常情况下，地下水运动很慢，保存了补给时期的化学和同位素特征，这些不同时期的补给水记录了古气候变化，为离散和持续的湿润环境提供了直接证据（Sonntag et al.，1978）。此外，地下水记录的信息与干旱、半干旱地区风积沉积物之间的相关性（Swezey，2001）也可以提供干湿间隔的证据。在 10～1000 a 时间尺度上看，包气带也包含过去的环境和气候的信息，主要体现为入渗水中盐度的变化和稳定同位素的富集（Edmunds and Tyler，2002）。

大气降水中 $\delta^{18}O$ 和 δD 同位素是气候变化的直接记录。存储在古地下水中的过去的降水，连同其他水文信息提供了古气候条件变化的证据（Rozanski et al.，1997）。主要表现为：①与现代地下水相比，同位素亏损；②^2H 盈余变化，表现为空气从海洋向干旱地区移动过程中发生分离，湿度发生变化；③多云时或降雨时局部凝结和蒸发的影响。由于近地表的蒸发浓缩作用，地下水中氧同位素富集，表示该地区的干旱程度高且含水层补给率可能较低。此外，Cl 和水的 $\delta^{18}O$ 和 δD 稳定同位素结合为研究地下水循环过程中的降水和蒸发提供了强大的技术支持。大陆地区地下水中的 Cl 和 $\delta^{18}O$、δD 稳定同位素多为大气起源且在补给过程中受蒸发影响成比例富集。因此，在现代干旱区盆地，大型淡水储备是揭示潮湿气候的优先指标，而许多浅层含水层中的高盐度主要是过去 4000 a 的干旱条件遗留下来的。

可靠的定年是利用地下水进行古气候研究的先决条件，放射性碳测年是实现这个条件的实用工具。尽管在几十年的时间里，放射性碳测年法的分析精度得到了提高，但水岩作用影响了地下水定年的准确性，因此还需结合与碳酸盐相关的水文地球化学知识深入了解 $\delta^{13}C$ 的演变。同样，将从其他常用示踪剂 ^3H、^{36}Cl 中得到的测年数据和其他组分的数据联合使用，也可以获得大气和水圈间发生的环境变化。此外，^{81}Kr、铀系列和化学趋势等也可用来验证时间尺度或扩大含水层的定年范围（Loosli et al.，2000）。

（二）利用同位素方法提取古气候信息的优点

总体来说利用同位素方法提取古气候信息具有以下优点：①大型沉积盆地内的已知年龄的地下水在测定低精度（±1000 a）气候变化时，尤其是古温度、气团来源、干湿转变等，可提供直接证据；②通过对比古降水和现代降水、地下水和地表水的同位素分布，便于得出古气候模式；③许多稳定和半衰期短的放射性同位素测年手段在评估短期的环境变化时是非常有效的，有助于重建近期的气候变化。

七、未来发展趋势

近年来，同位素技术在稳定同位素水文地球化学、地下水特定有机污染物中的降解机理、非传统同位素研究的应用等水文地质学的诸多领域得到迅猛发展。国际同位素水文地质技术的巨大飞跃，既为我们提供了良好的发展机会，也使我国在该领域赶超世界领先水平面临严峻的挑战。

（一）同位素测试技术

多接收等离子体质谱技术的快速进步，不仅促进了微区原位同位素、高灵敏度同位素、复杂样品同位素等测试技术的不断发展，同时使得 Fe、Cu、Zn、Mo、Ca、Os、Cr 等金属元素同位素的研究成为现实，这将为水文地质学尤其是水文地球化学研究带来重大的机遇。与此同时，激光微区同位素测试技术的进步，也将使矿物和岩石中的微细同位素变化、水-岩相互作用的研究得以更加精细、定量；此外，连续流质谱的出现，也为快速分析复杂的环境和生物样品提供了新手段。虽然同位素测试技术在测试元素种类、精度和灵敏度等方面存在局限性，以及 CSIA 技术的定量化研究和国际标准等方面仍存在尚待解决的技术难点，但是同位素水文地质技术的发展前景广阔。

（二）地下水补给示踪技术

尽管在过去的数十年中，国内外的地下水补给示踪技术均获得了极大的发展，在地下水研究中扮演了并将继续扮演重要角色。但是，由于该技术方法在应用过程中将不可避免地受到区域地下水径流流态、径流过程、边界条件、水文地球化学过程、水岩相互作用以及人类活动等多种因素的影响，而学术界目前对这些因素的综合影响的认识有待进一步深入，因此该技术取得的结果和其本身的可靠性及其应用受到影响和限制。同时，过去曾经广泛应用的示踪剂可能面临失效或已经失效（比如 ^3H 和 CFCs）的处境。该技术在未来的发展上，将可能主要集中在以下几个方面：①定量识别影响研究结果可靠性的各种因素，并据此研发校正模型对定年结果进行校正，以降低各种同位素在地下水补给源识别和补给速率估算方面的不确定性尤其是多解性；②积极寻找并大胆尝试更多更有效的示踪剂；③多种同位素技术的联合使用和相互印证，以及同位素示踪技术与其他地下水研究技术如数值模拟技术的结合使用；④降低方法的使用成本（包括降低需样量、简化样品前处理、普及测试仪器等），以便扩大该方法在生产实践中的应用；⑤越来越多地用于污染和环境水文地质学研究和实践，比如追踪地下水中各种溶解物特别是有机污染物的来源，以及检测微生物对地下水中有机物的降解速率和程度。

（三）地下水定年

同位素测年作为地下水定年最常用的方法之一，自 20 世纪 50 年代以来，已在机理和应用方面取得了巨大的发展，但在许多方面仍存在不足，并有很大的发展前景：①多种同位素定年方法联合应用，每种同位素在地下水定年的应用上都有其优点和局限性，因而利用稀有气体同位素与传统的同位素等多种方法，对比验证来增强地下水定年的精确性，在未来具有很大的应用前景；②样本采集、测试方法改进，^{81}Kr、^{39}Ar、^{32}Si 及其他惰性气体同位素存在采样量少、提纯过程繁琐、分析测试灵敏度要求高等一系列问题，已在很大程度上制约了同位素在水文地质领域的发展应用，研究新的取样方法、样品的前处理技术，研发更多的手段来进行实验室检测和示踪剂数据解译，是今后同位素研究发展的一个重要方向；③地下水溶质运移过程中与周围介质的相互作用的机理研究，地下水流运移过程中会与周围介质发生反应，导致同位素定年的年龄结果出现偏差，如 ^{32}Si、^{36}Cl、U 等在定年时会受到地下水环境中发生的吸附、溶解沉淀、混合等地球化学作用影响，导致难以依据单一的同位素数据得出地下水有意义的真实年龄，因而亟待加强地下水运移过程中与周围介质相互作用机理的研究；④环境同位素与地下水流溶质运移模型结合，将地下水的年龄分布作为地下水流模型的约束条件进行耦合，利用同位素示踪剂来校准模型，提高地下水数值模型的识别效果，近年来已逐渐成为相关学者的研究热点。

（四）非传统同位素的应用

随着同位素分析测试技术的发展，特别是多接收电感耦合等离子质谱仪（MC-ICP-MS）的出现和高精度测试方法的建立与完善，非传统同位素得到了迅速的发展。同时，新的同位素体系在地球科学领域的应用领域也在不断扩大，发挥着不可替代的优势，并且研究者亦不断尝试探索非传统同位素在水文地质方面的应用，如利用硼、锂、碘等非传统同位素研究卤水的来源与演化。传统的水化学分析方法往往存在多解性，而利用同位素可以使得卤水来源的判断更加准确（王立成等，2014）。朱祥坤等（2013）对我国非传统同位素地球化学近十年开展的研究工作进行了总结，可概况为以下 4 个方面：①同位素测试方法研发；②同位素分布特征与变化范围调查；③同位素分馏过程与机理研究；④应用潜力探索和对重大科学问题的制约。然而，还存在一些关键性的问题亟待解决。例如，需要进一步提高同位素的分析精度，需逐步分析方法完善并探索新的测试分析手段；同位素研究应以理论研究为主，进而可以合理地解释同位素数据，减少测试数据的偏颇与失误。随着上述研究工作的开展，非传统同位素将成为具有巨大潜力的地球化学示踪手段。而综合利用多种同位素体系，实现优势互补，联合示踪地球化学过程也将成为必然趋势。

（五）污染水文地质研究

不同来源的污染物、不同的同位素可能具有不同的同位素特征；污染物的生物降解，常常导致多种同位素分馏。因此，双同位素结合，如 NO_3^- 中的 ^{15}N 和 ^{18}O，SO_4^{2-} 中的 ^{34}S 和 ^{18}O，有机物中的 ^{13}C 和 ^2H 以及多同位素（^{15}N、^{18}O、^{37}Cl、^{11}B、^{34}S、^{13}C 等）的应用可以提供更多的信息，有利于源的识别和污染物迁移转化机制的识别。在水文地质条件复杂地区，污染物进入地下水以后，各种物理、化学和生物化学作用会改变污染物或化合物的同位素组成，其中显著改变同位素组成的作用是生物化学作用如反硝化作用、硫酸盐还原作用和有机污染物的生物降解作用等。但是，这些作用是可预测的。随着反应进行，剩余同位素组成有规律的变化，可用于识别污染物衰减机制，计算生物降解速率和降解程度；也可利用瑞利模型恢复污染物的初始同位素组成，从而可在水文地质条件复杂地区识别污染源，结合测年同位素，重建污染负荷历史。

污染物生物降解作用是在有利的地质、水文地质条件下发生的，并且伴随着化学组分的改变；降解微生物的存在是污染物生物降解的前提。因此，同位素数据的解释常常需要地质、水文地质和水文地球化学数据以及微生物数据的支持。如何应用数学模型将这些数据综合在一起来刻画污染物在地下水中的迁移转化规律，是同位素在污染水文地质研究中应用的前沿课题。

（六）全球变化研究

随着地下水的同位素及放射性测年技术的日臻成熟和全球变化研究的逐渐深入，利用同位素手段为全球变化研究服务已引起了国内外学者的关注。高分辨率、多环境指标综合研究的不断完善，也使地下水中稳定同位素、放射性同位素等都成为古气候和古环境研究的有力工具。同位素技术提供了洞察地下水补给时期气候条件的方法，它揭示古气候变化信息，有利于古气候重建，也成为了水资源管理中的古气候辅助手段。但目前，多数研究主要定性地探究地下水与气候变化的关系，基本上是把地下水视为古大气降水，用测年资料来论证补给时间。因此，在利用同位素技术进一步识别地下水系统中古气候记录方面仍需进一步深入，且在定量化方面尚显不足。此外，为获取更精准的古环境和古气候信息，如何提高地下水年代学的时间尺度分辨率和同位素对古环境和古气候变化的敏感性也成为今后应用同位素技术揭示地下水中古环境和古气候信息研究中亟待解决的问题。

除了上述发展趋势外，同位素水文地质技术在以下两个方面可望取得重要进展。

（1）多种同位素方法的联合使用。由于不同的同位素具有不同的水循环示踪意义和应用上的局限性，因此学者们不断探索一些新的同位素方法，同时在研究过程中注重将多种同位素方法联合使用。除了常规使用的 ^{18}O、^{2}H、^{3}H、^{13}C、^{14}C 外，近年来一些新的同位素方法不断涌现并逐渐发展完善，如 $^{86}Sr/^{85}Sr$、$^{3}He/^{4}He$、^{36}Cl、^{39}Ar、$^{11}B/^{10}B$、CFC 等得到了广泛应用。综合使用多种同位素方法，将水同位素 ^{18}O 和 ^{2}H 与其中的溶解组分的同位素相结合，将稳定同位素与放射性同位素相结合，使水循环示踪得到相互验证和补充，大大丰富了同位素技术在水文地质学中的应用范围。

（2）与地下水模拟模型的耦合：利用同位素数据通过模型方法定量解释一些水文地质问题是目前同位素水文地质学的一个研究热点，如确定地下水系统中地下水流的循环时间及其空间分布、不同来源水的混合比例、含水层中质量传输的弥散特征、水流运动机制等。除了传统的集中参数物理模型和混合元模型继续得到广泛应用外，一些新的模型被相继提出并在实际中得到了成功的应用。近年来学者们考虑到地下水系统中的各种水文地球化学作用对同位素质量传输的影响，特别对同位素的稀释作用，利用同一水流路径上地下水的初始和末刻化学成分，把同位素作为模型的重要约束变量，并结合含水层岩相特征，根据矿物相生成模型进行地下水的地球化学反应路径反演，推测水流路径上发生的水文地球化学反应。此外，近年来许多学者开始尝试利用同位素的标记性和计时性，将同位素加入到溶质模型中，把地下水的年龄分布作为地下水流模型的约束条件进行耦合，以提高地下水数值模型的识别效果。

第七节　地下水资源评价与管理

地下水资源评价是指"对地下水资源的数量、质量、时空分布特征和开发利用条件作出科学的、全面的分析和估计"（朱学愚等，1987）。地下水资源管理是一个广义的概念，包括法律、行政和经济技术等三方面的内容。通常讨论的地下水资源管理应满足技术、经济、生态环境等方面的许多条件，往往是指在模型化的基础上，从系统工程的观点出发，通过数学模型和最优化技术，建立地下水管理模型，实现地下水系统管理目标，即"在一定约束条件下，通过对某些决策变量的操纵，使（地下水）系统按既定的目标达到最优"（许涓铭和邵景力，1988）。

一、地下水资源评价

地下水资源评价是地下水资源管理的基础。任何目的的地下水资源开发与利用，除了对地下水的数量有一定的要求外，对水的质量也有相应的要求。因此，地下水资源评价包括数量评价和质量评价两方面。

（一）地下水资源数量评价

从数量上来说，现代地下水资源评价主要是对地下水资源的可开采量进行评价，而且不只是简单地评价地下水资源的可开采量，还要评估和预测开采后地下水水位的时空分布与变化。概括起来，地下水资源数量评价有两种方法（朱学愚等，1987）：一种是"已知流量求水头问题"，即根据用水需求，拟定开采方案，计算和评估开采期内地下水的水位变化是否在允许范围；另一种是"已知水头求流量问题",即根据开采期内抽水井附近允许的水位降深,计算和评估可开采量能否满足供水要求。无论采用哪种方法,都必须计算和评估开采期间水源地或含水层系统所能提供的地下水资源数量以及开采期间地下水水位的时空分布。

目前,基于数学模型的地下水数值模拟技术或基于系统理论的系统分析方法是地下水资源评价最为有效的方法。数值模拟技术的最大优点是适用性强(薛禹群和谢春红,2007),对于含水层岩性多变,补给、排泄条件复杂,边界形状不规则,边界条件多样等众多复杂问题,均可利用数值模拟技术来评价地下水资源量。地下水模拟技术已在本章前面的第五节有具体阐述,其难点在于如何刻画介质的非均质性和介质参数的尺度效应,以及如何描述非均质介质尤其是强烈非均质裂隙介质和岩溶介质中的地下水流动状态(中国地下水科学战略研究小组,2009;Lee and Kitanidis,2013)。实际上,所有与地下水资源评价相关的新技术与新方法都避不开这些问题,创新模拟技术与参数估值方法一直是这一领域的重要研究内容(Raghavan,2004;Vrugt,et al.,2008),尤其需要定量评估地下水资源评价中的不确定性(Wu and Zeng,2013)。

利用基于系统工程理论的系统分析方法评价地下水资源是通过建立地下水的数学模型,采用最优化技术,在指定约束条件下,求得系统的最佳结果(最合理开采量)。这与后面阐述的地下水资源管理是一致的,其实质就是求解基于水量管理目标的地下水管理模型。

(二)地下水资源质量评价

地下水资源质量评价是地下水资源评价的重要内容,其主要任务是根据地下水中的主要组分和给定的水质标准,分析地下水水质的时空分布状况,从而为地下水资源的开发利用和规划管理提供科学依据。我国在1993年制定了《地下水质量标准》(GB/T 14848—93),根据地下水水质现状、人体健康基准值及地下水质量保护目标,并参照生活饮用水、工业与农业用水水质要求,将地下水质量划分为5类。全国国土资源标准化技术委员会,水文地质、工程地质、环境地质分技术委员会已于2016年审查通过了新的《地下水质量标准》(GB/T 14848—93)(修订)。新的国标将指标划分为常规指标和非常规指标,结合我国实际,将原标准的39项指标增加至93项,其中有机污染指标增加了47项,所确定的分类限值充分考虑了人体健康基准和风险,可作为我国地下水资源管理、开发利用和质量保护的依据。

地下水资源质量评价以地下水水质调查分析资料和水质监测资料为基础，分为单指标评价和综合评价两种方法。前者按照地下水质量标准所列指标来划分地下水的水质类型；后者通过多个指标并赋予各指标不同的权重来综合评估地下水的水质，该类方法主要有 F 值法和加权综合指数法，此外还有模糊综合评价法。

20 世纪 90 年代以来，各种数学方法和模型广泛应用于地下水质量评价，如灰色聚类法、灰色关联度法、物元分析法、层次分析法、集对分析法、人工神经网络法、多元回归法、主成分分析法等，甚至 GIS 技术和面向对象的方法被综合集成用于地下水水质评价与预测。从广义上说，这些方法都属于综合评价方法。

需要说明的是，尽管地下水质量评价方法众多，但很难形成统一的优劣判断。可能的原因有三个：①在判断和筛选对环境影响较大的特征污染物方面，可能存在水质监测数据的局限性而导致地下水水质评价不实；②数学方法的使用前提与假设可能与地下水水质评价的客观现实不一致；③采用专家决策支持的方法具有主观性，存在不客观不全面的风险。因此，提高地下水的水质监测手段，使评价因子筛选尽可能趋于客观准确，在数学方法选择和应用上更加谨慎，同时尽可能通过不同方法对比研究，是获得地下水质量评价可靠结果的有效途径。

二、地下水资源管理

根据管理的目的，地下水资源管理分为水量管理、水质管理（包括污染治理与修复）以及用于水量和/或水质管理的监测网优化管理。此处讨论的地下水资源管理专指地下水管理模型，即在技术、经济和生态环境等诸多约束条件下，通过最优化技术与地下水模拟模型相结合的地下水模拟-优化管理。根据其他不同的标准，地下水管理模型有不同的类型。例如，根据管理模型中目标函数和约束条件的性质可分为线性规划模型和非线性规划模型；根据管理模型中目标函数的个数可分为单目标管理模型和多目标管理模型；而根据模型中变量的性质又可分为确定性管理模型和随机性管理模型（Ahlfeld and Mulligan，2000）。本节拟从三个方面来阐述地下水资源管理技术：地下水管理模型的构建方式、地下水管理模型的求解技术、地下水管理模型的发展趋势。

（一）地下水管理模型的构建方式

地下水管理模型的构建方式分为嵌入法和响应函数法（Gorelick，

1983)。以嵌入法建模时，地下水管理模型需要将地下水模拟模型与优化模型直接耦合求解；而以响应函数法建模时，则需要将地下水模拟模型概化为某一简单或复杂函数形式，再与优化模型耦合求解。无论采用何种方法建模，建立与研究区实际情况相符的地下水模拟模型是地下水管理模型的必要前提和根本基础。地下水模拟模型包括水流模拟、溶质运移模拟、热量运移模拟等不同模型，分别用来更新地下水管理模型中的水头、浓度、温度等状态变量，而优化管理模型用来选择最优决策变量，包括抽水量（注水量）、井的数目、井的位置、地下水污染治理花费、治理周期等（Wu et al.，2005，2006；Yang et al.，2013a，2013b；Singh，2012，2014；Luo et al.，2014）。建立地下水管理模型首先要明确地下水管理问题，包括确定管理目标、限定管理区范围以及选定管理期限。

1. 嵌入法

嵌入法建模的实质就是把地下水模拟模型作为优化管理模型的等式约束条件，模型运行时地下水模拟模型与优化模型是同步运行的。嵌入法的最大优点是其原理简单易懂，完全保留原有地下水模拟模型的结构，不但严格遵循地下水及水中物质（溶质）的运动规律，而且能独立处理各种给定的约束条件，识别出最优管理策略，从而使优化结果更准确，更符合实际模型计算结果而被广泛采用。尤其在各种智能进化算法（Ahlfeld and Mulligan，2000）引入到地下水管理模型的求解以后，嵌入法得到了更为广泛的应用（Wu et al.，2005，2006；Yang et al.，2013a，2013b；Luo et al.，2014）。

嵌入法构建管理模型虽然能体现地下水模拟模型中决策变量与状态变量之间严格的输入-输出对应关系，但在利用智能进化算法求解复杂系统尤其涉及场地条件下污染物运移的地下水管理模型时，需要高昂的计算成本。若要考虑建模过程中水文地质参数的不确定性，需要的计算成本则更高（Wu et al.，2006；Luo et al.，2016）。对于复杂的地下水管理问题来说，这是嵌入法建模的主要缺点。

2. 响应函数法

响应函数法建模分两步：第一步是建立能够体现地下水模拟模型中决策变量与状态变量之间输入-输出的函数或近似对应关系；第二步是将第一步建立的模拟模型中决策变量与状态变量之间的对应关系作为等式约束与优化模型相耦合。其最大特点是分步完成建模，模拟模型与优化模型不同步运行。

早期的响应矩阵法就是一种典型的响应函数法，但它只能反映地下水模拟模型中决策变量（抽水量）与状态变量（水位降深）之间的线性关系，因此，响应矩阵法只适用于线性系统（如承压含水层的抽水问题）或能够近似概化为线性系统（如巨厚潜水含水层的小降深抽水问题）的地下水水量管理问题，这大大限制了这类建模方式的实用性和可操作性。

近年来，随着地下水模拟模型复杂程度的增加，采用嵌入法构建的管理模型具有高度的非线性，利用传统基于梯度的方法很难找到问题的最优解，往往易陷于局部最优解，目前这类方法在求解复杂地下水管理模型中的应用已越来越少。相反，启发式的进化算法具有全局搜索的能力，已被越来越多地应用于各类复杂地下水管理问题的求解。然而，启发式进化算法的计算成本问题，大大限制了嵌入法建模的发展与应用，为此，为了提高地下水管理模型的求解效率，响应函数法又重新用于构建地下水管理模型，而且得到了快速提高与发展（Asher et al.，2015）。与早期的响应矩阵法不同，现在的响应函数法又称为替代函数法或代理建模法，它能反映模拟模型中输入-输出的复杂对应关系。其主要思想是：通过机器学习或统计回归方法建立一个计算相对简单的替代模型来近似代替原始的复杂地下水模拟模型，进而将替代模型与优化模型耦合以完成管理模型的优化。替代模型必须要体现所关注的模型输入-输出对应关系，无论这种对应关系是线性的（响应矩阵法）还是非线性的，它是对原始模型某个或某些方面的近似，但是计算量远小于原始模型。线性回归方程也是一种替代模型。当然，现实中更多的替代模型都是非线性的。

响应函数或替代模型的构建方式多样（Zheng and Wang，2002；Baú and Mayer，2006；Fen et al.，2009；Zhang et al.，2009，2013；Zheng et al.，2011；Mirghani et al.，2012；Luo and Lu，2014a，2014b；Regis，2014；Hussain and Javadi，2015；Zhao et al.，2015，2016；Regis，2016；Roy et al.，2016），常见的方法有回归函数方法、克里格插值法、支持向量机方法、人工神经网络法、径向基函数法、概率配点法等。Asher等（2015）将替代建模技术总结为3类：数据驱动的方法、基于投影的方法和基于层次或多保真的方法。数据驱动的方法通过经验模型逼近地下水模拟模型，使其尽可能刻画原始模型的输入-输出映射关系；基于投影的方法主要通过将控制方程投影到正交向量来减小参数空间的维度；基于分层或多保真的方法则通过简化物理系统的表示来创建替代物，如通过忽略某些过程或减小数值分辨率，多尺度有限元和多尺度有限体积方法就属于这类多保真方法（Ye et al.，2004；He and Ren，2005；He et al.，2013；Xie et al.，2014）。从地下水资源管理建模的角度，利用替代模型完成优化管理的思路可概括为以下两大类。

1）批处理方法

批处理方法（batch approach）是指在整个优化管理过程中采用同一替代模型（Johnson and Rogers，2000；Zheng and Wang，1999；Ataie-Ashtiani et al.，2014）。这种方法要求替代模型能全面体现原模型的特点，对其精度要求高，往往需要通过大量的、较为全面的样本来训练构建替代模型。如 Johnson 和 Rogers（2000）使用线性回归模型来替代地下水模拟模型来解决地下水修复的问题。Zheng 和 Wang（1999）采用二次回归函数来构建地下水污染修复问题中抽水量与抽出污染物质量的对应关系，进而建立用于含水层污染修复的地下水优化管理模型。再如，Luo 和 Lu（2014a）分别基于多项式回归，径向基函数神经网络和克里格方法建立的多相流模拟替代模型，用于对比研究含水层硝基苯污染的修复问题。结果表明，基于径向基函数神经网络和克里格方法的替代模型较基于多项式回归的替代模型具有更好的逼近精度，同时基于克里格方法的替代模型的逼近精度又略高于基于径向基函数神经网络的替代模型。

2）自适应方法

自适应方法（adaptive approach）是指在在优化开始时使用小样本训练替代模型，然后在优化过程中根据需要逐渐完善替代模型（Mugunthan and Shoemaker，2006；Regis and Shoemaker，2007；Matott and Rabideau，2008；Kourakos and Mantoglou，2009，2013；Keating et al.，2010；Sreekanth and Datta，2011a，2011b，2015；Zhang et al.，2013；Chu and Lu，2015）。如 Mugunthan 和 Shoemaker（2006）采用一种基于随机径向基函数的自适应方法对地下水流模型进行了参数校正和不确定性分析。Sreekanth 和 Datta（2011a，2011b）分别将基于遗传规划和模块化神经网络的两种不同替代模型用于海水入侵含水层的智能进化多目标管理策略管理。与模块化神经网络模型相比，开发的遗传规划模型所含的参数较少，因此具有较小的不确定性，这表明基于遗传规划的替代模型更适合于自适应搜索空间的优化。Chu 和 Lu（2015）提出一种基于自适应克里格替代模型的综合优化方法，应用于含水层中的重非水相液体（DNAPLs）表面活性剂增强修复过程的成本优化，不仅能提高替代模型的准确性，并且比常规克里格替代模型执行效果更好。此外，综合方法不仅大大减少了计算负担，而且确定了实际的最优 DNAPLs 修复策略。另外，近年来，越来越多的替代模型尝试应用于地表-地下水耦合模拟的水资源管理优化（Wu et al.，2014，2015，2016；Dogrul et al.，2016）。

（二）地下水管理模型的求解技术

地下水管理模型的求解方法非常多样。20 世纪 70 年代，线性规划方法开始应用于求解地下水管理模型（Willis，1979）。而我国起步相对稍晚，"石家庄市地下水资源科学管理"是我国线性规划方法较早应用于求解地下水管理模型的一个成功实例（杨悦锁，1987），自此以后线性规划方法逐渐推广（吴吉春等，1992；朱学愚等，1994）。20 世纪 80 年代以后，包括多种非线性规划技术得到了迅速发展，并很快应用于求解地下水管理模型（Willis and Finney，1985；Jones et al.，1987；Chang et al.，1992；Mckinney and Lin，1995）。但这些非线性规划技术都是基于梯度寻优的方法，要求目标函数和约束条件连续可导，且这些方法仅能求得局部极值点，因此，这种基于梯度寻优的方法并不适用于多种复杂地下水系统的管理问题。为此，适合直接求解复杂地下水系统管理模型的智能进化算法应运而生（Yeh，2015；Maier et al.，2014；Afshar et al.，2015；Ketabchi and Ataie-Ashtiani，2015a，2015b），这些算法包括遗传算法、禁忌搜索、模拟退火算法、神经网络、蚁群搜索等。与传统非线性规划技术相比，智能进化算法使优化问题无连续性和可导性的限制，已广泛应用于包括地下水资源量的合理分配、地下水系统污染修复治理、滨海含水层管理、地下水污染监测网设计、地表-地下水的联合调度，以及含水层参数识别等各种不同地下水管理模型的求解（邵景力等，1998；杨蕴等，2009；吴鸣等，2013；Mckinney and Lin，1994；Wang and Zheng，1997；Zheng and Wang，1999；Doughterty and Marryott，1991；Mayer et al.，2002）。

当然，任何算法都不可能是完美的。基于启发性搜索的进化算法的最大特点是针对复杂优化问题能够直接求解，但不同的进化算法也有不同的优缺点。例如，简单遗传算法具有全局性搜索的优点，但其收敛速度慢，同时可能会陷入不成熟收敛；禁忌搜索算法局部搜索能力强，但存在对初始解依赖性较强等缺点。因此，近年来研究人员往往将多种智能进化算法结合起来进行改进，通过继承各自算法的优点和克服各自的缺点，以增强改进算法的求解效率，使之具有较强的鲁棒性和推广应用前景（吴剑锋等，2011a，2011b；吴鸣等，2015；Wu et al.，1999；Yang et al.，2012）。

另一方面，无论采用何种求解方法或技术，如果将单目标地下水管理模型得到的唯一解作为最终的决策方案，那就有设计者取代决策者之嫌，这有违于现代管理的基本原则。而对于实际地下水资源管理问题来说，往往需要综合考虑技术、经济和生态环境等多方面的管理目标。例如，在面临地下水污染治理问题时，决策者需要综合权衡各种管理目标，包括治理费用最少、地下水的污染物浓度最小、污染治理的时间最短等因素。因此，本质上地下水管理是一个复杂的多变量、多目标规划问题。

传统的多目标优化方法是将各个目标，经过处理或者数学变换，转换成一个单目标函数，或者一个单目标函数和一组约束条件，采用单目标优化技术来求解。常见单目标优化技术包括传统的数学规划方法（如加权法、约束法、分层求解法等）和单目标进化算法（如遗传算法、禁忌搜索、模拟退火、人工神经网络等）。这种传统求解多目标模型的求解技术具有一些难以克服的局限性（Das and Dennis，1997；Coello，2005）：①每次运算只能得到一个相对最优解，需要通过多次运算，通过不断改变约束条件或者权重系数才能获得满足多目标优化管理的一组权衡解，这降低了模型的求解效率；②得到的单个优化解很难判断是否陷入局部最优解；③对于某一给定的目标函数来说，往往难于找到合适的罚函数；④基于权函数转换的传统优化方法不能用于解决非凸 Pareto 前沿的多目标优化问题。幸运的是，多目标进化算法（multi-objective evolutionary algorithms，MOEAs）可以有效地克服以上技术方法所带来的困难（Maier et al.，2014）。

目前，基于遗传算法的 MOEAs 在求解地下水多目标管理模型中应用较多。为此，可将 MOEAs 大致分为三类：①基于遗传算法的 MOEAs 求解技术，包括早期的基于向量评估的遗传算法、基于小生境的 Pareto 遗传算法、非受控排序的遗传算法以及改进的非受控排序遗传算法（Cieniawski et al.，1995；Erickson et al.，2002；Singh and Minsker，2008；Kourakos and Mantoglou，2011；Luo et al.，2016）；②基于其他算法的 MOEAs 求解技术，如多目标快速和谐搜索算法（Luo et al.，2012）；③综合不同算法优点的混合 MOEAs 求解技术，如混合遗传局部搜索、混合遗传禁忌搜索、基于小生境的 Pareto 禁忌搜索算法等（Espinoza et al.，2005；Sayeed and Mahinthakumar，2005；Mahinthakumar and Sayeed，2005；Vrugt and Robinson，2007；Yang et al.，2012；2013a；2013b）。

随着计算机技术的发展，将不同的算法融合或引入并行计算模式可有效地提高多目标进化技术的求解效率和求解精度（Vrugt and Robinson，2007；Yang et al.，2012，2013a，2013b）。如图 5-7 所示的为美国东北部马萨诸塞州军事保护区（Massachusetts Military Reservation）东南角 10 号化学物泄

漏区（Chemical-Spill 10，CS-10）三氯乙烯（Trichlorethylene，TCE）污染
场地，已经确定采用抽出-处理系统对其进行治理。Zheng 和 Wang（2002）
采用单目标遗传算法求解了含水层污染修复的地下水优化管理模型，得到图
5-9 中 6 个抽水井的总抽水量为 14 720 m³/d。

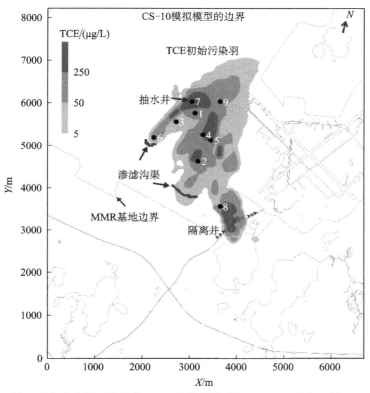

图 5-7　美国马萨诸塞州军事保护区 10 号化学物泄漏区 CS-10 模拟区域 TCE 污染
治理系统平面分布图

实心圆点（●）代表待优化处理井的位置，黑色三角形（▲）代表入渗渠的位置

资料来源：Wu et al.，2015

Yang 等（2013a）针对多目标禁忌搜索算法（MOTS）在求解地下水多
目标管理模型时存在参数取值困难的缺点，借鉴小生境 Pareto 遗传算法的思
想，将小生境技术和适应值库概念引入 MOTS 算法中，提出基于小生境技术
的 Pareto 禁忌搜索算法（NPTS），该算法继承了传统禁忌搜索算法高效邻域
搜索的特点，通过候选表保留搜索解的多样性，尤其通过引入小生境适应度
共享技术和自适应搜索半径等技术，进一步增强算法的全局搜索能力。Yang
等（2013a）将 NPTS 应用于求解 MMR 场地 CS-10 污染修复的多目标管理模

型（最小化总的抽水量和最小化含水层中的残余污染物质量），结果表明该算法对初始解的依赖性小，对算法的参数敏感性低，较基于遗传算法的多目标算法具有更高的求解效率，具有很好的鲁棒性和推广应用前景。图 5-8 显示的求解结果真正反映了两种不同管理目标之间相互影响、彼此矛盾的内在关系，并可为决策者提供一系列可供选择的 TCE 污染修复方案。Yang 等（2013b）进一步结合 MPI（message passing interface，消息传递接口）处理策略的主从并行技术将该方法应用于 MMR 场地 CS-10 污染修复多目标优化模型。由图 5-9 可以看出，随着进程数的增加，并行计算时间和加速比趋向于稳定值，并行计算效率达到了 0.843，表明并行技术大大缩短了优化计算时间，增强了多目标进化算法在实际问题中的适用性。

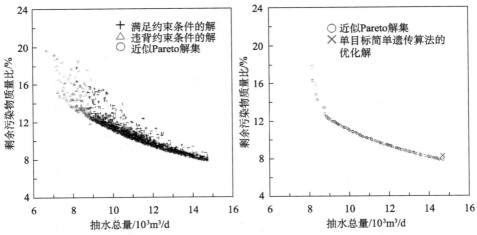

图 5-8　基于 NPTS 算法 MMR 问题的可行解和近似 Pareto 解

资料来源：修改自 Yang et al.，2013a

　　近年来，利用 MOEAs 求解地下水管理模型越来越多地关注于多目标随机管理模型的研究（杨蕴等，2015；骆乾坤等，2015；Maier, et al.，2014；Luo，et al.，2014，2016），但相对来说，目前考虑的随机性还仅限于比较简单的情形。如 Luo 等（2016）利用基于概率理论的 Pareto 遗传算法成功对一个污染治理场地考虑 4 个目标函数的监测网设计模型进行了求解，但该论文仅考虑渗透系数场的简单随机变化。此外，值得一提的是，在建立地下水模拟模型时，亦可采用自动方法对其参数进行反演（徐月平和吴剑锋，2009），这是一类特殊的地下水管理模型。针对此类问题，甚至已有一些通用的软件。目前应用较多的软件有 UCODE（Poeter et al.，2006，2014）和 PEST（Doherty，2015）。

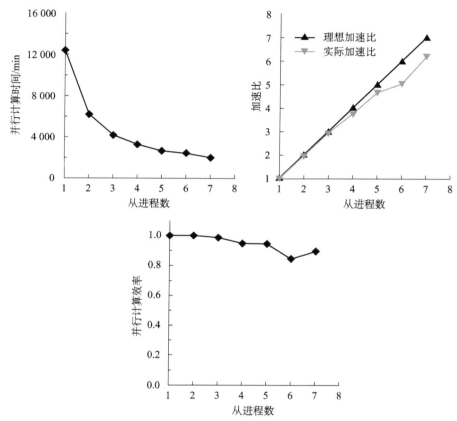

图 5-9　并行计算时间、加速比和并行计算效率与从进程数之间的关系

资料来源：Yang et al.，2013b

三、未来发展趋势

自 20 世纪 80 年代以来，地下水模拟-优化模型因其能带来巨大的经济效益而广泛地应用于包括地下水污染治理的各种管理实践。尤其进入 20 世纪 90 年代以后，随着研究的深入，地下水优化管理开始朝着多目标、多层次和随机性的方向推进，研究不确定条件下地下水模拟-优化多目标动态模型已为客观使然。纵观国内外的研究现状和发展趋势，以下 5 个方面有待深入研究。

（1）如何建立区域尺度的地表水-地下水相互作用与联合调度的地下水管理模型。这类模型既可从单一的水量或水质等方面来建立管理模型，也可以从水资源的水量、水质甚至监测等多方面来综合建模，实现水资源的一体化全面管理。当然，无论是单一的水量或水质管理，还是综合的一体化管理，这种区域尺度的管理模型往往都很复杂，因为地下水系统不是孤立的，它与地表水和大气水是一个统一的系统，甚至还要综合考虑环境、生态等因素影响（Momblanch，et al.，2016；Singh，2015；Singh，et al.，2016）。目前这类管理模型在地表水或地下水耦合的过程中多数都是关注其中的一个子系统，另一子系统往往以源汇项来处理。

（2）如何处理参数的不确定性进而求解不确定条件下的地下水管理模型。目前这类方法运算效率低，实用性较差。尤其要开展地下水管理模型不确定性的定量评价与风险评估（Tartakovsky，2013；Sreekanth and Datta，2015）。同时，参数的尺度效应也不容忽视（Dagan，et al.，2013；Bakshevskaia and Pozdniakov，2016）。

（3）如何处理和求解考虑决策变量时空变化特征的地下水随机管理模型。目前多限于考虑给定某一管理期限的静态地下水管理模型（Wu，et al.，2005；Luo，et al.，2016），很难处理管理模型的多目标时变特征。

（4）如何实现地下水管理模型的模块化。虽然国内外有一些简单的地下水管理软件（Aziz，et al.，2003；Ahlfeld，et al.，2005；Halford，2006），但这些软件还很不完善，通用性较差，而且多限于地下水资源水量管理。

（5）由于地下水模拟模型是管理模型的基础，因此，复杂地下水系统中水流（如裂隙水流）和溶质（如核素、多相流等）的物理、化学和生物化学反应过程的模拟模型，需要继续深入研究。

本章作者：

中国地质大学（武汉）马瑞，第一节；南京大学吴吉春、施小清，第二节；中国地质大学（北京）王旭升，中国地质大学（武汉）马瑞，南京大学吴吉春，第三节；首都师范大学宫辉力、朱琳，第四节；南京大学吴吉春、曾献奎，第五节；吉林大学苏小四，第六节；南京大学吴剑锋，第七节。南京大学吴吉春负责本章内容设计和统稿。

本章参考文献

曹彤彤，曾献奎，吴吉春等．2016．基于伴随状态方法的地下水污染源识别研究．高校地质学报，22（3）：563-571.

陈浩，胡燕，王贵玲等．2007．ArcGIS空间分析技术在地下水评价中的应用．水文地质工程地质，34（4）：112-115.

陈蓓蓓，宫辉力，李小娟等 . 2012. 北京地下水系统演化与地面沉降过程 . 吉林大学学报
　　（地球科学版），42（增刊1）：373-379.

陈蓓蓓，宫辉力，李小娟等 . 2013. 北京典型地下水漏斗区载荷密度与地面沉降相关性 .
　　应用基础与工程科学学报，21（6）：1046-1056.

陈述彭，岳天祥，励惠国 . 2000. 地学信息图谱研究及其应用 . 地理研究，19（4）：337-
　　343.

陈宗宇，陈京生，费宇红等 . 2006. 利用氚估算太行山前地下水更新速率 . 核技术，
　　29（6）：426-431.

程洋，童立强，郭兆成等 . 2015. 资源一号02C卫星数据在北京岩溶水资源勘查评价工程
　　中的应用 . 国土资源遥感，27（2）：183-189.

丁悌平 . 2002. 稳定同位素测试技术与参考物质研究现状及发展趋 . 岩矿测试，21（4）：
　　291-300.

方晶晶，周爱国，刘存富等 . 2013. 有机污染物稳定同位素在线测试技术研究 . 岩矿测试，
　　32（2）：192-202.

葛帆，王钊 . 2004. 蒸渗仪及其应用现状 . 节水灌溉，（2）：30-32.

宫辉力，张友全，李小娟等 . 2009. 基于永久散射体雷达干涉测量技术的北京市地面沉降
　　研究 . 自然科学进展，19（11）：1216-1266.

韩永，王广才，邢立亭等 . 2009. 地下水放射性同位素测年方法研究进展，煤田地质与勘
　　探，37（5）：37-42.

黄丽，郑春苗，刘杰等 . 2012. 分布式光纤测温技术在黑河中游地表水与地下水转换研究
　　中的应用 . 水文地质工程地质，39（2）：1-6.

焦杏春 . 2016. 地下水水质评价与水资源管理：水文地球化学与同位素方法的应用研究进
　　展 . 地质学报，90（9）：2476-2489.

井柳新，刘伟江，王东等 . 2013. 中国地下水环境监测网的建设和管理 . 环境监控与预警，
　　5（2）：1-4.

李华，王菊香，邢志娜等 . 2011. 改进的K/S算法对近红外光谱模型传递影响的研究 . 光谱
　　学与光谱分析，31（2）：362-365.

李坤，曾一凡，尚彦军等 . 2016. 基于GIS的"三图-双预测法"的应用 . 煤田地质与勘
　　探，43（2）：58-62.

李长生 . 2016. 生物地球化学：科学基础与模型方法 . 北京：清华大学出版社 .

李立军 . 2007. 吉林省通榆县地下水脆弱性研究 . 长春：吉林大学出版社 .

李明坤，高磊，余湘娟 . 2014. 基于BOFDA的地下水温模拟监测试验研究 . 河南科学，
　　32（12）：2537-2540.

林学钰，王金生 . 2006. 黄河流域地下水资源及其更新能力研究 . 郑州：黄河水利出版
　　社 .

刘涛，陈锋，康剑等 . 2015. 遥感技术在水文地质中的应用 . 西部探矿工程，27（4）：
　　179-180.

刘士平，杨建锋，李宝庆等．2000．新型蒸渗仪及其在农田水文过程研究中的应用．水利学报，(3)：29-36.

刘小勇，吴芸云，龚守远等．2003．基于GIS技术的地下水资源预测预报系统．农业工程学报，19 (4)：171-174.

罗小军，黄丁发，刘国祥．2009．基于永久散射体雷达差分干涉测量的城市地面沉降研究．测绘通报，35 (4)：5-8.

骆乾坤，吴剑锋，林锦等．2013．地下水污染监测网多目标优化设计模型及进化求解．水文地质工程地质，40 (5)：97-103.

骆乾坤，吴剑锋，杨运等．2015．参数空间变异性下地下水污染监测网多目标优化机制研究．地质论评，61 (3)：570-578.

马瑞，董启明，孙自永等．2013．地表水与地下水相互作用的温度示踪与模拟研究进展，地质科技情报，32 (2)：131-137.

茅靳丰，李永，张华等．2014．地下水流动对地埋管热作用距离影响的研究．制冷学报，35 (3)：26-32.

彭先芝，张干，陈繁忠等．2004．好氧生物降解中烷烃单体稳定同位素分馏及其环境意义．科学通报，49 (24)：2605-2611.

乔文静，叶淑君，吴吉春．2015．非均质孔隙介质中两相流的光透法应用研究．水文地质工程地质，42 (3)：112-119.

邵金强．2014．浅述无人机及其技术在地质工作中的应用．黑龙江科技信息，21：125-126.

邵景力，魏家华，崔亚莉等．1998．用遗传算法求解地下水管理模型．地球科学-中国地质大学学报，23 (5)：532-536.

沈照理，朱宛华，钟佐燊．1999．水文地球化学基础．北京：地质出版社．

王浩，陆垂裕，秦大庸等．2010．地下水数值计算与应用研究进展综述．地学前缘，17 (6)：1-12.

王颖，李小春，魏宁．2010．变容压力脉冲法渗透系数测量技术测量范围的实验验证．岩石力学与工程学报，29 (增1)：3113-3121.

王安琪，周德民，宫辉力．2012．基于雷达后向散射特性进行湿地植被识别与分类的方法研究．遥感信息，(2)：15-19.

王存政，于武军，李建萍等．2012．基于GIS技术的湛江市区浅层地下水防污性能分析与评价．环境工程，30 (S2)：582-585.

王恒纯．1991．同位素水文地质概论．北京：地质出版社．

王立成，刘成林，曹珂等．2014．沉积盆地卤水来源的非传统同位素示踪研究进展．矿床地质，33 (5)：909-920.

王明新，吴文良，刘文娜．2006．基于GIS和BP神经网络的农区地下水硝态氮含量分布特征分析．农业工程学报，22 (12)：39-43.

王亚鑫．2013．基于ArcGIS Engine的地下水均衡研究．北京：中国地质大学（北京）硕士学位论文．

王中根, 朱新军, 李尉等. 2011. 海河流域地表水与地下水耦合模拟. 地理科学进展, 30 (11): 1345-1353.

文冬光, 沈照理, 钟佐燊. 1998. 水-岩相互作用的地球化学模拟理论及应用. 武汉: 中国地质出版社.

吴鸣, 吴剑锋, 林锦等. 2013. 地下油罐泄漏区污染源的自动识别. 环境科学学报, 33 (12): 3251-3259.

吴鸣, 吴剑锋, 施小清等. 2015. 基于谐振子遗传算法的高效地下水优化管理模型. 吉林大学学报 (地球科学版), 45 (5): 1485-1492.

吴吉春, 刘培民, 姜清波等. 1992. 山东龙口市地下水资源管理模型. 南京大学学报 (地球科学版), 4 (1): 93-100.

吴剑锋, 彭伟, 钱家忠等. 2011a. 基于 INPGA 的地下水污染治理多目标优化管理模型: Ⅰ. 理论方法与算例验证. 地质论评, 57 (2): 277-284.

吴剑锋, 彭伟, 钱家忠等. 2011b. 基于 INPGA 的地下水污染治理多目标优化管理模型: Ⅱ. 实例应用. 地质论评, 57 (3): 437-443.

仵彦卿. 1994. 地下水动态观测网优化设计研究. 地质灾害与环境保护, 5 (3): 56-64.

向速林, 冉全. 2006. 地下水水位预测的人工神经网络模型研究. 贵州化工, 31 (3): 51-52.

熊锋. 2015. 地下水监测网优化布井方法研究. 河南大学硕士学位论文.

许民, 叶柏生, 赵求东. 2013. 2002—2010 年长江流域 GRACE 水储量时空变化特征. 地理科学进展, 32 (1): 68-77.

许涓铭, 邵景力. 1988. 地下水管理问题讲座. 工程勘察, (6): 52-57.

徐挺, 郑西来, 魏杨. 2014. 人工抽水对滨海潜水含水层咸淡水分布的影响. 工程勘察, 42 (2): 35-39.

徐月平, 吴剑锋. 2009. 基于区域 Delaunay 自动剖分的含水层参数反演. 地下水, 31 (1): 19-22.

薛禹群, 吴吉春. 2010. 地下水动力学. 北京: 地质出版社.

薛禹群, 谢春红. 2007. 地下水数值模拟. 北京: 科学出版社.

杨蕴, 吴剑锋, 林锦等. 2015. 控制海水入侵的地下水多目标模拟优化管理模型. 水科学进展, 26 (4): 579-588.

杨蕴, 吴剑锋, 吴吉春. 2009. 两种进化算法在求解地下水管理模型中的对比. 吉林大学学报 (地球科学版), 39 (3): 474-502.

杨悦锁. 1987. 石家庄市地下水资源管理模型. 长春地质学院学报, 17 (4): 419-430.

叶超, 李宇, 田茂勇. 2005. 基于 GIS 的地下水水源地补给潜力探讨. 水文地质工程地质, 32 (1): 67-69.

叶剑锋. 2011. 基于混合系统架构的新疆南疆地下水资源信息系统研究. 新疆农业大学硕士学位论文.

叶叔华, 苏晓莉, 平劲松等. 2011. 基于 GRACE 卫星测量得到的中国及其周边地区陆地水量变化.吉林大学学报（地球科学版），41（5）：1580-1586.

易连兴，夏日元，唐建生，黄俊杰.2010.地下水连通介质结构分析——以寨底地下河系统实验基地示踪试验为例.工程勘察，38（11）：38-41.

于军，李振洪，武健强.2009.InSAR/GPS 集成技术在常州—无锡地面沉降监测中的应用研究.自然科学进展，19（11）：1267-1271.

翟远征.2011.地下水更新能力研究.北京：北京师范大学出版社.

张兵.2016.高光谱图像处理与信息提取前沿.遥感学报，5（5）：1062-1090.

张勤，赵超英，丁晓利等.2009.利用 GIS 与 InSAR 研究西安现今地面沉降与地裂缝时空演化特征.地球物理学报，52（5）：1214-1222.

张礼中，林学钰，张永波等.2008.基于 GIS 的区域地下水功能评价模型系统.工程勘察，4：38-42.

张在勇，王文科，陈立等.2016.非饱和带有限分析数值模拟的误差分析.水科学进展，27（1）：70-80.

中国地下水科学战略研究小组.2009.中国地下水科学的机遇与挑战.北京：科学出版社.

朱建友，邓亚平，施小清等.2017.高密度电阻率法探 DNAPLs 污染的适宜性探讨.水文地质工程地质，44（1）：144-151.

朱祥坤，王跃，闫斌等.2013.非传统稳定同位素地球化学的创建与发展.矿物岩石地球化学通报，32（6）：651-688.

朱学愚，钱孝星，刘新仁.1987.地下水资源评价.南京：南京大学出版社.

朱学愚，朱国荣，吴春寅等.1994.山东临淄地区喀斯特-裂隙水资源的管理模型.地理学报，49（3）：247-256.

祝晓彬，吴吉春，叶淑君等.2005.长江三角洲（长江以南）地区深层地下水三维数值模拟.地理科学，25（1）：68-73.

Ackerer P，Trottier N，Delay F. 2014. Flow in double-porosity aquifers：Parameter estimation using an adaptive multiscale method. Advances in Water Resources，73：108-122.

Adamowski J，Chan H F. 2011. A wavelet neural network conjunction model for groundwater level forecasting. Journal of Hydrology，407（1）：28-40.

Adams E，Gelhar L. 1992. Field study of dispersion in a heterogeneous aquifer：2. Spatial moments analysis. Water Resources Research，28（12）：3293-3307.

Afshar A，Massoumi F，Afshar A，et al. 2015. State of the art review of ant colony optimization applications in water resource management. Water Resources Management，29（11）：3891-3904.

Ahlfeld D P，Barlow P M，Mullingan A E. 2005. GWM-A ground-water management process for the US Geological Survey modular ground-water model（MODFLOW-2000）. Center for Integrated Data Analytics Wisconsin Science Center.

Ahlfeld D P，Mulligan A E. 2000. Optimal Management of Flow in Groundwater Systems. USA：Academic Press.

Alexander M D，Macquarrie K T. 2005. The measurement of groundwater temperature in shallow piezometers and standpipes. Canadian Geotechnical Journal，42（5）：1377-1390.

Allègre V，et al. 2016. Using earth-tide induced water pressure changes to measure in situ permeability：A comparison with long-term pumping tests. Water Resources Research，52（4）：3113-3126.

Alvarez L W，Cornog R. 1939. ^{3}He in helium. Physical Review，56（4）：379-379.

Amberger A，Schmidt HL. 1987. Naturliche Isotopengehalte von Nitatals Indikatoren fur dessen Herkunft. Geochimicaet Cosmochimica Acta，51（10）：2699-2705.

Anderson M P. 2005. Heat as a ground water tracer. Ground Water，43（6）：951-968.

Anderson M P，Woessner W W，Hunt R J. 2015. Applied Groundwater Modeling：Simulation of Flow and Advective Transport. San Diego：Academic Press.

Andrews J N，Fontes JC. 1992. Importance of the in-situ production of ^{36}Cl，^{36}Ar and ^{14}C in hydrology and hydrochemistry-Isotope Techeniques in Water Resources Development. Vienna：IAEA.

Asher M J，Croke B F W，Jakeman A J，et al. 2015. A review of surrogate models and their application to groundwater modeling. Water Resources Research，51（8）：5957-5973.

Ataie-Ashtiani B，Ketabchi H，Rajabi M M. 2014. Optimal management of a freshwater lens in a small island using surrogate models and evolutionary algorithms. Journal of Hydrologic Engineering，19（2）：339-354.

Atangana A，Alabaraoye E. 2016. On the modified groundwater flow equation：Analytical solution via iteration method. Hydrological Processes，29（19）：4284-4292.

Awawdeh M，Obeidat M，Al-Mohammad M，et al. 2014. Integrated GIS and remote sensing for mapping groundwater potentiality in the Tulul al Ashaqif，Northeast Jordan. Arabian Journal of Geosciences，7（6）：2377-2392.

Aziz J J，Ling M，Rifai H S，et al. 2003. MAROS：A decision support system for optimizing monitoring plans. Ground Water，40（6）：355-367.

Baeumer B，Benson D A，Meerschaert M M，et al. 2001. Subordinated advection-dispersion equation for contaminant transport. Water Resources Research，37（6）：1543-1550.

Bakker M，Hemker K. 2004. Analytic solutions for groundwater whirls in box-shaped，layeredanisotropic aquifers. Advances in Water Resources，27（11）：1075-1086.

Bakshevskaia V A，Pozdniakov S P. 2016. Simulation of hydraulic heterogeneity and upscaling permeability and dispersivity in sandy-clay formations. Mathematical Geosciences，48（1）：45-64.

Ballentine B C，et al. 2002. Numerical models，geochemistry and the zero-paradox noble-gas mantle. Philosophical Transactions of The Royal Society A Mathematical Physical and Engineering Sciences，360（1800）：2611-2631.

Bano M. 2006. Effects of the Transition Zone Above a Water Table On the Reflection of GPR

Waves. Geophysical Research Letters，33（13）：338-345.

Barry D A，Prommer H，Miller C T，et al. 2002. Modelling the fate of oxidisable organic contaminants in groundwater. Advances in Water Resources，25（8-12）：945-983.

Baú D A，Mayer A S. 2006. Stochastic management of pump-and-treat strategies using surrogate function. Advances in Water Resources，29（12）：1901-1917.

Bear J. 1972. Dynamics of Fluids in Porous Media. New York：Dover.

Belmonte-Jiménez S I，Bortolotti-Villalobos A，Campos-enriquez J O，et al. 2014. Electromagnetic methods application for characterizing a site contaminated by leachates. Revista Internacional de Contaminacion Ambiental，30（3）：317-329.

Benson D，Wheatcraft S，Meerschaert M. 2000. Application of a fractional advection dispersion equation. Water Resources Research，36（6）：1403-1412.

Berkowitz B，Cortis A，Dentz M，et al. 2006. Modeling non-Fickian transport in geological formations as a continuous time random walk. Reviews of Geophysics，44（2）：177-186.

Berkowitz B，Scher H. 2009. Exploring the nature of non-Fickian transport in laboratory experiments. Advances in Water Resources，32（5）：750-755.

Binley A，Hubbard S S，Huisman J A，et al. 2015. The emergence of hydrogeophysics for improved understanding of subsurface processes over multiple scales. Water Resources Research，51（6）：3837-3866.

Binley A，Kemna A. 2005. DC resistivity and induced polarization methods//Rubin Y，Hubbard S S（eds）. Hydrogeophysics. Dordrecht：Springer Netherlands：129-156.

Blaen P J，Khamis K，Lloyd C E，et al. 2016. Real-time monitoring of nutrients and dissolved organic matter in rivers：Capturing event dynamics，technological opportunities and future directions. Science of the Total Environment，（569-570）：647-660.

Bolève A，Revil A，Janod F，et al. 2009. Preferential fluid flow pathways in embankment dams imaged by self-potential tomography. Near Surface Geophysics，7（5-6）：447-462.

Bozau E，Haubler S，Berk W V. 2015. Hydrogeochemical modelling of corrosion effects and barite scaling in deep geothermal wells of the North German Basin using PHREEQC and PHAST. Geothermics，53：540-547.

Breña-Naranjo J A，Kendall A D，Hyndman D W. 2014. Improved methods for satellite-based groundwater storage estimates：A decade of monitoring the high plains aquifer from space and ground observations. Geophysical Research Letters，41（17）：6167-6173.

Brenot A，Carignan J，France-Lanord C，et al. 2007. Geological and land use control on δ^{34}S and δ^{18}O of river dissolved sulfate：the Moselle river basin，France. Chemical Geology，244（1）：25-41.

Briggs M A，Lautz L K，McKenzie J M，et al. 2012. Using high-resolution distributed temperature sensing to quantify spatial and temporal variability in vertical hyporheic flux. Water Resources Research，48（2）：2527.

Burton W C, Plummer L N, Busenberg E, et al. 2002. Influence of fracture anisotropy on ground water ages and chemistry, Valley and Ridge Province, Pennsylvania. Ground Water, 40 (3): 242-257.

Calamita G, Perrone A, Brocca L, et al. 2015. Field test of a multi-frequency electromagnetic induction sensor for soil moisture monitoring in southern Italy Test Sites. Journal of Hydrology, 529 (1): 316-329.

Cao P Q, Tao Y Z, Shu L C. 2011. Study on unsteady saturated-unsaturated flow subjected to variable soil water characteristic curve. //Ren L, Wang W, Yuan F. Hydrological Cycle and Water Resources Sustainability in Changing Environments. Wallingford: IAHS Publication: 488-495.

Cassiani G, Bruno V, Villa A, et al. 2006. A saline trace test monitored via time-lapse surface electrical resistivity tomography. Journal of Applied Geophysics, 59 (3): 244-259.

Castellazzi P, Martel R, Rivera A, et al. 2016. Groundwater depletion in Central Mexico: use of GRACE and InSAR to support water resources management. Water Resources Research, 52 (8): 5985-6003.

Castelletto N, White J A, Ferronatoc M. 2016. Scalable algorithms for three-field mixed finite element coupled poromechanics. Journal of Computational Physics, 327: 894-918.

Castle S L, Thomas B F, Reager J T, et al. 2014. Groundwater depletion during drought threatens future water security of the Colorado River Basin. Geophysical Research Letters, 41 (16): 5904-5911.

Chambers J E, Wilkinson P B, Uhlemann S, et al. 2014. Derivation of lowland riparian wetland deposit architecture using geophysical image analysis and interface detection. Water Resources Research, 50 (7): 5886-6905.

Chang L C, Shoemaker C A, Liu P L F. 1992. Optimal time-varying pumping rates for groundwater remediation: Application of a constrained optimal control algorithm. Water Resources Research, 28 (12): 3157-3173.

Chapin T P, Todd A S, Zeigler M P. 2014. Robust, low-cost data loggers for stream temperature, flow intermittency, and relative conductivity monitoring. Water Resources Research, 50 (8): 6542-6548.

Chaudhari A L, Shaligram A D. 2013. Simulation and experimental studies of an extrinsic fiber optic sensor for liquid refractometry. Optik-International Journal for Light and Electron Optics, 124 (17): 3134-3137.

Chen B B, Gong H L, Li X J, et al. 2011. Spatial-temporal characteristics of land subsidence corresponding to dynamic groundwater funnel in Beijing Municipality, China. Chinese Geographical Science, 21 (6): 753-764.

Chen M, Tomás R, Li Z, et al. 2016. Imaging land subsidence induced by groundwater extraction in Beijing (China) using satellite radar interferometry. Remote Sensing, 8 (6): 468.

Chen Z Y, Wen Wei, Jun Liu, et al. 2011. Identifying the recharge sources and age of groundwater in the Songnen Plain (Northeast China) using environmental isotopes. Hydrogeology Journal, 19 (1): 163-176.

Cheng Z, Gao B, Xu H, et al. 2016. Effects of surface active agents on DNAPL migration and distribution in saturated porous media. Science of the Total Environment, 571: 1147-1154.

Chu H B, Lu W X. 2015. Adaptive Kriging surrogate model for the optimization design of a dense non-aqueous phase liquid-contaminated groundwater remediation process. Water Science & Technology-Water Supply, 15 (2): 263-270.

Cieniawski S E, Eheart J W, Ranjithan S. 1995. Using genetic algorithms to solve a multi-objective groundwater monitoring problem. Water Resources Research, 31 (2): 399-409.

Clark I D, Fritz P. 1997. Environmental Isotopes in Hydrogeology. New York: CRC press.

Clark I D, Phipps G C, Bajjali W T. 1996. Constraining ^{14}C ages in sulphate reducing groundwaters. Two case studies from arid regions/IAEA-SM-336, 43-56, Vienna.

Clément R, Descloitres M, Günther T, et al. 2010. Improvement of electrical resistivity tomography for leachate injection monitoring. Waste Management, 30 (3): 452-464.

Clement V, Vu M T, Samir B, et al. 2013. Reactive transport in porous media: pore network model approach compared to pore-scale model. Physical Review, 87 (2): 023010.

Coello CA C. 2005. Recent trends in evolutionary multi-objective optimization//Abraham A, Jain L, Goldberg R (eds). Evolutionary Multi-objective Optimization: Theoretical Advances and Applications. London: Springer-Verlag: 7-53.

Collon P, Kutschera W, Loosli H H, et al. 2000. ^{81}Kr in the Great Artesian Basin, Australia: a new method for dating very old groundwater. Earth and Planetary Science Letters, 182 (1): 103-113.

Constable S C, Parker R L, Constable CG. 1987. Occam's inversion: a practical algorithm for generating smooth models from electromagnetic sounding data. Geophysics, 52 (3): 289-300.

Constantz J. 1982. Temperature dependence of unsaturated hydraulic conductivity of two soils. Soil Science Society of America Journal, 46 (3): 466-470.

Constantz J. 1998. Interaction between stream temperature, streamflow, and groundwater exchanges in alpine streams. Water Resources Research, 34 (7): 1609-1616.

Constantz J. 2008. Heat as a tracer to determine streambed water exchanges. Water Resources Research, 44 (4): 1-10.

Constantz J, Cox M H, Su G W. 2003. Comparison of heat and bromide as ground water tracers near streams. Ground Water, 41 (5): 647-656.

Cook J C. 1977. Borehole-radar exploration in a coal seam. Geophysics (United States), 42 (6): 1254-1257.

Cook P G, Solomon D K, Plummer L N, et al. 1995. Chlorofluorocarbons as tracers of groundwater transport processes in a shallow, silty sand aquifer. Water Resources Research, 31 (3): 425-434.

Cook S E, Corner R J, Groves P R, et al. 1996. Use of airborne gamma radiometric data for soil mapping. Australian Journal of Soil Research, 34 (1): 183-194.

Dagan G, Fiori A, Jankovic I. 2013. Upscaling of flow in heterogeneous porous formations: critical examination and issues of principle. Advances in Water Resources, 51 (1): 67-85.

Daily W, Ramirez A, Labrecque D, et al. 1992. Electrical resistivity tomography of vadose water movement. Water Resources Research, 28 (5): 1429-1442.

Das I, Dennis J. 1997. A closer look at drawbacks of minimizing weighted sums of objectives for Pareto set generation in multicriteria optimization problems. Structure Optimization, 14 (1): 63-69.

Dasgupta R, Hirschmann M M. 2010. The deep carbon cycle and melting in earth's interior. Earth and Planetary Science Letters, 298 (1-2): 1-13.

Davis J L, Annan A P. 1989. Ground-penetrating radar for high-resolution mapping of soil and rock stratigraphy. Geophysical Prospecting, 37 (5): 531-551.

De Louw P G, Eeman S, Siemon B, et al. 2011. Shallow rainwater lenses in deltaic areas with saline seepage. Hydrology and Earth System Sciences, 15 (12): 3659-3678.

Dempster H S, Lollar B S, Feenstra S. 1997. Tracing organic contaminants in groundwater: a new methodology using compound-specific isotopic analysis. Environmeat Science Technology, 31 (11): 3193-3197.

Deng Y P, Shi X Q, Xu H X, et al. 2017. Quantitative assessment of electrical resistivity tomography for monitoring DNAPLs migration-Comparison with high-resolution light transmission visualization in laboratory sandbox. Journal of Hydrology, 544: 254-266.

Dogrul E C, Kadir T N, Brush C F, et al. 2016. Linking groundwater simulation and reservoir system analysis models: The case for California's Central Valley. Environmental Modelling and Software, 77 (C): 168-182.

Doherty J. 2015. PEST: Calibration and uncertainty analysis for complex environmental models. Brisbane: Watermark Numerical Computing.

Dotlic M, Vidovic D, Pokorni B, et al. 2016. Second-order accurate finite volume method for well-driven flows. Journal of Computational Physics, 307: 460-475.

Doughterty D E, Marryott R A. 1991. Optimal groundwater management, 1. Simulated annealing. Water Resources Research, 27 (10): 2493-2508.

Drenzek N J, Tarr C H, Eglinton T I, et al. 2002. Stable chlorine and carbon isotopic compositions of selected semi-volatile organochlorine compounds. Organic Geochemistry, 33 (4): 437-444.

Drury M. 1989. Fluid flow in crystalline crust: detecting fractures by temperature logs. In Hydrogeological Regimes and Their subsurface Thermal Effects, 47: 129-135.

Edmunds W M, Tyler S W. 2002. Unsaturated zones as archives of past climates, towards a new proxy for continental regions. Hydrogeology Journal, 10 (1): 216-228.

Einarson M D. 2006. Multilevel ground-water monitoring. Practical handbook of environmental site characterization and ground-water monitoring, 11 (2): 808-845.

El-Said M A H. 1956. Geophysical prospection of underground water in the desert by means of electromagnetic interference fringes. Proceedings of the IRE, 44 (1): 24-30.

Elsner M, Jochmann M A, Hofstetter T B, et al. 2012. Current challenges in compound-specific stable isotope analysis of environmental organic contaminants. Analytical and Bioanalytical Chemistry, 403 (9): 2471-2491.

Erickson M, Mayer A, Horn J. 2002. Multi-objective optimal design of groundwater remediation systems: application of the niched Pareto genetic algorithm (NPGA). Advances in Water Resources, 25 (1): 51-65.

Espinoza F, Minsker B, Goldberg D E. 2005. Adaptive hybrid genetic algorithm for groundwater remediation design. Journal of Water Resources Planning and Management, 131 (1): 14-24.

Everett M E. 2013. Near-surface Applied Geophysics. Cambridge: Cambridge University Press.

Fehn U, Snyder G, Egeberg P K. 2000. Dating of pore waters with ^{129}I: relevance for the origin of marine gas hydrates. Science, 289 (5488): 2332-2335.

Fen C S, Chan C, Cheng H C. 2009. Assessing a response surface-based optimization approach for soil vapor extraction system design. Journal of Water Resources Planning and Management, 135 (3): 198-207.

Fröhlich K. 1989. Uranium isotope studies combined with groundwater dating as natural analogue. Natural Analogues in Performance Assessments for the Disposal of Long Lived Radioactive Wastes. IAEA, Vienna, 46-50.

Furukawa Y, Mukai K, Ohmura K, et al. 2017. Improved slant drilling well for in situ remediation of groundwater and soil at contaminated sites. Environmental Science and Pollution Research, 24 (7): 1-8.

Gooch B T, Young D A, Blankenship D D. 2016. Potential groundwater and heterogeneous heat source contributions to ice sheet dynamics in critical submarine basins of East Antarctica. Geochemistry Geophysics Geosystems, 17 (2): 395-409.

Gorelick S M. 1983. A review of distributed parameter groundwater management modeling methods. Water Resources Research, 19 (2): 305-319.

Gorelick S M, Evans B, Remson I. 1983. Identifying sources of groundwater pollution: an optimization approach. Water Resources Research, 19 (3): 779-790.

Gosselin D C, Harvey F E, Frost C, et al. 2004. Strontium isotope geochemistry of groundwater in the central part of the Dakota (Great Plains) aquifer, USA. Applied Geochemistry, 19 (3): 359-377.

Guendouz A, Michelot J L. 2006. Chlorine-36 dating of deep groundwater from Northern Sahara. Journal of hydrology, 328 (3): 572-580.

Hafeznezami S, Lam J R, Xiang Y, et al. 2016. Arsenic mobilization in an oxidizing alkaline groundwater: experimental studies, comparison and optimization of geochemical modeling parameters. Applied Geochemistry, 72: 97-112.

Halford K J. 2006. MODOPTIM: a general optimization program for ground-water flow model calibration and ground-water management with MODFLOW. //US Geological Survey Open-File Report 2006-5009.

Hatch C E, Fisher A T, Revenaugh J S, et al. 2006. Quantifying surface water-groundwater interactions using time series analysis of streambed thermal records: method development. Water Resources Research, 42 (10): 2405-2411.

He X, Koch J, Sonnenborg T O, et al. 2014. Transition probability-based stochastic geological modeling using airborne geophysical data and borehole data. Water Resources Research, 50 (4): 3147-3169.

He X G, Jiang L J, Moulton J D. 2013. A stochastic dimension reduction multiscale finite element method for groundwater flow problems in heterogeneous random porous media. Journal of Hydrology, 478 (3): 77-88.

He X G, Ren L. 2005. Finite volume multiscale finite element method for solving the ground-waterflow problems in heterogeneous porous media. Water Resources Research, 41 (10): 10417.

Hermans T, Vandenbohede A, Lebbe L, et al. 2012. Imaging artificial salt water infiltration using electrical resistivity tomography constrained by geostatistical data. Journal of Hydrology, 438-439 (7): 168-180.

Hofstetter T B, Schwarzenbach R P, Bernasconi S M, et al. 2008a. Assessing transformation processes of organic compounds using stable isotope fractionation. Environmeat Science Technology, 42 (21): 7737-7743.

Hofstetter T B, Spain J C, Nishino S F, et al. 2008b. Identifying competing aerobic nitrobenzene biodegradation pathways using compound-specific isotope analysis. Environmeat Science Technology, 42 (13): 4764-4770.

Houborg R, Rodell M, Li B, et al. 2012. Drought indicators based on model-assimilated Gravity Recovery and Climate Experiment (GRACE) terrestrial water storage observations. Water Resources Research, 48 (7): 2515-2521.

Hu L T, Wang Z J, Tian W, et al. 2009. Coupled surface water-groundwater model and its application in the Arid Shiyang River basin, China. Hydrological Processes, 23 (14): 2033-2044.

Huang T M, Pang Z H. 2010. Changes in groundwater induced by water diversion in the

Lower Tarim River, Xinjiang Uygur, NW China: evidence from environmental isotopes and water chemistry. Journal of Hydrology, 387 (3-4): 188-201.

Huang Z, Pan Y, Gong H, et al. 2015. Subregional-scale groundwater depletion detected by GRACE for both shallow and deep aquifers in North China Plain. Geophysical Research Letters, 42 (6): 1791-1799.

Hubbard S S, Chen J, Peterson J, et al. 2001. Hydrogeological characterization of the south oyster bacterial transport site using geophysical data. Water Resources Research, 37 (10): 2431-2456.

Hubbard S S, Rubin Y, Majer E. 1999. Spatial correlation structure estimation using geophysical and hydrogeological data. Water Resources Research, 35 (6): 1809-1825.

Huges J P, Lettenmaier D P. 1981. Date requirements for kriging: estimation and network design. Water Resources Research, 17 (6): 1641-1650.

Hunkeler D, Abe Y, Broholm M M, et al. 2011. Assessing chlorinated ethene degradation in a large scale contaminant plume by dual carbon - chlorine isotope analysis and quantitative PCR. Journal of Contaminant Hydrology, 119 (1): 69-79.

Hunkeler D, Chollet N, Pittet X, et al. 2004. Effect of source variability and transport processes on carbon isotope ratios of TCE and PCE in two sandy aquifers. Journal of Contaminant Hydrology, 74 (1): 265-282.

Hussain M S, Javadi A A, Ahangar-Asr A, et al. 2015. A surrogate model for simulation-optimization of aquifer systems subjected to seawater intrusion. Journal of Hydrology, 523: 542-554.

International Atomic Energy Agency. 2013. Isotope methods for dating old groundwater. Vienna: International Atomic Energy Agency.

Jaunat J, Dupuy A, Huneau F, et al. 2016. Groundwater flow dynamics of weathered hard-rock aquifers under climate-change conditions: an illustrative example of numerical modeling through the equivalent porous media approach in the North-Western Pyrenees (France). Hydrogeology Journal, 24 (6): 1359-1373.

Jendrzejewski N, Eggenkamp H G M, Coleman M L, et al. 2001. Characterisation of chlorinated hydrocarbon from chlorine and carbon to environmental problems. Applied Geochemistry, 16 (9): 1021-1031.

Jacob C E. 1940. On the flow of water in an elastic artesian aquifer. Transactions of the American Geophysical Union, 21 (2): 574-586.

Johnson V M, Rogers L L. 2000. Accuracy of neural network approximators in simulation-optimization. Journal of Water Resources Planning & Management, 126 (2): 48-56.

Jones L, Willis R, Yeh W W-G. 1987. Optimal control nonlinear groundwater hydraulics using differential dynamic programming. Water Resources Research, 23 (11): 2097-2106.

Joodaki G, Wahr J, Swenson S. 2014. Estimating the human contribution to groundwater depletion in the Middle East, from GRACE data, land surface models, and well observations. Water Resources Research, 50 (3): 2679-2692.

Kacimov A R, Kayumov I R, Al-Maktoumi A. 2016. Rainfall induced groundwater mound in wedge-shaped promontories: the Strack-Chernyshov model revisited. Advances in Water Resources, 97: 110-119.

Kacimov A R. 2000. Three-dimensional groundwater flow to a lake: an explicit analytical solution. Journal of Hydrology, 240 (1): 80-89.

Karaoulis M, Kim J H, Tsourlos P. 2011. 4D active time constrained resistivity inversion. Journal of Applied Geophysics, 73 (1): 25-34.

Kaufmann R S, Long A , Bentley H W, et al. 1984. Natural chlorine isotope variations. Nature, 309 (5966): 338-340.

Keating E H, Doherty J, Vrugt J A, et al. 2010. Optimization and uncertainty assessment of strongly nonlinear groundwater models with high parameter dimensionality. Water Resources Research, 46 (10): 5613-5618.

Keery J, Binley A, Crook N, et al. 2007. Temporal and spatial variability of groundwater-surface water fluxes: development and application of an analytical method using temperature time series. Journal of Hydrology, 336 (1-2): 1-16.

Ketabchi H, Ataie-Ashtiani B. 2015a. Evolutionary algorithms for the optimal management of coastal groundwater: a comparative study toward future challenges. Journal of Hydrology, 520 (4): 193-213.

Ketabchi H, Ataie-Ashtiani B. 2015b. Review: coastal groundwater optimization-advances, challenges, and practical solutions. Hydrogeology Journal, 23 (6): 1129-1154.

Kim K H, Yun S T, Mayer B, et al. 2015. Quantification of nitrate sources in groundwater using hydrochemical and dual isotopic data combined with a Bayesian mixing model. Agriculture, Ecosystems and Environment, 199: 369-381.

Kong J, Shen C J, Xin P. 2013. Capillary effect on water table fluctuations in unconfined aquifers. Water Resources Research, 49 (5): 3064-3069.

Kopinke F D, Georgi A, Voskamp M, et al. 2005. Carbon isotope fractionation of organic contaminants due to retardation on humic substances: implications for natural attenuation studies in aquifers. Environ Sci Technol, 39 (16): 6052-6062.

Kourakos G, Mantoglou A. 2009. Pumping optimization of coastal aquifers based on evolutionary algorithms and surrogate modular neural network models. Advances in Water Resources, 32 (4): 507-521.

Kourakos G, Mantoglou A. 2011. Simulation and multi-objective management of coastal aquifers in semi-arid regions. Water Resources Management, 25 (4): 1063-1074.

Kourakos G, Mantoglou A. 2013. Development of a multi-objective optimization algorithm using surrogate models for coastal aquifer management. Journal of Hydrology, 479 (1):

13-23.

Kovarik K, Muzik J. 2013. A meshless solution for two dimensional density-driven groundwater flow. Engineering Analysis with Boundary Elements, 37 (2): 187-196.

Krouse H R, Grinenko V A. 1991. Stable isotopes: natural and anthropogenic sulphur in the environment. //Stable Isotopes: Natural and Anthropogenic ulphur in the Environment. Chichester: John Wiley and Sons Ltd. : 177-265.

Kulongoski J T, Hilton DR, Cresswell RG, et al. 2008. Helium-4 characteristics of groundwaters from Central Australia: Comparative chronology with chlorine-36 and carbon-14 dating techniques. Journal of Hydrology, 348 (1): 176-194.

LaBrecque D, Yang X. 2001. Difference inversion of ERT data: a fast inversion method for 3-D in situ monitoring. Journal of Environmental and Engineering Geophysics, 6 (2): 83-89.

Laloy E, Linde N, Vrugt J A. 2012. Mass conservative three-dimensional water tracer distribution from Markov chain Monte Carlo inversion of time-lapse ground-penetrating radar data. Water Resources Research, 48 (7): 2360-2368.

Lambot S, Weihermüller L, Huisman J A, et al. 2006. Analysis of air-launched ground-penetrating radar techniques to measure the soil surface water content. Water Resources Research, 42 (11): 2526-2528.

Lamontagne S, A R Taylor, J Batlle-Aguilar, et al. 2015. River infiltration to a subtropical alluvial aquifer inferred using multiple environmental tracers. Water Resources Research, 51 (6): 4532-4549.

Lathashri U A, Mahesha A. 2016. Groundwater sustainability assessment in coastal aquifers. Journal of Earth System Science, 125 (6): 1103-1118.

Lautz L K, Ribaudo R E. 2012. Scaling up point-in-space heat tracing of seepage flux using bed temperatures as a quantitative proxy. Hydrogeology Journal, 20 (7): 1223-1238.

Leach J M, Coulibaly P, Guo Y. 2016. Entropy based groundwater monitoring network design considering spatial distribution of annual recharge. Advances in Water Resources, 96: 108-119.

Lee H, Kim S, Jun K W, et al. 2016. The effects of groundwater pumping and infiltration on seawater intrusion in coastal aquifer. Journal of Coastal Research, 75 (1): 652-656.

Lee J, Kitanidis P K. 2013. Bayesian inversion with total variation prior for discrete geologic structure identification. Water Resources Research, 49 (11): 7658-7669.

Lehmann B E, Love A, Purtschert R, et al. 2003. A comparison of groundwater dating with ^{81}Kr, ^{36}Cl and ^{4}He in four wells of the Great Artesian Basin, Australia. Earth and Planetary Science Letters, 211 (3): 237-250.

Levy M, Berkowitz B. 2003. Measurement and analysis of non-Fickian dispersion in heterogeneous porous media. Journal of Contaminant Hydrology, 64 (3): 203-226.

Li L, Barry D A, Cunningham C, et al. 2000. A two-dimensional analytical solution of groundwater responses to tidal loading in an estuary and ocean. Advances in Water Resources, 23 (8): 825-833.

Liang X, Quan D, Jin M, et al. 2013b. Numerical simulation of groundwater flow patterns using flux as upper boundary. Hydrological Process, 27 (24): 3475-3483.

Liang X, Zhang Y K. 2013a. Analytic solutions to transient groundwater flow under time-dependent sources in a heterogeneous aquifer bounded by fluctuating river stage. Advances in Water Resources, 58: 1-9.

Linde N. 2009. Comment on "Characterization of multiphase electrokinetic coupling using a bundle of capillary tubes model" by Mathew D Jackson. Journal of Geophysical Research: Solid Earth, 114: B0629.

Liu C Q, Jiang Y K, Tao F X, et al. 2008. Chemical weathering of carbonate rocks by sulfuric acid and the carbon cycling in Southwest China. Geochimica, 37 (4): 404-417.

Liu P, Elshall A S, Ye M, et al. 2016. Evaluating marginal likelihood with thermodynamic integration method and comparison with several other numerical methods. Water Resources Research, 52 (2): 734-758.

Loosli H H. 1983. A dating method with^{39}Ar. Earth and Planetary Science Letters, 63 (1): 51-62.

Loosli H H, Lehmann B E, Smethie Jr W M. 2000. Noble Gas Radioisotopes:^{37}Ar, ^{85}Kr, ^{39}Ar, ^{81}Kr.//Cook P G, Herczeg A J. Environmental Tracers in Subsurface Hydrology. Boston: Springer.

Loosli H H, Oeschger H. 1978, 1979. Argon-39, carbon-14 and krypton-85 measurements in groundwater samples.//Isotope hydrology 1978, 2: 931-997.

Lu C, Xin P, Kong J, et al. 2016. Analytical solutions of seawater intrusion in sloping confined and unconfined coastal aquifers. Water Resources Research, 52 (9): 6989-7004.

Lu C, Xin P, Li L, et al. 2015. Steady state analytical solutions for pumping in a fully bounded rectangular aquifer. Water Resources Research, 51 (10): 8294-8302.

Luo J N, Lu W X. 2014a. Comparison of surrogate models with different methods in groundwater remediation process. Journal of Earth System Science, 123 (7): 1579-1589.

Luo J N, Lu W X. 2014b. Sobol sensitivity analysis of NAPL-contaminated aquifer remediation process based on multiple surrogates. Computers and Geosciences, 67: 110-116.

Luo Q K, Wu J F, Sun X M, et al. 2012. Optimal design of groundwater remediation system using a multi-objective fast harmony search algorithm. Hydrogeology Journal, 20 (8): 1497-1510.

Luo Q K, Wu J F, Yang Y, et al. 2014. Optimal design of groundwater remediation system using a probabilistic multi-objective fast harmony search algorithm under uncertainty. Journal of Hydrology, 519: 3305-3315.

Luo Q K, Wu J F, Yang Y, et al. 2016. Multi-objective optimization of long-term groundwater monitoring network design using a probabilistic Pareto genetic algorithm under uncertainty. Journal of Hydrology, 534: 352-363.

Ma R, Zheng C. 2010. Effects of density and viscosity in modeling heat as a groundwater tracer. Ground Water, 48 (3): 380-389.

Ma R, Zheng C, Zachara J M, et al. 2012. Utility of bromide and heat tracers for aquifer characterization affected by highly transient flow conditions. Water Resources Research, 48 (48): 144-151.

Machiwal D, Jha M K, Mal B C. 2011. GIS-based assessment and characterization of groundwater quality in a hard-rock hilly terrain of Western India. Environmental Monitoring and Assessment, 174 (1): 645-663.

Mahinthakumar G, Sayeed M. 2005. Hybrid genetic algorithm-local search methods for solving groundwater source identification inverse problems. Journal of Water Resources Planning & Management, 131 (1): 45-57.

Maier H R, Kapelan, Kasprzyk J, et al. 2014. Evolutionary algorithms and other metaheuristics in water resources: current status, research challenges and future directions. Environmental Modelling & Software, 62: 271-299.

Mao D, Revil A, Hort R D, et al. 2015. Resistivity and self-potential tomography applied to groundwater remediation and contaminant plumes: sandbox and field experiments. Journal of Hydrology, 530: 1-14.

Mao D Q, Revil A, Hinton J. 2016. Induced polarization response of porous media with metallic particles-Part 4: detection of metallic and nonmetallic targets in time-domain induced polarization tomography. Geophysics, 81 (4): 359-375.

Marios S. Olea R A. 2010. Ground-water network design for northwest Kansas, using the theory of regionalized variables. Ground Water, 20 (1): 48-58.

Marshall C P, Leuko S, Coyle C M, et al. 2007. Carotenoid analysis of halophilic archaea by resonance Raman spectroscopy. Astrobiology, 7 (4): 631-643.

Maselli O J, Fritzsche D, Layman L, et al. 2013. Comparison of water isotope ratio determinations using two cavity ring-down instruments and classical mass spectrometry in continuous ice-core analysis. Istoopes in Environmental and Health Studies, 49 (3): 387-398.

Matott L S, Rabideau A J. 2008. Calibration of complex subsurface reaction models using a surrogate-model approach. Advances in Water Resources, 31 (12): 1697-1707.

Mayer A S, Kelley C T, Miller C T. 2002. Optimal design for problems involving flow and transport phenomena in saturated subsurface systems. Advances in Water Resources, 25 (8): 1233-1256.

Mayer B, Shanley J B, Bailey S W, et al. 2010. Identifying sources of stream water sulfate after a summer drought in the Sleepers River watershed (Vermont, USA) using hydrological, chemical, and isotopic techniques. Applied Geochemistry, 25 (5): 747-754.

Mckinney D C, Lin M D. 1995. Mixed-integer nonlinear programming methods for optimal aquifer remediation design. Water Resources Research, 31 (3): 731-740.

Mckinney D C, Lin M-D. 1994. Genetic algorithm solution of groundwater management models. Water Resources Research, 30 (6): 1897-1906.

Meckenstock R U, Morasch B, Griebler C, et al. 2004. Stable isotope fractionation analysis as a tool to monitor biodegradation in contaminated acquifers. Journal of Contaminant Hydrology, 75 (3-4): 215-255.

Meier-Augenstein W. 2004. GC and IRMS technology for 13C and 15N analysis on organic compounds and related gases. Handbook of Stable Isotope Analytical Techniques, Volume1, Amsterdam: Elsevier: 153-176.

Meier-Augenstein W, Kemp H F, Lock C M. 2009. N2: a potential pitfall for bulk 2H isotope analysis of explosives and other nitrogen-rich compounds by continuous-flow isotope-ratio mass spectrometry. Rapid Commun Mass Spectrom , 23 (13): 2011-2016.

Mesquita E, Paixão T, Antunes P, et al. 2016. Groundwater level monitoring using a plastic optical fiber. Sensors and Actuators A: Physical, 240: 138-144.

Meyer J R, Parker B L, Cherry J A. 2014. Characteristics of high resolution hydraulic head profiles and vertical gradients in fractured sedimentary rocks. Journal of Hydrology, 517: 493-507.

Meyerhoff S B, Maxwell R M, Revil A, et al. 2014. Characterization of groundwater and surface water mixing in a semiconfined karst aquifer using time-lapse electrical resistivity tomography. Water Resources Research, 50 (3): 2566-2585.

Minsley B J, Sogade J, Morgan F D. 2007. Three-dimensional source inversion of self-potential data. Journal of Geophysical Research: Solid Earth, 112 (B2): 1074-1086.

Mirghani B Y, Zechman E M, Ranjithan R S, et al. 2012. Enhanced simulation-optimization approach using surrogate modeling for solving inverse problems. Environmental Forensics, 13 (4): 348-363.

Misra R K, Padhi J. 2014. Assessing field-scale soil water distribution with electromagnetic induction method. Journal of Hydrology, 516 (6): 200-209.

Mizota C, Sasaki A. 1996. Sulfur isotope composition of soils and fertilizers: differences between Northern and Southern Hemispheres. Geoderma, 71 (1): 77-93.

Momblanch A, Connor J D, Crossman N D, et al. 2016. Using ecosystem services to represent the environment in hydro-economic models. Journal of Hydrology, 538: 293-303.

Morgenstern U, Gellermann R, Hebert D, et al. 1995. ^{32}Si in limestone aquifers. Chemical Geology, 120 (1): 127-134.

Mount G J, Comas X. 2014. Estimating porosity and solid dielectric permittivity in the Miami Limestone using High-Frequency Ground Penetrating Radar (GPR) measurements at the laboratory scale. Water Resources Research, 50 (10): 7590-7605.

Mugunthan P, Shoemaker C A. 2006. Assessing the impacts of parameter uncertainty for computationally expensive groundwater models. Water Resources Research, 42 (42): 2405-2411.

Muramatsu Y, Fehn U, Yoshida S. 2001. Recycling of iodine in fore-arc areas: evidence from the iodine brines in chiba, Japan. Earth and Planetary Science Letters, 192 (4): 583-593.

Neuman S P, Tartakovsky D M. 2009. Perspective on theories of non-Fickian transport in heterogeneous media. Advances in Water Resources, 32 (5): 670-680.

O'Sullivan G, Kalin R M. 2008. Investigation of the rangeof carbon and hydrogen isotopes within a global set of gasolines. Environment Forensics, 9 (2): 166-176.

Obuobie E, Diekkrueger B, Agyekum W, et al. 2012. Groundwater level monitoring and recharge estimation in the White Volta River basin of Ghana. Journal of African Earth Sciences, 71-72 (3): 80-86.

Oldenborger G A, Knoll M D, Routh P S, et al. 2007. Time-lapse ERT monitoring of an injection/withdrawal experiment in a shallow unconfined aquifer. Geophysics, 72 (4): F177-F187.

Orlando L, Renzi B. 2015. Electrical permittivity and resistivity time lapses of multiphase DNAPLs in a lab test. Water Resources Research, 51 (1): 377-389.

Parkhurst D L. 1995. User's guide to PHREEQE-a computer program for speciation, reaction-path, advective transport, and inverse geochemical calculations. US Geological Survey Water Resources. Investigations Report.

Parkhurst D L, Appelo C A J. 1999. User's guide to PHREEQC (Version 2): a computer program for speciation, batch-reaction, one-dimensional transport, and inverse geochemical calculations, US Geological Survey Water Resources Investigation Report.

Parsons M L. 1970. Groundwater thermal regime in a glacial complex. Water Resources Research, 6 (6): 1701-1720.

Paul D, Skrzypek G. 2006. Flushing time and storage effects onthe accuracy and precision of carbon and oxygen isotoperatios of sample using the Gasbench II technique. Rapid Communications in Mass Spectrometry, 20 (13): 2033.

Plummer L N, Rupert M G, Busenberg E, et al. 2000. Age of irrigation water in cround water from the Eastern Snake River Plain Aquifer, South-Central Idaho. Ground Water, 38 (2): 264-283.

Poeter E E, Hill M C, Banta E R, et al. 2006. UCODE _ 2005 and Six other Computer Codes for Universal Sensitivity Analysis, Calibration, and Uncertainty Evaluation Constructed using the JUPITER API. Book 6: Modelling Techniques, Section A. Ground Water.

Poeter E P, Hill M C, Lu D, et al. 2014. UCODE _ 2014, with new capabilities to define parameters unique to predictions, calculate weights using simulated values, estimate parameters with SVD, evaluate uncertainty with MCMC, and More. Integrated Groundwater Modeling Center Report , to appear.

Portoghese I, Uricchio V, Vurro M. 2005. A GIS tool for hydrogeological water balance evaluation on a regional scale in semi-arid environments. Computers & Geosciences, 31 (1): 15-27.

Power C, Gerhard J I, Karaoulis M, et al. 2014. Evaluating four-dimensional time-lapse electrical resistivity tomography for monitoring DNAPL source zone remediation. Journal of Contaminant Hydrology, 162: 27-46.

Pradhan B, Abokharima M H, Jebur M N, et al. 2014. Land subsidence susceptibility mapping at Kinta Valley (Malaysia) using the evidential belief function model in GIS. Natrual Hazards, 73 (2): 1019-1042.

Prakash O, Datta B. 2013. Sequential optimal monitoring network design and iterative spatial estimation of pollutant concentration for identification of unknown groundwater pollution source locations. Environmental Monitoring & Assessment, 185 (7): 5611-5626.

Quinn P, Cherry J A, Parker B L. 2012. Hydraulic testing using a versatile straddle packer system for improved transmissivity estimation in fractured-rock boreholes. Hydrogeology Journal, 20 (8): 1529-1547.

Raghavan R. 2004. A review of applications to constrain pumping test responses to improve on geological description and uncertainty. Review of Geophysics, 42 (4): 325-348.

Regis R G. 2014. Particle swarm with radial basis function surrogates for expensive black-box optimization. Journal of Computational Science, 5 (1): 12-23.

Regis R G. 2016. Trust regions in Kriging-based optimization with expected improvement. Engineering Optimization, 48 (6): 1037-1059.

Regis R G, Shoemaker C A. 2007. A Stochastic radial basis function method for the global optimization of expensive functions. Informs Journal on Computing, 19 (4): 497-509.

Rehfeldt K R, Boggs J M, Gelhar L W. 1992. Field study of dispersion in a heterogeneous aquifer: 3. Geostatistical analysis of hydraulic conductivity. Water Resources Research, 28 (12): 3309-3324.

Revil A, Eppehimer J D, Skold M, et al. 2013. Low-frequency complex conductivity of sandy and clayey materials. Journal of Colloid and Interface Science, 398 (19): 193-209.

Revil A, Linde N. 2006. Chemico-electromechanical coupling in microporous media. Journal of Colloid and Interface Science, 302 (2): 682-694.

Revil A, Naudet V, Nouzaret J, et al. 2003. Principles of electrography applied to self-potential electrokinetic sources and hydrogeological applications. Water Resources Research, 39 (5): 2531.

Richey A S. 2014. Stress and Resilience in the World's Largest Aquifer Systems: A GRACE-based methodology. Irvine: University of California.

Rivière A, Gonçalvès J, Jost A, et al. 2014. Experimental and numerical assessment of transient stream-aquifer exchange during disconnection. Journal of Hydrology, 517 (1): 574-583.

Rizzo E, Suski B, Revil A, et al. 2004. Self-potential signals associated with pumping tests experiments. Journal of Geophysical Research: Solid Earth, 109: B10203.

Robert S M, Kroll D M, Bernard R S, et al. 2000. Pore-scale simulation of dispersion. Physics of Fluids, 12 (12): 2065-2079.

Robinson D A, Abdu H, Lebron I, et al. 2012. Imaging of hill-slope soil moisture wetting patterns in a semi-arid oak savanna catchment using time-lapse electromagnetic induction. Journal of Hydrology, 416: 39-49.

Robinson D A, Lebron I, Kocar B, et al. 2009. Time-lapse geophysical imaging of soil moisture dynamics in tropical deltaic soils: an aid to interpreting hydrological and geochemical processes. Water Resources Research, 45 (4): 450-455.

Rodell M, Velicogna I, Famiglietti J S. 2009. Satellite-based estimates of groundwater depletion in India. Nature, 460 (7258): 999-1002.

Rogojin V, Carmi I, Kronfeld J. 1997. ^{14}C and ^{234}U-Excess Dating of Groundwater in the Haifa Bay Region Israel. Radiocarbon, 40 (2): 945-951.

Rorabaugh M I, Schrader F F, Laird L B. 1954. Water resources of the Louisville area, Kentucky and Indiana. Science, 119 (3093): 477.

Roy T, Schutze N, Grundmann J, et al. 2016. Optimal groundwater management using state-space surrogate models: a case study for an arid coastal region. Journal of Hydroinformatics, 18 (4): 666-686.

Rozanski K, Johnsen S J, Schotterer U. , et al. 1997. Reconstruction of past climates from stable isotope records of palaeo-precipitation preserved in continental archives. Hydrological Sciences Journal, 42 (5): 725-745.

Rubin Y, Hubbard S S. 2005. Hydrogeophysics. Berlin: Springer Science & Business Media.

Rubin Y, Mavko G, Harris J. 1992. Mapping permeability in heterogeneous aquifers using hydrologic and seismic data. Water Resources Research, 28 (7): 1809-1816.

Rudolph S, van der Kruk J, von Hebel C, et al. 2015. Linking satellite derived LAI patterns with subsoil heterogeneity using large-scale ground-based electromagnetic induction measurements. Geoderma, 241-242: 262-271.

Rushton K R, de Silva C S. 2016. Sustainable yields from large diameter wells in shallow weathered aquifers. Journal of Hydrology, 539: 495-509.

Russell W A, Papanastassiou D A, Tombrello T A. 1978. Ca isotope fractionation on the earth and other solar system materials. Geochimica et Cosmochimica Acta, 42 (8): 1075-1090.

Salem Z E, Taniguchi M, Sakura Y. 2004. Use of temperature profiles and stable isotopes to trace flow lines: Nagaoka Area, Japan. Ground Water, 42 (1): 83-91.

Sayeed M, Mahinthakumar G. 2005. Efficient parallel implementation of hybrid optimization approaches for solving groundwater inverse problems. Journal of Computing in Civil Engineering, 19 (4): 329-340.

Scanlon B R, Longuevergne L, Long D. 2012. Ground referencing GRACE satellite estimates of groundwater storage changes in the California Central Valley, USA. Water Resources Research, 48 (4): W4520.

Seigel H. 1959. Mathematical formulation and type curves for induced polarization. Geophysics, 24 (3): 547-565.

Seigel H, Nabighian M, Parasnis D, et al. 2007. The early history of the induced polarization method. The Leading Edge, 26 (3): 312-321.

Sengor S S, Unlu K. 2013. Modeling contaminant transport and remediation at an acrylonitrile spill site in Turkey. Journal of Contaminant Hydrology, 150 (5): 77-92.

Shamsudduha M, Mcdonnell J J. 2012. Monitoring groundwater storage changes in the highly seasonal humid tropics: validation of GRACE measurements in the Bengal Basin. Water Resources Research, 48 (2): 35.

Siarkos I, Latinopoulos D, Katirtzidou M. 2014. Delineating cost-effective wellhead protection zones in a rural area in Greece. Water and Environment, 28 (1): 72-83.

Siergieiev D, Widerlund A, Ingri J, et al. 2014. Flow regulation effects on the hydrogeochemistry of the hyporheic zone in boreal rivers. Science of the Total Environment, 499: 424-436.

Silva S R, Wilkson D H, Kendall, C. , et al. 2000. A new method for collection of nitrate from fresh water and the analysis of nitrogrn and oxygen isotope ratios. Journal of Hydrology. 228 (12): 22-36.

Singh A. 2012. An overview of the optimization modelling applications. Journal of Hydrology, 466: 167-182.

Singh A. 2014. Optimization modelling for seawater intrusion management. Journal of Hydrology, 508 (2): 43-52.

Singh A. 2015. Managing the environmental problem of seawater intrusion in coastal aquifers through simulation-optimization modeling. Ecological Indicators, 48: 498-504.

Singh A, Minsker B. 2008. Uncertainty-based multi-objective optimization of groundwater remediation design. Water Resources Research, 44 (2): 1-10.

Singh A, Panda S N, Saxena C K, et al. 2016. Optimization modeling for conjunctive use planning of surface water and groundwater for irrigation. Journal of Irrigation and Drainage Engineering, 142 (3): 1-9.

Sjödahl P, Dahlin T, Johansson S, et al. 2008. Resistivity monitoring for leakage and internal erosion detection at Hällby embankment dam. Journal of Applied Geophysics, 65 (3): 155-164.

Slater L, Lesmes D P. 2002. Electrical-hydraulic relationships observed for unconsolidated sediments. Water Resources Research, 38 (10) .

Smallwood B J, Philp R P, Burgoyne T W, et al. 2001. The use of stable isotopes to differentiate specific source markers for MTBE. Environ Forensics, 2 (3): 215-221.

Solomon D K, Cook P G. 2000. ^{3}H and ^{3}He. Environmental tracers in subsurface hydrology. New York: Springer: 397-424.

Sonntag C, Klitsch E, Lohnert E P, et al. 1978. Palaeoclimatic information from D and ^{18}O in ^{14}C-dated North Saharian groundwaters. //Isotope Hydrology 1978, vol Ⅱ. International Atomic Energy Agency, Vienna: 569-580.

Spivack A J, Edmond J M. 1986. Determination of boron isotopic ratios by thermal ionization mass spectrometry of the dicesium metaborate cation. Analytical Chemistry, 58 (1): 31-35.

Sreekanth J, Datta B. 2011a. Comparative evaluation of genetic programming and neural network as potential surrogate models for coastal aquifer management. Water Resources Management, 25 (13): 3201-3218.

Sreekanth J, Datta B. 2011b. Coupled simulation-optimization model for coastal aquifer management using genetic programming-based ensemble surrogate models and multiple-realization optimization. Water Resources Research, 47 (4): 158-166.

Sreekanth J, Datta B. 2015. Review: simulation-optimization models for the management and monitoring of coastal aquifers. Hydrogeology Journal, 23 (6): 1155-1166.

Stallman R W. 1965. Steady one-dimensional fluid flow in a semi-infinite porous medium with sinusoidal surface temperature. Journal of Geophysical Research, 70 (12): 2821-2827.

Stanko Z P, Boyce S E, Yeh W W G. 2016. Nonlinear model reduction of unconfined groundwater flow using POD and DEIM. Advances in Water Resources, 97: 130-143.

Stonestrom D A, Constantz J. 2003. Heat as a Tool for Studying the Movement of Ground Water near Sstreams. (No. 1260). US Dept. of the Interior, Virginia: US Geological Survey.

Storey M V, van der Gaag B, Burns B P. 2011. Advances in on-line drinking water quality monitoring and early warning systems. Water Research, 45 (2): 741-747.

Strack O D L. 2016. Salt water interface in a layered coastal aquifer: the only published analytic solution is in error. Water Resources Research, 52 (2): 1502-1506.

Su X S, Cui G, Du S H, et al. 2016. Using multiple environmental methods to estimate groundwater discharge into an arid lake (Dakebo Lake, Inner Mongolia, China). Hydrogeology Journal, 24 (7): 1707-1722.

Sun H B. 1997. A two-dimensional analytical solution of groundwater response to tidal loading in an estuary. Water Resources Research, 33 (6): 1429-1435.

Svenson E, Schweisinger T, Murdoch L C. 2005. Air-slug low-pressure straddle-packer system to facilitate characterization of fractured bedrock. Atlanta Georgia Institute of Technology.

Swarzenski P W, Burnett W C, Greenwood W J, et al. 2006. Combined time-series resistivity and geochemical tracer techniques to examine submarine groundwater discharge at Dor Beach, Israel. Geophysical Research Letters, 33 (24): L24405.

Swezey C. 2001. Eolian sediment responses to late Quaternary climatic changes, temporal andspatial patterns in the Sahara. Palaeogeog. Palaeoclimatol. Palaeoecol, 167: 119-155.

Szynkiewicz A, Medina M R, Modelska M, et al. 2008. Sulfur isotopic study of sulfate in the aquifer of Costa de Hermosillo (Sonora, Mexico) in relation to upward intrusion of saline groundwater, irrigation pumping and land cultivation. Applied Geochemistry, 23 (9): 2539-2558.

Szynkiewicz A, Witcher J C, Modelska M, et al. 2011. Anthropogenic sulfate loads in the Rio Grande, New Mexico (USA). Chemical Geology, 283 (3): 194-209.

Takekawa J Y, Iverson S A, Schultz A K, et al. 2010. Field detection of avian influenza virus in wild birds: evaluation of a portable rRT-PCR system and freeze-dried reagents. Journal of Virological Methods, 166 (1): 92-97.

Tartakovsky D M. 2000. An analytical solution for two-dimensional contaminant transport during groundwater extraction. Journal of Contaminant Hydrology, 42 (2): 273-283.

Tartakovsky D M. 2013. Assessment and management of risk in subsurface hydrology: a review and perspective. Advances in Water Resources, 51 (1): 247-260.

Theis C V. 1935. The relation between the lowering of the piezometric surface and the rate and duration of discharge of a well using ground water storage. Transactions of the American Geophysical Union, 16 (2): 519-524.

Tipper E, Galy A, Gaillardet J, et al. 2006. The magnesium isotope budget of the modern ocean: constraints from riverine magnesium isotope ratios. Earth and Planetary Science Letters, 250 (1): 241-253.

Tiwari M K, Chatterjee C. 2010. Development of an accurate and reliable hourly flood forecasting model using wavelet-bootstrap-ANN (WBANN) hybrid approach. Journal of Hydrology, 394 (3): 458-470.

Tolikas P K, Sidiropoulos E G, Tzimopoulos C D. 1984. A simple analytical solution for the Boussinesq one-dimensional groundwater flow equation. Water Resources Research, 20 (1): 24-28.

Tolstikhin I N, Kamensky, I L. 1969. Determination of groundwater ages by the T-3He method. Geochemistry International, 6: 810-811.

Topp G C, Davis J L, Annan A P. 1980. Electromagnetic determination of soil water content: measurements in coaxial transmission lines. Water Resources Research, 16 (3): 574-582.

Toride N, Leij F J, Van Genuchten M T. 1995. The CXTFIT Code for Estimating Transport Parameters from Laboratory or Filed Tracer Experiments. Riverside: US Salinity Laboratory.

Trainer F W. 1968. Temperature Profiles in Water Wells as Indicators of Bedrock Fractures. Washington D C: USGS.

Travassos J D M, Menezes P D T L. 2004. GPR exploration for groundwater in a crystalline rock terrain. Journal of Applied Geophysics, 55 (3): 239-248.

Troldborg M, Nowak W, Tuxen N, et al. 2010. Uncertainty evaluation of mass discharge estimates from a contaminated site using a fully Bayesian framework. Water Resources Research, 46 (12): W12552.

Tsikos H, Matthews A, Erel Y, et al. 2010. Iron isotopes constrain biogeochemical redox cycling of iron and manganese in a Palaeoproterozoic stratified basin. Earth and Planetary Science Letters, 298 (1): 125-34.

Tuttlem L W, Breit, G. N. , et al. 2010. Processes affecting δ^{34}S and δ^{18}O values of dissolved sulfate in alluvium along the Canadian River, central Oklahoma, USA. Chemical Geology. 265 (3): 455-467.

van der Kemp W J M, Appelo C A J, Walraevens K. 2000. Inverse chemical modeling and radiocarbon dating of palaeogroundwaters: the Tertiary Ledo-Paniselian aquifer in Flanders, Belgium. Water Resources Research, 36 (5): 1277-1288.

Vengosh A, Spivack AJ, Artzi Y, et al. 1999. Geochemical and boron, strontium, and oxygen isotope constraints on the origin of the salinity in ground water from the Mediterranean coast of Israel. Water Rescources Research, 35 (6): 1877-1894.

Vereecken H, Binley A, Cassiani G. 2006. Applied Hydrogeophysics. Berlin: Springer.

Victor M, Kenneth C. 2013. Big Data: A Revolution That Will Transform How We Live, Work, and Think. New York: Houghton Mifflin Harcourt.

Vitòria L, Otero N, Soler A. 2004. Fertilizer characterization: isotopic data (N, S, O, C, and Sr) . Environmental Science & Technology, 38 (12): 3254-3262.

Vogel J C. 1970. Carnon-14 Dating of Groundwater, Isoptope Hydrology. Vienna: IAEA.

Vrugt J A, Robinson B A. 2007. Improved evolutionary search from genetically adaptive multi-method search. Proceedings of the National Academy of Sciences of the United States of America, 104 (3): 708-711.

Vrugt J A, Stauffer P H, Wohling T, et al. 2008. Inverse modeling of subsurface flow and transport properties: a review with new developments. Vadose Zone Journal, 7 (2): 843-864.

Wade A J, Palmer-Felgate E J, Halliday S J, et al. 2012. Hydrochemical processes in lowland rivers: insights from in situ, high-resolution monitoring. Hydrology and Earth System Sciences, 16 (11): 4323-4342.

Wallin E L, Johnson T C, Greenwood W J, et al. 2013. Imaging high stage river-water intrusion into a contaminated aquifer along a major river corridor using 2-D time-lapse surface electrical resistivity tomography. Water Resources Research, 49 (3): 1693-1708.

Wang M, Zheng C. 1997. Optimal remediation policy selection under general conditions. Ground Water, 35 (5): 757-764.

Wang S Q, Changyuan Tang, Xianfang Song, et al. 2016. Factors contributing to nitrate contamination in a groundwater recharge area of the North China Plain. Hydrological Processes, 30 (3): 2271-2285.

Wang X, Li H, Jiao J J, et al. 2015. Submarine fresh groundwater discharge into Laizhou Bay comparable to the Yellow River flux. Scientific Report, 5: 8814.

Wei P, Shan X, Sun X. 2013. Frequency response of distributed fiber-optic vibration sensor based on nonbalanced Mach-Zehnder interferometer. Optical Fiber Technology, 19 (1): 47-51.

Weise S, Moser H. 1987. Groundwater dating with helium isotopes. Isotope techniques in water resources development. IAEA, Vienna, 105-126.

Wexler E J. 1992. Analytical Solutions for One-, Two-, and Three-Dimensional Solute Transport in Ground-Water Systems with Uniform Flow. The U S: Geological Survey Techniques of Water-Resources Investigations.

Wigley T M L, Plummer L N, Pearson F J. 1978. Mass transfer and carbon isotope evolution in natural water systems. Geochimica et Cosmochimica Acta, 42 (8): 1117-1139.

Williams K H, Kemna A, Wilkins M J, et al. 2009. Geophysical monitoring of coupled microbial and geochemical processes during stimulated subsurface bioremediation. Environmental Science and Technology, 43 (17): 6717-6723.

Willis R, Finney B. 1985. Optimal control of nonlinear groundwater hydraulics: theoretical development and numerical experiments. Water Resources Research, 21 (10): 1476-1482.

Willis R L. 1979. A planning model for the management of groundwater quality. Water Resources Research, 15 (6): 1305-1312.

Wilson G B, Andrews J N, Bath A H. 1994. The nitrogen isotope composition of groundwater nitrates from the eastern England. Journal of Hydrology. 157 (14): 35-46.

Woodbury A D, Sudicky E A. 1991. The geostatistical characteristics of the Borden aquifer. Water Resources Research, 27 (27): 533-546.

Wu B, Zheng Y, Tian Y, et al. 2014. Systematic assessment of the uncertainty in integrated surface water-groundwater modeling based on the probabilistic collocation method. Water Resources Research, 50 (7): 5848-5865.

Wu B, Zheng Y, Wu X, et al. 2015. Optimizing water resources management in large river basins with integrated surface water-groundwater modeling: a surrogate-based approach. Water Resources Research, 51 (4): 2153-2173.

Wu J C, Zeng X K. 2013. Review of the uncertainty analysis of groundwater numerical simulation. Chinese Science Bulletin, 58 (25): 3044-3052.

Wu J F, Zheng C, Chien C C. 2005. Cost effective sampling network design for contaminant plume monitoring under general hydrogeological conditions. Journal of Contaminant Hydrology, 77 (1): 41-65.

Wu J F, Zheng C M, Chien C C, et al. 2006. A comparative study of Monte Carlo simple genetic algorithm and noisy genetic algorithm for cost effective sampling network design under uncertainty. Advances in Water Resources, 29 (6): 899-911.

Wu J F, Zhu X Y, Liu J L. 1999. Using genetic algorithm based simulated annealing penalty function to solve groundwater management model. Science in China (Series E), 42 (5): 521-529.

Wu L, Beard BL, Roden EE, et al. 2011. Stable iron isotope fractionation between aqueous Fe (II) and hydrous ferric oxide. Environ Sci Technol, 45 (5): 1847-1852.

Wu X, Zheng Y, Wu B, et al. 2016. Optimizing conjunctive use of surface water and groundwater for irrigation to address human-nature water conflicts: A surrogate modeling approach. Agricultural Water Management, 163 (1): 380-392.

Xanke J, Jourde H, Liesch T, et al. 2016. Numerical long-term assessment of managed aquifer recharge from a reservoir into a karst aquifer in Jordan. Journal of Hydrology, 540: 603-614.

Xiao Y K, Shhirodkap P V, Liu W G, et al. 1999. The study of boron isotope geochemistry of salt lakes, Qaida Basin in Qinghai. Progress in Natural Science, 9 (7): 612-618.

Xiao Y K, Yin D Z, Liu W G, et al. 2001. Boron isotope method for study of seawater intrusion. Science in China, 44: 62-71.

Xie Y, Wu J, Xue Y, et al. 2016. Efficient triple-grid multiscale finite element method for solving groundwater flow problems in heterogeneous porous media. Transport in Porous Media, 112 (2): 361-380.

Xie Y F, Wu J C, Xue Y Q, et al. 2014. Modified multiscale finite-element method for solving groundwater flow problem in heterogeneous porous media. Journal of Hydrologic Engineering, 19 (8): 04014004.

Xu Z X, Hu B X, Davis H, et al. 2015. Numerical study of groundwater flow cycling controlled by seawater/freshwater interaction in a coastal karst aquifer through conduit network using CFPv2. Journal of Contaminant Hydrology, 182: 131-145.

Yang Y, Wu J F, Sun X M, et al. 2012. A hybrid multi-objective evolutionary algorithm for optimal groundwater management under variable density conditions. Acta Geologica Sinica, 86 (1): 246-255.

Yang Y, Wu J F, Sun X M, et al. 2013a. A niched Pareto tabu search for multi-objective optimal design of groundwater remediation systems. Journal of Hydrology, 490 (4): 56-73.

Yang Y, Wu J F, Sun X M, et al. 2013b. Development and application of a master-slave parallel hybrid multi-objective evolutionary algorithm for groundwater remediation design. Environment Earth Science, 70 (6): 2481-2494.

Yao Y Y, Zheng C M, Liu J, 2015. Conceptual and numerical models for groundwater flow in an arid inland river basin. Hydrological Processes, 29 (6): 1480-1492.

Ye S J, Luo Y, Wu J C, et al. 2016. Three-dimensional numerical modeling of land subsidence in Shanghai, China. Hydrogeology Journal, 24 (3): 695-709.

Ye S J, Xue Y Q, Xie C H. 2004. Application of the multiscale finite element method to flow in heterogeneous porous media. Water Resources Research, 55 (40): 337-348.

Yeh W W G. 2015. Review: optimization methods for groundwater modeling and management. Hydrogeology Journal, 23 (6): 1051-1065.

Yuan B, Geng C, Bai Y. 2015. Analysis and detection of seepage path of Nanmenxia reservoir using ground penetrating radar. International Conference on Architectural, Civil and Hydraulics Engineering, 44: 244-247.

Zekri S, Triki C, Al-Maktoumi A, et al. 2015. An optimization-simulation approach for groundwater abstraction under recharge uncertainty. Water Resources Management, 29 (10): 3681-3695.

Zeng L Z, Shi L S, Zhang D X, et al. 2012. A sparse grid based Bayesian method for contaminant source identification. Advances in Water Resources, 37 (1): 1-9.

Zeng X K, Wu J C, Wang D, et al. 2016a. Assessing the pollution risk of a groundwater source field at western Laizhou Bay under seawater intrusion. Environmental Research, 148: 586-594.

Zeng X K, Wu J C, Wang D, et al. 2016b. Assessing Bayesian model averaging uncertainty of groundwater modeling based on information entropy method. Journal of Hydrology, 538: 689-704.

Zhang C, Revil A, Fujita Y, et al. 2014. Quadrature conductivity: a quantitative indicator of bacterial abundance in porous media. Geophysics, 79 (6): D363-D375.

Zhang G N, Lu D, Ye M, et al. 2013. An adaptive sparse-grid high-order stochastic collocation method for Bayesian inference in groundwater reactive transport modeling. Water Resources Research, 49 (10): 6871-6892.

Zhang X, Srinivasan R, van Liew M. 2009. Approximating SWAT model using artificial neural network and support vector machine. Journal of the American Water Resources Association, 45 (2): 460-474.

Zhang Y, Green C T, Baeumer B. 2014. Linking aquifer spatial properties and non-Fickian transport in mobile-immobile like alluvial settings. Journal of Hydrology, 512 (9): 315-331.

Zhao X M, Sobecky P A, Zhao L P, et al. 2016. Chromium (VI) transport and fate in unsaturated zone and aquifer: 3D Sandbox results. Journal of Hazardous Materials, 306: 203-209.

Zhao Y, Deng Z Q, Wang Q. 2014. Fiber optic SPR sensor for liquid concentration measurement. Sensors & Actuators B Chemical, 192 (3): 229-233.

Zhao Y, Lu W X, An Y K. 2015. Surrogate model-based simulation-optimization approach for groundwater source identification problems. Environmental Forensics, 16 (3): 296-303.

Zhao Y, Lu W X, Xiao C N. 2016. A Kriging surrogate model coupled in simulation-optimization approach for identifying release history of groundwater sources. Journal of Contaminant Hydrology, 185: 51-60.

Zheng C, Bianchi M, Gorelick S M. 2011. Lessons learned from 25 years of research at the MADE site. Ground Water, 49 (5): 649-662.

Zheng C, Wang P P. 1999. An integrated global and local optimization approach for remediation system design. Water Resources Research, 35 (1): 137-148.

Zheng C M, Wang P P. 2002. A field demonstration of the simulation optimization approach for remediation system design. Ground Water, 40 (3): 258-265.

Zheng F, Bin G, Sun Y, et al. 2016. Removal of tetrachloroethylene from homogeneous and heterogeneous porous media: combined effects of surfactant solubilization and oxidant degradation. Chemical Engineering Journal, 283: 595-603.

Zheng F, Gao Y W, Sun Y Y, et al. 2015. Influence of flow velocity and spatial heterogeneity on DNAPL migration in porous media: insights from laboratory experiments and numerical modelling. Hydrogeology Journal, 23 (8): 1703-1718.

Zheng Y, Wang W M, Han F, et al. 2011. Uncertainty assessment for watershed water quality modeling: a probablilistic collocation method based approach. Advances in Water Resources, 34 (7): 887-898.

Zhou Y Q, Lim D, Cupola F, et al. 2016. Aquifer imaging with pressure waves: evaluation of low-impact characterization through sandbox experiments. Water Resources Research, 52 (3): 2141-2156.

Zhou Y X, Dong D W, Liu J R, et al. 2013. Upgrading a regional groundwater level monitoring network for Beijing Plain, China. Geoscience Frontiers, 4 (1): 127-138.

Zhu C. 2000. Estimate of recharge from radiocarbon dating of groundwater and numerical flow and transport modeling. Water Resources Research, 36 (9): 2607-2620.

Zhu L, Gong H, Dai Z, et al. 2015. An integrated assessment of the impact of precipitation and groundwater on vegetation growth in arid and semiarid areas. Environmental Earth Sciences, 74 (6): 5009-5021.

第六章
学科资助战略

第一节　发达国家地下水科学研究的资助战略

一、国际地下水科学发展战略与研究计划

（一）全球层面

1.《地下水治理 2030 年愿景与全球行动框架》

第七届水论坛（2015 年 4 月 12～17 日）召开之际，随着全球对地下水资源的不合理利用所致地下水资源枯竭和生态环境退化的关注度不断提高，联合国教科文组织（UNESCO）和联合国粮食与农业组织（FAO）、世界银行（World Bank）、全球环境基金（GEF）、国际水文地质学家协会（IAH），呼吁采取全球行动，提高对地下水资源管理重要性的认识，从而阻止和逆转世界水资源危机。

《地下水治理 2030 年愿景和全球行动框架》[①] 将为各国政府和各组织之间协调地下水管理提供一个有利的框架和指导原则，并敦促采取集体、负责任的行动，确保地下水的可持续利用。该框架包含了一套政策和制度的指导方针、建议以及最佳实践方案，旨在改善国家/地方层面的地下水管理，并在

---

① 参见：The Groundwater Governance' S hared Global Vision for 2030'，"Global Framework for Action" and "Global Diagnostic". http：//www. groundwatergovernance. org

地方/国家/跨境层面上完善地下水监管。地下水的治理如何转化为实践的指导原则：①对地下水不能采取单独管理，而是需要综合考虑当地的其他水源，开展地表水与地下水的联合调度，以提高水安全并确保生态系统的健康；②对地下水水质和相关的资源进行联合管理，尤其是地下水管理与土地管理协调一致；③有效的地下水的治理需要共同治理地下空间——这个概念尚处于起步阶段，今后需要继续研究深化；④国家与地方政府之间在制定和实施地下水管理与保护计划需要实行"垂直一体化"的模式；⑤地下水治理与其他部门的宏观政策相协调，如农业、能源、卫生、城市与工业发展和环境保护等，确保地下水资源的可持续利用。这些原则的重点是促进地下水管理更加完善并建立有效的法律和体制框架、政策和计划以及信息和激励机制。该框架还提出了用于评价国家地下水治理的指标。

2. 联合国教科文组织：亚洲国家地下水系统的研究

为了更好地管理亚洲地区地下水资源和避免未来关于水资源的争端，以及总结亚洲国家地下水系统的研究成果，联合国教科文组织（UNESCO）2013 年推出了题为"亚洲地下水系列地图"（*Groundwater Serial Map of Asia*）的综合出版物。该出版物由联合国教科文组织驻华代表处联合中国地质科学院、中国地质调查局和中国国土资源部共同完成，主要内容包括亚洲地区水文地质、地下水资源和地热资源的地图。

（二）国家和地区层面

1. 美国国家水质评价计划

2013 年 2 月，美国地质调查局（USGS）发布了 NAWQA 计划的第三个十年计划《跟踪和预测 2013～2023 年国家水质优先领域和战略》[①]（*Tracking and Forecasting the Nation's Water Quality Priorities and Strategies for 2013～2023*）。

在此之前，该研究计划已持续了 20 年。1991 年，美国国会开始实施美国地质调查局（USGS）国家水质评价（NAWQA）计划，其目标是评价全国的水质状况及其变化趋势，了解水质的影响因素。NAWQA 计划是长期目标实现的基础，包含了全国范围内的河流、地下水和水生生态系统的长期水

[①] 参见：http://pubs.usgs.gov/fs/2013/3008

质信息。在第一个十年（1991～2001 年），NAWQA 计划专注于建立全国统一的水质数据集，以作为趋势评价和模拟研究的基准。在第二个十年（2002～2012 年），NAWQA 计划基于基准调查和资源管理者可使用的模型工具，通过报告水质状况如何随时间变化和开发区域范围水质模型推断未取样区域的结果，评估了不同管理实务和政策情景的可能结果。NAWQA 计划产生的水质数据、模型和科学知识被国家、区域、州和地方机构用以发展更加有效的、基于科学的政策和战略来保护和管理水质及水生生态系统。

第三个十年计划延续了 NAWQA 计划的长期战略，但调整了监测设计、数据分析和报告。该计划的产品包括：①基于网络的年度报告（污染物、营养物、沉积物、沿着河流流向重要沿海河口的其他污染物）；②揭示硝酸盐和砷在供水含水层中的分布状况；③基于建模的决策支持工具，以便管理者评估水质或生态系统状况如何响应人口增长、气候变化或土地利用管理的不同情景。该计划中有关地下水资源研究的具体内容简介如下。

1) 地下水监测和建模

NAWQA 计划是评估美国全国地下水质量及变化趋势的唯一联邦计划。地下水研究计划将在 20 个主要含水层进行水质监测，约占全国用于饮用水的地下水的 75% 以上。在 4 个主要含水层（加州中央山谷、墨西哥湾岸区的沿海低地、冰川、北大西洋沿岸平原），水质监测数据与地下水径流模型相结合，为各含水层提供一个三维的地下水总量估计图，有助于了解地下水质量随气候、土地利用和水利用的变化。在未来十年，约 2500 个井（分布在现有的 79 个监测站点中）将被重新采样，以进行主要水质指标、硝酸盐和微量元素的监测，从而为评估城市和农业浅层地下水的水质变化提供基础。选定的监测站点还另外采样监测农药、新兴污染物（药物、激素和高产量化学品）、放射性化学物、微生物污染和可估算地下水年龄的示踪剂。

2) 研究成果的应用

该计划旨在满足国家水质信息需求的产品，将数据和模型转换为工具提供给决策者。NAWQA 计划的水质模型将来源和管理实务与水质效益和影响定量地联系起来，并可以应用到多个水文尺度：①从上游溪流到河流入口；②从浅层地下水到深层区域含水层。在 NAWQA 计划执行的前 20 年，应用模型评估河流和地下水对污染物（如硝酸盐）的脆弱性已取得了进展。在区域或国家尺度，应用模型连接因果要素和个别污染物也取得了进展。全国浅层地下水的硝酸盐模型的结果说明，这将进一步完善污染物来源、管理实务和其他重要因素的数据和信息。

2. 美国国家研究理事会：水文科学的挑战与机遇（2012年）[1]

1992年以前，美国自然科学基金会对水文科学（包括地下水学科）的基础研究的资助分散在工程部和地学部的一些项目组管理。为促进水文科学的发展，美国国家研究理事会（NRC）成立了"水文科学的机遇"专门委员会（Committee on Opportunities in the Hydrologic Sciences）。1991年，该委员会完成了题为《水文科学的机遇》的研究报告，并建议美国自然科学基金会在地学部成立与地质学科同等级的水文科学项目管理组。此后，该项目组成为美国自然科学基金会内负责资助地下水及地表水基础研究的主要部门。2012年2月，美国国家科研委员会（National Research Council）出版了《水文科学的挑战与机遇》（*Challenges and Opportunties in the Hydrologic Sciences*）。

《水文科学的挑战与机遇》回顾了1991年之后20年以来水文科学的巨大进步以及该学科与相关地球科学和生命科学的协同研究情况；确立了能够推动水文科学发展的新机遇，以增进人类对水循环的认知程度，进一步改善环境质量和造福人类。该书主要内容包括水文科学的三大挑战：①水循环变化的驱动因子；②水与生命的关系；③人类和生态系统所需的清洁水源。

该报告中提出了以下与地下水资源研究有关的科学问题。

（1）地下水超采对周围水文情况有什么影响？

（2）地下水通量是如何将地表地貌与水井、大坝等结合在一起的？

（3）地下生态系统及其水文过程之间的相互关系如何？

（4）在地下水流物质迁移中，地下网络通道的非均质性和连通性的作用是什么？如何对其进行刻画？

（5）水文过程如何影响污染物迁移，进而影响水质演化过程？

（6）地下生物如何控制水文过程又如何受该过程的影响？

3. 美国加利福尼亚州地下水管理计划

2014年，加利福尼亚州通过了《可持续地下水管理法案》[2]（*Sustainable Groundwater Management Act*），即在全州范围建立一个长期的地下水监测、评估和管理体系，要求当地相关机构制订一个地下水资源的分配、调节方案。

---

[1] NAP：Challenges and Opportunities in the Hydrologic Sciences. http：//www. nap. edu/read/13293/chapter/1

[2] California Department of Water Resources：Groundwater Sustainability Program Draft Strategic Plan. http：//www. water. ca. gov/cagroundwater/legislation. cfm

这是一项突破性的举措，尽管该法案的全面实施预计还需数十年时间，但这是加利福尼亚州半个世纪以来出台的一项最重要的水资源管理措施，并且它列出了详细的《可持续地下水管理法案》实施时间计划表。

2015 年 3 月，加利福尼亚水资源部（California Department of Water Resources）发布题为《加利福尼亚州地下水可持续发展计划战略计划草案》（*Groundwater Sustainability Program Draft Strategic Plan*）的报告，介绍了加利福尼亚州水资源管理部门的职责和管理的任务，以及实施《可持续地下水管理法案》和"加利福尼亚州水行动计划"（California Water Action Plan）的规划。

4. 英国地质调查局未来十年科学计划

2014 年 2 月，英国地质调查局（BGS）发布了《通往地球之门：英国地质调查局未来十年科学计划》的报告。BGS 的愿景是成为世界级的地质调查机构，运用新的技术和数据，研究并预测与人类生存和生活密切相关的地质作用。BGS 将会利用新技术探测地球，认识地质作用的实时进程；利用新的认识和现有的科研能力，应对世界范围的挑战。该报告中涉及的地下水研究的内容简介如下。

（1）探测地球：对地下资源（如地下水、能源和废物处置）的利用，都依赖于对地下地质作用过程认识的提高。这将能够更加安全和可持续地管理这些活动。探测地球需要一个 3D 模型。BGS 计划在未来十年完成"国家地质模型"，并从近海开始建立。该模型将加深对陆域地下的地下水、放射性废弃物处置和页岩气的理解。

（2）负责任地利用自然资源：将继续对资源安全、评价和开采进行研究，包括地下水和页岩气。为碳捕获与储存、能源和地下水资源开发利用方面提供技术支持，为放射性废物的安全处置提供保证，提供高质量的预测模型，为利益相关者提供咨询服务，为英国的社会经济发展作贡献。

（3）能源测试平台：BGS 将建立新的监测和模拟系统来完成对地下作用过程的认识，这也是"能源测试平台"概念的一部分，具体包括地震和地下水监测、井中传感器，以及电阻率断层影像、遥感和地表天然气测试等技术。

（4）气候变化与地下水水位：英国地质调查局与合作伙伴一起，已评估了英国气象局所做的至 2080 年气候变化对英国地下水的潜在影响。BGS 通过校准模型，评估在各种可能的气候情景下地下水水位的变化情况。这些成果为政府在未来可持续的水资源管理和制定开采政策方面提供参考。

二、国际地下水科学研究发展态势文献计量分析

如何进行学科布局,如何通过提升学科创新能力解决地下水资源开发、管理、污染防治和修复等领域的突出问题,已经成为我国地下水研究中亟待解决的难题。此外,目前国际地下水研究的热点方向是什么,地下水研究的重大突破点在哪里,我国同其他国家相比有哪些优势、不足和差异等问题也尚不清楚。因此,有必要对现在国际地下水研究态势进行较全面的分析,以推动我国在该领域的科学进步。

近年来,文献计量学方法理论越来越多地被用于描述、评价和预测科学技术的现状与发展趋势,并已经从单个学科领域的科学研究与发展分析,逐步扩展到从战略上对整个科学共同体的发展状况及趋势的把握(刘学等,2014)。大量学者利用文献计量的方法对不同学科的国际发展态势进行了分析,并且敏锐掌握了这些学科未来的发展方向。例如,基于对绿洲研究论文的计量分析发现(唐霞和张志强,2016),景观格局演变与生态水文过程是绿洲研究的热点问题,并发现我国对青藏高原地区分布的寒漠绿洲研究相对薄弱,存在突出问题,进而提出了围绕我国绿洲地区的经济战略布局(加快推进"丝绸之路经济带"建设)有针对性地开展研究的具体建议。同样,宋长青和谭文峰(2015)利用文献计量的方法分析了近 30 年国内外土壤科学的发展过程,对比了不同时期国内外土壤科学发展的异同点,为评价土壤科学发展的脉络,把握学科发展前沿,提升土壤科学研究的创新能力,从而推动我国土壤科学的发展提供了有力支撑。基于文献计量方法对地下水最早的研究是在 1985 年,且仅针对硝酸态氮污染的研究进行了探讨(熊先哲,1985)。还有学者利用文献计量的方法对 1993~2012 年全球地下水研究进行了初步的文献计量(Niu et al.,2014),但是其中并未涉及对我国地下水研究与国际研究差异的对比分析,而且调研文献的时间跨度相对较窄,并不能整体反映国际地下水研究的变化历程。因此本节选用文献计量和文献调研的方法,以期在长时间尺度上通过重点分析国际地下水研究领域内高质量的科研论文,对其发展态势、研究力量分布和热点问题进行全面的分析,重点讨论我国与世界其他国家之间的差异,为我国地下水研究的长期发展提出建议。

(一)国际地下水研究高被引论文总量变化情况

通过对 1950~2015 年发表的论文进行引用次数排序,整理获得了高被引论文的年际变化情况(图 6-1)。可以发现,1950~1957 年、1959~1962 年及

2015 年等年份并没有出现被引次数≥44 的高被引论文，且 1958～1990 年期间发表的高被引论文也较少，高被引论文变化率波动较大。相比之下，1990 年以后的 20 年则产出了更多的论文。国际地下水研究高被引论文的集中大量发表出现在 1990 年之后，至 2003 年达到顶峰状态，之后逐渐回落。2008 年之后，高被引论文发文量下降明显。可见，1990～2010 年期间，世界地下水研究产生了一批高质量高影响力的论文，这些论文对于促进全球地下水研究的发展发挥了巨大的积极作用。2010 年之后几年，由于论文周期较短等原因，高被引论文量出现了下降的趋势。

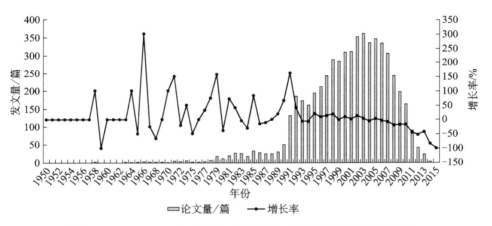

图 6-1　1958～2014 年世界地下水研究中高被引论文总量变化情况

（二）国际地下水研究力量分布

1. 主要国家的论文产出及其影响力

通过统计高被引论文发文量（表 6-1）可以发现，美国、加拿大、英国、德国、澳大利亚、法国、瑞士、中国、新西兰和西班牙为地下水研究高被引论文发文量前 10 位的国家。其中美国的总体发文量为 2536 篇，约占世界高被引论文总量的 36.1%，充分体现了美国在地下水研究中的高质量论文体量的绝对优势。加拿大、英国、德国的高被引论文占比也都超过了 5%，其论文数量分别为 450 篇、439 篇和 396 篇。澳大利亚的高被引论文量位居德国之后，有 282 篇。而后为法国和瑞士，其高被引论文的发文量分别为 261 篇和 240 篇。中国以 219 篇的论文量排在第 7 位，占 3.1%。

通过对篇均被引次数、被引频次≥100 的论文量及其占高被引论文发文量的比例、被引频次≥300 的论文量及其占高被引论文发文量的比例这 5 项论文影响力指标的分析（表 6-1）可以发现，美国、英国的高被引论文篇均被引次数为 97 次，排第 1 位；新西兰、法国和加拿大 3 个国家均超过了 90 次/篇；其余国家在 85 次/篇左右。中国高被引论文的篇均被引次数为 81 次，排第 10 位。从被引频次≥100 的论文的篇数来看，美国仍然以 710 篇的总量优势排在第 1 位，英国和加拿大则以超过 100 篇的数量分列第 2 位、第 3 位。从被引频次≥100 的论文所占发文量的比例来看，美国高被引论文中，被引频次≥100 的论文占 28%，比例最高。其次为新西兰，相应的发文数量为 48 篇，约占 26.1%。英国和澳大利亚的该类型论文总量占比也均超过了 25%，其中，英国被引用频次≥100 次的论文发文量为 111 篇，澳大利亚为 73 篇。其他的欧洲国家如法国、瑞士和西班牙也在前 10 位行列，其被引用频次≥100 次论文所占比例均为 22% 以上，其被引用频次≥100 次的论文数量分别为 92 篇、88 篇和 87 篇。中国高被引论文中，被引频次≥100 的论文占比仅 18.7%，指示剩余约 81.3% 的论文引用次数在 44～99 次。同样，对被引频次≥300 的论文进行了分析，结果表明，美国有 58 篇论文被引频次超过了 300，约占其高被引论文发文量的 2.3%。英国以 10 篇的数量列第 2 位，其比例也为 2.3%。新西兰的该类型论文量为 5 篇，占其发文量的 2.7%。此外，瑞士被引频次≥300 的论文有 5 篇，占比也超过 2%。德国、法国被引频次≥300 的论文分别有 5 篇和 4 篇，占发文量的比例均在 1% 以上。在高被引论文发文数量前 10 位的国家中澳大利亚的被引频次≥300 的论文仅有 4 篇，占发文总数量的 1.4%。中国的该类型论文数量较少，仅有 2 篇，占比也较少，约 0.9%。

表 6-1　高被引论文发文量前 10 位的国家及其论文影响力指标

国家	发文量/篇	总被引次数/次	篇均被引次数/（次/篇）	被引频次≥100 的论文		被引频次≥300 的论文	
				篇数/篇	占发文量的比例/%	篇数/篇	占发文量的比例/%
美国	2 536	246 285	97	710	28.0	58	2.3
加拿大	450	40 551	90	109	24.2	7	1.6
英国	439	42 527	97	111	25.3	10	2.3
德国	396	33 780	85	84	21.2	5	1.3
澳大利亚	282	24 728	88	73	25.9	4	1.4
法国	261	24 005	92	60	23.0	4	1.5
瑞士	240	21 023	88	57	23.8	5	2.1
中国	219	17 752	81	41	18.7	2	0.9
新西兰	184	17 305	94	48	26.1	5	2.7
西班牙	144	12 468	87	32	22.2	2	1.4

　　为了更为直观地展示这些国家在地下水研究中的影响力水平，引用象限分析图进行分析，结果如图 6-2 所示。其中，横轴为高被引论文总数量，纵轴为篇均被引次数，圆圈大小代表高被引论文中被引频次≥44 次的论文数量，横轴、纵轴相交于 10 个国家论文总量和篇均被引次数的均值处，这样不同象限便具有了特殊的分析功能。由于美国在论文总量等各方面的绝对优势，本研究仅针对其他 9 国进行了分析。

　　分析可知：英国位于第一象限，表示其具有高被引论文发文量大、影响力高的特征。从位置来看，其处于第一象限右上角位置，表示其在篇均被引次数和发文量上相比其余 8 个国家均具有明显优势，是地下水研究的强国。加拿大则落在第一象限横轴附近，表示其论文篇均被引次数在 9 个国家的均值附近，处于中等水平，但是，其发文量超过了英国。新西兰和法国则落入了第二象限，表示这两个国家虽然高被引论文发文量较少，但具有较高的被引次数，表示其在小体量的研究基础上具有较高的影响力，其地下水研究具有"少而精"的优势特征。位于第三象限的有澳大利亚、瑞士、西班牙和中国 4 个国家。可以看出，澳大利亚、瑞士、西班牙 3 国基本处于同一水平轴，表示这些国家的论文篇均被引次数相当。澳大利亚最靠近坐标轴心，表示其地下水研究实力处于这 9 个国家的平均水平附近。瑞士则在论文量方面较少，西班牙论文量最少。中国在第三象限的最下方，表示其论文发文量和篇均被引频次均不具有明显优势，进一步表明了中国地下水研究论文的体量和高影响力的论文数量均相对较小，研究实力不足。德国则位于第四象限，表示其在高被引论文总量方面具有量大的优势，但是由于其在纵向上位置较低，表示其论文整体影响力相对偏低。

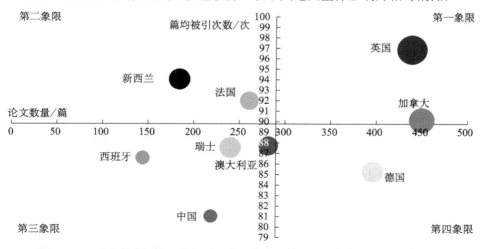

图 6-2　地下水科学领域 9 个主要国家（除美国外）的研究力量及影响力对比

综上，美国和英国在地下水领域研究中，无论在高被引论文数量方面还是在论文影响力方面均具有绝对的优势；新西兰和法国虽然论文总量较少，但是具有较高的影响力；加拿大在论文总量方面具有明显实力，但在研究影响力方面仅在平均水平；德国论文总量处于前列，但是论文影响力不及平均水平；澳大利亚在地下水研究中处于主要国家的平均水平，这在论文总量和论文影响力方面均有体现；瑞士的研究实力特征与澳大利亚相似，在论文总量方面相对较少；西班牙虽然具有较少的论文体量，但是其论文影响力也与澳、瑞两国相当；中国地下水研究论文在量和质方面均有较大的进步空间。

2. 主要机构论文产出及其影响力

通过高被引论文总量、篇均被引次数、被引频次≥100的论文量及比例、被引频次≥150的论文量及比例等论文影响力指标对地下水研究中高被引论文发文量前10位机构的影响力进行了分析（表6-2）。

可以看出，排名前10位的机构中，7家机构来自美国，加拿大、中国、丹麦分别有1家。美国地质调查局以365篇的高被引论文量排列第1，约占美国高被引论文总量（2536篇）的14%，其余6所机构占比均在3%~4%左右。7家机构论文量（829篇）占美国论文总量的32.6%。加拿大滑铁卢大学论文量约占该国论文总量（450篇）的29%，中国科学院论文量约占中国高被引论文发文量（219篇）的33%。丹麦科技大学论文量约占该国高被引论文发文量（109篇）的50.5%，显示其在该国地下水研究中的引领作用。从篇均被引频次来看，美国地质调查局、美国农业部论文篇均被引频次均超过了100次/篇，具有较高的影响力。被引频次≥100的论文总量方面，美国地质调查局以126篇的优势明显高过其他9所机构，占其高被引论文发文量的34.5%。此外，美国EPA、亚利桑那大学、斯坦福大学的该比例也均超过了30%，显示这些机构的高被引论文具有较大的影响力。中国科学院的篇均被引次数约为81次/篇，被引频次≥100的论文占比约23.9%，相对较好。在被引频次≥150的论文总量方面，美国地质调查局继续保持领先，约有14.5%的论文被引次数超过150次。就该类型论文量来说，加拿大滑铁卢大学、美国斯坦福大学和亚利桑那大学的篇数均超过了10篇。但从占本机构的比例来看，斯坦福大学该类论文占比为14.4%，与美国地质调查局相当，显示其论文的高影响力。

表 6-2 高被引论文发文量前 10 位的机构及其论文影响力指标

机构名称	发文量/篇	总被引次数/次	篇均被引次数/（次/篇）	被引频次≥100 的论文		被引频次≥150 的论文	
				篇数/篇	占发文量的比例/%	篇数/篇	占发文量的比例/%
美国地质调查局	365	38 085	104	126	34.5	53	14.5
加拿大滑铁卢大学	132	11 995	91	38	28.8	16	12.1
斯坦福大学	97	9 045	93	31	32.0	14	14.4
亚利桑那大学	87	7 823	90	27	31.0	11	12.6
加州大学伯克利分校	84	6 965	83	19	22.6	5	6.0
美国 EPA	73	7 152	98	25	34.2	6	8.2
中国科学院	71	5 748	81	17	23.9	7	9.9
美国农业部	68	6 945	102	17	25.0	7	10.3
丹麦科技大学	55	5 154	94	14	25.5	6	10.9
加州大学戴维斯分校	55	4 715	86	15	27.3	2	3.6

　　同样利用象限图分析了这些机构的研究力量及影响力（图 6-3）。由于美国地质调查局在高被引论文量以及篇均被引次数的指标上占绝对优势，故仅分析了剩余 9 个研究机构的实力状况。

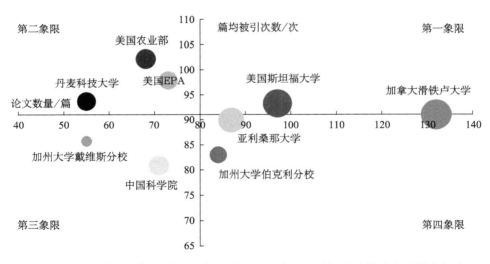

图 6-3　地下水科学领域 9 个主要机构（除美国地质调查局外）的研究力量及影响力对比

　　可以看出，第一象限中，美国斯坦福大学和加拿大滑铁卢大学两所高校均处于横轴附近，表示这两所高校的论文影响力相当，在 9 所机构里处于平均水平，相比之下，滑铁卢大学论文量更多，研究实力较强。美国农业部、美国 EPA 和丹麦科技大学分布在第二象限，表示这三所机构虽然论文量较少，但是论文影响力较大，具有较高的篇均被引次数。尤其值得注意的是丹麦科技大学,其论文量最少,但是仍具有较高的篇均被引次数,表明其论文中有部分论文具有较强的影响力。第三象限的加州大学戴维斯分校具有与第二象限丹麦科技大学类似的论文体量,但是影响力相对较弱。中国科学院在论文量方面具有一定优势,但是在影响力方面则不及同一象限的加州大学戴维斯分校。第四象限中有亚利桑那大学和加州大学伯克利分校,其中亚利桑那大学处于原点附近,代表其在论文量和论文影响力方面处于平均水平,加州大学伯克利分校论文量与之相当,但是论文篇均被引次数相对较弱。整体来看,美国的7家机构中,美国地质调查局具有最强的研究实力和影响力,其次美国EPA、美国农业部在小体量的论文量情况下具有较高的影响力,其研究实力也不容忽视。剩余的4所高校影响力水平在平均状态,但是论文量整体较多。加拿大滑铁卢大学则拥有排第2位的论文量,影响力也在平均状态。丹麦科技大学在相对较少的论文量的情况下具有较高的影响力,是地下水研究实力较强的机构,其发展前景也不容小觑。中国科学院的高被引论文总量具有优势,只是在论文影响力方面仍然有一定的进步空间。

3. 国际地下水研究合作分析

地下水研究具有广泛的国际合作的特征。为了定量分析这些合作的范围和深度,本研究分别分析了1950~2015年世界地下水研究国家和机构的高被引论文的合作情况(表6-3),并基于TDA软件,分析了世界前10位的国家和机构的论文合作分布图(图6-4),以期清晰了解这些国家和机构在地下水研究中的合作情况,图中颜色的差异分别代表不同的国家,每一个小圆点代表一篇论文。

表 6-3　1950~2015 年国家和机构的高被引论文的合作情况

	合作国家或机构数量/个	论文数/篇	占全部论文的比例/%
国家	2	931	16
	3	660	12
	>3	280	5
机构	2	1544	27
	3	725	13
	>3	1162	21

可以发现,世界地下水研究呈现多国家、多机构合作的现象。从国家合作层面来看,约有16%的高被引论文来自2个国家的合作,12%的研究论文则由3个国家合作完成,约5%的论文甚至有超过3个国家参与合作,这体

现了该学科世界化研究的特征。通过对高被引论文量排名前 10 的国家合作情况（图 6-4）的分析可以发现，美国、英国几乎与所有其他国家均开展了相关研究合作，合作的范围比较广泛，属于研究大国。与中国合作较多的国家除了美国、英国之外，还包括澳大利亚、瑞士、法国、加拿大等国家，中国与这些国家的合作论文为 5～10 篇左右。此外，中国与德国、新西兰也有少量合作。

从机构合作层面来看，约有 27% 的论文由 2 个机构相互合作完成，13% 的论文来自 3 个机构的合作，21% 的高被引论文由超过 3 个机构合作产出。可见，产出于 2 个（含）以上机构合作的论文约占高被引论文总量的 61%，说明机构合作对于论文质量的高低也具有很大影响。由高被引论文量排名前 10 的机构之间的合作情况可以看出，由于多个机构来自美国，所以合作网络大多建立在美国本国的机构部门和高校之间。美国地质调查局作为地下水研究的高影响机构，同加拿大滑铁卢大学有一定量的合作。而美国农业部、美国 EPA 则分别同中国科学院有过合作。这些机构还同加拿大滑铁卢大学保持着交流。总体来看，地下水研究的高影响力机构之间的合作交流较为充分，但是对于中国来说，中国应该加深合作，拓展合作网络，积极加大同包括加州大学伯克利分校、斯坦福大学、滑铁卢大学以及丹麦科技大学等著名高影响力的高校之间的合作，取长补短，形成良好的学术交流机制。

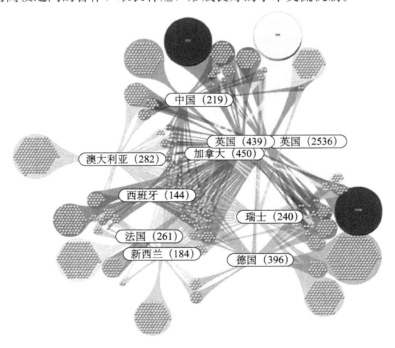

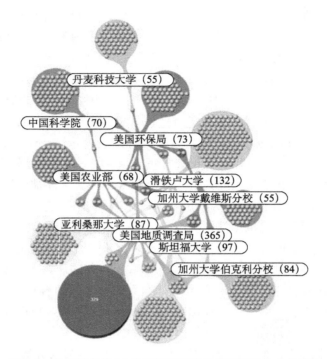

图 6-4 世界排名前 10 位的国家和机构高被引论文合作情况

（三）国际地下水研究热点方向

1. 涉及的主要学科领域

本小节梳理了与地下水研究有关的主要学科领域，并分析了中国研究与国际研究中各个学科领域论文占总高被引论文的百分比情况，本节中论文检索时间为 2016 年 6 月 23 日（刘文浩等，2017）。

从图 6-5 可以看出，地下水研究涉及的主要学科领域分别是环境科学与生态学、水资源、工程学、地质学、海洋和淡水生物学、地球化学和地球物理学、农业科学、化学、气象学与大气科学、海洋学这 10 个学科。国际研究中，主要以环境科学与生态学（27%）、水资源（20%）、工程学（16%）、地质学（12%）这 4 个学科为主，领域内论文占比均超过了 10%，体现出国际地下水研究与这 4 个学科领域的关系十分密切。中国地下水研究则与国际研究的主要领域相似，即主要在环境科学与生态学（25%）、工程学（20%）、水资源（19%）、地质学（12%）产出了较多论文。但是对比可以发现，中国地下水研究中，与工程学相关的研究要占比更多一些，这与近年来中国国民经济发展过程中与工程学相关的重大任务布局实施关系密切，例如开展重大工程的水文地质问题研究等。此外，中国地下水研究涉及农业科学（7%）的研究要比国际研究（3%）更多。但是相比在海洋和淡水生物学领域的研究要相对薄弱，中国论文占比为1%，远远低于国际的8%的水平。海洋学研究相关的论文没有出现高被引的情况，说明中国地下水研究在涉及海洋学领域的工作相对较少，远远不及国际研究中1%的占比。在涉及化学、气象学和大气科学这两个领域的研究中，中国的地下水研究基本保持了国际研究的平均水平。在中国地下水研究发文中，农业科学领域发文多于国际研究，这可能与我国20世纪80年代开始注重地下水环境保护及地下水污染问题等密切相关。

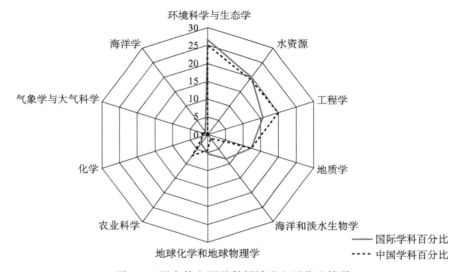

图 6-5　国内外主要学科领域论文百分比情况

2. 国内外研究热点及比较

基于对关键词的词频统计，获得了1950～2015年地下水研究的主要热点。统计结果显示，在高被引论文中，土壤、砷、硝酸盐、污染、模型、氮、河流、地表水、气候变化、营养盐、吸附作用、河岸带、反硝化作用、水文学、沉积物、盐度、饮用水、重金属、溶解物、农业这20个关键词出现的词频最多，一定程度上反映了与这些词相关的研究是地下水研究的热点。为了研究国际地下水研究的热点及近10年的发展情况，分别分析了国际地下水研究热点及近10年内地下水研究热点的最新情况，并分别得到了各个热点的关联情况（图6-6）。

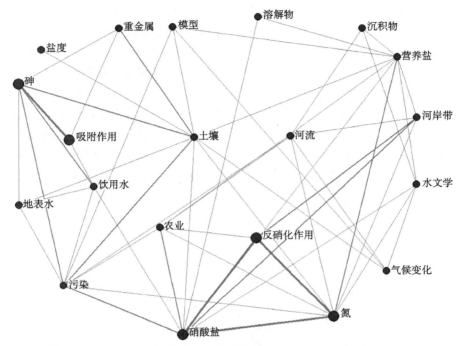

图 6-6　1958～2014 年世界地下水研究中高被引论文研究热点关联情况

　　基于 UCINET 软件的关联可视化分析结果可以发现，以砷和吸附作用建立的研究框架紧密地联系了包括地表水、饮用水、重金属、土壤和污染相关研究主题，形成了较为完善的研究网络。分析得出，长期以来地下水砷污染研究一直是国际研究的热点，而且这些研究更多地与饮用水、地表水的水质问题相结合以进行深入分析。以硝酸盐、反硝化作用和氮元素为交互联络关系的研究主体则较为紧密地联系了农业、污染、水文学、河岸带等研究热点，表明农业施肥对地下水及河流水的氮污染研究也是国际地下水研究的热点之一。其他主题包括营养盐、沉积物、气候变化、溶解物以及地下水研究模型也紧密地同这两个研究主体中的各个环节相互联系，形成地下水研究热点的框架。此外，可以发现各个热点方向的相关关联均超过了 3 个热点，表明地下水研究的热点关系较为密集，研究的主要方向具有较强的针对性和一致性。

　　为了对比国际地下水研究热点在近年来的变化情况，本研究分析了 2005～2014 年内的热点及其关联情况（图 6-7）。可以发现，砷、土壤、吸附作用、污染、硝酸盐、气候变化、建模、地表水、河流、氮、其他农用药物、重金属、农药、沉积物、营养盐、盐度、饮用水、农业、灌溉、水资源开发是世界地下水研究近 10 年的主要热点。通过关联分析可以发现，近 10 年来国际地下水研究更加集中在农业生产对地下水的影响，包括以砷、土壤、灌溉、污染为热点主体的土壤砷污染研究；以农业、农药、砷、污染形成的热点网络表明与农业生产有关的地下水农药、砷污染研究是关注重点。

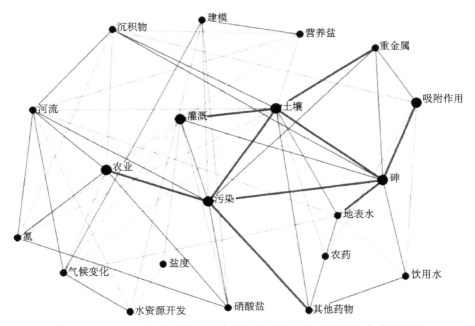

图 6-7　2005～2014 年世界地下水研究中高被引论文研究热点关联情况

　　表 6-4 列出了 1995～2014 年从事地下水研究的主要国家美国、加拿大、英国、德国、澳大利亚、日本的高被引论文的主要研究分析。这些国家所发表的论文的关键词均涉及地下水的砷污染、气候变化、水的生物降解、数值模型等。其中美国、加拿大、英国的研究还关注与地下水相关的水质污染、地下水与地表水关系及氮循环的关系。德国的地下水研究还关注地下水的药物污染、杀虫剂的生物降解及抗生素等。澳大利亚地下水研究还关注盐度、水的利用效率、痕量元素、含水层及地表水与地下水关系。日本的地下水研究的关键词还集中在饮用水、海岸带、土地利用及孟加拉国、重金属等方面。

图 6-4　1995～2014 年主要国家高被引论文的关键词分析

国家	关键词
美国	砷毒性、气候变化、水质及生物修复、数值模拟、水污染、地表水、氮循环、碳动力学相关、化学离子研究、土壤水、废水处理

续表

国家	关键词
加拿大	砷毒性、气候变化、生物降解、数值模型、水质污染、地下水与地表水关系、碳动力学、土壤水、氮循环、化学离子废水处理
英国	砷毒性、气候变化、生物降解、杀虫剂、痕量污染、地表水、硝酸盐、磷富营养、化学离子、风险评估、水质、降雨与洪水
德国	砷毒性、气候变化、生物降解、数值模拟、地表水与地下水关系、药物污染、杀虫剂、饮用水、生态系统、自然富集、吸附性、抗生素
澳大利亚	砷毒性、气候变化、数值模拟、盐度、地表水、旱地盐化、痕量元素、地球化学特征、含水层、水利用效率、氮循环、湿地
日本	砷污染、饮用水、海岸带、孟加拉国、吸附性、重金属、土地利用、粮食生产、稳定同位素、二氧化碳、灌溉

(四) 小结

(1) 近 60 年地下水研究的发展中，1990 年以后持续产生了一大批高影响力的论文，2003 年达到顶峰，目前有逐渐回落的趋势。

(2) 美国、加拿大、英国高影响力论文发表位居前三，其中美国具有绝对优势和影响力。新西兰和法国论文量较少，但是影响力大。地下水研究高影响力的机构前 10 位中有 7 个来自美国，美国地质调查局（USGS）影响力世界第一。

(3) 环境科学与生态学、水资源、工程学 3 个学科和地下水研究最为密切，中国的地下水研究侧重农业科学领域。从地下水研究的主题词变化来看，土壤、砷、硝酸盐等 20 个关键词为地下水研究热点。尤其是最近 10 年，国际地下水研究更加侧重农业生产对地下水的影响。

第二节　我国地下水科学研究的资助战略

一、研究资助情况分析：布局、研究方向

根据《国家自然科学基金"十三五"发展规划》，国家自然科学基金委员会适应基础研究资助管理的阶段性发展需求，统筹基础研究的关键要素，将科学基金资助格局调整为探索、人才、工具、融合四大系列。地球科学主要研究行星地球系统的形成和演化，主要包括地理学、地质学、地球化学、地

球物理学与空间物理学、大气科学和海洋科学等分支学科及其相关的交叉学科。从学科特点和项目资助管理的角度，国家自然科学基金委员会在地质学内设置了 19 个二级学科，水文地质学科（含地热地质学）是地球科学部资助的二级学科之一。水文地质学主要研究地下水的分布、运动和形成规律，地下水的物理性质和化学成分，地下水资源评价、开发及其合理利用，地下水对工程建设和矿山开采的不利影响及其防治等。

（一）水文地质学的总体资助情况

图 6-8 为水文地质学科（D0213）1986～2016 年申请项目数-资助项目数-资助经费的年度变化：2005 年以前为缓慢增长阶段，2006～2015 年为快速增长阶段，2015～2016 年基本稳定。

图6-8　水文地质学科（D0213）1986～2016 年申请项目数-资助项目数-资助经费年度变化

从项目资助率来看，2005 年以前资助率较低，呈现增长态势；2005 年以后资助率较高，但波动幅度较大。2007 年最高，为 32.76%；2009 年最低，只有 22.86%（图 6-9）。从平均资助强度来看，呈稳步线性增长态势。2016 年平均资助强度较低，这源于将资助经费划分为直接经费和间接经费，图中数据未包含间接经费。作为对比，图 6-10 还给出了国家自然科学基金委员会地学部、地质学科和水文地质学科资助率的对比情况。总体而言，变化趋势基本相同，但水文地质学科的资助率波动幅度大于地质学科，也大于地球科学部的资助率变化幅度。

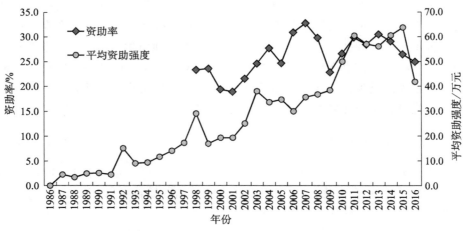

图 6-9　水文地质学科 1986～2016 年项目资助率与资助强度变化趋势

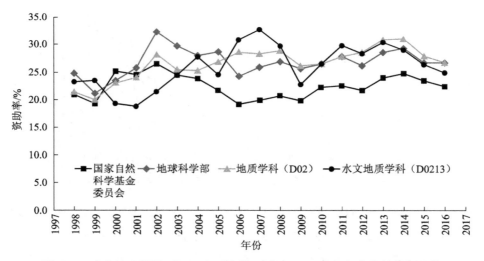

图 6-10　水文地质学科（D0213）项目资助率 1998～2016 年变化情况与比较

图 6-11 为水文地质学科申请人和获资助人的年龄结构，呈现出 3 个峰值。第一主峰为 1978～1986 年龄段，人数较多，主要为青年科学基金项目申请人和负责人；第二主峰为 1962～1965 年龄段，基本为各单位的学科带头人，仍然活跃在科研一线；第三主峰为 1957～1958 年龄段，人数相对较少，目前基本退出科研一线。

如果将申请书的研究对象划分为 5 个研究领域：地下水的分布和形成规律、地下水的物理性质和化学成分、地下水与工程和环境的相互影响、地下水资源及其利用、交叉学科及其他。那么，各研究领域的申请和资助情况见图 6-12～图 6-15。地下水污染和环境问题特别受到科学家的关注，无论是申请数量，还是资助项目数量都呈现快速增长趋势。地下水作为资源属性的研究项目在近年来呈现较快速的下降态势，值得关注。

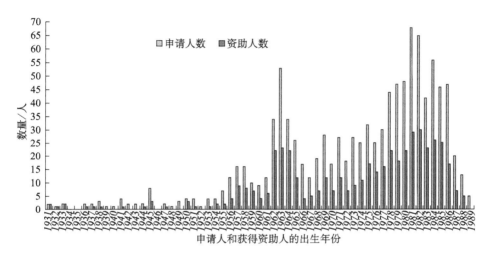

图 6-11　水文地质学科（D0213）1998～2016 年申请人和获资助人年龄结构

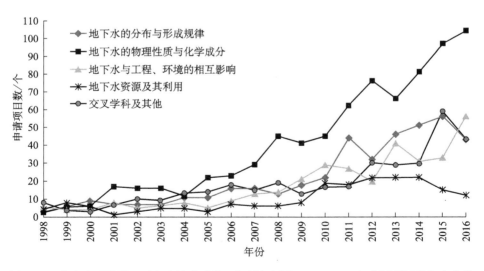

图 6-12　水文地质学科（不含地热地质学）各研究领域 1998～2016 年申请项目数年度变化

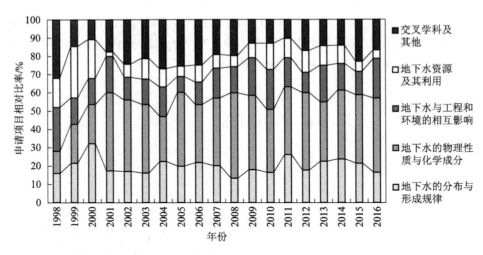

图 6-13 水文地质学科（不含地热地质学）各研究领域
1998～2016 年申请项目数相对比例年度变化

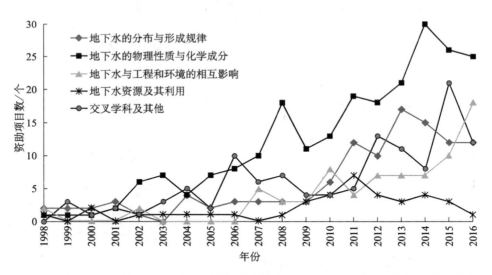

图 6-14 水文地质学科（不含地热地质学）各研究领域 1998～2016 年资助项目数年度变化

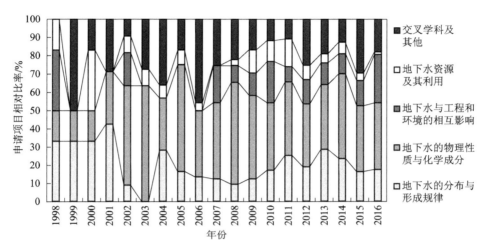

图 6-15 水文地质学科（不含地热地质学）各研究领域
1998～2016 年申请项目数相对比例年度变化

（二）水文地质学科面上项目的资助情况

图 6-16 为水文地质学科 1986～2016 年面上申请项目数-资助项目数-资助
经费的年度变化。2009 年以前为缓慢增长阶段，2010～2016 年呈现稳定态势
（2013、2014 年度受到限项政策的影响，出现较明显的下降）。年度资助总经
费也分为两个阶段：2009 年以前为线性增长；2010～2016 年基本稳定在
2000 万元/年以上。

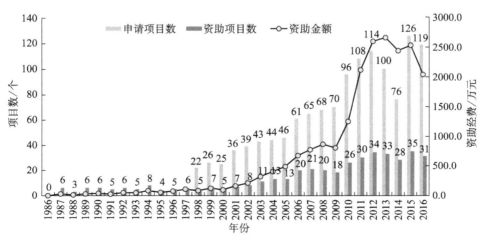

图 6-16 水文地质学科（D0213）1986～2016 年面上项目
申请项目数-资助项目数-资助经费的年度变化

从项目资助率来看，波动幅度较大。2014 年最高，为 36.84％；2001 年最低，只有 19.44％（图 6-17）。从平均资助强度来看，呈稳步线性增长态势。2015 年和 2016 年平均资助强度的降低源于将资助经费划分为直接经费和间接经费，图中数据未包含间接经费。

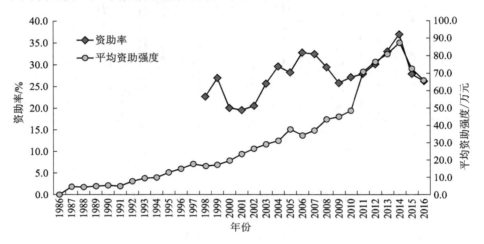

图 6-17　水文地质学科 1986～2016 年面上项目资助率与资助强度变化趋势

图 6-18 为水文地质学科面上项目申请人和获资助人的年龄结构，呈现出单峰结构，主峰为 1962～1965 年出生的年龄段，人数远多于其他年龄段。

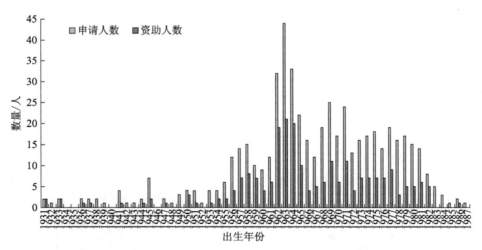

图 6-18　水文地质学科（D0213）1998～2016 年面上项目申请人和获资助人年龄结构

（三）水文地质学科青年科学基金、优秀青年科学基金和国家杰出青年科学基金项目的资助情况

图 6-19 为水文地质学科 1986～2016 年青年科学基金项目申请数-资助项目数-资助经费的年度变化。2010 年以前为缓慢增长阶段，2011～2014 年为快速增长阶段，2014～2016 年呈现稳定态势。年度资助总经费的变化趋势也是如此。

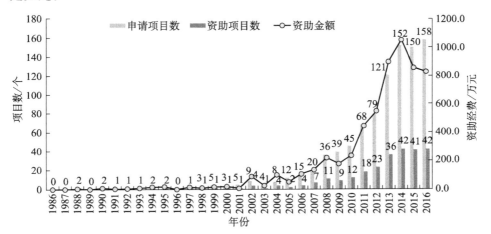

图 6-19　水文地质学科（D0213）1986～2016 年青年科学基金申请项目数-资助项目数-资助经费变化

从项目资助率来看，2009 年以前波动幅度较大，2010～2016 年期间基本稳定在 26.5%～29.0%（图 6-20）。从平均资助强度来看，2002 年前呈稳步增长态势。2003～2016 年期间稳定在 20～26 万元/项。

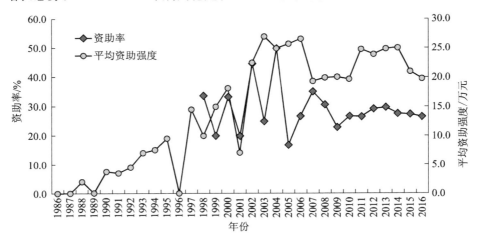

图 6-20　水文地质学科 1986～2016 年青年科学基金项目资助率与资助强度变化趋势

图 6-21 为水文地质学科青年科学基金项目申请人和获资助人的年龄结构，虽呈现出单峰结构（主峰为 1981~1984 年出生的年龄段），但各年龄段的申请人数差别不大。

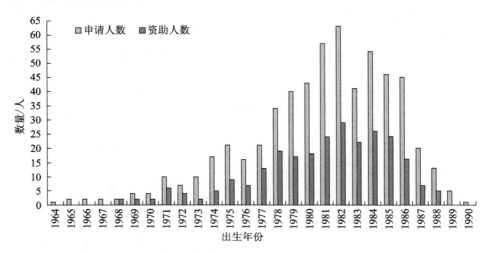

图 6-21　水文地质学科（D0213）1998~2016 年
青年科学基金项目申请人和获资助人年龄结构

图 6-22 为青年科学基金项目与面上项目申请数比例的年度变化情况。2012 年以前，水文地质学科的青年科学家申请不积极。近年来通过组织动员，这种情况得到了明显改观。

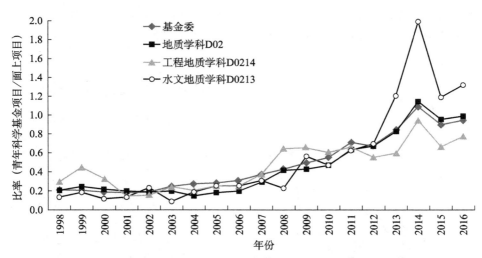

图 6-22　水文地质学科（D0213）1998~2016 年
青年科学基金项目/面上项目申请数比例变化

图 6-19～图 6-22 分别是水文地质学科青年科学基金、优秀青年科学基金和国家杰出青年科学基金项目申请数占地质学科的比例变化情况。水文地质学科青年基金项目的资助情况见图 6-19，优秀青年科学基金项目分别在 2012 年和 2015 年获得过 1 项资助；国家杰出青年科学基金项目分别在 2004 年、2007 年和 2010 年获得过 1 项资助。

（四）地下水研究的重大科技计划

国家重点基础研究计划（973 计划）项目"华北平原地下水演变机制与调控"（2010～2014 年），总经费为 4500 万元。研究内容包括 4 个方面：人类活动条件下区域地下水系统响应，含水层系统结构变异与地下水可利用资源变化机理，地下水-环境-社会经济耦合机制与评价体系，环境、经济约束下的地下水调控。国家高技术研究发展计划（863 计划）也曾部署地下水污染控制有关的少量课题。

二、研究论文产出规模及其影响力

为了研究中国地下水的研究热点及近 10 年的发展情况，本节分别分析了中国地下水研究热点及近 10 年内地下水研究热点的最新情况，并分别得到了各个热点的关联情况（图 6-23、图 6-24）。

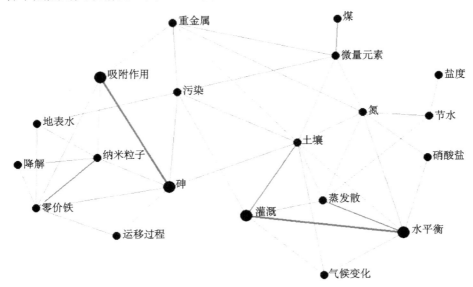

图 6-23　1958～2014 年中国地下水研究中高被引论文研究热点关联情况

分析可以得出，在1958～2014年统计时间段，中国地下水研究以利用地下水进行农业灌溉以及地下水污染治理为主要方向。首先，以灌溉、水均衡、蒸发散、土壤、气候变化为主要热点，体现出在气候变化的环境背景下开采地下水用于农业生产是主要研究方向。其次，在地下水利用研究的基础上，可以发现地下水污染以砷污染、氮污染、重金属污染为主，因此以纳米粒子、零价铁、降解等热点形成的纳米零价铁对地下水污染处理研究成为了中国地下水研究的热点方向之一。

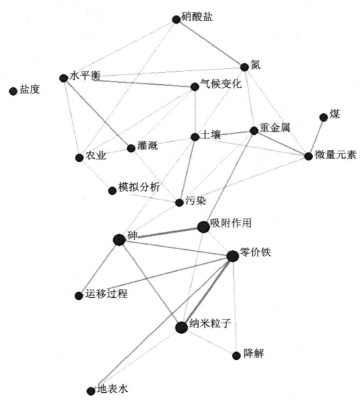

图6-24　2005～2014年中国地下水研究中高被引论文研究热点关联情况

分析2005年以来中国地下水研究热点发现，这些热点是以污染、模拟分析、土壤、重金属、煤、微量元素、氮等为主的地下水污染机理研究，其中导致地下水污染的原因可以分为农业污染、矿产污染两个主要研究方向。基于对地下水动态的模拟分析实现了对地下水污染过程与机理的揭示。此外，砷污染与防治仍是中国近10年研究的热点，表明中国在地下水砷污染的防治方面的研究投入更多，而这与国际同期研究热点有一定的区别。

　　此外，近 10 年以来中国地下水研究热点发生了变化（图 6-25）：新增了地下水的模拟分析、农业这两个研究热点，而节水和蒸发散的研究则不再是前 20 位的研究热点。砷污染研究一直处于首位，土壤、吸附作用、零价铁、污染、氮、煤这些热点的研究排位变化不大，表明在这些领域的研究重点并没有发生太多变化。相比之下，灌溉、水均衡、地表水、盐度这些热点的排位则发生了下调，反映出这些领域的研究相对有所减少。而纳米粒子、硝酸盐、运移过程、气候变化这些研究热点排位则上升了至少 4 位，逐渐成为研究的重点。

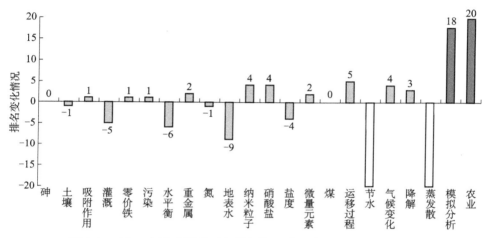

图 6-25　近 10 年来中国地下水研究前 20 位研究热点排名变化情况
横轴表示热点排名先后递减，纵轴表示排名升降幅度

　　为了分析近年来世界地下水研究的热点与中国地下水研究热点的差异，分别对 2005～2014 年期间各个热点关键词在前 20 位出现频次的比例情况进行了分析（图 6-26）。可以看出，近 10 年来中国和国际地下水研究还是存在一定的区别：①在共有研究热点中，国际研究对砷、土壤、污染、硝酸盐、地表水、气候变化、农业这 7 个热点的研究强度高于中国，而中国则更加侧重于对吸附作用、重金属、氮、灌溉、盐度这 5 个热点的研究；②中国前 20 位的研究热点中，出现了降解、煤、模拟分析、零价铁、纳米粒子、水均衡、微量元素、运移过程这 8 个热点词，更加侧重对纳米零价铁治污问题的研究；③国际研究中，包括河流、沉积物、建模、农药、饮用水、其他药物、营养盐、水资源开发这 8 个领域是其主要的热点方向，更加强调农业污染和饮用水水资源利用的研究。

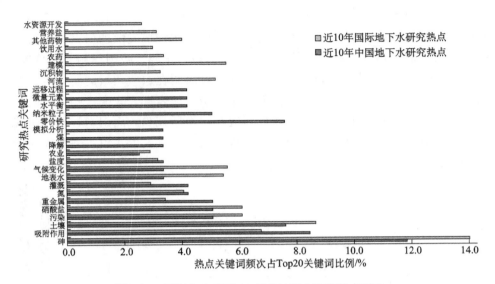

图 6-26 国际和中国近 10 年来地下水研究热点对比

三、研究论文反映出的主要问题与对策建议

从文献计量的角度来看，我国侧重对砷污染的防治及地下水污染过程的模拟分析。此外，我国的地下水研究存在高被引论文产出低，国际合作深度不足，重点研究领域薄弱，特色研究领域少等问题，具体表现为：

（1）高被引论文总量较少，影响力不足。统计结果显示，中国被引次数≥44 次的高被引论文共 219 篇，占世界该类论文总量的 3.1%，排第 7 位。被引次数≥100 的论文占高被引论文的 18.7%，被引次数≥300 的论文占 0.9%。这两项指标均位于世界高被引论文发文量前 10 位国家的末位。研究实力象限图也揭示出中国地下水研究实力不足的问题。此外，中国高影响力机构数目较少，世界前 10 位中只占 1 席（中国科学院），科研实力和影响力与美国、加拿大的机构存在一定的差距。

（2）国际合作范围较小，合作深度有待加强。中国与美国、英国、澳大利亚、瑞士、法国、加拿大等国家具有一定的合作，但是合作的力度明显不足，从高被引论文的产出来看，数量明显偏少。从机构合作层面来看，进入前 10 位的中国科学院高被引论文的合作仅在美国农业部、美国 EPA 之间开展，与国际著名高校的合作明显不足。

（3）研究领域广泛，但重点领域薄弱。国际地下水研究主要的 10 个领域中，中国的研究基本覆盖了 9 个主要领域，但在海洋学领域中未出现高被引论文。此外，在海洋和淡水生物学领域的研究力度明显低于国际水平，在化学、气象学和大气科学领域的研究也仅仅是世界平均水平，研究强度欠缺。整体来看，没有出现较为明显的优势研究领域，也还未形成高影响力的特色领域。

针对以上突出问题，对中国地下水未来的研究及发展提出以下几点建议：

（1）加大同发达国家，尤其与知名地调机构和著名高校如美国地质调查局、美国斯坦福大学、加拿大滑铁卢大学等的合作力度，取长补短，发挥优势，建立良好的学术交流合作机制，增强我国在地下水研究中的世界影响力。

（2）增强与地下水研究有密切关系的海洋学、化学、气象学与大气科学等领域的交叉研究，提升地下水与其他交叉学科的互动性，继续发挥我国在部分传统研究领域中的优势，提高我国在特色领域内的研究实力，加大对土壤、硝酸盐、气候变化、农业等重点方向的研究力度。

（3）在传统研究基础上进行大力创新，增强地下水相关研究的开拓性，提升研究的社会价值，争取产出一批具有高影响力、高社会价值的研究成果。

（4）加大对研究院所地下水研究的支持力度，建立多方向、高影响的地下水研究特色研究平台、科研群体，在项目申报、基金申请中给予大力支持。

（5）增加论文影响力在科研评价中的权重，注重发表论文的影响力评价指标，努力使我国论文在"质""量"方面均有所提高。

本章作者：

中国科学院兰州文献情报中心曲建升、唐霞、刘文浩、吴秀平，美国科罗拉多大学葛社民（Shemin Ge，University of Colorado），第一节；国家自然科学基金委员会姚玉鹏、熊巨华，中国科学院兰州文献情报中心曲建升、刘文浩、唐霞、吴秀平，中国地质调查局张二勇，第二节。曲建升、姚玉鹏负责本章内容设计和统稿。

本章参考文献

刘学，郑军卫，赵纪东，等 . 2014. 基于文献计量的铜矿研究发展态势分析 . 科学观察，9（3）：12-17.

刘文浩，熊永兰，郑军卫，等 . 2017. 基于高被引论文的国际地下水研究态势分析 . 世界科技研究与发展，39（1）：75-83.

宋长青，谭文峰 . 2015. 基于文献计量分析的近30年国内外土壤科学发展过程解析 . 土壤学报，52（5）：957-996.

唐霞，张志强.2016.基于文献计量的绿洲研究发展态势分析.生态学报，36（10）：3115-3122.

熊先哲.1985.从文献计量分析地下水硝酸态氮污染的研究动向.环境保护科学，（1）：6-9.

Niu B，Loáiciga H A，Wang Z，et al. 2014. Twenty years of global groundwater research：a science citation index expanded-based bibliometric survey （1993-2012）.Journal of Hydrology，519：966-975.

第七章
中国地下水科学发展的建议与措施

中国地下水科学经过 60 余年的发展，开始步入与国际地下水科学并行发展阶段，但仍存在原创性基础研究成果不突出，科技项目尤其是基础研究项目支持力度不够，跨学科研究不足，水文地质调查、观测方法缺乏创新，拔尖创新人才培养亟待加强等问题。为了进一步促进中国地下水科学的健康、快速发展，需要采取以下 3 个方面的措施，包括：加大地下水科学领域的重大项目支持；加强科技创新平台和地下水观测网建设；加强地下水科学教育。

第一节　加大地下水科学领域的重大项目支持

中国地下水科学研究在基础理论和研究方法方面与世界先进水平仍存在差距。而中国人口多，水资源时空分布不均匀，不同区域经济发展水平落差大；水文地质条件独特，如大面积分布的岩溶、黄土、冻土和不同构造类型的中新生代沉积盆地，漫长的海岸线和海域，多期次、强烈的构造运动导致裂隙水类型复杂、分布广泛，高砷、高氟、高碘、高矿化度等天然劣质地下水广泛发育；近年来快速工业化、城镇化进程引起地下水超采、地下水污染，资源开发和工程活动诱发各种地质灾害，这些都为中国开展地下水科学领域的基础和应用研究提供了全球独一无二的水文地质现象和强烈的社会需求。

作为当前地下水科学领域科技水平领先的国家，美国的一些重大项目安排值得我国借鉴。2013 年，美国地质调查局（USGS）发布报告《USGS 在地下水科学跨学科研究中的机遇》[①]，提出：认识地下水与含水层地质特征之间的关系、地下水和地表水资源与陆地和水生生物群落之间的关系越来越重要，这为综合利用专业知识（包括生物学、地理学、地质学和水文地质学等）提供了以下6个跨学科主题的研究机遇：通过开发三维（3D）制图和可视化工具，并应用新的地球物理方法，提高对地下水系统地质结构的认识；提高对松散含水层、基岩裂隙含水层和岩溶含水层非均质性的刻画；提高补给评价，重点是跨地区的补给；提高评价地下水和地表水关系（包括从地下水系统的流入与流出）的能力；提高对地下水与水生生态系统关系的认识；改进地下水水流和溶质运移的计算机模型，重点是发展并应用新的反演方法和不确定性分析。前两个主题侧重于水资源、制图、地质和地球物理特征的综合研究。接下来的3个主题突出了量化地下水与生物圈的相互关系以及将生物学与水资源研究结合起来的重要性。第6个主题则起到了一种重要的纽带作用，连接着基于其它主题获得的认识所建立的方法与提高预测能力的最终目标。开展这些重要的长期性的跨学科研究，必将促进学科进步，并为支持国家地下水资源的可持续利用提供基础信息。

建议国家自然科学基金委员会尽早启动地下水科学领域的重大研究计划，科技部继续支持地下水科学与工程领域的重点研发任务。建议中国地质调查局在部署1:5万三维水文地质填图时，更加重视产学研合作和国际合作，注重水文地质调查、观测、模拟、评价的新理论、新技术、新方法的研究与应用，并部署支撑调查工作的重大装备研发计划项目。建议国土资源部和水利部等国家部委以地下水可持续性为核心目标，在六大水文地质区（陈梦熊，马凤山，2002），尤其是地下水资源环境问题突出的重点地区（如华北平原、国家能源基地、长江中下游），协同部署地下水资源-环境-经济管理的重大示范项目。

第二节　加强科技创新平台和地下水观测网建设

学科是根据一定的历史任务及知识自身的特点而对知识进行的有组织的社会分组，是拥有自己的一套观念、方法和主要目标的相对独立的知识体系。学科受国家与社会需求以及学者好奇心与兴趣所推动，沿着一定方向发展，以人才、基地和文化为内核（图7-1），以一定的硬件和软环境为保障，以科技创新、人才培养和引领文化为主要任务（王焰新和蒋洪池，2007）。

---

① Research Opport unities in Interdisciplinary Ground-Water Science in the U. S. Geological Survey，http：//pubs. usgs. gov/circ/circ1293/circ1293. html

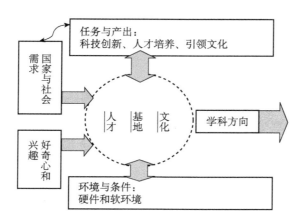

图 7-1　学科模型
双向箭头表示相互作用
资料来源：王焰新和蒋洪池，2007

　　基地是学科形成和发展的平台，主要包括科技基础平台（国家重点实验室、野外观测基地、科学文献、自然科技资源等）和科技成果产业化平台（工程中心、技术转移中心、工业训练中心等）。

　　实验室是不断产生原始性创新成果、培养和汇聚拔尖人才、承担完成国家重大项目和开展国际科技合作的基础平台。但迄今为止，除了"生物地质与环境地质"国家重点实验室涉及地下水水质研究外，中国还没有一个以地下水科学为重点方向的国家重点实验室。

　　可靠、长周期的观测数据是地下水科学学科发展之基、创新之本。必须固本强基，高度重视地下水观测。遗憾的是，除丹麦、美国、英国等少数发达国家外，全球地下水观测仍十分薄弱。从表 7-1 可以看出，发达国家侧重水质或水质与水量并重，而中国地下水监测的侧重点仍停留在地下水水量。发达国家的地下水监测尤其是地下水水质监测成果已经成为这些国家水资源管理的重要基础和立法与执法依据。美国地质调查局自 1991 年开始实施统一设计、统一采样方法、统一监测项目的国家水质评估计划（NAWQA），对美国境内的重要含水层开展长期、持续监测，摸清了地下水水质情况，对地下水质的长周期变化规律做到了"心中有数"（Burow et al.，2010）；丹麦自 1950 年以来监测 60 余年的地下水硝酸盐含量，尽管发现该含量近年来总体呈下降趋势，但距离欧美法律要求仍需大幅降低（Hansen et al.，2011）。对于中国这样的国土面积大、人口多、水资源需求高、水资源分布时空不均匀的国家而言，建立覆盖全国的地下水观测网，提升观测能力和观测数据质量，在典型地区针对不同的科学问题和地下水资源环境问题建立大型试验场并确保长期、稳定运行，尤为必要和紧迫。

表 7-1　国家地下水监测计划特点对比

国家	地下水占饮用水供水量的份额/%	监测计划的重点	国家面积/km²	监测点(水质/水量)/个	每平方千米的监测点数量/个	计划开始时间(水质/水量)	监测点是否主要用于监测	监测点是否主要用于开采或是废弃水井
奥地利	99	水质	84 000	2 018/—	42/—	1991年/—	—	是
中国	20	水量	9 600 000*	—/23 800	—/42	—/1950年	—	是
丹麦	99	水质	43 000	1 400/>60	31/<720	1989年/20世纪50年代	是	—
意大利	85	水质和水量	301 000**	2 800/2 800	65/65	2000年/2000年	—	是
拉脱维亚	>80	水质	65 000	800/150	81/430	20世纪90年代/20世纪70年代	是	
荷兰	>60	水质	42 000	2 300/25 000	18/<2	1979年/20世纪40年代	是	—
挪威	<10	科学研究	324 000	45***/65	7 200/5 000	1977年/1977年	是	—
韩国	11	水质	99 000	600/600	165/165	1995年/1995年	是	
英国	35	水质和水量	1 510 000	3 500/7 300	43/21	—	—	—

注：—为缺项或无数据；* 中国的地下水监测点仅覆盖 1 百万 km² 的面积；**覆盖意大利 20 个地区中的 12 个地区；***其中 1/3 是泉点

资料来源：Jørgensen and Stockmarr，2009

　　作为一门应用性很强的学科，地下水科学的发展需要技术、软件、设备和平台的支撑。与地下水研究、利用、管理有关的"水文地质产品"或产业包括：软件、信息系统和大数据平台；地下水监测仪器、探测仪器；示踪剂；地下水泵、流量计；监测和污染修复用的化学药剂和微生物菌剂；场地修复设备，等等。生产和经营这些产品的企业和信息咨询服务的公司是环保产业新的增长点。围绕这些技术、工具、产品的研发和产业化，亟需培育国家级的工程技术研究中心、技术转移中心和一批高技术企业。

第三节　加强跨学科教育，培养地下水科学领域的拔尖创新人才

　　地下水科学教育涉及学科/专业教育、科普教育两大范畴。地下水科学的科普教育在全球范围内十分薄弱，如何让公众了解地下水的形成与分布规律、地下水资源的稀缺性与可持续性、地下水与地质灾害防治等方面的科学知识，动员公众参与到地下水资源的保护中，尚缺乏深入研究，更缺乏载体（平台、作品等）。限于本书的性质，下面侧重从跨学科教育维度，论述地下水科学的

学科/专业教育改革。

我们过去常常把学科与专业混为一谈。实际上，学科具有动态性、前沿性，与高深的科学研究、高水平的研究生教育密不可分；而专业具有基础性、相对稳定性，一般与本科生教育相联系。研究生教育的核心是通过系统、专门而精深的科学研究创造知识，关键是培养学生的创造力；本科教育的核心是通过课程学习和实践训练，夯实基础、培养素质、掌握某一专门领域的基本知识、基本技能，并初步具备从事专业领域技术工作和创造知识的能力。

北美和欧洲的水文地质教育非常重视本科生和研究生层次的不同侧重点。在本科培养计划中，不单独设立"水文地质"或"地下水"专业；而在研究生，尤其是博士生阶段，则大多在地质系或地球科学系中设立水文地质或地下水科学的研究方向，这些研究生的本科专业多为"地质学"或"地球科学"，也有来自"土木工程""环境科学""地理学"等其他理工科专业。美国的本科教育相对较强调基础的宽厚，而研究生教育则强调专业的精深，因此，地下水科学的知识一般在研究生阶段才系统学习，博士生培养的基本要求是使研究生成为可独立承担本学科领域创造性研究的高层次人才。

本科生教育存在许多机遇，通过在教育早期引入创新型教育理念，地下水科学能触发年轻一代实现可持续发展的研究兴趣。例如，将服务作为学位计划的一部分，这些服务包括为发展中国家提供与水相关的援助工作，如"水军团"。此外，其他学科背景的学生组织可以作为范例，将学生积极性引导到具有教育意义并有助于拓展团体交流的活动中。正如"无国界工程师"一样，许多大学也设立了非正式地质或者环境俱乐部和专业协会学生分会，如美国水资源协会和美国水文研究学会都有开展社团外展服务的成绩记录。

"暑假学校"作为新型的研究生教育模式正在兴起，在欧洲尤为流行。"暑假学校"围绕一个专题，召集该领域的国际专家讲授专题讲座，所涉及的内容是许多博士生培养计划中所没有涉及的，以让博士研究生接触新的思想。2009 年，美国开设了"地表动力学暑假学校"，并且每年针对特殊环境下的水文和生态系统过程交界处设置主题。实践证明，这种学习模式通过提供综合理论方法、实验室试验、数值模拟和野外实践的为期两周的课程，将讲座和实验室、野外实践和体验上机建模以及研究带来的广泛影响相互结合起来，为学习、巩固、指导和培养终身学术合作素质创造了一个激励平台，并且通过新型的经济、高效的方式来增强研究团队的研究能力。

本书开篇即强调：跨学科禀赋是地下水科学与生俱来的突出特点。推动跨学科的研究生教育具有一定的挑战性，因为通常高校院系是沿着传统学科主线组织设置的。然而，跨越学科界限的更宽广的研究生教育是未来不可或缺的。尽管市场就业或解决实际问题的专门知识和技能培养，仍然是地下水科学的本科和研究生教育阶段不可回避的现实问题，但必须解决的另一个问题是：学生走出大学校门之后，面对的与地下水有关的现实或问题愈益变成复杂的、多学科性的、横向延伸的、多维度的、跨国界的、总体化的和全球化的，我们该如何开展跨学科教育（Interdisciplinary education，IDE），使得新一代青年人才能够适应地下水学科创新发展的需要？

当前，跨学科教育正在从边缘向主流发展，跨学科教育的时代已经到来。IDE 突破了传统学科/专业教育将个人才能禁锢于某一特定专业领域的束缚，其根本目的就是通过多学科教育与研究，培养出具有深厚理论基础，掌握多门学科知识，精通多种技能，善于运用创新科学思维，具有复合知识、能力与素质结构的创新人才，同时促使新兴学科的产生，推进科学技术的进步，实现创新人才培养和科学研究发展的"双赢"。IDE 是运用跨学科方法，旨在培养学生形成跨学科知识结构、跨学科思维能力和跨学科素养的一种新型教育范式，它是对传统学科/专业教育的深层解构与变革，与传统的学科/专业教育有本质区别（王焰新，2016）。

为此，在地下水科学教育中，要制定和实施具有自身特色的基于 IDE 的人才培养计划和相关配套制度。通过科学优化课程体系，深化跨学科综合课程开发与跨学科教学模式的改革。由以培养专业性人才为目标的培养方案，向定位于培养跨学科基础上的复合型创新人才为目标的培养方案转变，使其直接影响大学生由知识层面向能力、素质层面的递进和辐射。按照"宽专业、厚基础"的原则，整合专业课程，建设一批高水平的跨学科综合性课程。培养方案更多体现个性化，尤其是针对本科专业背景不同的研究生，提供多模块、多选择的课程，使之既补齐知识短板，又拓展其专业基础。

鼓励教师在学科专业基础课中开拓新领域，积极编写跨学科课程教材，如"地下水模拟的非线性方法""水文生物地球化学""地下水地质作用""水资源经济""地下水可持续性""水的回用"等，并强化学生对中国特色和全球地下水问题的认知，编写"中国水文地质学""世界水文地质学"等教材。在教学过程中，努力超越传统的以教师和课堂为中心的思想羁绊和不良惯性，以探究式、参与式的教学方式彻底改变传统学科/专业教育中的灌输式、填鸭式的教学方式，实现教与学、教学与研究的融合统一。从"教师中心"走向"学生为本"，进而实现教育价值取向由"制造"适合教学的学生向"创造"适合学生的教学转变。鼓励探索式、参与式教学方式，强调通过问题来组织教学，使问题作为教学的动力、起点和贯穿教学过程的主线。提倡"为独创性而教"和"为研究性而学"，逐步建立教师与学生同为教学活动主体、平等参与的新型教学关系，实现教学互动及教与学的真正统一。另外，课程教学应延伸至第二课堂，引导本科生参与教师的跨学科研究项目，鼓励教师为学生课外科技竞赛和实践活动提供指导和帮助，积极为跨学科人才培养提供良好的环境和条件。

立足科教结合，应重视教学和科研的基础条件建设。应集中建设一些不同层次、不同类型的高水平的教学科研平台，包括重点实验室、工程中心、产学研合作基地和野外观测台站（网），为地下水科学领域的人才培养提供硬件上的保障。这些平台应对大学生开放，通过科研实践增强大学生解决复杂实际问题的能力。在大学内部，还要高度重视跨学科教学与研究平台的设置，尝试跨系设立联合教师职位，建立跨系、跨学科的长期聘用和晋升评价机制，通过灵活分配教学单元、鼓励跨学科教学团队，提供不同领域的师生接触交流的平台，以拓宽学生的视野，激发创新灵感。

由于地下水资源的可持续性是人类社会和世界各国必须共同面对的重大挑战，必须积极探索培养具有国际视野、能够积极参与国际科技合作与交流的新一代地下水科学人才。建议相关政府机构（教育部、科技部、国家自然科学基金委员会、水利部、国土资源部等）和国际组织（如国际水文地质学家协会 IAH 中国国家委员会）应不断加大对青年大学生参与国际合作研究与学术交流的支持、引导力度。

本章作者：

吉林大学林学钰，中国地质大学（武汉）王焰新。

本章参考文献

陈梦熊，马凤山 . 2002. 中国地下水与环境 . 北京：地震出版社 .

王焰新 . 2016. 跨学科教育：我国大学创建一流本科教学的必由之路——以环境类本科教学为例 . 中国高教研究，（6）：17-24.

王焰新，蒋洪池 . 2007. 大学学科模型构建的理性审视 . 中国高教研究，（5）：28-30.

Burow K，Nolan B，Rupert M G，et al. 2010. Nitrate in groundwater of the United States，1991～2003. Environmental Science and Technology，44（13）：4988-4997.

Hansen B，Thorling L，Dalgaard T，et al. 2011. Trend reversal of nitrate in Danish groundwater-a reflection of agricultural practices and nitrogen surpluses since 1950. Environmental Science and Technology，45（1）：228-234.

Jørgensen L F，Stockmarr J. 2009. Groundwater monitoring in Denmark：characteristics，perspectives and comparison with other countries. Hydrogeology Journal，17（4）：827-842.

彩 图

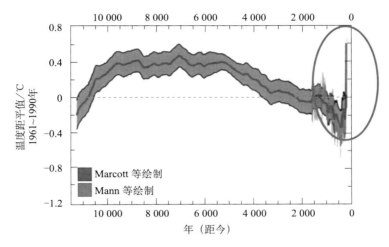

彩图 2-3　距今 11 000 年以来全球陆海温度的变化趋势

资料来源:http://www.zhihu.com/question/21996808/answer/26847377

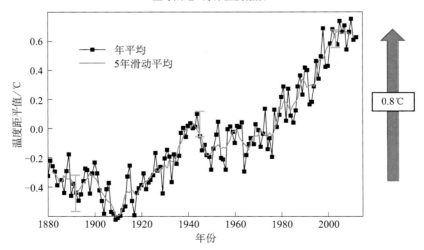

彩图 2-4　近 100 年来全球陆海平均气温上升了 0.8℃

资料来源:http://www.zhihu.com/question/21996808/answer/26847377

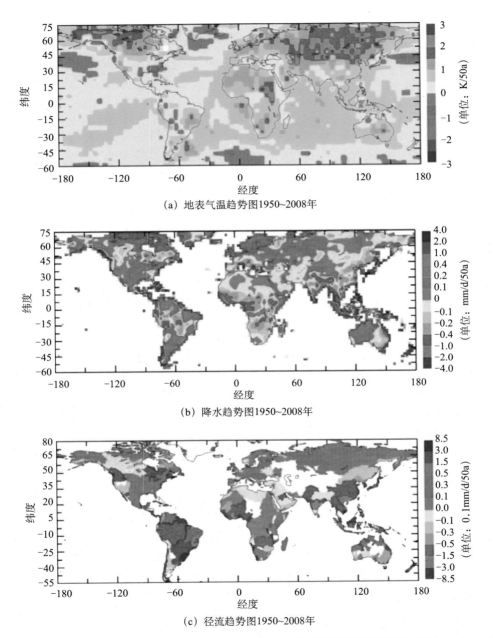

（a）地表气温趋势图1950~2008年

（b）降水趋势图1950~2008年

（c）径流趋势图1950~2008年

彩图 2-5　1950～2008 年全球地表温度、降雨量、河流径流量变化趋势图

资料来源：图（a）引自：http://www.cru.uea.ac.uk/cru/data/
temperature/；图（b）引自：Dai，2011；图（c）引自：Dai，2009

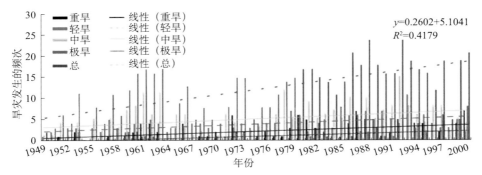

彩图 2-6　1949 年以来我国旱灾变化趋势图

资料来源:引自夏军 2016 年在长安大学所做的学术报告

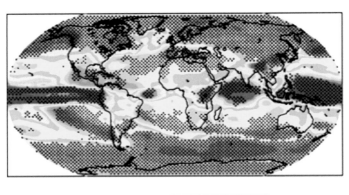

-0.5 -0.4 -0.3 -0.2 -0.1　0　0.1　0.2　0.3　0.4　0.5　　　（单位：mm/d）

（a）降雨量变化

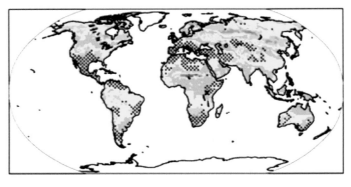

-25　-20　-15　-10　-5　　0　　5　　10　15　20　25　　（单位：%）

（b）土壤水分变化

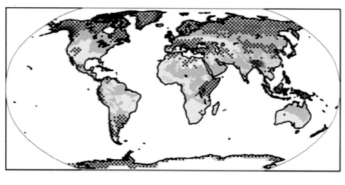

（单位：mm/d）

（c）径流量变化

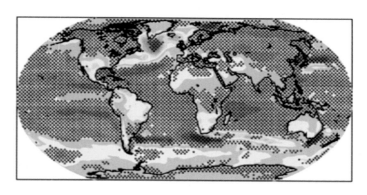

（单位：mm/d）

（d）蒸发量变化

彩图 2-7　应用 SRES A1B 气候模式预测的 2080～2099 年相对于 1980～1990 年
全球降雨量与部分水文要素的变化

区域中的点表示不同模型预测结果

资料来源：Meehl et al. ，2007

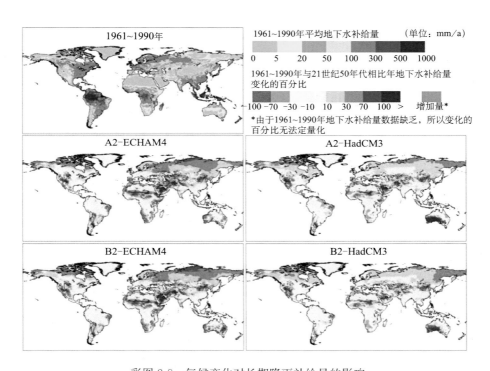

彩图 2-8　气候变化对长期降雨补给量的影响

1961~1990 年与 21 世纪 50 年代地下水平均补给量的变化百分比,该结果由使
用 4 种气候变化模拟算法的 WGHM 程序得出(采用两种气候预测模块 ECHAM4
和 HadCM3,并分别耦合两种 IPCC 温室气体排放预测模块 A2 和 B2)

资料来源:Döll and Florke,2005.

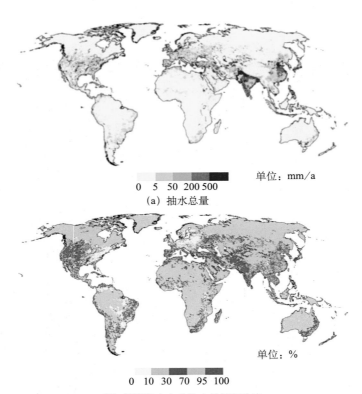

单位：mm/a

0 5 50 200 500

（a）抽水总量

单位：%

0 10 30 70 95 100

（b）灌溉抽水占总抽水量的百分比

（图中只显示抽水总量至少0.2mm/a的灌溉百分比）

彩图 2-11　1998～2002 年全球地下水抽水量与灌溉抽水量的变化

资料来源：Döll，2012

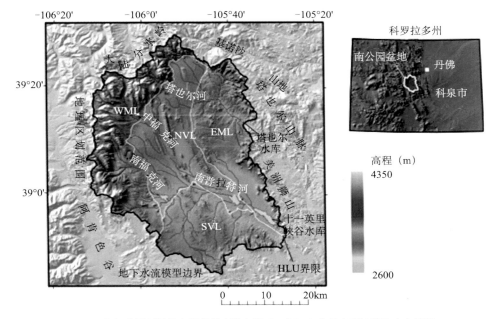

（a）美国科罗拉多州落基山脉中部 South Park 盆地主要地貌和水文特征

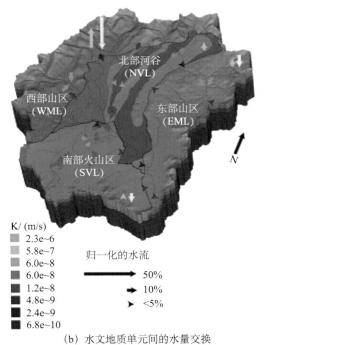

（b）水文地质单元间的水量交换
（每个水均衡组成根据总的补给模型归一化，用箭头表示）

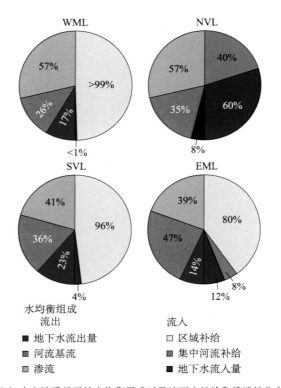

WML

NVL

SVL

EML

水均衡组成

流出

■ 地下水流出量

■ 河流基流

□ 渗流

流入

□ 区域补给

■ 集中河流补给

■ 地下水流入量

（c）水文地质单元的水均衡组成以及地下水补给和排泄的分布

彩图 4-5　美国科罗拉多州落基山脉某一山区地下水补给机制

资料来源：Ball et al.，2014

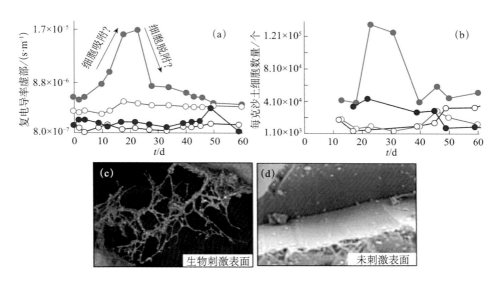

彩图 4-15 微生物在砂柱中的生长过程

复电导率虚部(a)和矿物颗粒表面细胞浓度(b)随时间的变化。红色为实验组,其余线段为对照组。

环境电子扫描镜得到的实验组砂柱(c)与对照组(d)的图可明显看出实验组的微生物的

生长和在矿物表面的富集

资料来源:张弛和董毅,2015

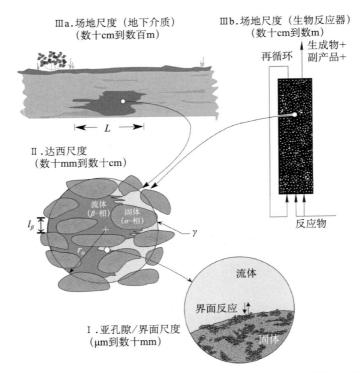

Ⅲa.场地尺度（地下介质）
（数十cm到数百m）

Ⅲb.场地尺度（生物反应器）
（数十cm到数m）

再循环

生成物+
副产品+

L

Ⅱ.达西尺度
（数十mm到数十cm）

流体
（β-相）

固体
（σ-相）

l_β

r_o

γ

反应物

流体

界面反应

固体

Ⅰ.亚孔隙/界面尺度
（μm到数十mm）

彩图 4-16　多孔介质中(微生物介导的)界面反应所涉及的一系列空间尺度

L:宏观尺度的特征长度；r_o:一个平均体的特征长度；l_β:水力直径；γ:某特征长度为 r_o 的平均体的体积

资料来源:Wood et al.,2007

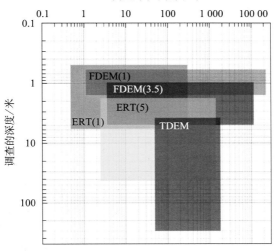

彩图 5-1　电阻率成像法(ERT)、频域电磁法(FDEM)
和时域电磁法(TDEM)的水平和垂直的调查范围

其中 ERT(1)、ERT(5)分别代表电极间距为 1 m 和 5 m;FDEM(1)和 FDEM(3.5)分别表示 1 m 和
3.5 m 的线圈设备;在 TDEM 中,假设沿着横剖面分布多个站点,进行 50 m 的环形探测。

资料来源:Binley et al.,2015

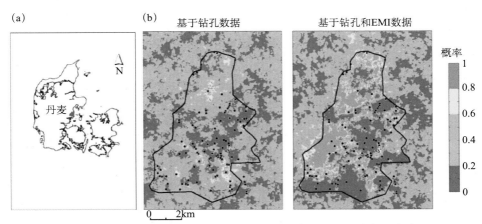

彩图 5-3　以不同的数据为条件基于转移概率模拟所得特定深度砂
含量的概率

(a)基于钻孔数据的模拟概率(钻孔位置在图中用点表示)。(b)基于钻孔和用航空电磁感应得到的电
导率数据的模拟概率。黑线为地球物理调查的边界。每个方形图像代表了 108 km² 的区域。

He,et al.(2014)证实了针对该结构描述问题,增加地球物理数据后的价值

资料来源:He et al.,2014

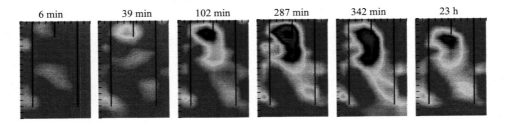

| 6 min | 39 min | 102 min | 287 min | 342 min | 23 h |

彩图 5-4 使用跨孔电阻率成像法追踪注入包气带的水示踪剂的运移

图像显示了示踪剂注入后不同时刻的电阻率变化。两条长垂直线指示 17.3 m 深的钻孔(跨孔间距 7.4 m)。示踪剂从中心 4 m 深的钻孔注入。更冷色调的颜色说明电阻率降低(含水量的增加导致)。示踪剂在 150 min 停止注入

资料来源:Daily et al.,1992

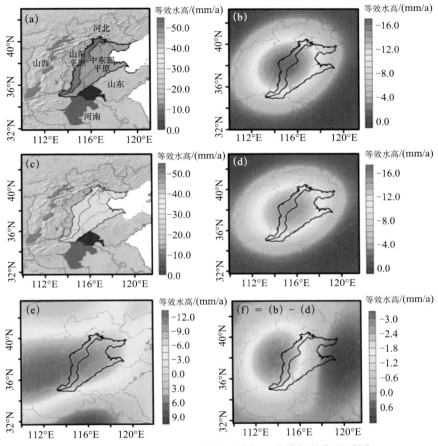

彩图 5-6　实测、GRACE 数据反演与正演模拟的华北平原
地下水储量消耗速率空间分布图

(a)根据地下水位实测数据和公报数据得到的山前平原和中东部平原地下水储量消耗速率空间
分布,分别为 50.8 mm/a、13.8 mm/a;(b)是对(a)做正演模拟得到的结果;(c)对(a)显示的子区地
下水储量消耗速率计算面积加权平均得到华北平原全区速率,无子区差异;(d)是对(c)做正演模拟
得到的结果;(e)由 GRACE 数据得到的地下水储量消耗速率空间分布;(f)是比较(a)和(c)
正演模拟的结果差异

资料来源:Huang et al.,2015